U0254309

“十四五”时期国家重点出版物
出版专项规划项目

磷科学前沿与技术丛书

磷与生命科学

Phosphorus and Life Science

高祥
赵玉芬 等编著

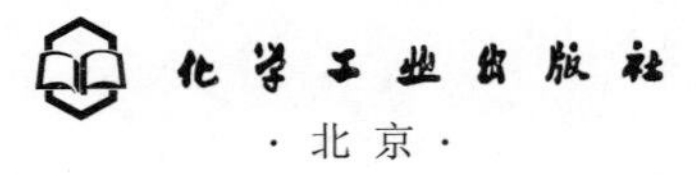

·北京·

内容简介

本书为“磷科学前沿与技术丛书”分册之一。本书从生命磷化学角度对含磷生物分子的结构和功能以及所参与的生物化学过程进行了系统的总结，介绍了近年来生命科学领域的重要突破和进展。内容包括磷元素与生命调控过程的关系，核酸、核酸适配体及基因编辑技术，蛋白质磷酸化修饰在神经退行性疾病、真核基因转录延伸调控、细胞程序性坏死过程中的作用机制，磷酸化蛋白富集技术与应用，生命体中多聚磷酸盐代谢与功能，生命过程中存在的典型高配位磷中间体机制等，系统展示了磷元素在生命过程中发挥的关键作用。适合从事化学、生命科学、药学研发及相关专业的科技人员、大专院校师生参考。

图书在版编目（CIP）数据

磷与生命科学 / 高祥等编著. —北京：化学工业出版社，2023.6
（磷科学前沿与技术丛书）
ISBN 978-7-122-43120-2

Ⅰ.①磷… Ⅱ.①高… Ⅲ.①有机磷化合物-关系-生命科学 Ⅳ.①O627.51②Q1-0

中国国家版本馆CIP数据核字（2023）第047082号

责任编辑：曾照华
文字编辑：毕梅芳 师明远
责任校对：李 爽
装帧设计：王晓宇

出版发行：化学工业出版社
（北京市东城区青年湖南街13号 邮政编码100011）
印 装：三河市航远印刷有限公司
710mm×1000mm 1/16 印张25 彩插1 字数342千字
2023年9月北京第1版第1次印刷

购书咨询：010-64518888
售后服务：010-64518899
网 址：http://www.cip.com.cn
凡购买本书，如有缺损质量问题，本社销售中心负责调换。

定 价：198.00元

PHOSPHORUS

PHOSPHORUS

丛书序

FOREWORD

磷是构成生命体的基本元素，是地球上不可再生的战略资源。磷科学发展至今，早已超出了生命科学的范畴，成为一门涵盖化学、生物学、物理学、材料学、医学、药学和海洋学等学科的综合性科学研究门类，在发展国民经济、促进物质文明、提升国防安全等诸多方面都具有不可替代的作用。本丛书希望通过“磷科学”这一科学桥梁，促进化学、化工、生物、医学、环境、材料等多学科更高效地交叉融合，进一步全面推动“磷科学”自身的创新与发展。

国家对磷资源的可持续及高效利用高度重视，国土资源部于2016年发布《全国矿产资源规划（2016—2020年）》，明确将磷矿列为24种国家战略性矿产资源之一，并出台多项政策，严格限制磷矿石新增产能和磷矿石出口。本丛书重点介绍了磷化工节能与资源化利用。

针对与农业相关的磷化工突显的问题，如肥料、农药施用过量、结构失衡等，国家也已出台政策，推动肥料和农药减施增效，为实现化肥农药零增长“对症下药”。本丛书对有机磷农药合成与应用方面的进展及磷在农业中的应用与管理进行了系统总结。

相较于磷化工在能源及农业领域所获得的关注度及取得的成果，我们对精细有机磷化工的重视还远远不够。白磷活化、黑磷在催化新能源及生物医学方面的应用、新型无毒高效磷系阻燃剂、手性膦配体的设计与开发、磷手性药物的绿色经济合成新方法、从生命原始化学进化过程到现代生命体系中系统化的磷调控机制研究、生命起源之同手性起源与密码子起源等方面的研究都是今后值得关注的磷科学战略发展要点，亟需我国的科研工作者深入研究，取得突破。

本丛书以这些研究热点和难点为切入点，重点介绍了磷元素在生命起源过程和当今生命体系中发挥的重要催化与调控作用；有机磷化合物的合成、非手性膦配体及手性膦配体的合成与应用；计算磷化学领域的重要理论与新进展；磷元素在新材料领域应用的进展；含磷药物合成与应用。

本丛书可以作为国内从事磷科学基础研究与工程技术开发及相关交叉学科的科研工作者的常备参考书，也可作为研究生及高年级本科生等学习磷科学与技术的教材。书中列出大量原始文献，方便读者对感兴趣的内容进行深入研究。期望本丛书的出版更能吸引并培养一批青年科学家加入磷科学基础研究这一重要领域，为国家新世纪磷战略资源的循环与有效利用发挥促进作用。

最后，对参与本套丛书编写工作的所有作者表示由衷的感谢！丛书中内容的设置与选取未能面面俱到，不足与疏漏之处请读者批评指正。

2023 年 1 月

前言 PREFACE

地球上所有的生命形式，从肉眼不可见的微生物到植物及高等动物，都离不开磷元素。磷元素与生命活动息息相关，其发现过程便与生命密不可分。1669年，德国炼金术士波兰特(Henning Brand)从人体尿液中首次发现白色蜡状固体磷元素物质，灰暗中发出美丽的光芒。磷元素的英文名字“phosphorus”释义为“光(phos) 的载体(phorus)”。磷元素作为生命的基本元素和最活跃元素具有不可替代性，同时磷元素也是生命的“限制元素”。地球富含磷元素的特征及磷元素独特的物理化学性质，决定了磷在生命起源和分子进化中发挥着关键作用。磷元素的调控作用贯穿整个生命中心法则。细胞是生命的基本单元，细胞中储存遗传信息的核糖核酸具有磷酸二酯键；细胞膜由磷脂双层构成；蛋白质合成与翻译后修饰；能量代谢过程中最为关键的“能量货币”三磷酸腺苷ATP及信号转导中第二信使cAMP分子；等等，磷元素都发挥着不可替代的调控作用。同时，部分有机磷化合物可以强烈抑制人体内的乙酰胆碱酶，因此被开发成神经毒剂类化学武器用于战争，例如沙林(sarin) 的毒性比剧毒物质氰化钾还要强一个数量级以上。如何揭示生命磷元素的机制并实现地球上不可再生磷资源的有效利用，是人类需要面对的重大科学与技术挑战。

国内外关于磷资源开发与利用、磷化工技术、磷合成化学、磷波谱分析及磷与生活等方面已经有多本优秀专业或科普书籍出版。然而，聚焦磷元素在生命科学中的关键调控作用的书籍还比较少见。生命过程实际上是成千上万不同类型化学反应的合集，其中高配位磷化学转化机制可能是这些生物化学反应的关键。因此，从生命磷化学角度对含磷生物分子的结构和功能以及所参与的生物化学过程进行系统的讨论、思考和归纳总结，有望从独特的视角揭示与理解生命过程的化学本质，破解生命起源与进化的奥秘。

全书共分为 11 章。其中，第 1 章总体介绍了磷元素与生命调控过程的关系，围绕核酸、蛋白及代谢过程展开论述；第 2 章与第 3 章对核酸、核酸适配体及基因编辑技术等方面的内容进行了介绍；第 4 章介绍了蛋白质磷酸化修饰在神经退行性疾病中的作用机制；第 5 章对磷酸化修饰在真核基因转录延伸过程中的调控作用进行了系统总结；第6章介绍了磷酸化修饰在细胞程序性坏死过程中发挥的关键作用；第 7 章综述了蛋白质组学研究中磷酸化蛋白富集技术与应用；第 8 章介绍了生命体中的多聚磷酸盐代谢与功能；第 9 章与第 10 章主要针对生命体系中含磷代谢小分子的化学结构与功能展开论述；第 11 章对生命过程中存在的典型高配位磷中间体机制进行了归纳，并结合五配位磷化学小分子模型进行对比分析。全书结构总体遵循生命中心法则逻辑顺序，分为三大部分内容，从核糖核酸结构与蛋白可逆磷酸化机制，到含磷小分子代谢物的结构与功能，最后回到高配位磷化学转换机制，系统展示了磷元素在生命过程中发挥的关键作用。

为突出本书编写工作人员的贡献，书中对应章节中列出了作者的姓名和工作单位，此处不再进行一一说明。在此，由衷感谢参与本书编写的各位作者在书稿撰写与修改过程中付出的艰辛与智慧。

由于磷元素涉及生命科学的诸多方面，限于编者的水平和书籍的篇幅，书中的疏漏及表述不当之处在所难免，敬请广大专家和读者批评指正。

编者

2023 年 5 月于厦门大学

目录 CONTENTS

PHOSPHORUS 磷科学前沿与技术丛书
磷与生命科学

1

磷元素与生命调控过程

高祥[1]，王晓宇[1]，赵玉芬[1,2]

[1] 厦门大学药学院

[2] 厦门大学化学化工学院

1.1
引言

探寻生命的本质和起源是人类永恒的主题。深海万米深渊、深达2000m地底及海底热泉高温等极端环境下仍然发现存在着生命。生命起源于三十多亿年前，经过漫长的进化形成了如今五彩缤纷的生命世界[1]。生命有不同的形式，如动物、植物及微生物等。生命过程调控精密而复杂，生命分子，如代谢物小分子、蛋白与核酸等形成了一个动态平衡体系，完成生命过程，在能量、信息的动态转化中发挥着基础物质的作用[2]。同时，组成生命的DNA、RNA、蛋白质及多糖等生物大分子聚合物，以及氨基酸、多肽及磷脂等小分子的合成都需要磷元素的参与。人体内的主要元素有C、H、N、O、S、P等，微量元素如铁、铜、锌、锰、硒等发挥着关键作用。例如，硒元素是一种具有重要生理功能的微量元素[3]，而砷元素的不稳定性造成其生物毒性，不具备作为生命核心元素的条件。实际上，有更多未知的生命元素的功能还有待进一步揭示。如图1-1所示，从元素周期表元素排布可见，生命基本元素具有一定相似性从而具有聚集效应，磷元素独特的结构特征决定了其在生命过程中的关键作用。

磷原子具有较多的电子空轨道，在温和条件下易发生四面体、三角双锥、正八面体等多种结构的互变，特别是生命体系中涉及大量的高配位磷中间体或过渡态结构，从而导致了生物体系中磷的功能具有多样性和有序性，使大自然选择磷元素作为生命体的中心元素[4-5]。正如诺贝尔奖获得者L. Todd教授所述“Where there’s life, there’s phosphorus”（哪里有生命，哪里就有磷元素）。生命遗传信息的载体脱氧核糖核酸（DNA）和核糖核酸（RNA）由磷酸二酯键作为结构骨架，其中9%由磷元素组成；三磷酸腺苷（ATP）是生物体内最重要的能量来源；环腺嘌呤单核苷酸

(cAMP)和环鸟嘌呤单核苷酸(cGMP)作为细胞第二信使调控细胞间信息的传递；磷脂是细胞膜的结构基础；最简单的 PO_4^{3-} 也作为缓冲剂调节着人体 pH 的稳定。总之，磷元素不仅在生命的起源中发挥了关键作用，还在生命世界中参与了新陈代谢的循环和生物信号的转导等绝大多数生命化学过程。磷被誉为“生命活动的调控中心”，20 世纪生命过程的重要科学发现大多和磷化合物有关。

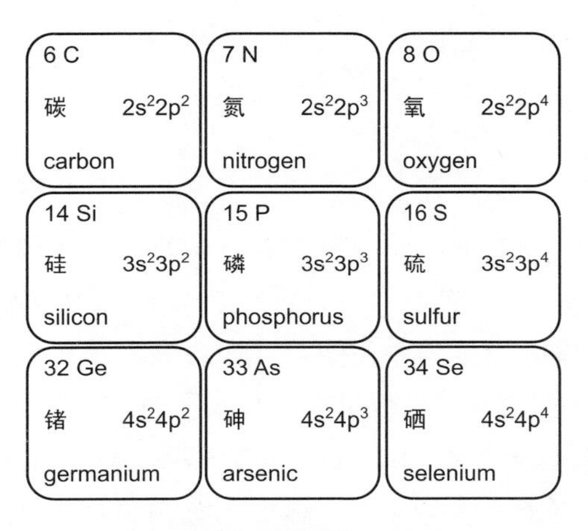

图 1-1　磷元素在元素周期表中的位置

磷元素在当今生命活动中发挥的重要作用必然是经过了自然界几亿甚至几十亿年不断的选择、进化和积累的结果。以这些生命化学知识为基础，构建各种模型特别是化学小分子模型，可以对前生源条件下生命的起源做出合理的推测，从而进一步揭示生命起源的本质。越来越多的研究表明，生命体系中的磷化学过程很可能在生命起源之前就已经开始发挥着独特的重要作用[6-8]。正如 C. de Duve 教授所说“Life is basically organized around phosphorus”[9]（从根本上说，生命是围绕着磷元素而构筑）。美国国家航空航天局还把磷元素作为寻找外星生命的示踪元素[10]。地球环境中无机磷酸盐包括多种形式，如图 1-2 所示，如正磷酸盐(orthophosphate)、亚磷酸盐(phosphite)、次磷酸盐(hypophosphite)、磷化氢(phosphine，PH_3)、焦磷酸盐(pyrophosphate)、三聚磷酸盐(triphosphate)、环状磷酸盐(cyclic phosphate)及多聚磷酸盐(polyphosphate)等。其中，生命体能利用的主要为正磷酸盐。

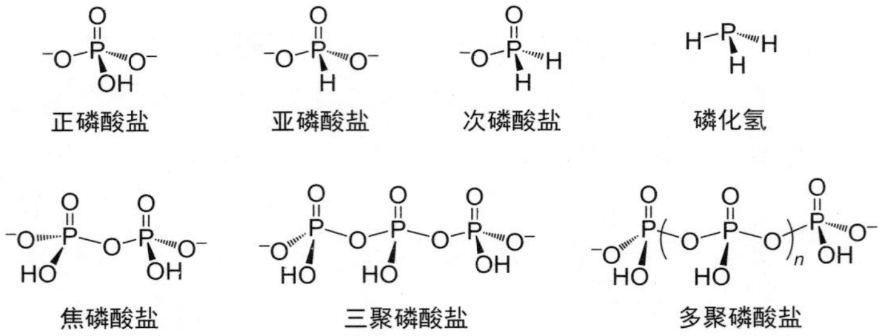

正磷酸盐　亚磷酸盐　次磷酸盐　磷化氢

焦磷酸盐　三聚磷酸盐　多聚磷酸盐

图1-2　无机磷酸盐的化学结构

一百多年前，科学家 L. Liberman 在酵母菌中发现了多聚磷酸盐。多聚磷酸盐可包含多达几百个正磷酸基团，是正磷酸脱水缩合形成的链状结构的无机化合物，最初发现于低等微生物中，如原核生物和低等真核生物[11-13]。最初人们认为多聚磷酸盐仅仅是生命起源和进化过程中的“分子化石”，作为磷酸和化学能量的储存库，以应对外界极端环境的变化[14-15]。随后，科学研究发现多聚磷酸盐存在于人体血小板中[16-17]，后续又发现多聚磷酸盐广泛存在于所有生物，特别是高等动物中，说明多聚磷酸盐在生命中可能发挥着重要的调控作用[18-19]。另外，多聚磷酸盐还被发现参与微生物生长及死亡的调控过程，还可以在细胞膜上与钙离子一起形成传输通道。另外，在哺乳动物中，多聚磷酸盐及其代谢酶参与骨组织生长调控、神经信号传递、线粒体能量代谢、蛋白质折叠与翻译后修饰、血液的凝固和血纤维蛋白的溶解等多样的生物和生理功能[20-26]。

细菌中有专门负责合成多聚磷酸盐的酶，叫作多聚磷酸盐激酶(polyphosphate kinase，PPK)[27-28]，被科学家认为是抗生素药物开发的蛋白靶点。细菌中存在两种高度保守的多聚磷酸盐合成酶，包括 PPK1 和 PPK2。在这两种酶的催化下，ATP 的磷酸基团缩合形成多聚磷酸酐结构。多聚磷酸盐还参与癌症的发生和发展过程，研究发现人类多聚磷酸内切酶(H-prune)在侵袭性癌症细胞中高表达，如乳腺癌和胃癌[29]。多聚磷酸盐的浓度在骨髓瘤细胞中高于正常细胞；体外实验结果表明多聚磷酸盐能诱导骨髓瘤细胞的凋亡[30-31]。在过去七十多年间，虽然发现了多聚磷酸盐在真核细胞中的广泛存在和多样功能，但目前还没有检测到哺乳动物细胞中的多聚磷酸盐合成酶。采用新的组学定量分析方法，如基于高分辨质谱技术的蛋白质组学方法，及其他生物技术的运用，多聚磷酸盐相关的新机制和新功能将会被系统地研究和揭示，特别是肿瘤细胞中可能存在的多聚磷酸盐聚合酶的鉴定。本书第 8 章将系统介绍微生物中多聚磷酸盐的合成机制。

自然界中生物发光现象也与磷元素有着密切的关系。干燥夏夜出现的“磷火”是由于空气中的磷化氢气体发生自燃所形成的蓝绿色火焰，这是一种化学发光现象，反应中释放的能量不是热量，而是可见光。

生物为了自身防御或传递信息，进化出一种酶催化的化学发光系统。该系统不依赖于外界的光吸收，发光过程通过氧气和 ATP 驱动，其化学能到光能的转化率几乎达到 100%。生物发光现象在自然界中广泛存在，如一些细菌、真菌、夏日的萤火虫、深海的鱼类、磷虾及深海栉水母等，都会在外界环境变化时发出多彩的光芒。

萤火虫发光过程中，荧光素酶催化氧化底物分子荧光素(luciferin)转变为氧化荧光素(oxyluciferin)，如图 1-3 所示，氧化过程消耗一个当量的 ATP，化学能量转化极为高效，几乎所有化学能量都转化成光能[32]。海洋的蓝色发光波浪也是来源于一种有发光能力的鞭毛藻(dinoflagellate)，一种介于动物和植物之间的单细胞生物，当受到外界干扰和合适挤压条件时，鞭毛藻体内独特的蓝色荧光素酶基因将被诱导表达，产生美丽的蓝色光[33]。

基于上述生物化学过程，人类发展了基于荧光素酶报告基因的检测技术及试剂，实现了高灵敏度和非放射性检测，适用于基因表达调控因子的生物机制研究，广泛应用于细胞和分子生物学中。荧光素酶报告基因检测技术也被用于生物体系中 ATP 浓度的测定、肿瘤组织的生物成像及细胞的生长和分化等研究中。

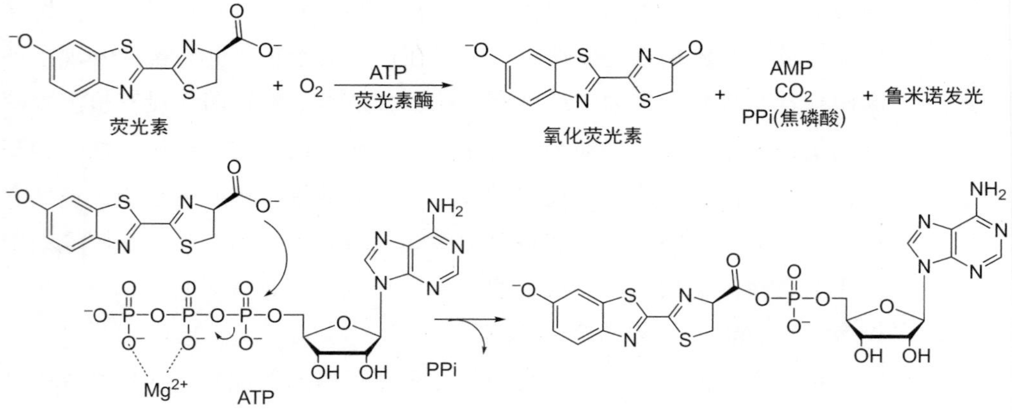

图 1-3 荧光素酶催化发光机制及磷酸酐中间体

1.2

磷元素的发现

磷元素存在三种同素异形体，包括白磷、红磷和黑磷。白磷有毒易燃；红磷广泛用于制造火柴、烟火等；黑磷具有二维层状正交结构，制备难度大。黑磷可以用来制备生物可降解的光热转化材料，在肿瘤的光热治疗和药物靶向输送方面具有应用价值[34-35]。有趣的是磷元素的发现来自生命体系。磷元素在 1669 年被德国人 Hennig Brand 发现，他把尿与砂、木炭、石灰混合，加热蒸馏，意外地得到了一种白色质软的物质。因为在黑暗中能放出闪烁的蓝绿色火光，于是 Hennig Brand 称其为 phosphorus，原意为“发光”。磷的拉丁文名称为 phosphorum，就是“冷光”的含义。实际上 Brand 从尿液中制备的磷物质其实是白磷。1943 年爆发的第二次世界大战中，德国汉堡(磷元素发现地)在一次大轰炸中被高度易燃、剧毒的白磷炮弹夷为平地。白磷炸弹燃烧温度高达 1000℃以上，且具有剧毒，危害性极大，接触皮肤后白磷会不断燃烧，很难及时去除，燃烧殆尽后才会熄灭。白磷弹用于战争中，会造成极大的身体和心理伤害，因此逐渐被各国所禁用。目前白磷常应用于烟幕弹和照明弹中。事实上，第二次世界大战中还有多种有毒磷试剂被作为化学武器应用于战争中，造成了极大的人员伤亡。例如神经毒剂沙林(sarin)、梭曼(soman)与塔崩(tabun)等化学武器的使用。因为磷试剂是中枢神经系统中关键蛋白胆碱酯酶的强效抑制剂，无法代谢的乙酰胆碱使神经系统处于兴奋状态，从而使人体快速出现中毒症状，最终威胁生命。

磷元素最初发现于人类生物样本中，随后科学家在生命体系中发现了一系列含磷生命物质，在生命过程中发挥着关键作用，极大地反映出磷与生命科学的密切关系。大约 1770 年，C. W. Scheele 在动物的骨骼和牙齿中发现了磷元素；1812 年，Uauquelin 从生物体的大脑脂肪中提取得到第一种有机磷物质(1850 年被证实为磷脂)；1869 年，F. Miescher 从绷带的脓细胞中提取出一种含磷的有机物，取名为“核素”，后被人称为“核酸”；1929 年，Fiske 与 Subarrow 从动物细胞间质中发现游离的三磷酸腺苷(ATP)。此后，含磷生物分子的新结构和新功能仍不断被发现。

表 1-1 和表 1-2 为 1921 ～ 2020 年间部分和磷元素直接或间接相关的诺贝尔奖及重要发现。回顾诺贝尔化学奖和生理学或医学奖，会发现人类生命科学史上的重要发现往往都直接或间接和磷元素相关。例如，1953 年，Crick、Watson 和 Wilkins 提出了 DNA 双螺旋结构，随后于 1962 年获得了诺贝尔生理学或医学奖；1966 年，Nirenberg、Ochoa 和 Khorana 破解了遗传密码子；1973 年，Berg、Boyer 和 Cohen 发明了 DNA 克隆技术；John E. Walker 等发现 ATP 合成酶的机制并获得 1997 年诺贝尔化学奖。磷酸基团独特的物理化学性质，决定了磷元素在复杂生命过程中的重要地位。磷酸盐拥有酸碱跨度的三种 pK_a 值(2.2、7.2 和 12.4)，可以形成单酯、双酯及三酯结构；同时，磷元素可以形成 P—O、

P—N、P—C 及 P—S 等多种化学键结构形式。可见，生命科学发展史实际上也是磷化学的发展史，含磷生命物质的结构和功能的揭示，极大推动了人类对生命本质的认识，从而也推动了人类对重大疾病诊断与治疗技术的跨越。

表1-1　诺贝尔化学奖中与磷元素相关的发现（部分）

时间	获奖者	主要发现	磷元素相关
1957 年	Alexander R. Todd	核苷酸和核苷酸辅酶研究	核苷酸
1970 年	Luis F. Leloir	糖核苷酸及其在碳水化合物的生物合成中所起的作用	核苷酸
1972 年	Christian Anfinsen Stanford Moore William H. Stein	核糖核酸酶的研究，特别是对其氨基酸序列与生物活性构象之间联系的研究 核糖核酸酶分子活性中心的催化活性与其化学结构之间关系的研究	核糖核酸
1979 年	Georg Wittig	将含磷化合物发展为有机合成中的重要试剂	磷合成试剂
1980 年	Paul Berg Walter Gilbert Frederick Sanger	对核酸的生物化学研究，特别是对重组 DNA 的研究 核酸中 DNA 碱基序列的确定方法	DNA
1982 年	Aaron Klug	晶体电子显微术，并且研究了具有重要生物学意义的核酸 - 蛋白质复合物的结构	核酸
1989 年	Thomas R. Cech	RNA 的催化性质	RNA
1993 年	Kary B. Mullis Michael Smith	聚合酶链式反应（PCR） 建立寡聚核苷酸为基础的定点突变及对蛋白质的研究	DNA
1997 年	Paul D. Boyer John E. Walker Jens C. Skou	三磷酸腺苷（ATP）合成中的酶催化机理	ATP
2004 年	Aaron Ciechanover Avram Hershko Irwin Rose	泛素介导的蛋白质降解	磷酸化修饰
2006 年	Roger D. Kornberg	真核转录的分子基础研究	RNA
2009 年	V. Ramakrishnan Thomas A. Steitz Ada E. Yonath	核糖体结构和功能	RNA
2012 年	Robert J. Lefkowitz Brian Kobilka	G 蛋白偶联受体	磷酸化修饰

续表

时间	获奖者	主要发现	磷元素相关
2015 年	Tomas Lindahl Paul Modrich Aziz Sancar	DNA 修复的细胞机制研究	DNA
2020 年	E. Charpentier Jennifer A. Doudna	基因组编辑方法	DNA

表1-2　诺贝尔生理学或医学奖中与磷元素直接相关的发现（部分）

时间	获奖者	主要发现	磷元素相关
1933 年	Thomas H. Morgan	染色体的遗传机制	DNA
1946 年	Hermann J. Muller	用 X 射线可以使基因人工诱变	DNA
1947 年	Carl Cori Gerty Cori Bernardo Houssay	糖代谢中的酶促反应 脑下垂体前叶激素对糖代谢的作用	磷酸化
1953 年	Fritz Lipmann Hans Krebs	高能磷酸结合在代谢中的重要性，发现辅酶 A 三羧酸循环	辅酶 A 糖的磷酸化
1958 年	George Beadle Edward Tatum Joshua Lederberg	生物体内的生化反应都是由基因逐步控制的 基因重组以及细菌遗传物质方面的研究	DNA
1959 年	Severo Ochoa Arthur Kornberg	RNA 和 DNA 的生物合成机制研究	RNA; DNA
1962 年	James Watson Francis Crick Maurice Wilkins	核酸的分子结构	DNA
1968 年	Robert W. Holley H. Gobind Khorana M. W. Nirenberg	遗传信息的破译	密码子
1969 年	Max Delbrück Alfred D. Hershey Salvador E. Luria	病毒的复制机制和遗传结构	核酸
1978 年	Werner Arber Hamilton O. Smith Daniel Nathans	限制性内切酶	核酸
1983 年	B. McClintock	转座子	DNA
1989 年	J. Michael Bishop Harold E. Varmus	原癌基因	DNA

续表

时间	获奖者	主要发现	磷元素相关
1992 年	Edmond H. Fischer Edwin G. Krebs	蛋白质可逆磷酸化作用	磷酸化
1993 年	Phillip A. Sharp Richard J. Roberts	断裂基因	DNA
1994 年	Alfred G. Gilman Martin Rodbell	G 蛋白及其在细胞中转导信息的作用	磷酸化
1999 年	Günter Blobel	蛋白质在细胞内的转移和定位	磷酸化
2006 年	Andrew Z. Fire Craig C. Mello	核糖核酸(RNA)干扰机制	RNA
2007 年	Mario R. Capecchi Oliver Smithies Sir Martin J. Evans	采用胚胎干细胞对小鼠特定基因修饰技术（“基因打靶”技术）	DNA
2009 年	E. H. Blackburn Carol W. Greider Jack W. Szostak	端粒和端粒酶保护染色体的机理	DNA
2017 年	Jeffrey C. Hall Michael Rosbash Michael W. Young	控制昼夜节律的分子机制	磷酸化修饰
2020 年	Harvey J. Alter Michael Houghton Charles M. Rice	丙型肝炎病毒的发现	RNA 病毒

1.3
磷元素与生命过程密切相关

构成生命体系的分子主要包括核酸、蛋白质及小分子代谢物等，生物分子之间的相互作用、识别、物质交换、能量转化及系统化学反应等组成了复杂的生命调控网络。酶催化下的生物化学反应维持着生命系统的稳态及遗传信息的存储和传递。生命的化学也是磷元素的化学，磷元素直接或者间接参与其中，起到“生命调控中心”的作用。磷元素在海水中的含量达到 0.0015×10^{-6}，地壳中含量高达 1000×10^{-6}，丰度列前 10 位。人体中磷元素约占体重的 1%。成人体内含有约 600 ～ 900g 磷，大约 85% 以羟基磷灰石的形式集中于骨和牙齿，1% 分布于血液和组织液中，14% 分布于软组织中，例如肌肉等。一个鸡蛋蛋黄约含磷 60mg，100g 猪肝中约含磷 300mg；而植物的种子磷含量更高，100g 小麦约含磷 350mg，100g 大豆约含磷 700mg，种子中磷元素主要以植酸的形式存在，每一分子的植酸含有六个磷原子。

1.3.1　DNA 双螺旋结构

DNA 为遗传信息物质，四种脱氧核苷(dA、dG、dC 和 dT)通过磷酸二酯键连接而成，A 与 T 和 G 与 C 之间分别形成 2 组和 3 组氢键作用，从而形成双螺旋结构，如图 1-4 所示。1953 年，Watson 和 Crick 等科学家提出 DNA 双螺旋(the double helix)结构，标志着分子遗传学的开启[36-38]。DNA 的两条链可以作为模板合成新的 DNA 双螺旋结构，完全复制模板的遗传信息；1957 年，Crick 提出 DNA 中的核苷序列可以编码合成组成蛋白质的氨基酸残基顺序；1958 年，A. Kornberg 等发现了 DNA 聚合酶可以催化 DNA 链的延长[39-40]；1961 年，M. Nirenberg 和 H. Matthaei 在无细胞体系中首先破解了苯丙氨酸的密码子为 UUU，这也是人类破解的 64 个三联体遗传密码中的第一个密码子；1977 年，F. Sanger 带领的团队建立了测定 DNA 序列的方法。DNA 双螺旋结构的发现极大地推动了现代生物学与医学的发展[41]。DNA 序列测定和基因组学分析在癌症相关突变基因的检测、药物治疗效果评价、细菌耐药性机制、传染性微生物的基因组快速鉴定及信息存储中发挥着重要作用。近年来 DNA

的人工化学修饰、分子探针筛选及表观遗传调控等方面不断取得进展，本书第 2 章和第 3 章将介绍这方面的内容。

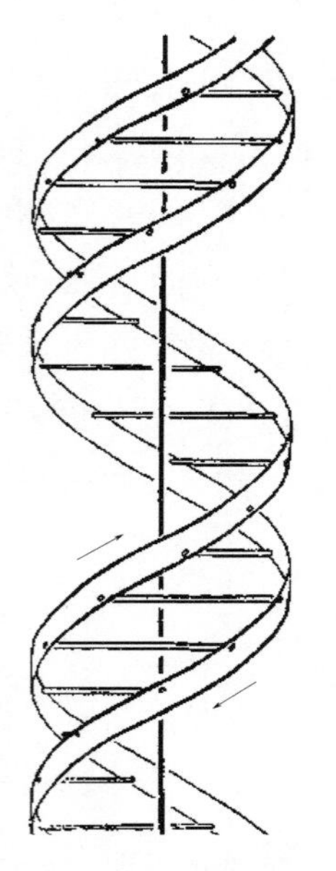

图 1-4　DNA 双螺旋结构示意图

1.3.2　磷元素的不可替代性

生命过程需要能量驱动，生命的“能量货币”三磷酸腺苷(ATP)发挥着关键作用。ATP 分子中含有两个磷酸酐高能化学键，ATP 水解过程释放的能量驱动生命过程，如图 1-5 所示。细胞株 ATP 的浓度高达几个 mmol/L，生命体系为什么需要维持这么高浓度的 ATP 呢？实际上 ATP 本身具有化学和生物不稳定性，容易水解。ATP 除了作为能量供体外，ATP 和其他核苷的三磷酸形式都具有的一个基本功能就是合成核酸。ATP 的新功能仍然是当今科学研究的热点，新的生物功能也不断被科学家揭示。

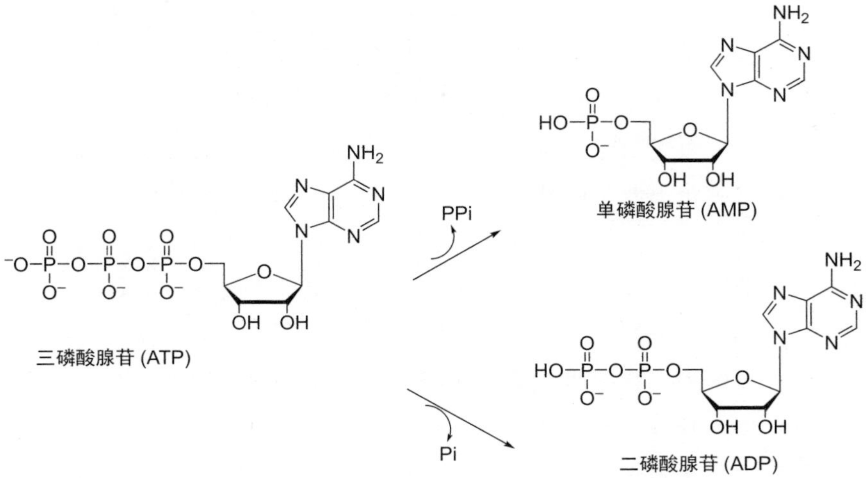

图 1-5　ATP 磷酸酐高能化学键的水解过程

与磷元素同族的砷元素，具有很多类似的物理化学性质，因此砷化合物也同样容易被细胞吸收，但砷酸酯的化学不稳定性会导致生物毒性。俗名“砒霜”的三氧化二砷(As_2O_3)是一种剧毒物质，但同时又是一种中药，“以毒攻毒”治疗急性早幼粒细胞白血病。磷酸酯的结构具有更好的稳定性，即使在高浓度砷酸盐培养条件下，极端微生物仍然使用磷元素作为 DNA 合成的关键元素，而不是选择砷元素替代 DNA 结构中的磷酸二酯结构，极端微生物仍然依赖于磷酸盐[42-43]。磷酸盐与砷酸盐具有十分接近的 pK_a 和基团大小，二者与硫酸盐有较大的差异。微生物是如何特异性区分磷酸盐和砷酸盐的呢？后续研究表明，分离于高浓度砷酸盐环境的微生物拥有磷酸盐结合蛋白(phosphate-binding protein，PBP)，即使在砷酸盐浓度过量于磷酸盐浓度 4500 倍的情况下，仍然选择识别磷酸盐进入细胞，过滤有毒的砷酸盐。而其他普通环境微生物的磷酸盐结合蛋白的选择性只能适应 500 倍浓度过量的砷酸盐培养基体系。在磷酸盐限制的条件下，磷酸盐结合蛋白 PBP-2 在微生物中高表达超过 40 倍，进一步的结构生物学结果表明，磷酸盐能与 PBP-2 酶中 62 位的天冬氨酸残基形成短氢键，砷酸盐结构比磷酸盐稍大，形成的扭曲的氢键影响了其与磷酸盐结合蛋白的氢键结合[44]。微生物能适应高浓度砷酸盐的极端环境，是因为微生物进化出更加高效和高选择性结合磷酸盐的蛋白，从而可应对外界环境磷酸盐缺乏时的极端生存条件。

微生物如何识别磷酸盐并把环境中磷酸盐输送进入细胞中呢？微生物进化出专门的磷酸盐识别和传送机制，磷酸盐结合蛋白对磷酸盐有高的亲和性，从而实现从低浓度磷环境中富集磷元素，满足生物基本合成的需求[45-47]。例如，ABC 转运器(ATP binding cassette transporter，ABC transporter)[48]，最早发现于细菌，通过结合 ATP 发生二聚化，ATP 水解后解聚，构象改变从而释放结合的磷酸盐。ABC 转运器可以转运离子和氨基酸、核苷酸、糖、多肽等生物分子，且具有一定特异性。真核细胞中也发现 ABC 转运器的存在，如肝癌细胞中高表达的多药抗性蛋白(multidrug resistance protein，MRP)。

1.3.3 植物光合磷酸化过程

植物的光合作用(photosynthesis)过程中磷元素同样发挥着十分关键的作用。大自然中高等植物、藻类及某些特殊细菌均可以通过叶绿体(chloroplast)发生光合作用，利用叶绿素分子作为催化剂，在可见光的催化下将空气中的二氧化碳和水转化成葡萄糖及氧气，为地球生命提供生存所需要的物质和能量，调控地球环境的碳 - 氧循环与平衡。叶绿素分子完成对光能的吸收、传递和转换等连续过程。叶绿体由双层膜、类囊体及基质三部分组成，光反应系统由两个包括光合色素在内的光系统完成，光系统Ⅰ(P700)和光系统Ⅱ(P680)，将光能转化为化学能；在随后进行的碳同化阶段，高等植物对 CO_2 进行固定。光合作用分为光反应和暗反应两个主要阶段，包括光吸收、电子传递、光合磷酸化、碳同化等多个化学反应连续步骤，完成二氧化碳从无机物到有机物的转化。

光合磷酸化步骤合成 ATP 和 NADPH，为暗反应阶段提供关键能量和还原剂，从而进行碳的同化作用，使二氧化碳还原为葡萄糖等碳水化合物，进一步将活化的化学能转化成稳定的化学能，并释放出氧气分子。光反应阶段的反应式为：$H_2O + ADP + Pi + NADP^+ \longrightarrow O_2 + ATP + NADPH + H^+$，科学家 Walker、Skou 和 Boyer 因光合磷酸化和呼吸作用的氧化磷酸化酶的结构解析与机理机制的发现获得了 1997 年的诺贝尔化学奖。

有种名叫绿叶海蜗牛(elysia chlorotica)的海洋动物，以海洋藻类为食，而海洋藻类的叶绿体居然可以保留于蜗牛体内[49-51]。绿叶海蜗牛也能像植物一样发生光合作用，合成自身需要的碳水化合物等能量物质。科学家研究还发现绿叶海蜗牛的染色体中存在藻类的 *PsbO* 基因，持续修复和保护叶绿体的正常运转。合成生物学研究领域的科学家正在设计和制造类叶绿体结构，从而完成光能到化学能的转化，以及无机碳合成有机物质的生物转化[52]。

1.4

磷元素与能量代谢

1.4.1 能量代谢过程的高能磷分子

在生命体系中，不管是能量的代谢、蛋白质的生物合成，还是核酸的合成、降解及蛋白的翻译后修饰，几乎所有的生命过程都会涉及含磷生物分子，如作为能量载体的 ATP、多种辅酶、第二信使环磷酸腺苷、磷脂及核酸等。氧化 - 还原反应体系中还原型烟酰胺腺嘌呤二核苷酸 NADH 和还原型黄素腺嘌呤二核苷酸 $FADH_2$ 分别涉及一个 H^+ 和 2 个电子及 2 个 H^+ 的氧化 - 还原循环体系，正如 F. H. Westheimer 教授所述 “Phosphate esters and anhydrides dominate the living world”（磷酸酯和磷酸酐是生命的调控中心）[6]。磷酸酐的高能 P—O 酯键结构，如图 1-6 所示：含有两个高能磷酸酯键的 ATP 是生物体内分布最广和最重要的核苷酸，是生物体内最重要的能量转化中间体；NAD^+（烟酰胺腺嘌呤二核苷酸）是一种含有焦磷酸键的重要辅酶，更是生物氧化和还原反应的一种重要的电

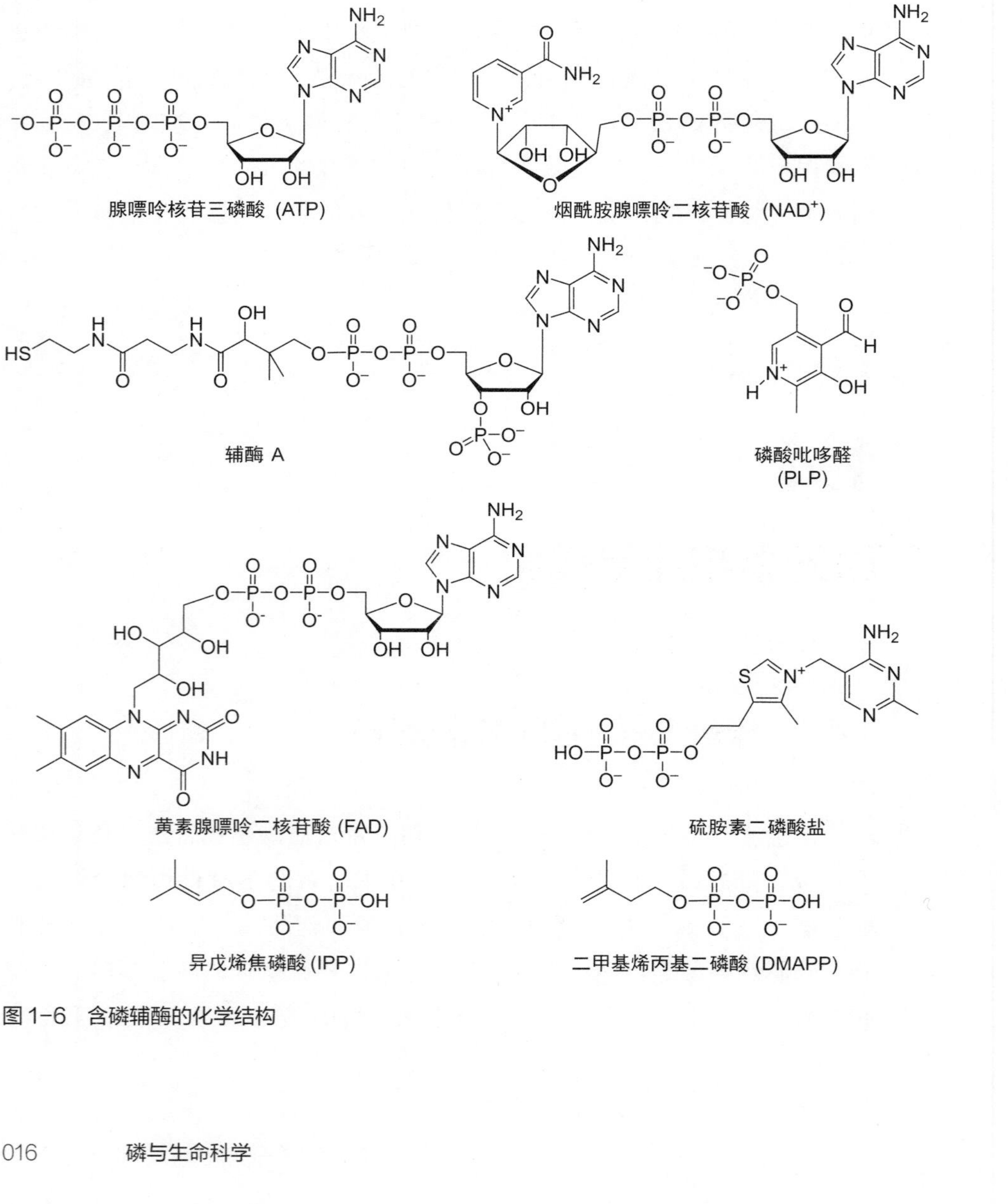

腺嘌呤核苷三磷酸 (ATP)

烟酰胺腺嘌呤二核苷酸 (NAD^+)

辅酶 A

磷酸吡哆醛
(PLP)

黄素腺嘌呤二核苷酸 (FAD)

硫胺素二磷酸盐

异戊烯焦磷酸 (IPP)

二甲基烯丙基二磷酸 (DMAPP)

图 1-6　含磷辅酶的化学结构

子和质子载体。除此之外，许多生物合成与降解的基本中间体，或者许多代谢过程的产物中间体，都是焦磷酸酯。例如，与蛋白的乙酰化修饰等密切相关的乙酰辅酶A（aetyl-coA）、异戊烯焦磷酸酯及核糖-6-磷酸酯-1-焦磷酸酯等都具有焦磷酸酯键结构。另外，辅酶 B_{12} 通过自由基催化过程实现氢原子交换，而甲基钴胺（methylcobalamin）可以作为甲基化修饰的受体。异戊烯焦磷酸和二甲基烯丙基二磷酸在萜类结构代谢物的合成中发挥关键作用。

高能磷酸 - 羧酸混酐 P—O 键也是生物体中普遍存在的一种重要结构模式，如图 1-7 所示，氨酰腺苷、被誉为“信号开关”的乙酰基磷酸及磷酰基迁移过程中涉及的蛋白质天冬氨酸和谷氨酸残基等均含有高能磷酸 - 羧酸混酐化学键结构。在蛋白质的生物合成过程中，氨基酸的羧基以混酐键与 AMP 上的 5′-磷酸基连接形成高能酸酐键，从而使氨基酸的羧基得到活化。氨酰腺苷本身很不稳定，容易水解，与 tRNA 合成酶（aaRSs）结合后变得较为稳定。随后，活化后的氨基酸被转移到相应的 tRNA 的 3′-末端形成氨酰 -tRNA，从而进入蛋白质肽链

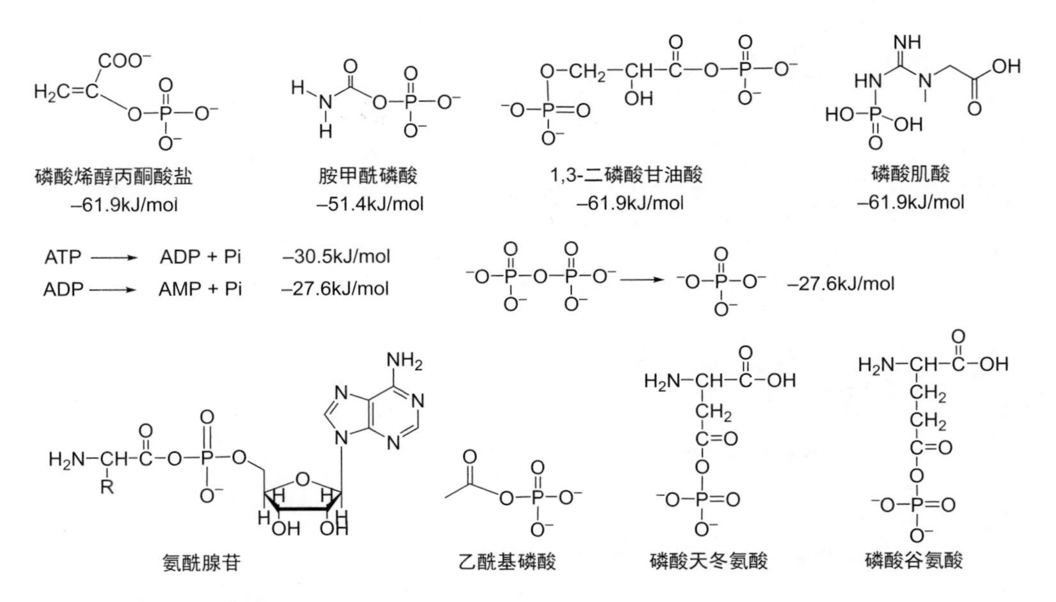

图 1-7　高能磷酸 - 羧酸混酐结构

的延伸反应阶段，完成基因的翻译。氨酰 -tRNA 分子中氨基酸的羧基与 tRNA 中核糖部分 3′-位或者 2′-位羟基形成活化酯结构，具有生成酰胺键的化学能量。由于氨酰腺苷在蛋白质生物合成中具有重要作用，氨酰腺苷被作为化学小分子模型进行深入研究，发现其在水溶液中除了发生水解反应，还发生聚合成多肽、分子内的氨基酸迁移形成活化酯等许多仿生化反应。高能磷酸 - 羧酸混酐键结构的化学生物学性质仍是研究热点之一。

生命过程通过 ATP 的磷酰基团转移过程提供化学能量，形成 ATP-ADP 的循环，ATP 不断消耗的同时也不断合成，以维持生命体系 ATP 的浓度平衡，如图 1-8 所示。在腺苷酸激酶的催化下，ATP 可以和 AMP 反应生成 2 当量的 ADP，可见 ATP-ADP-AMP 之间形成了转化途径，维持生命体系平衡。生命体中有三个主要途径合成高能磷酰化学键：线粒体中的氧化磷酸化过程、糖酵解过程（1 分子葡糖糖产生 2 分子的 ATP）及三羧酸循环过程。通过酶催化，ATP 水解释放能量并实现磷酸基团

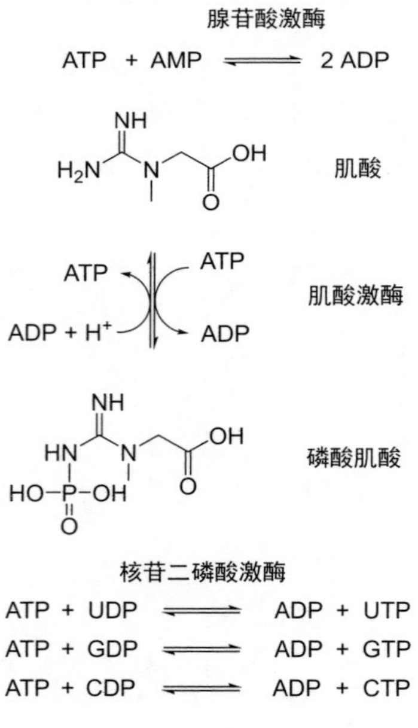

腺苷酸激酶
ATP + AMP ⇌ 2 ADP

肌酸

ATP ← → ATP
肌酸激酶
ADP + H^+ ← → ADP

磷酸肌酸

核苷二磷酸激酶
ATP + UDP ⇌ ADP + UTP
ATP + GDP ⇌ ADP + GTP
ATP + CDP ⇌ ADP + CTP

图 1-8　ATP 的平衡与转化过程

的迁移。能量高于 ATP 的代谢物都可以用来合成 ATP。其中高能磷酰肌酐被用来储存能量，当体系中 ATP 的浓度升高时，形成磷酸原(phosphagens)磷酰肌酐储存能量。另外，在对应的核苷酸二磷酸激酶的催化下，ATP 分别与 UDP、GDP 及 CDP 反应生成对应的 UTP、GTP 和 CTP 等重要核苷三磷酸结构，作为其他三磷酸核苷酸的重要来源。三羧酸循环是糖、脂、蛋白质等重要生物分子物质代谢与能量转化的枢纽：以 1 当量的乙酰辅酶 A 为原料，通过连串的酶催化反应循环体系，产生 1 GTP + 3 NADH + 1 $FADH_2$ + 2 CO_2 和 3 H^+ 等；细胞有氧呼吸过程中，通过三羧酸循环，1 个葡萄糖分子可以产生 32 个或 30 个 ATP 能量分子。

1.4.2 ATP 新生物功能的发现

ATP 是生命体系中能量的载体，细胞中 ATP 驱动的生物过程需要的 K_m 值仅在 10 ～ 500μmol/L 之间，然而细胞中 ATP 浓度高达几个 mmol/L，细胞为什么需要维持这么高浓度的 ATP 呢？科学家们推测细胞中的 ATP 一定还发挥着多种重要的未知功能。ATP 分子中的 γ- 磷酸基团可以在蛋白激酶的催化下对蛋白质的特定氨基酸残基进行翻译后化学修饰，从而调控蛋白质的酶活性、蛋白质 - 蛋白质相互作用、蛋白质的降解、蛋白质出入核及蛋白质在细胞和组织中的时空定位与分布等。ATP 还能通过与蛋白质的特异性结合传递信号及改变蛋白质的构象。最近的研究表明，细胞中高浓度的 ATP 不但可以作为微环境的缓冲体系，ATP 还能影响细胞中拥挤环境条件下蛋白质的相分离过程，抑制蛋白质相分离中聚集及纤维化沉淀过程，从而调控蛋白质的酶活性 [53-54]。随着研究的不断深入，ATP 作为地球生命的起源与分子进化过程中最为古老的分子化石，生命体系中 ATP 分子与生命大分子之间相互调控的新结构、新功能和新机制将被揭示 [55-57]。

1.4.3 NAD^+/NADH 氧化 - 还原过程

NAD^+/NADH 和 FAD/$FADH_2$ 组成氧化还原体系，在生命过程中发挥关键作用，比如脂肪酸的氧化过程，图 1-9 为乳酸的氧化过程。在线粒体中酶催化条件下，脂肪酸通过四步反应循环，基于逆克莱森缩合(Claisen condensation)反应过程实现了羧基端断裂并产生乙酰辅酶 A，进入三羧酸循环为生命提供化学能量。

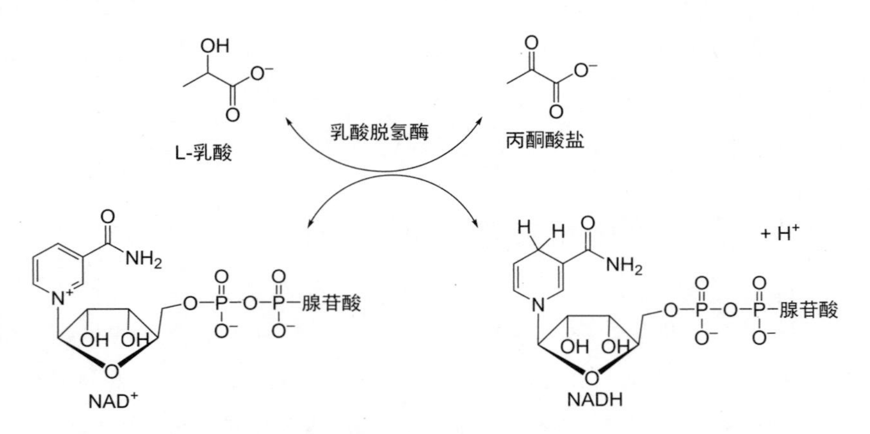

图 1-9　NAD^+/NADH 驱动下的乳酸氧化过程

1.4.4 磷元素与氨基酸代谢

组成蛋白质的 20 种天然 *α*-氨基酸的生物合成与代谢都具有特有的通路和酶催化机制，磷元素紧密参与其中。氨基酸的代谢一般分为三个步骤，首先是脱去氨基，形成 *α*-丙酮酸进入三羧酸循环释放出氨，整个代谢过程含磷代谢物起到非常关键的作用。比如氨基酸脱氨基反应中，氨基酸在氨基转移酶(aminotransferase)催化下，磷酸吡哆醛(pyridoxal phosphate，PLP)与氨基转移酶形成 PLP 酶络合物，酶的赖氨酸残基侧链氨基与 PLP 的醛基结构形成亚胺，氨基酸的氨基会亲核进攻 C═N 双键形成 PLP- 氨基酸亚胺中间体，通过酶催化的质子迁移，形成氨基酸脱氨的产物磷酸吡哆胺(pyridoxamine phosphate，PMP)和酮酸；PMP 中获得的氨基继续在氨基酸转移酶的催化下转移给酮谷氨酸，同时产生酶-PLP的赖氨酸共价络合物，谷氨酸在谷氨酸脱氨酶的催化下水解得到游离氨，而游离氨往往对生物体具有毒性，陆生生物会快速通过多步磷酸化过程把游离氨转化为无毒的尿素，该转化过程同样需要高能含磷物质的推动才能完成，如图 1-10 所示。

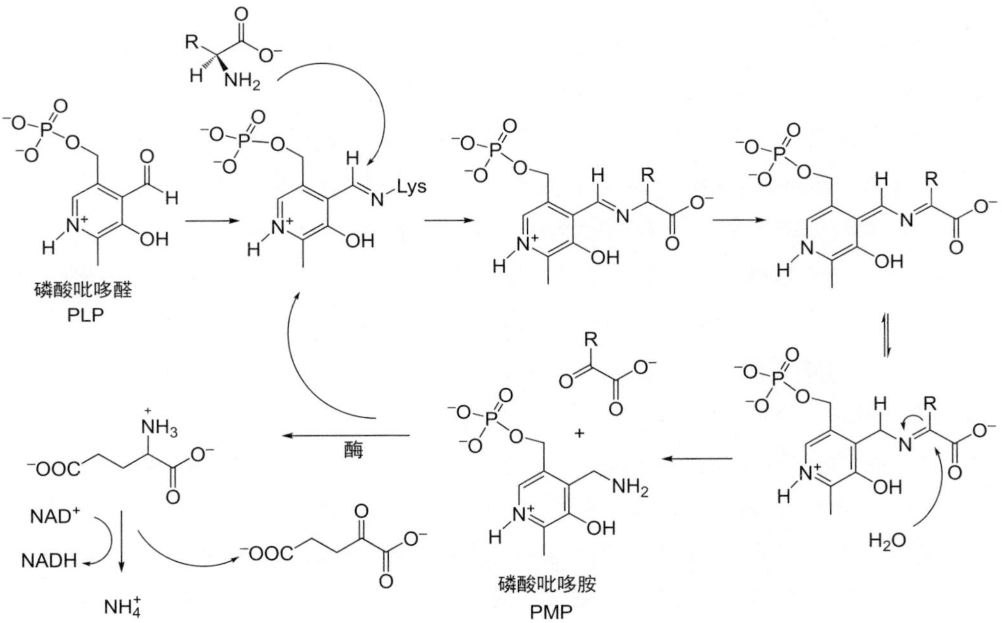

图 1-10　辅酶磷酸吡哆醛催化下氨基酸脱氨的代谢过程

1.5

磷脂的化学结构与功能

细胞是组成生命的基本单元。细胞膜把细胞分隔为胞内和胞外两个区域，细胞内的蛋白质、代谢物及核酸等生物分子形成一个独立的生物化学网络，通过细胞膜结构与外界进行物质交换、能量转换、维持离子稳态、信息传递及识别等诸多生物功能，同时细胞膜还起到保护和支撑细胞的作用，维持细胞内微环境的相对稳定[58]。细胞膜的主要构成物质为膜蛋白、胆固醇及磷脂。膜蛋白包括载体蛋白（carrier protein）和通道蛋白（channel protein）两类，占整个基因编码蛋白的15%～30%；具有流动性的细胞膜的脂双层结构就是由磷脂形成的。

磷脂是组成细胞膜的主要组成成分。磷脂分为甘油磷脂和鞘磷脂两大类。其中，甘油磷脂的种类主要有8种（图1-11），分别为心磷脂（cardiolipin）、磷脂酰胆碱（3-phosphatidylcholine）、溶血卵磷脂（lysolecithin）、磷脂酰乙醇胺（3-phosphatidylethanolamine）、磷脂酰丝氨酸（3-phosphatidylserine）、缩醛磷脂（plasmalogens）、磷脂酰肌醇（3-phosphatidylinositol）、磷脂酸（phosphatidic acid）等，实际上都可以看成是磷酸甘油酯的衍生物。磷脂结构中同时包含亲水和亲脂双亲性（amphipathic）结构，不溶于水的脂肪酸部分具有亲脂性，溶于水的磷酸部分具有亲水性，磷脂在水溶液中会自组装形成磷脂双层结构。

心磷脂是线粒体膜的主要磷脂成分；组成细胞膜的磷脂主要是磷脂酰胆碱，也是人体胆碱的主要储存体，胆碱是非常重要的神经递质，也是活泼甲基的存储库；溶血卵磷脂是磷脂的代谢中间产物，2-位碳原子连接一个羟基结构；磷脂酰乙醇胺和磷脂酰丝氨酸的结构不同之处仅仅是把胆碱部分换成了乙醇胺及丝氨酸；缩醛磷脂占大脑和肌肉中10%左右的磷脂组分；磷脂酰肌醇中糖部分结构的4,5-位羟基还可以发生双磷酸化，也是一种重要的细胞膜磷脂成分，是第二信使的前体物质；磷脂酸、鞘磷脂主要存在于大脑和神经系统中，该脂肪酸中含有独特的酰胺结构。细胞膜具有非常复杂的功能，如细胞内外的物质与能量的平衡及信息的交换等。细胞膜中不仅含有磷脂，还含有大量的蛋白质及多糖；特别是糖基化修饰的蛋白质，完成细胞的识别和相互作用。

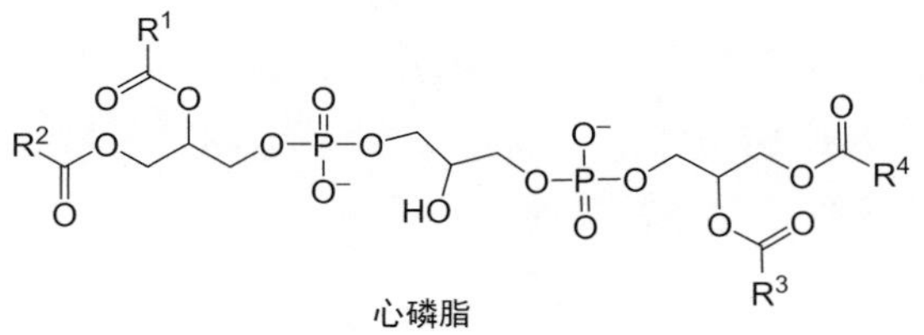

心磷脂

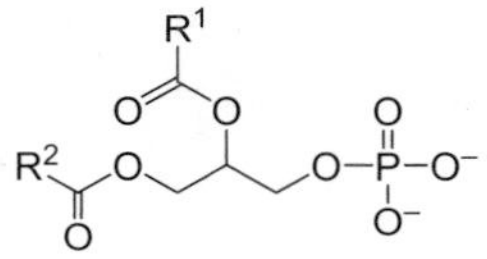

磷脂酸 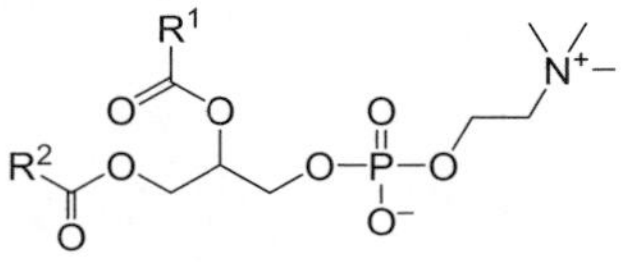　　磷脂酰胆碱 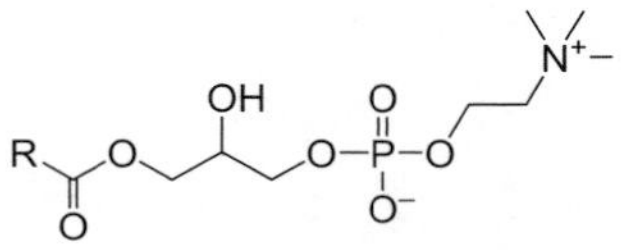　　溶血卵磷脂

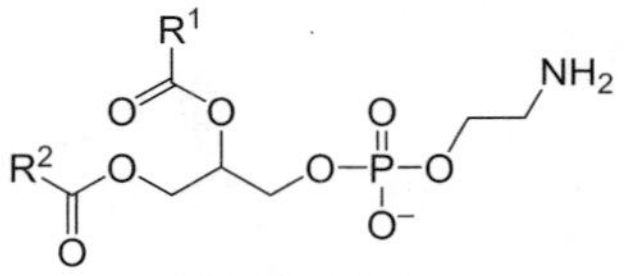

磷脂酰乙醇胺 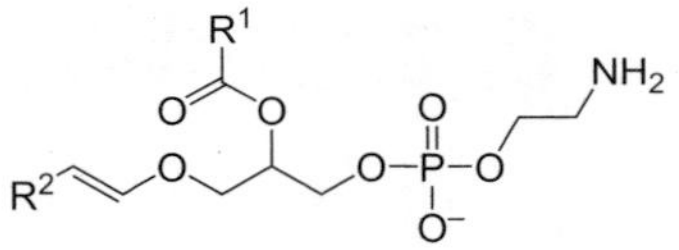　　缩醛磷脂 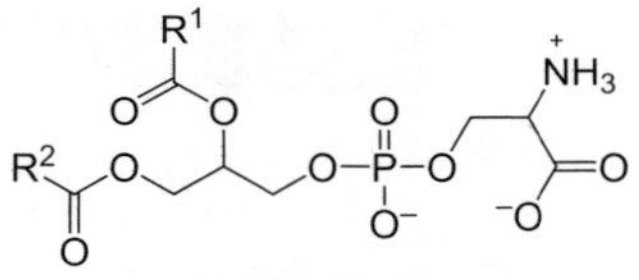　　磷脂酰丝氨酸

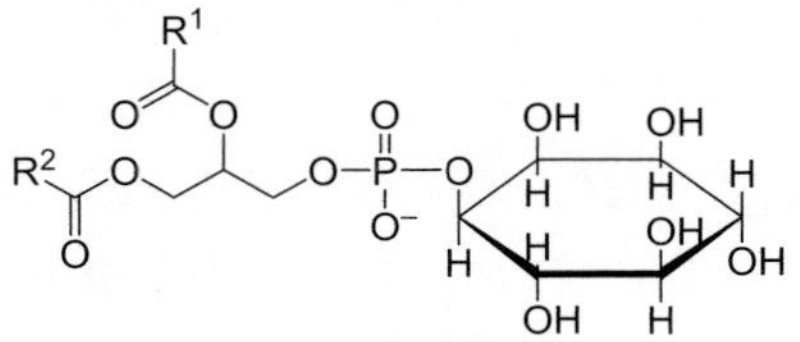

磷脂酰肌醇 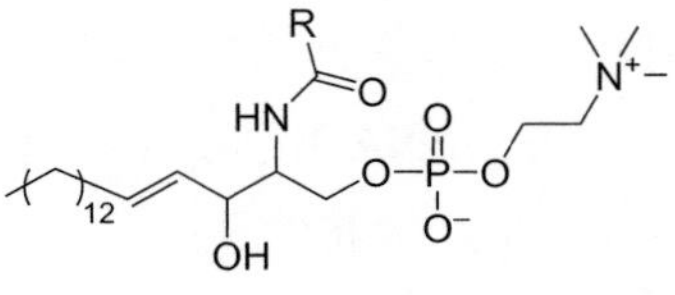　　鞘磷脂

图1-11　磷脂的化学结构

保持细胞膜的完整性在细胞生命维持中具有关键作用，细胞的程序性死亡，如凋亡(apoptosis)过程，细胞膜保持完整，不会释放出细胞内容物引发炎症；而细胞坏死(necroptosis)和细胞焦亡(pyroptosis)等过程都涉及细胞膜的破裂，最终导致细胞的死亡和炎症的发生，可见细胞膜

结构的精准识别与调控对维持细胞生存和基本功能至关重要。肿瘤细胞失控生长需要大量的脂质类物质，磷脂不仅是合成细胞膜的基本物质，还参与生物过程及存储能量。脂质组学(lipidomics)通过现代分离分析与定量技术，研究生命体如细胞、组织及某种生物体中所有脂质的化学结构和功能，包括脂质与脂质、蛋白及代谢物之间的相互作用，以理解生命过程中脂质代谢发挥的作用，为疾病的诊断和治疗提供关键科学依据[59-60]。新的技术发展极大推动了磷脂结构与功能的研究。其中，磷脂的异常代谢被作为癌症、糖尿病、心血管疾病及传染性疾病等的诊断标志，用于疾病的诊断和治疗效果评价[61-62]。

1.6

核酸的结构、合成与水解过程

DNA 和 RNA 是重要的生命物质，它们记录了生命的全部遗传信息。其中 DNA 负责遗传信息的储存和发布，它使得生命的全部特性能够传递下去，RNA 负责遗传信息的表达，它直接参与蛋白质的生物合成，转录 DNA 所发布的遗传信息并将之翻译给蛋白质，使生长、发育、繁殖和遗传得以进行[63]。DNA 和 RNA 在结构上存在着细微的不同(图 1-12)，DNA 的基本组成单元是脱氧核糖核苷，而 RNA 的基本组成单元是核糖核苷，从结构上比较后者比前者在糖环上多了一个 2′-位的羟基。结构上的差异使得二者在化学性质上表现出明显的不同，并决定了它们在生命过程中发挥着不同的作用。

与遗传信息载体 DNA 相比，核糖核酸 RNA 具有更加丰富的种类和生物功能。Cech 于 1982 年发现了具有催化功能的 RNA 分子，它是一种四膜虫的 tRNA，能催化自身发生剪接，“核酶”(ribozyme)的发现获得了 1989 年诺贝尔化学奖[64-66]。此后又陆续发现了很多其他这类分子，由此 Gilbert 提出了“RNA 世界”(the RNA world)的理论，认为生命起源于核酸，原始的核酸不仅具有携带遗传信息的功能，而且能够催化必需的化学反应。

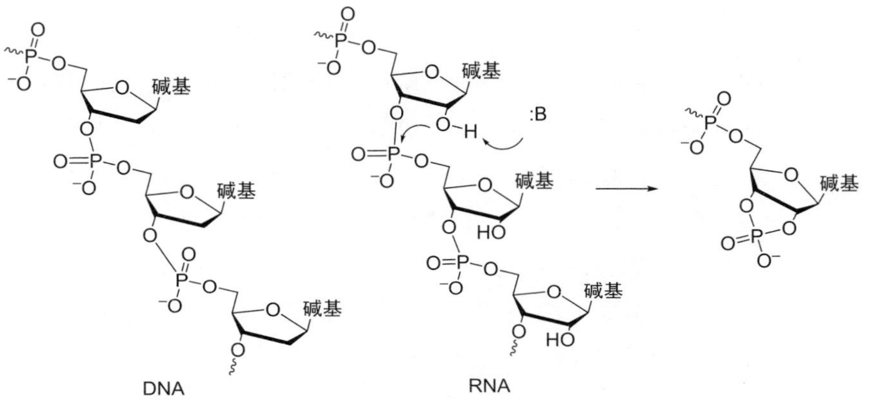

图 1-12　核酸 DNA 和 RNA 的磷酸二酯键结构

RNA 根据结构和功能主要分为信使 RNA(mRNA，分子量 20 万～50 万)和非编码 RNA 两大类。mRNA 以 DNA 为模板通过 RNA 聚合酶的催化转录形成，直接指导蛋白质的合成，转录起始和转录延伸阶段都受到蛋白质磷酸化修饰的调控，详细机制将在本书第 5 章中介绍。非编码 RNA 主要包括蛋白质合成的核糖体 RNA(分子量 10^6 ～ 10^9)、长链非编码 RNA、转移 RNA(分子量 2 万～ 4 万)、核酶、小分子 RNA 等，长度不同、序列结构不同构成了不同 RNA 在生命体系中独特的生物功能。例如转移 RNA 主要负责蛋白质合成过程中遗传密码子与反密码子的识别和将 20 种氨基酸精准转运至核糖体，在核酶的催化下完成氨基酸的缩合形成酰胺键，最终合成具有多种催化功能的蛋白质。核酶的发现也打破了生命体系只有蛋白质才有酶催化活性的认识。基于 RNA 的基因干扰技术、RNA 导向的基因编辑技术及 mRNA 疫苗等先进技术正推动人类生命科学和健康领域研究和应用的发展。核酸的结构、化学修饰及核酸适配体等内容将在本书第 2 章和第 3 章中介绍。

DNA 和 RNA 功能的差异是由化学结构决定的，然而脱氧核苷酸和核苷酸 2-羟基的结构差异还不能造成如此迥异的功能，磷酸二酯键的独特物理化学性质与核糖的 2-羟基之间协同发挥着关键的作用，实际上其中涉及了磷元素相对稳定的四配位结构和高活性五配位中间体的动态转化机制。

除了高能 P—O 酸酐键，磷酸二酯键和磷酸单酯键同样在生命体系中起着重要作用。蛋白质可逆磷酸化作为真核细胞信号转导的核心，在生命系统中发挥着重要作用。蛋白激酶将 ATP 的磷酸基转移到蛋白质上的特定位点，如丝氨酸(Ser)、苏氨酸(Thr)、酪氨酸(Tyr)残基上，形成磷酸单酯键，从而实现底物蛋白的磷酰化修饰，进而作用于一系列细胞过程如激酶的级联反应、基因转录和调控等。DNA 和 RNA 基本结构要素之一便是磷酸二酯键，磷原子上带有一个负电荷，负电荷与 OH^- 的排斥作用使磷酸二酯具有较好的稳定性。磷酸单酯主要以质子化单负离子形式存在，通过 S_N1 反应生成偏磷酸根而水解，从而避免了两个负电荷的存在使磷酸单酯太过稳定而不能作为代谢的中间体发挥作用。DNA 和 RNA 由于具有独特的化学结构，它们对酸和碱的稳定性有很大差别。在室温条件下，0.1mol/L 的 NaOH 溶液对 DNA 几乎没有影响，而 RNA 却完全水解，得到 2′-和3′-磷酸核苷混合物[67]。DNA 与 RNA 稳定性的显著差异仅仅是因为 RNA 分子中 2′-OH 的存在促进了磷酸二酯键的水解。化学结构的差异导致了 DNA 和 RNA 生物功能的不同，DNA 作为遗传信息的携带者必须要有一定的稳定性，而 RNA 在大多数情况下作为 DNA 的信使，完成其功能后即分解掉，所以要求 RNA 具有易水解的特性。而这些奇妙的生物功能都需要磷元素来实现，充分说明了磷在生物体系中的重要性。

DNA 和 RNA 水解速度的差异主要是因为组成 RNA 的核糖比组成 DNA 的脱氧核糖多了一个 2′-羟基，与此同时 2′-羟基的参与导致了 RNA 水解速度大大提高。在 RNA 的水解过程中提出了五配位磷中间体的水解机理，图 1-13 为 RNA 水解过程。核糖的 2′-羟基首先进攻磷，形成一个五元环磷烷中间体，该中间体的 5′-O—P 键断裂，形成 2′,3′-环磷酸酯，该环状磷酸酯又经历一个类似的环状五配位磷烷中间体历程，进而水解成 2′-或3′-磷酸酯。该水解机理也可以解释为什么 RNA 的水解产物中有

2′-磷酸酯的存在。

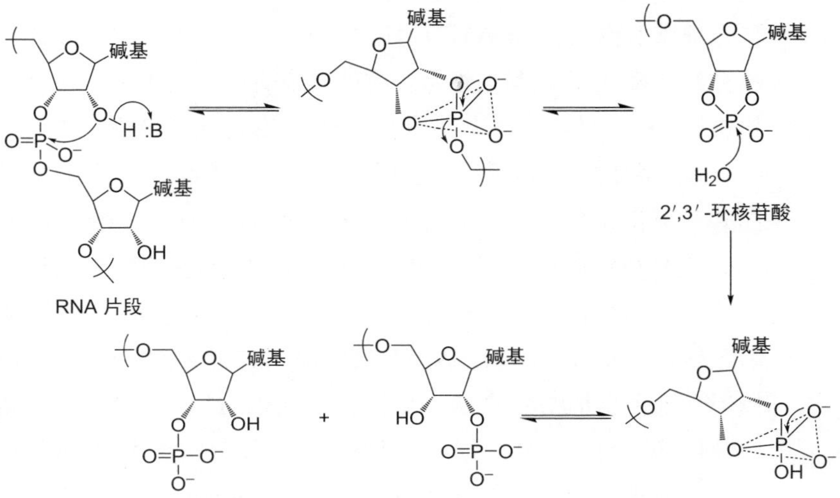

图 1-13 RNA 非酶促水解过程的五配位磷结构

RNA 在酶催化条件下的水解具有很强的立体专一性，但是大部分都存在五配位磷中间体，具体过程可以分为两步来完成，其基本历程与咪唑缓冲溶液中催化 RNA 水解相似，经历了 2′,3′-环磷酸核苷的形成和水解两个过程。以上过程与碱性条件下非酶促催化 RNA 水解机理极其相似，只是生物化学过程中，由于酶的作用而具有更好的立体专一性和区域选择性。

1.7

生命体系中的P—N化学键结构

在 DNA 和 RNA 的生物合成过程中，含有 P—N 键结构的酶中间体也起着关键作用。DNA 连接反应便涉及 P—N 中间体的产生[68-69]。以动物细胞和噬菌体中的 DNA 连接反应为例，ATP 与连接酶(ligase) 反应，会形成腺苷酰化酶(E-AMP)。E-AMP 中 AMP 通过磷酰胺键与连接酶的赖氨酸残基的 ε- 氨基相结合。生物体内存在的与 DNA、tRNA 连接反应相类似的中间体 E-AMP 的另外一个反应是 mRNA 的加帽反应(capping reaction)，如图 1-14 所示。加帽系指 mRNA 与 7-*N*- 甲基化鸟苷通过 5′-5′ 三磷酸键形成的结构。帽子结构在 mRNA 的加工与转运、募集成熟的 mRNA 至核糖体以及保护 mRNA 的 5′-端避免受核酸外切酶的降解方面起着十分重要的作用。催化三步反应的酶分别为 RNA 三磷酸酶、RNA 鸟苷转移酶及 RNA 鸟苷-7-甲基转移酶。其中 RNA 鸟苷转移酶催化反应经历了一个由加帽酶的赖氨酸残基的 ε-NH_2 通过 P—N 键与 GMP 结合的中间体(E-GMP)。此中间体与 DNA 连接反应所经历的中间体 E-AMP 相比较，连接核苷与酶的化学键均为 P—N 键结构，且磷酰基上带有一个负电荷。

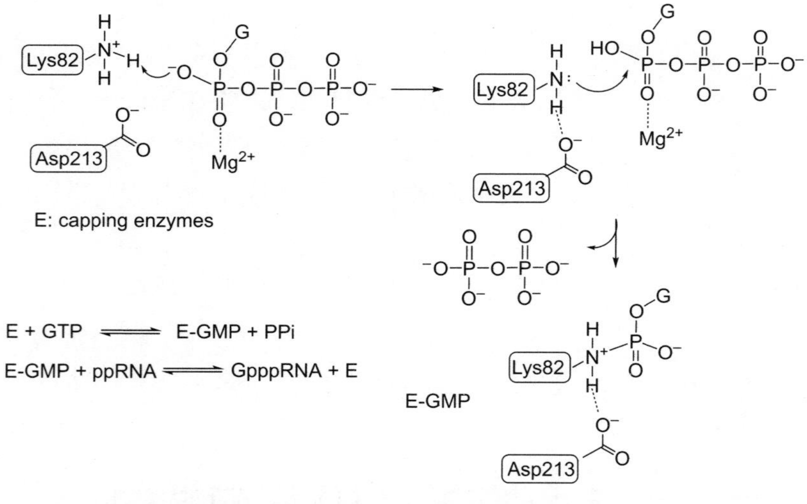
Lys82
Asp213
Mg2+
E: capping enzymes
E + GTP ⇌ E-GMP + PPi
E-GMP + ppRNA ⇌ GpppRNA + E
E-GMP

图 1-14　mRNA 加帽过程中含有 P—N 结构的 E-GMP 中间体

capping enzymes—加帽酶；PPi—焦磷酸

在正常 DNA 的复制、损伤 DNA 的修复(DNA 单链或双链的断裂)以及遗传重组 DNA 链的拼接过程中，DNA 连接反应起着至关重要的作用，DNA 连接酶催化 DNA 主链的 3-位羟基和 5-位磷酸基团形成磷酸二酯键，且连接过程需要 ATP 或 NAD^+ 的协助。以动物细胞和噬菌体中的 DNA 连接反应为例，首先 ATP 与连接酶发生化学反应，连接酶赖氨酸残基的 ε-氨基发生 AMP 修饰，形成含有 P—N 键结构的腺苷酰化酶。随后，连接酶将 AMP 转移给 DNA 切口处的 5′-磷酸，以焦磷酸键的形式活化，形成 DNA-腺苷酸复合物(AppDNA)。再通过相邻的 3′-OH 对活化的磷酸发生亲核进攻，生成 3′,5′-磷酸二酯键，同时释放出 AMP。

tRNA 前体的拼接过程中也存在与 DNA 连接类似的 P—N 键修饰的酶中间体，如图 1-15 所示。核酸内切酶(endonuclease)断裂 tRNA 前体，产生一定大小的 tRNA 的分子和线状内含子分子。它们的 5′端均为羟基；3′端为 2′,3′-环状磷酸基。两个 tRNA 分子片段通过碱基对仍然维系在一

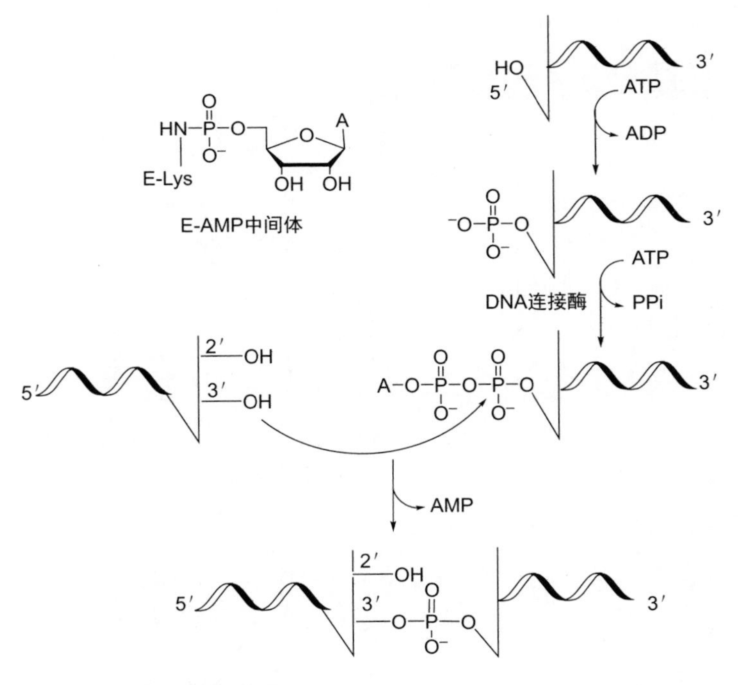

图 1-15 tRNA 前体拼接过程中的 E-AMP 中间体

起。在激酶和 ATP 存在时，5′-羟基转变为 5′-磷酸基。2′,3′-环状磷酸基在环磷酸二酯酶(cyclic nucleotide phosphodiesterase)催化作用下被打开，形成 2′-磷酸基和 3′-羟基。tRNA 前体的连接反应首先也是由 ATP 活化连接酶，形成 E-AMP，AMP 的磷酸基以共价键连接在酶赖氨酸残基的 ε-氨基上。然后 AMP 被转移到 tRNA 半分子的 5′-磷酸基上，形成 5′-5′AppRNA。在 tRNA 另一半分子 3′-羟基的进攻下，AMP 被取代，产生 3′,5′-磷酸二酯键。此时多余的 2-磷酸基被磷酸酯酶(phosphatase)除去。

1.8

磷酰基转移过程机理

在生命过程中，几乎所有的细胞过程都会利用蛋白质的磷酸化和去磷酸化来调控。从结构化学的角度来讲，由于磷原子具有较多可利用的空电子轨道、较多的配位数以及各化合价态在一定条件下比较容易相互转化等特点，从而使得磷原子容易受亲核试剂的进攻，导致亲核反应的发生。对发生在磷原子上的一系列亲核反应进行分析后发现，最重要的亲核基团是羟基。通过同位素标记等物理有机化学方法对磷酰基转移过程进行研究发现，在磷酰基的转移过程中大部分都经历了一个由亲核试剂进攻四配位磷原子形成五配位磷中间体或过渡态，进而完成磷酰基转移的过程，其具体的磷酰基转移过程机理目前主要分为以下三种途径，如图 1-16 所示[70]。

解离式机理：属于 S_N1 型机理，其过程涉及偏磷酸盐阴离子结构，偏磷酸盐中间体的形成是整个过程的速控步骤，随后该中间体会被其他亲核试剂所进攻。该机制主要存在于气相条件下磷酸单酯的作用过程中。

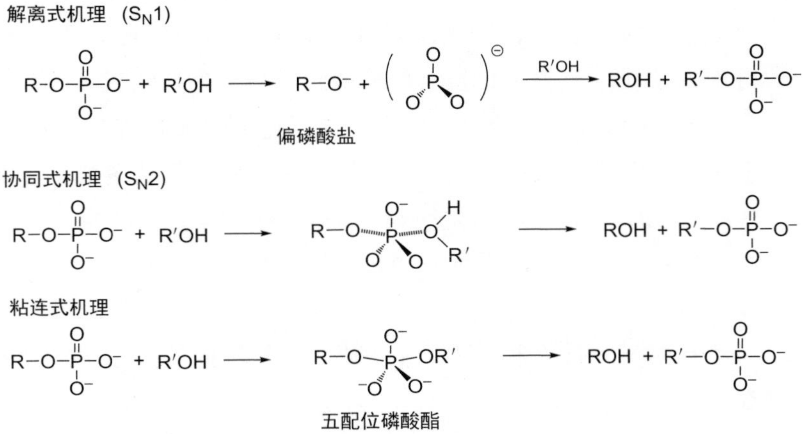

解离式机理（S_N1）

偏磷酸盐

协同式机理（S_N2）

粘连式机理

五配位磷酸酯

图 1-16　磷酰基转移过程的化学机制

协同式机理：属于 S_N2 型机理，该机理中没有五配位磷化合物中间体的存在，它经历了由偏磷酸酯、离去基团以及亲核基团成键等组成的五配位磷化合物过渡态。

粘连式机理：该机理经历了加成 - 消除两个步骤，其中包含了五配位磷化合物中间体，主要影响因素是磷酸酯的烷基化。主要存在于磷酸二酯和磷酸三酯的作用过程中。

大量研究支持蛋白质磷酸化过程存在五配位磷过渡态。例如，A. E. Senior 等人通过动力学研究发现，在 F1F0-ATP 合成酶加速 ATP 水解的过程中可能存在五配位磷过渡态[71]。蛋白激酶催化磷酰基转移反应从化学结构上属于分子内催化反应，需要活性结构域多个氨基酸残基的协同催化作用，而且很可能生成了具有共价键结构的反应中间体。以蛋白激酶 A（PKA）为例，其催化活性中心由 C 亚基中的 Lys-72、Asp-166、Lys-168、Asp-184 等氨基酸残基组成，Lys-72 和 Asp-184 通过非共价键与磷酸根和 Mg^{2+} 作用，稳定 ATP 上 α-，β-位磷酸根，Lys-168 则稳定 γ- 位磷酰基，Asp-166 通过加成和消除的机制接受底物失去的质子而直接参与 γ-磷酰基的转移。在这一过程中，有可能经历五配位甚至六配位的中间体或过渡态[72-73]。

基于*N*-磷酰化氨基酸小分子化学模型，科学家提出了“排球机理”磷酰基转移模型[74]。蛋白激酶PKA中Lys-168残基的ε-NH_2很可能首先进攻ATP的γ-磷酰基形成五配位磷结构，然后ADP离去并形成Lys-168残基的ε-NH_2磷酸化的中间体，随后在Asp-166侧链羧基的分子内催化下磷酰基转移到底物丝氨酸上，从而使侧链羟基磷酸化，实现磷酰基的转移。在整个分子内催化的模型中，P—N键结构可能都起到重要的中间体作用。由于蛋白质可逆磷酸化是一个快速反应过程，五配位磷中间体还有可能是化学不稳定的P—N键结构，这给五配位磷中间体的捕获和动态观测，以及蛋白激酶磷酸化分子机制的结构和功能研究带来很大难度。

1.9
蛋白质的生物合成

所有细胞与细胞器都具有一个共同特征就是具有高度精确的蛋白质合成系统，氨酰-tRNA是蛋白质生物合成过程中的关键组成模块。此合成系统的起始反应为在氨酰-tRNA合成酶(aaRSs)催化下tRNA与关联氨基酸的酯化反应，如图1-17所示。酯化反应分为两步进行：首先氨基酸的羧基通过混酐键与AMP上的5′-磷酸基相连接形成高能磷酸-羧酸酸酐键，生成氨酰-AMP，从而使氨基酸的羧基得到活化。氨酰-AMP非常不稳定，但可以通过与tRNA合成酶(aaRSs)结合变得较为稳定。随后，被活化的氨基酸通过反应被转移到相应的tRNA的3′-末端形成氨酰-tRNA，从而进入肽链的延伸反应。氨酰-tRNA分子中连接tRNA与氨基酸的化学键属于多肽合成中的活化酯类型，它具有生成肽键的足够能量。整个合成过程磷元素贯穿其中，由于氨酰-AMP、氨酰-tRNA及在蛋白质合成中的重要性，对其性质及类似物的研究一直是众多科学家们的研究热点。

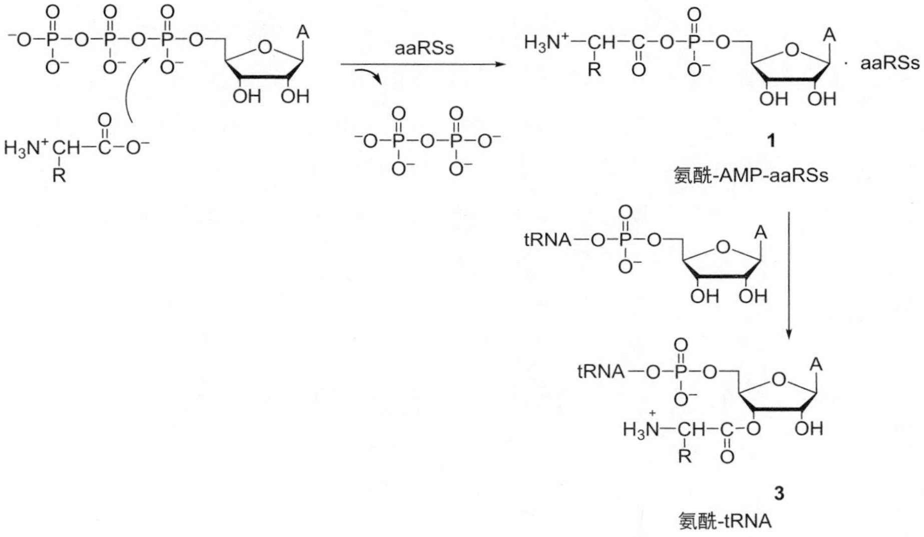

aaRSs

1
氨酰-AMP-aaRSs

3
氨酰-tRNA

图1–17　氨酰–tRNA的生物合成过程

1.10

蛋白翻译后修饰

翻译后修饰包括磷酸化、糖基化、泛素化、亚硝基化、甲基化、乙酰化、脂质化和蛋白水解等 200 种以上的化学修饰，这些化学修饰在结构和功能上都十分不同，可以靶向包括哺乳动物在内的许多生物的大多数蛋白质。一些不适当的修饰往往会与疾病相关联，某些特定的翻译后修饰还可以被作为疾病的生物标志或治疗的靶标。例如蛋白质可逆磷酸化是活细胞中最重要的翻译后修饰之一，它参与细胞周期控制、受体介导的信号转导、分化、增殖、转化和代谢等多种调节功能。

事实上，多种蛋白质的翻译后修饰都有磷元素活性中间体的直接或间接参与。例如泛素化(ubiquitination)修饰过程中，ATP 提供能量的条件下泛素激活酶 E1 将泛素分子活化形成 C- 端的硫酯化学键 [75-76]；乙酰化修饰过程中在组蛋白乙酰基转移酶(histone acetyltransferase，HATs)催化下将乙酰辅酶 A 中的乙酰基转移到蛋白质的赖氨酸氨基 [77]；蛋白质还能发生赖氨酸残基的多聚磷酸化修饰 [18]。

1.10.1 蛋白可逆磷酸化修饰

1992 年诺贝尔生理学或医学奖授予美国华盛顿大学的 E.G. Krebs 和 E.H. Fischer 两位科学家，表彰他们对蛋白质可逆磷酸化修饰生物机制的发现。人类基因组的 2% 基因编码了 500 种以上的蛋白激酶及 100 种以上磷酸酶，人体大约三分之一的蛋白会被磷酸化修饰 [78]。通过蛋白质激酶和磷酸酶这两种酶的相互作用，利用可逆的磷酸化和去磷酸化持续控制底物的修饰。激酶中进化高度保守的结构域催化蛋白质的磷酸化，这种反应几乎只发生在三磷酸腺苷(ATP)作为磷酸基供体的情况下。在蛋白质的氨基酸侧链上引入了一个具有强负电性的磷酸基团，从而改变了蛋白质的一些性质，例如构型、活性以及与其他分子相互作用的能力等。大量研究发现，蛋白质的磷酸化修饰主要在蛋白激酶的催化下对丝氨酸、苏氨酸的侧链羟基及酪氨酸的酚羟基进行磷酸化，形成磷酸单酯键。

蛋白质 *O*-磷酸化修饰几乎涉及生命活动的所有过程，例如基因的转录、细胞的程序性死亡、炎症、病毒入侵的免疫应急等过程 [79]。例如位于细胞膜的 G 蛋白偶联受体结合细胞外的第一信使分子，如激素、神经递质、细胞因子及化学诱导剂等物质，细胞内膜上的腺苷酸环化酶(adenylate cyclase) 被激活，催化 ATP 形成 3,5-环磷酸腺苷(cAMP)，cAMP 是细胞内最重要的第二信使分子，密切参与了细胞的代谢、分化、凋亡等关键生命过程[80-81]。同时，细胞内的磷酸二酯酶催化水解 cAMP 成为 5′-AMP，维持细胞内的浓度平衡。胞内的 cAMP 浓度增加后会激活 cAMP 依赖性蛋白激酶 A(PKA)，结合到 PKA 的调节亚基，释放具有磷酸化活性的催化亚基并进入细胞核，进一步磷酸化下游的 cAMP 应答元件结合蛋白 CREB，启动 CREB 依赖的基因转录，形成 cAMP 调控基因转录表达最为经典的一条信号通路——cAMP-PKA-CREB 信号通路[82-83]。可见蛋白质磷酸化修饰及含磷代谢物发挥着关键分子机制，第二信使的相关内容将在本书第 9 章详细进行论述。

蛋白质的可逆 *O*-磷酸化修饰在细胞的应激反应过程中同样发挥着十分关键的作用。细胞为了应对外界环境的变化进化出一套完整的激酶/磷酸酶调控机制。其中，细胞内丝裂原活化蛋白激酶(mitogen-activated protein kinases，MAPK) 家族执行信号级联(cascade) 反应以应对许多不同的刺激，参与包括基因表达、细胞分裂、存活、死亡、分化等多种生理过程。MAPK 家族包括 ERK(extracellular signal regulated kinases)、JNK/SAPK1、ERK5/BMK1(ERK5/big MAP kinase 1) 以及 p38 等四个亚家族，遵循三级级联信号放大的经典反应方式，即 MAPKKK-MAPKK-MAPK，并且它们的激活基序(motif) 都是保守的“Thr-X-Tyr”[84-85]。其中，p38 作为 MAPK 家族的成员，存在三个亚型，与现有 MAPK 家族成员具有 40% ～ 45% 的同源性。细胞在不良应激的条件下，如紫外照射、细菌病原体入侵及细胞炎症因子等，p38 都会被激活。p38 作为丝裂原活化蛋白激酶，当它被激活后，往往作为上游激酶，通过磷酸化下游底物，激活或者抑制这些底物的生物学功能。p38 的下游底物有 100 种以上，广泛参与诸多生理过程，包括基因转录表达、染色质重塑、蛋白质稳定与降解、细胞定位、细胞内吞、细胞死亡(凋亡和坏死) 以及细胞迁移等[86-87]。

除蛋白质 *O*-磷酸化修饰外，碱性氨基酸如组氨酸(His)、赖氨酸(Lys)和精氨酸(Arg)的侧链上氮原子也可以在组氨酸/赖氨酸/精氨酸激酶的催化下被磷酸化，形成一类 *N*-磷酸化氨基酸残基结构蛋白，如图 1-18 所示[88]。在低等真核生物中，大约有 6% 的蛋白磷酸化位点在组氨酸残基上；组氨酸激酶作为信号转导系统存在于原核生物、低等真核生物及哺乳动物体中[89]。*N*-磷酸化蛋白不仅与细胞的信号转导密切相关，而且还是高能磷酰基载体。许多碱性氨基酸磷酸化蛋白是酶的催化活性中间体，P—N 键的酸不稳定性和分析方法的滞后造成此类修饰蛋白很难进行分离纯化和功能分析，使得这一类 P—N 键磷酸化蛋白的研究远远落后于 P—O 键磷酸化蛋白，其重要的生物功能和机制只有少数蛋白得到初步揭示[90-92]。例如，核苷二磷酸化激酶通过组氨酸残基的磷酸化实现二磷酸核苷与三磷酸核苷间的相互转化。而且，组氨酸激酶还能催化磷酰基从组氨酸残基迁移到其他蛋白的磷酸化位点上，例如天冬氨酸和

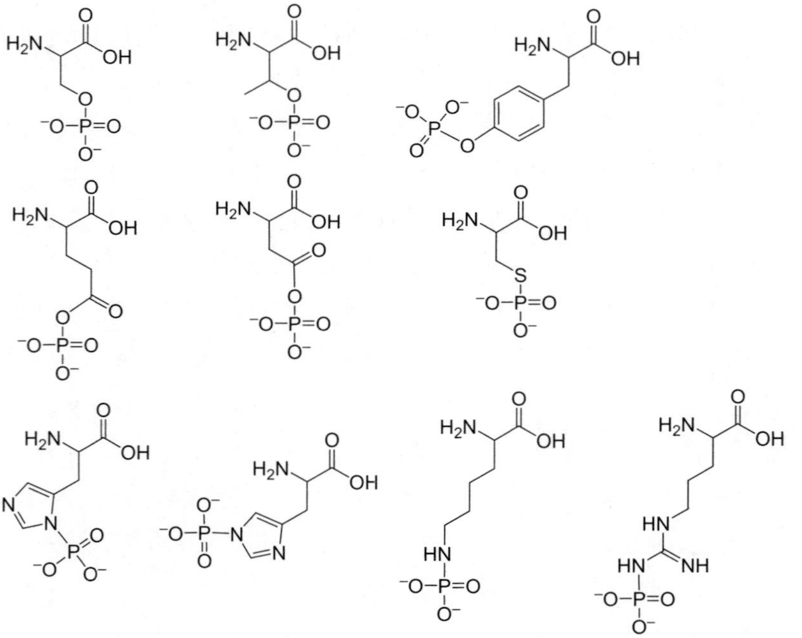

图 1-18　蛋白质磷酸化修饰的化学结构类型

丝氨酸残基等。正是因为P—N键的酸不稳定性，蛋白分子内微环境的酸碱改变便可以控制高能磷酰基的迁移过程，并不需要蛋白磷酸酶的催化水解，在完成其功能后能自发地去磷酸化，这是蛋白*O*-磷酸化修饰无法具有的功能。关于蛋白质*N*-磷酸化修饰的生物功能和富集分析方法，将在本书第7章中详细介绍。

1.10.2 微生物双组分系统中磷酸化调控机制

“双组分”系统是细菌中发现的一类信号传递与调节系统，迄今为止，研究人员已经在真细菌、古细菌和一些真核生物中发现了数百个这样的系统[93-94]。双组分系统(two component system，TCS)作为一种基本的刺激-反应耦合机制，使生物能够感知和响应许多不同环境条件的变化，如pH值、渗透压、温度、无机盐、氧气、光、群体信号或营养可用性，能控制参与细胞生长和致病性等细胞功能的基因簇[95-99]。原核生物细胞中一般有数个到数百个双组分信号转导系统，以应对外界环境的变化及调控微生物自身的生化过程。双组分系统存在高度的特异性，相互之间很少发生信号的干扰，其数量也反映了微生物感知和应对外界环境变化的能力。针对TCS系统的特定抑制剂与传统抗生素的作用方式不同，在理论上，通过药物阻断或基因突变破坏与细胞存活直接相关的TCS都有可能引起细胞活性下降甚至死亡，达到抑菌或杀菌的目的，因此将它们开发成有效对抗各种耐药细菌的新药成为可能[100-103]。

典型的双组分系统包括一个膜结合传感器组氨酸激酶(histidine kinase，HK)，其主要功能是感受并传递外界的刺激信号，它具有信号识别、传输和催化等功能不同的结构域，包括识别和传输外界信号的胞质外感受域和跨膜螺旋域、用于信号转导的跨膜C末端HAMP或STAC结构域、用于胞质内信号传感的PAS(Per-Art-Ser)或GAF(cGMP phosphodiesterase-adenyl cyclase-FhlA)结构域、ATP结合的催化结构域和组氨酸磷酸化结构域[95,104]。另外，双组分系统中还包括一个与HK同源的细胞质反应调节蛋白(response regulator，RR)，包含一个保守的N端调节域和一个多变的C端效应域，其中调节域具有三种功能：①磷酸转移活性，能接收来自同一系统中HK上的磷酸基团。这一活性具有主动性和特异性，在胞外RR能够非特异性利用乙酰磷酸(acetyl phosphate，AcP)、磷酸酯等小分子使自身磷酸化，但在胞内RR只能接收同源HK上的磷酸基团。②去磷酸化，该作用与磷酸转移酶类似，是RR防止自身持续活化的调节机制。③通过磷酸化调节效应域的活性。RR的C端效应域为DNA结合域，保守性较差。

典型的双组分信号转导过程如图1-19所示，胞外刺激信号被HK所感知，并参与调节HK的活动，使其发生自磷酸化反应，这种反应发生在同源二聚体的两个HK单分子之间，其中一个单体作为激酶催化另一单体的磷酸化。随后通过磷酸转移的形式，HK将结合的磷酸基团转移到RR上。向RR的磷酸基团转移会产生一系列的蛋白构象变化而导致下游效应域的激活，从而结合到一些基因的启动子上引发特异性反应。因此，双组分系统的主要工作原理就是磷酸基团的转移，对于外界刺激信号的应激反应则主要通过基因转录调控来实现。

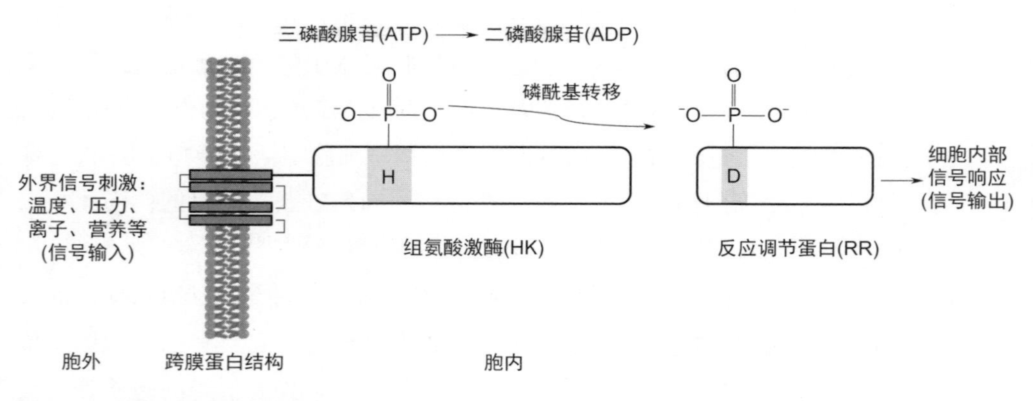

图1-19　典型双组分系统示意图

在一些原核生物和大多数真核生物系统中还发现了较为复杂的混合型组氨酸激酶，与传统HK相比多一个接收磷酸基团的结构域，并且增加了一个介导磷酸基团转移到RR的组氨酸磷酸转移蛋白。它不是促进单一的磷酸基团转移过程，而是使用多次磷酸转移的方案，即 His-Asp-His-Asp 的过程，为信号转导提供了多个调控位点，同时增强了对信号调控的精确性。此类系统多见于真核生物，如酿酒酵母、裂殖酵母、拟南芥等[105]。近年，在原核生物，如大肠杆菌、枯草芽孢杆菌等中也相继发现了此类系统[106]。

基本的双组分磷酸基团转移信号转导途径的化学过程涉及三个磷酸转移反应和两个磷蛋白中间体（HK-His-P 和 RR-Asp-P）。ATP 中的 γ- 磷酸基团首先转移到 HK 的保守 His 侧链上；然后 RR 催化这个 γ- 磷酸基团从 pHis 的残基转移到其调节域内一个保守的 Asp（天冬氨酸）侧链上；最后，在水解反应中，磷酸基团从 pAsp 残基转移到水中。这三种反应都需要二价金属离子的参与，在体内 Mg^{2+} 可能是相关的阳离子。据推测，在 RR 中 pAsp 有影响长程构象变化的倾向。天冬氨酸的磷酸化会产生一个高能量的磷酸 - 羧酸混酐结构，而在蛋白质中 pAsp 残基的水解自由能与小分子酰基磷酸的水解自由能有显著的不同，不同于通过局部静电效应改变蛋白质活性的 pSer/pThr，pAsp 可能通过利用高能磷酸酯键内的能量来驱动蛋白质的构象变化。

通过对基因组序列的系统分析，能够对双组分蛋白质的数目进行初步的评估。在大肠杆菌中有 30 个 HK（其中 5 个是混合激酶）和 32 个 RR[107]。然而，在不同的细菌中，双组分蛋白质的数量差异很大，从生殖支原体中的 0 个到集胞藻中的 80 个，这些蛋白质大约占基因组的 2.5%[108]。双组分蛋白质并不仅限于真核微生物，也存在于植物中，如拟南芥（ETR1、ETR2、ERS 和 EIN4）[109] 及番茄（NR）中被用于调控乙烯介导的果实成熟[110]。与在原核生物中发现的数百种双组分蛋白质相比，在真核生物中只发现了较少数量的双组分蛋白质，在人体细胞中未发现类似的双组分信号转导系统[94,111]。

1.10.3 蛋白 ADP 核糖基化修饰

蛋白质发生二磷酸腺苷 ADP 核糖基化修饰（ADP-ribosylation）是指利

用烟酰胺腺嘌呤二核苷酸（NAD^+）作为供体，将一个或者多个ADP核糖（ADP-ribose）在酶催化下共价连接至目标蛋白上的一种可逆翻译后修饰（post-translational modification，PTM）。蛋白功能可能由于ADP核糖基化修饰而发生改变。同时，ADP核糖基化的侧链可以作为支架募集其他蛋白进而发挥作用[112-113]。细胞中催化蛋白质ADP核糖基化修饰的是多聚ADP核糖聚合酶[poly（ADP-ribose）polymerase；PARP]家族蛋白。该家族由17个成员组成，所有成员的催化结构域包含一个经典的H-Y-E保守序列，其中组氨酸和酪氨酸是结合NAD^+所必需的，而谷氨酸则与催化活性相关[114]。

ADP核糖基化修饰最早于1963年发现。1980年，Ogata研究团队首先发现ADP核糖基化修饰可通过酯键连接在谷氨酸的γ-羧基上。同样的酯键连接方式也发生在蛋白质丝氨酸残基的侧链羟基、天冬氨酸和谷氨酸的侧链羧基等位点，并形成*O*-糖苷键连接的方式。酯键连接方式在羟胺条件下不稳定。此外，ADP核糖基化修饰还包括半胱氨酸的巯基形成*S*-糖苷键修饰及*N*-糖苷连接修饰，包括精氨酸、赖氨酸及天冬酰胺等氨基酸残基侧链氨基的修饰等，如图1-20所示[114]。底物蛋白可以被单个ADP核糖基化修饰，也可以被多个ADP核糖组成的多聚线型或支链型ADP核糖基化修饰。根据添加到目标蛋白上的ADP核糖的数量，可将该修饰分为单ADP核糖基化（mono ADP-ribosylation，MARylation）和多聚ADP核糖基化（poly ADP-ribosylation，PARylation）。多聚ADP核糖基化修饰可以包含多达200个ADP核糖，包括线型链和分支链。

由于各种刺激的存在，在细胞的生命周期中DNA损伤经常发生。对于更加活跃的肿瘤细胞，正确的DNA复制以及DNA损伤的正确修复对其存活尤为重要。PARP1可以通过其锌指DNA结合结构域识别和结合单链DNA损伤区域并被激活，进而通过单股DNA断裂修复（single-strand DNA break repair）和碱基切除修复（base excision repair，BER）等方式进行DNA修复[115]。结合到损伤DNA之后，活化的PARP1催化活性增强，催化底物蛋白以及自身的ADP核糖基化修饰。PARP1自身发生修饰以后，其ADP核糖多聚链可以招募多种蛋白至DNA损伤位点，形成一个修复复合体。随后，高度多聚核糖基化的 PARP1 对 DNA 的亲和力下降，而从损伤位点上解离下来，使得更多其他修复蛋白可以结合到 DNA 损伤位点进行修复。然而，PARP1 的过度激活会导致细胞内 NAD^+ 和 ATP 的过度消耗，造成细胞功能失调，最终引起细胞坏死或凋亡。

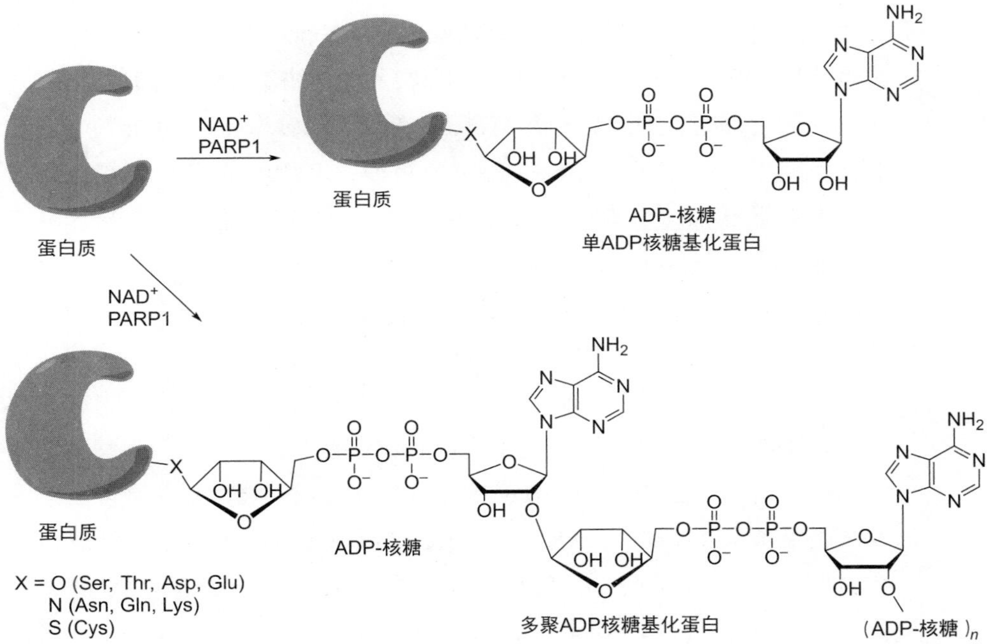

图 1-20　蛋白质 ADP 核糖基化修饰的化学结构特征

Ser、Thr、Asp、Glu表示丝氨酸、苏氨酸、天冬氨酸、谷氨酸；Asn、Gln、Lys表示天冬酰胺、谷氨酰胺、赖氨酸；Cys表示半胱氨酸

蛋白的 ADP 核糖基化修饰与多种细胞进程密切相关，包括保持基因组稳定性、转录调控、能量代谢以及细胞死亡等。首先，ADP 核糖基化修饰与 DNA 损伤修复密切相关。以 PARP1 为例，敲除 PARP1 的小鼠表现出对 DNA 损伤试剂的高度敏感性。PARP1 可以在 DNA 损伤发生之后被招募到基因组损伤的位点，启动修复过程。结合损伤 DNA 的 PARP1 被激活，随后将自身以及附近蛋白 ADP 核糖基化，形成长的 PAR 链，而这可以进一步招募结合 PAR 的蛋白到损伤位点，如招

募支架蛋白 XRCC1（X-ray repair cross-complementing protein 1）、CHD4（chromodomain nucleosome remodeling and histone deacetylase 4）进行转录抑制和促进修复，以及招募 APLF 和 CHFR 等蛋白调控细胞周期，阻止细胞进入有丝分裂。

其次，组蛋白以及与染色质相关的其他蛋白频繁发生 ADP 核糖基化与去核糖基化，进而影响染色质结构。比如在果蝇中，在应答热激或者其他信号通路时，激活的 PARP1 将组蛋白 H1 核糖基化，致使组蛋白 H1 在核小体上移位，引起染色质解凝聚（chromatin decondensation）。此外，促炎性信号（proinflammatory signaling）可激活 PARP1 的活性，组蛋白被 ADP 核糖基化后，与 DNA 之间的结合变得不稳定，使得染色质区域变得更加开放（increasing accessibility），促进炎症基因表达，调控炎症反应过程。另外，ADP 核糖基化可通过修饰组蛋白修饰酶，间接地影响染色质结构。例如，组蛋白赖氨酸去甲基化酶 KDM5B 在发生 ADP 核糖基化之后，与染色质的特异性结合能力以及去甲基化酶活性降低，引起启动子上 H3K4me3 水平升高，促进相关基因的表达。

除了调节染色质结构，ADP 核糖基化还可以通过改变转录因子的活性来调控转录进程[116]。PARP1 可以跟一些基础的转录因子以及特异性结合 DNA 转录因子结合，引起许多转录相关的调控因子发生 ADP 核糖基化[112]。例如，负性转录因子 NELF 的两个亚基 NELF-A 和 NELF-E 可以被 PARP1 修饰发生 ADP 核糖基化，促进 NELF 从暂停的 Pol Ⅱ 上释放出来，促进有效延伸和 RNA 生成[117]。另外，在脂肪细胞未发生分化之前，PARP1 可以对脂肪生成过程相关的转录因子 C/EBPβ 进行 ADP 核糖基化修饰，发生修饰之后 C/EBPβ 结合 DNA 的能力被抑制。而当细胞接收到脂肪生成的信号之后，C/EBPβ 的 ADP 核糖基化水平降低，DNA 结合能力恢复，激活脂肪生成的转录进程，最终分化形成成熟的脂肪细胞[118]。PARP1 和 ADP 核糖基化的研究焦点逐渐从识别和修复 DNA 损伤转移到对基因表达的调节。越来越多的证据表明，PARP1 和 ADP 核糖基化可以通过改变染色质结构和修饰结合 DNA 的转录因子，在基因表达的过程中发挥关键作用[119-121]。

1.11

磷元素与疾病发生和治疗药物开发

正是因为含磷生物分子发挥的关键作用，磷元素平衡的打破必然会导致人类疾病的发生。婴儿缺少磷和钙，常发生软骨病或者佝偻病，如果过多摄入磷元素，将导致高磷血症，使血液中血钙降低导致骨质疏松[122]。同时，基于磷元素在生命活动中发挥着关键作用和机制，可设计和合成生物体内含磷代谢物的类似物，用于补充或者抑制相关的靶点活性，达到治疗疾病的目的。含磷药物在人类疾病的治疗中同样发挥着关键作用，上百种含磷药物相继被开发，含磷药物往往具有更好的活性和更低的毒副作用，例如心血管药物、抗肿瘤药物、激素类药物、维生素类药物、抗菌药物、抗病毒药物、抗疟疾药物及精神疾病药物等。例如，环磷酸腺苷、三磷酸腺苷、肌酐磷酸钠等含磷代谢物直接用于治疗心脏疾病，如心力衰竭、心肌梗死及心肌炎等的治疗；2001 年，酪氨酸蛋白激酶小分子抑制剂药物格列卫（Gleevec，imatinib）获得 FDA 批准，用于治疗慢性髓性白血病，针对激酶活性失控的融合蛋白激酶 Bcr-Abl 的抑制，从而对肿瘤细胞实现高效控制，成为抗癌靶向药物的重要突破；二十年后，蛋白激酶抑制剂药物在全球范围内已获批 87 个，FDA 批准的 71 款小分子激酶抑制剂靶向 21 个激酶家族中的 42 种蛋白，蛋白激酶目前已经成为肿瘤靶向药物开发中排名第二的重要靶点，通过调控蛋白质的可逆磷酸化，实现癌症的有效控制是新药物研发的重要方向[123-125]。另外，抗病毒药物研发中，可以对核苷进行磷酰化修饰合成核苷磷酰胺药物，在细胞中单磷酸和二磷酸核苷激酶的催化下合成三磷酸核苷，从而解除了核苷激酶合成三磷酸核苷药物活性中间体的限速步骤，表现出优越的抗病毒活性，例如丙肝的根治药物索非布韦（Sofosbuvir）便是其中优秀的代表[126-127]。磷霉素（fosfomycin）是一种天然的抗生素药物，含有 P—C

键结构，是微生物为了自身生存和防御产生的次生代谢产物，其结构与磷酸烯醇式丙酮酸相似，可以竞争性结合葡萄糖转移酶，抑制细菌细胞壁的合成，具有广谱抗菌作用，且微生物不易形成耐药性[128]。因此，基于磷元素调控的关键信号路径和机制进行疾病治疗靶点药物的研发是一条独具特色且有效可行的途径，可以预见越来越多针对人类重大疾病的靶向生命有机磷调控信号通路药物或含磷药物将被成功研发。

1.12
小结

磷元素对维持生命过程发挥着关键作用，不管是肉眼不可见的细小微生物，还是高等动植物，都依赖于含有磷元素的生物分子。磷生物分子无处不在地参与结构组成、能量转移、物质代谢、信息存储及传递等几乎所有生化过程。人体中磷元素同样无处不在，骨骼、牙齿、血液及所有的组织器官都含有不同丰度的磷元素，人类的疾病发生和发展及健康都与磷元素的调控密切相关，还没有一种其他元素可以代替磷元素的多样功能。为什么生命会选择磷元素来形成生命体系的关键分子？科学家围绕该问题展开了系统的分析和讨论。人类在生命科学研究领域虽然已经取得了长足的发展，但很多基础性问题仍然没有找到答案。例如，地球生命在何处产生、如何产生？是什么决定了物种的多样性？为什么生命需要手性？是什么驱动了生命系统的复制？有机体是如何进化的？蛋白翻译过程中的遗传密码子的起源及手性的起源等都是有待人类探索的核心科学问题，在探寻这些基本问题的答案过程中，含磷分子的结构分析、功能揭示及定性定量新技术的发展都是其中的关键抓手。

自然选择过程决定了磷元素在生命过程中的不可替代作用。生命选择了磷元素是基于磷基团的多电荷和多配位等独有的特征，其结构特征决定了磷元素的不可替代性。DNA 中磷酸二酯键的自发水解半衰期是 3100 万年，在磷酸酶的催化下其水解速率却可以达到毫秒级，通过磷元素实现了生命物质的超稳定性和易被酶催化的超高活性的转换和调控，实现信息的稳定存储和信号的快速传递；磷元素可以产生多达六个配体的高配位磷结构，且生命过程关键中间体的含磷中心能在四配位 - 五配位 - 六配位之间转化，从而实现了生命过程中高选择、高效率的催化反应和特异性识别的相互作用。从含磷元素生物分子的化学结构、功能与分子进化等角度出发，通过学科的交叉及新技术的引入，将极大地促进生命过程化学本质的揭示，为人类重大疾病治疗提供突破性的诊断手段和新药物。

参考文献

[1] 赵玉芬，刘艳，高祥，等. 前生源化学条件下磷对生命物质的催化与调控. 厦门：厦门大学出版社，2016.

[2] McMurry J, Begley T. The organic chemistry of biological pathways. 2nd ed. Englewood: Roberts and Company Publishers Inc, 2016.

[3] Reich H J, Hondal R J. Why nature chose selenium. ACS Chem Biol, 2016, 11 (4): 821-841.

[4] 赵玉芬，赵国辉，麻远. 磷与生命化学. 北京：清华大学出版社，2005.

[5] Corbridge D. Phosphorus chemistry biochemistry and technology. 6th ed. CRC Press Taylor and Francis Group, 2013.

[6] Westheimer F H. Why nature chose phosphates. Science, 1987, 235 (4793): 1173-1178.

[7] Schwartz A W. Phosphorus in prebiotic chemistry. Philos T R Soc B, 2006, 361 (1474): 1743-1749.

[8] Pasek M A. Thermodynamics of Prebiotic Phosphorylation. Chem Rev, 2020, 120 (11): 4690-4706.

[9] Cavalier S T. Blueprint for a cell: The nature and origin of life. Nature, 1991. 351 (6322): 110.

[10] Weckwerth G, Schidlowski M. Phosphorus as a potential guide in the search for extinct life on Mars. Advances in Space Research, 1995, 15 (3): 185-191.

[11] Kulaev I S, Vagabov V M, Kulakovskaya T V. The biochemistry of inorganic polyphosphates. Weinheim Wiley, 2004.

[12] Kornberg A, Rao N N, Ault-Riche D. Inorganic polyphosphate: a molecule of many functions. Annu Rev Biochem, 1999, 68: 89-125.

[13] Rao N N, Gomez-Garcia M R, Kornberg A. Inorganic polyphosphate: essential for growth and survival. Annu Rev Biochem, 2009, 78: 605-647.

[14] Achbergerova L, Nahalka J. Polyphosphate—an ancient energy source and active metabolic regulator. Microb Cell Fact, 2011, 10: 63.

[15] Gray M J, Wholey W Y, Wagner N O, Cremers C M, Mueller-Schickert A, Hock N T, Krieger A G, Smith E M, Bender R A, Bardwell J C, Jakob U. Polyphosphate is a primordial chaperone. Mol Cell, 2014, 53 (5): 689-699.

[16] Ruiz F A, Lea C R, Oldfield E, Docampo R. Human platelet dense granules contain polyphosphate and are similar to acidocalcisomes of bacteria and unicellular eukaryotes. J Biol Chem, 2004, 279 (43): 44250-44257.
[17] Smith S A, Mutch N J, Baskar D, Rohloff P, Docampo R, Morrissey J H. Polyphosphate modulates blood coagulation and fibrinolysis. Proc Natl Acad Sci USA, 2006, 103 (4): 903-908.
[18] Azevedo C, Livermore T, Saiardi A. Protein polyphosphorylation of lysine residues by inorganic polyphosphate. Mol Cell, 2015, 58 (1): 71-82.
[19] Gray M J, Jakob U. Oxidative stress protection by polyphosphate—new roles for an old player. Curr Opin Microbiol, 2015, 24: 1-6.
[20] Abbasian N, Harper M T. High extracellular phosphate increases platelet polyphosphate content. Platelets, 2021, 32 (7): 992-994.
[21] Mandala V S, Loh D M, Shepard S M, Geeson M B, Sergeyev I V, Nocera D G, Cummins C C, Hong M. Bacterial phosphate granules contain cyclic polyphosphates: Evidence from (31)P solid-state NMR. J Am Chem Soc, 2020, 142 (43): 18407-18421.
[22] Desfougeres Y, Saiardi A, Azevedo C. Inorganic polyphosphate in mammals: Where's Wally? Biochem Soc Trans, 2020, 48 (1): 95-101.
[23] Bondy-Chorney E, Abramchuk I, Nasser R, Holinier C, Denoncourt A, Baijal K, McCarthy L, Khacho M, Lavallee-Adam M, Downey M A. Broad response to intracellular long-chain polyphosphate in human cells. Cell Rep, 2020, 33 (4): 108318.
[24] Xie L H, Jakob U. Inorganic polyphosphate, a multifunctional polyanionic protein scaffold. J Biol Chem, 2019, 294 (6): 2180-2190.
[25] Suess P M, Gomer R H. Extracellular polyphosphate inhibits proliferation in an autocrine negative feedback loop in dictyostelium discoideum. J Biol Chem, 2016, 291 (38): 20260-20269.
[26] Cremers C M, Knoefler D, Gates S, Martin N, Dahl J U, Lempart J, Xie L, Chapman M R, Galvan V, Southworth D R, Jakob U. Polyphosphate: A conserved modifier of amyloidogenic processes. Mol Cell, 2016, 63 (5): 768-780.
[27] Ahn K, Kornberg A. Polyphosphate kinase from Escherichia coli purification and demonstration of a phosphoenzyme intermediate. J Biol Chem, 1990, 265 (20): 11734-11739.
[28] Zhang H Y, Ishige K, Kornberg A. A polyphosphate kinase (PPK2) widely conserved in bacteria. Proc Natl Acad Sci USA, 2002, 99 (26): 16678-16683.
[29] Tammenkoski M, Koivula K, Cusanelli E, Zollo M, Steegborn C, Baykov A A, Lahti R. Human metastasis regulator protein H-prune is a short-chain exopolyphosphatase. Biochemistry-US, 2008, 47 (36): 9707-9713.
[30] Hernandez-Ruiz L, Gonzalez-Garcia I, Castro C, Brieva J A, Ruiz F. A Inorganic polyphosphate and specific induction of apoptosis in human plasma cells. Haematologica, 2006, 91 (9): 1180-1186.
[31] Jimenez-Nunez M D, Moreno-Sanchez D, Hernandez-Ruiz L, Benitez-Rondan A, Ramos-Amaya A, Rodriguez-Bayona B, Medina F, Brieva J A, Ruiz F A. Myeloma cells contain high levels of inorganic polyphosphate which is associated with nucleolar transcription. Haematologica, 2012, 97 (8): 1264-1271.
[32] Marques S M, Esteves da Silva J C. Firefly bioluminescence: a mechanistic approach of luciferase catalyzed reactions. IUBMB Life, 2009, 61 (1): 6-17.
[33] Smith S M, Morgan D, Musset B, Cherny V V, Place A R, Hastings J W, Decoursey T E. Voltage-gated proton channel in a dinoflagellate. Proc Natl Acad Sci USA, 2011, 108 (44): 18162-18167.
[34] Qiu M, Wang D, Liang W Y, Liu L P, Zhang Y, Chen X, Sang D K, Xing C Y, Li Z J, Dong B Q, Xing F, Fan D Y, Bao S Y, Zhang H, Cao Y H. Novel concept of the smart NIR-light-controlled drug release of black phosphorus nanostructure for cancer therapy. Proc Natl Acad Sci USA, 2018, 115 (3): 501-506.
[35] Shao X M, Ding Z H, Zhou W H, Li Y Y, Li Z B, Cui H D, Lin X, Cao G L, Cheng B H, Sun H Y, Li M Q, Liu K, Lu D Y, Geng S Y, Shi W L, Zhang G F, Song Q L, Chen L, Wang G C, Su W, Cai L T,

Fang L J, Leong D T, Li Y, Yu X F, Li H C. Intrinsic bioactivity of black phosphorus nanomaterials on mitotic centrosome destabilization through suppression of PLK1 kinase. Nat Nanotechnol, 2021, 16 (10): 1150-1160.

[36] Watson J D, Crick F H. Molecular structure of nucleic acids, a structure for deoxyribose nucleic acid. Nature, 1953, 171 (4356): 737-738.

[37] Franklin R E, Gosling R G. Molecular configuration in sodium thymonucleate. Nature, 1953, 171 (4356): 740-741.

[38] Wilkins M H, Stokes A R, Wilson H R. Molecular structure of deoxypentose nucleic acids. Nature, 1953, 171 (4356): 738-740.

[39] Lehman I R, Bessman M J, Simms E S, Kornberg A. Enzymatic synthesis of deoxyribonucleic acid. Ⅰ. Preparation of substrates and partial purification of an enzyme from Escherichia coli. J Biol Chem, 1958, 233 (1): 163-170.

[40] Bessman M J, Lehman I R, Simms E S, Kornberg A. Enzymatic synthesis of deoxyribonucleic acid. Ⅱ. General properties of the reaction. J Biol Chem, 1958, 233 (1): 171-177.

[41] Ferry G. The structure of DNA. Nature, 2019, 575 (7781): 35-36.

[42] Wolfe-Simon F, Switzer Blum J, Kulp T R, Gordon G W, Hoeft S E, Pett-Ridge J, Stolz J F, Webb S M, Weber P K, Davies P C, Anbar A D, Oremland R S. A bacterium that can grow by using arsenic instead of phosphorus. Science, 2011, 332 (6034): 1163-1166.

[43] Reaves M L, Sinha S, Rabinowitz J D, Kruglyak L, Redfield R J. Absence of detectable arsenate in DNA from arsenate-grown GFAJ-1 cells. Science, 2012, 337 (6093): 470-473.

[44] Elias M, Wellner A, Goldin-Azulay K, Chabriere E, Vorholt J A, Erb T J, Tawfik D S. The molecular basis of phosphate discrimination in arsenate-rich environments. Nature, 2012, 491 (7422): 134-137.

[45] Luecke H, Quiocho F A. High specificity of a phosphate transport protein determined by hydrogen bonds. Nature, 1990, 347 (6291): 402-406.

[46] Rao N N, Torriani A. Molecular aspects of phosphate transport in Escherichia coli. Mol Microbiol, 1990, 4 (7): 1083-1090.

[47] Qi R, Jing Z F, Liu C W, Piquemal J P, Dalby K N, Ren P Y. Elucidating the phosphate binding mode of phosphate-binding protein: The critical effect of buffer solution. J Phys Chem B, 2018, 122 (24): 6371-6376.

[48] Priess M, Goddeke H, Groenhof G, Schafer L V. Molecular mechanism of ATP hydrolysis in an ABC transporter. ACS Cent Sci, 2018, 4 (10): 1334-1343.

[49] Rumpho M E, Worful J M, Lee J, Kannan K, Tyler M S, Bhattacharya D, Moustafa A, Manhart J R. Horizontal gene transfer of the algal nuclear gene psbO to the photosynthetic sea slug Elysia chlorotica. Proc Natl Acad Sci USA, 2008, 105 (46): 17867-17871.

[50] Maeda T, Kajita T, Maruyama T, Hirano Y. Molecular phylogeny of the sacoglossa, with a discussion of gain and loss of kleptoplasty in the evolution of the group. Biol Bull, 2010, 219 (1): 17-26.

[51] Cai H M, Li Q, Fang X D, Li J, Curtis N E, Altenburger A, Shibata T, Feng M J, Maeda T, Schwartz J A, Shigenobu S, Lundholm N, Nishiyama T, Yang H M, Hasebe M, Li S C, Pierce S K, Wang J. A Draft genome assembly of the solar-powered sea slug *Elysia chlorotica*. Sci Data, 2019, 6: 190022.

[52] Miller T E, Beneyton T, Schwander T, Diehl C, Girault M, McLean R, Chotel T, Claus P, Cortina N S, Baret J C, Erb T J. Light-powered CO_2 fixation in a chloroplast mimic with natural and synthetic parts. Science, 2020, 368 (6491): 649-654.

[53] Patel A, Malinovska L, Saha S, Wang J, Alberti S, Krishnan Y, Hyman A A. ATP as a biological hydrotrope. Science, 2017, 356 (6339): 753-756.

[54] Rice A M, Rosen M K. ATP controls the crowd. Science, 2017, 356 (6339): 701-702.

[55] Mishra A, Dhiman S, George S J. ATP-driven synthetic supramolecular assemblies: From ATP as a template to fuel. Angew Chem Int Ed Engl, 2021, 60 (6): 2740-2756.

[56] Guilhas B, Walter J C, Rech J, David G, Walliser N O, Palmeri J, Mathieu-Demaziere C, Parmeggiani A, Bouet J Y, le Gall A, Nollmann M. ATP-driven separation of liquid Phase condensates in bacteria. Mol Cell, 2020, 79 (2): 293-303.
[57] Song J. Adenosine triphosphate energy-independently controls protein homeostasis with unique structure and diverse mechanisms. Protein Sci, 2021, 30 (7): 1277-1293.
[58] Wymann M P, Schneiter R. Lipid signalling in disease. Nat Rev Mol Cell Bio, 2008, 9 (2): 162-176.
[59] Wenk M R. The emerging field of lipidomics. Nat Rev Drug Discov, 2005, 4 (7): 594-610.
[60] Han X L, Yang K, Gross R W. Multi-dimensional mass spectrometry-based shotgun lipidomics and novel strategies for lipidomic analyses. Mass Spectrom Rev, 2012, 31 (1): 134-178.
[61] Cheng M L, Bhujwalla Z M, Glunde K. Targeting phospholipid metabolism in cancer. Front Oncol, 2016, 6: 266.
[62] Zhang H, Lu H Y, Huang K K, Li J J, Wei F, Liu A Y, Chingin K, Chen H W. Selective detection of phospholipids in human blood plasma and single cells for cancer differentiation using dispersed solid-phase microextraction combined with extractive electrospray ionization mass spectrometry. Analyst, 2020, 145 (22): 7330-7339.
[63] Blackburn C M, Gait M J. Nucleic acids in chemistry and biology. Oxford and New York: Oxford University Press, 1990.
[64] Bass B L, Cech T R. Specific interaction between the self-splicing RNA of Tetrahymena and its guanosine substrate: implications for biological catalysis by RNA. Nature, 1984, 308 (5962): 820-826.
[65] Cech T R. Structural biology- The ribosome is a ribozyme. Science, 2000, 289 (5481): 878-879.
[66] Steitz T A, Moore P B. RNA, the first macromolecular catalyst: the ribosome is a ribozyme. Trends Biochem Sci, 2003, 28 (8): 411-418.
[67] Corcoran R, Labelle M, Czarnik A W, Breslow R. An assay to determine the kinetics of RNA cleavage. Anal Biochem, 1985, 144 (2): 563-568.
[68] Lindahl T, Barnes D E. Mammalian DNA ligases. Annual Review of Biochemistry, 1992, 61: 251-281.
[69] Shuman S, Schwer B. Rna capping enzyme and DNA-ligase—a superfamily of covalent nucleotidyl transferases. Molecular Microbiology, 1995, 17 (3): 405-410.
[70] Cleland W W, Hengge A C. Enzymatic mechanisms of phosphate and sulfate transfer. Chemical Reviews, 2006, 106 (8): 3252-3278.
[71] Senior A E, Nadanaciva S, Weber J. Rate acceleration of ATP hydrolysis by F(1)F(o)-ATP synthase. J Exp Biol, 2000, 203 (1): 35-40.
[72] Diaz N, Field M J. Insights into the phosphoryl-transfer mechanism of cAMP-dependent protein kinase from quantum chemical calculations and molecular dynamics simulations. J Am Chem Soc, 2004, 126 (2): 529-542.
[73] Cheng Y H, Zhang Y K, McCammon J A. How does the cAMP-dependent protein kinase catalyze the phosphorylation reaction: An ab initio QM/MM study. J Am Chem Soc, 2005, 127 (5): 1553-1562.
[74] Ni F, Li W, Li Y M, Zhao Y F. Analysis of the phosphoryl transfer mechanism of c-AMP dependent protein kinase (PKA) by penta-coodinate phosphoric transition state theory. Curr Protein Pept Sci, 2005, 6 (5): 437-442.
[75] Herhaus L, Dikic I. Expanding the ubiquitin code through post-translational modification. EMBO Rep, 2015, 16 (9): 1071-1083.
[76] Komander D, Rape M. The ubiquitin code. Annu Rev Biochem, 2012, 81: 203-229.
[77] Dancy B M, Cole P A. Protein lysine acetylation by p300/CBP. Chem Rev, 2015, 115 (6): 2419-2452.
[78] Manning G, Whyte D B, Martinez R, Hunter T, Sudarsanam S. The protein kinase complement of the human genome. Science, 2002, 298 (5600): 1912.
[79] Buljan M, Ciuffa R, van Drogen A, Vichalkovski A, Mehnert M, Rosenberger G, Lee S, Varjosalo M, Pernas L E, Spegg V, Snijder B, Aebersold R, Gstaiger M. Kinase interaction network expands

functional and disease roles of human kinases. Mol Cell, 2020, 79 (3): 504-520.
[80] Lee K A. Transcriptional regulation by cAMP. Curr Opin Cell Biol, 1991, 3 (6): 953-959.
[81] McKnight G S. Cyclic AMP second messenger systems. Curr Opin Cell Biol, 1991, 3 (2): 213-217.
[82] Shaywitz A J, Greenberg M E. CREB: a stimulus-induced transcription factor activated by a diverse array of extracellular signals. Annu Rev Biochem, 1999, 68: 821-861.
[83] Altarejos J Y, Montminy M. CREB and the CRTC co-activators: sensors for hormonal and metabolic signals. Nat Rev Mol Cell Biol, 2011, 12 (3): 141-151.
[84] Han J H, Wu J F, Silke J. An overview of mammalian p38 mitogen-activated protein kinases, central regulators of cell stress and receptor signaling. F1000Res, 2020, 9: 653.
[85] Han J, Lee J D, Bibbs L, Ulevitch R J. A MAP kinase targeted by endotoxin and hyperosmolarity in mammalian cells. Science, 1994, 265 (5173): 808-811.
[86] Ono K, Han J. The p38 signal transduction pathway: activation and function. Cell Signal, 2000, 12 (1): 1-13.
[87] Cuadrado A, Nebreda A R. Mechanisms and functions of p38 MAPK signalling. Biochem J, 2010, 429 (3): 403-417.
[88] Hauser A, Penkert M, Hackenberger C P R. Chemical approaches to investigate labile peptide and protein phosphorylation. Acc Chem Res, 2017, 50 (8): 1883-1893.
[89] Potel C M, Lin M H, Heck A J R, Lemeer S. Widespread bacterial protein histidine phosphorylation revealed by mass spectrometry-based proteomics. Nat Methods, 2018, 15 (3): 187.
[90] Fu S S, Fu C, Zhou Q, Lin R C, Ouyang H, Wang M N, Sun Y, Liu Y, Zhao Y F. Widespread arginine phosphorylation in human cells-a novel protein PTM revealed by mass spectrometry. Sci China Chem, 2020, 63 (3): 341-346.
[91] Hauser A, Poulou E, Muller F, Schmieder P, Hackenberger C P R. Synthesis and evaluation of non-hydrolyzable phospho-lysine peptide mimics. Chemistry, 2021, 27 (7): 2326-2331.
[92] Kee J M, Villani B, Carpenter L R, Muir T W. Development of stable phosphohistidine analogues. J Am Chem Soc, 2010, 132 (41): 14327-14329.
[93] Hess J F, Oosawa K, Kaplan N, Simon M I. Phosphorylation of three proteins in the signaling pathway of bacterial chemotaxis. Cell, 1988, 53 (1): 79-87.
[94] Capra E J, Laub M T. Evolution of two-component signal transduction systems. Annu Rev Microbiol, 2012, 66: 325-347.
[95] Casino P, Rubio V, Marina A. The mechanism of signal transduction by two-component systems. Curr Opin Struct Biol, 2010, 20 (6): 763-771.
[96] Mideros-Mora C, Miguel-Romero L, Felipe-Ruiz A, Casino P, Marina A. Revisiting the pH-gated conformational switch on the activities of HisKA-family histidine kinases. Nat Commun, 2020, 11 (1): 769-781.
[97] Gushchin I, Melnikov I, Polovinkin V, Ishchenko A, Yuzhakova A, Buslaev P, Bourenkov G, Grudinin S, Round E, Balandin T, Borshchevskiy V, Willbold D, Leonard G, Bldt G, Popov A, Gordeliy V. Mechanism of transmembrane signaling by sensor histidine kinases. Science, 2017, 356 (6342): eaah6345.
[98] Abriata L A, Albanesi D, dal Peraro M, de Mendoza D. Signal sensing and transduction by histidine kinases as unveiled through studies on a temperature sensor. Accounts Chem Res, 2017, 50 (6): 1359-1366.
[99] Xie M Q, Wu M Y, Han A D. Structural insights into the signal transduction mechanism of the K^+-sensing two-component system KdpDE. Science Signaling, 2020, 13 (643): eaaz2970.
[100] Chen Z, Song K, Shang Y P, Xiong Y P, Lyu Z H, Chen J W, Zheng J X, Li P Y, Wu Y, Gu C J, Xie Y H, Deng Q W, Yu Z J, Zhang J, Qu D. Selection and identification of novel antibacterial agents against planktonic growth and biofilm formation of enterococcus faecalis. J Med Chem, 2021, 64 (20):

15037-15052.
[101] Bem A E, Velikova N, Pellicer M T, van Baarlen P, Marina A, Wells J M. Bacterial histidine kinases as novel antibacterial drug targets. Acs Chemical Biology, 2015, 10 (1): 213-224.
[102] Rosales-Hurtado M, Meffre P, Szurmant H, Benfodda Z. Synthesis of histidine kinase inhibitors and their biological properties. Med Res Rev, 2020, 40 (4): 1440-1495.
[103] Gotoh Y, Eguchi Y, Watanabe T, Okamoto S, Doi A, Utsumi R. Two-component signal transduction as potential drug targets in pathogenic bacteria. Current Opinion in Microbiology, 2010, 13 (2): 232-239.
[104] Buschiazzo A, Trajtenberg F. Two-component sensing and regulation: how do histidine kinases talk with response regulators at the molecular level? Annu Rev Microbiol, 2019, 73: 507-528.
[105] Chang C, Stewart R C. The two-component system- Regulation of diverse signaling pathways in prokaryotes and eukaryotes. Plant Physiol, 1998, 117 (3): 723-731.
[106] Grebe T W, Stock J B. The histidine protein kinase superfamily. Adv Microb Physiol, 1999, 41: 139-227.
[107] Mizuno T. Compilation of all genes encoding two-component phosphotransfer signal transducers in the genome of Escherichia coli. DNA Res, 1997, 4 (2): 161-168.
[108] Mizuno T, Kaneko T, Tabata S. Compilation of all genes encoding bacterial two-component signal transducers in the genome of the cyanobacterium, Synechocystis sp strain PCC 6803. DNA Res, 1996, 3 (6): 407-414.
[109] Romir J, Harter K, Stehle T. Two-component systems in Arabidopsis thaliana—A structural view. Eur J Cell Biol, 2010, 89 (2-3): 270-272.
[110] Stepanova A N, Ecker J R. Ethylene signaling: from mutants to molecules. Curr Opin Plant Biol, 2000, 3 (5): 353-360.
[111] Papon N, Stock A M. What do archaeal and eukaryotic histidine kinases sense? F1000Res, 2019, 8: 2145.
[112] Luscher B, Butepage M, Eckei L, Krieg S, Verheugd P, Shilton B H. ADP-ribosylation, a multifaceted posttranslational modification involved in the control of cell physiology in health and disease. Chem Rev, 2018, 118 (3): 1092-1136.
[113] Gibson B A, Kraus W L. New insights into the molecular and cellular functions of poly(ADP-ribose) and PARPs. Nat Rev Mol Cell Bio, 2012, 13 (7): 411-424.
[114] Barkauskaite E, Jankevicius G, Ahel I. Structures and mechanisms of enzymes employed in the synthesis and degradation of PARP-dependent protein ADP-ribosylation. Mol Cell, 2015, 58 (6): 935-946.
[115] Ray Chaudhuri, A, Nussenzweig A. The multifaceted roles of PARP1 in DNA repair and chromatin remodelling. Nat Rev Mol Cell Biol, 2017, 18 (10): 610-621.
[116] Kokic G, Wagner F R, Chernev A, Urlaub H, Cramer P. Structural basis of human transcription-DNA repair coupling. Nature, 2021, 598 (7880): 368-372.
[117] Awwad S W, Abu-Zhayia E R, Guttmann-Raviv N, Ayoub N. NELF-E is recruited to DNA double-strand break sites to promote transcriptional repression and repair. EMBO Rep, 2017, 18 (5): 745-764.
[118] Luo X, Ryu K W, Kim D S, Nandu T, Medina C J, Gupte R, Gibson B A, Soccio R E, Yu Y H, Gupta R K, Kraus W L. PARP-1 controls the adipogenic transcriptional program by PARylating C/EBPbeta and modulating its transcriptional activity. Mol Cell, 2017, 65 (2): 260-271.
[119] Yu D, Liu R D, Yang G, Zhou Q. The PARP1-Siah1 axis controls HIV-1 transcription and expression of siah1 substrates. Cell Rep, 2018, 23 (13): 3741-3749.
[120] Gibson B A, Zhang Y J, Jiang H, Hussey K M, Shrimp J H, Lin H N, Schwede F, Yu Y H, Kraus W L. Chemical genetic discovery of PARP targets reveals a role for PARP-1 in transcription elongation. Science, 2016, 353 (6294): 45-50.
[121] Daniels C M, Ong S E, Leung A K. The Promise of proteomics for the study of ADP-ribosylation.

Mol Cell, 2015, 58 (6): 911-924.
[122] Zhou C, Shi Z Y, Ouyang N, Ruan X Z. Hyperphosphatemia and cardiovascular disease. Front Cell Dev Biol, 2021, 9: 644363.
[123] Cohen P, Cross D, Janne P A. Kinase drug discovery 20 years after imatinib: progress and future directions. Nat Rev Drug Discov, 2021, 20 (7): 551-569.
[124] Attwood M M, Fabbro D, Sokolov A V, Knapp S, Schioth H B. Trends in kinase drug discovery: targets, indications and inhibitor design. Nat Rev Drug Discov, 2021, 20 (11): 839-861.
[125] Cohen P. Protein kinases——the major drug targets of the twenty-first century? Nat Rev Drug Discov, 2002, 1 (4): 309-315.
[126] Hecker S J, Erion M D. Prodrugs of phosphates and phosphonates. J Med Chem, 2008, 51 (8): 2328-2345.
[127] Wiemer A J, Wiemer D F. Prodrugs of phosphonates and phosphates: crossing the membrane barrier. Top Curr Chem, 2015, 360: 115-160.
[128] Raz R. Fosfomycin: an old-new antibiotic. Clin Microbiol Infect, 2012, 18 (1): 4-7.

2

磷与核酸

杜宇昊，陈玉琪，周翔
武汉大学化学与分子科学学院

2.1

核酸的组成与结构

2.1.1　核酸的结构特征与分离

2.1.1.1　核苷酸的结构

核酸最早由 F. Miescher 于 1868 年从脓细胞的细胞核中提取得到，是一类含磷元素的酸性生物大分子，是生命的最基本遗传物质之一，存在于一切生物体内，具有储存、复制遗传信息及指导合成蛋白质等生物功能。核酸由核苷酸聚合而成，核苷酸(nucleotide)由碱基(base)、戊糖(pentose)和磷酸(phosphoric acid)三部分组成。碱基和戊糖 1′-位相连接，该碳氮键称为糖苷键，碱基和戊糖连接在一起形成的单元为核苷(nucleoside)。根据所组成戊糖种类的不同，核酸分为脱氧核糖核酸(deoxyribonucleic acid，DNA)和核糖核酸(ribonucleic acid，RNA)。其中组成 DNA 的碱基主要有四种：腺嘌呤(adenine，A)、鸟嘌呤(guanine，G)、胞嘧啶(cytosine，C)、胸腺嘧啶(thymine，T)；组成 RNA 的碱基主要也有四种，腺嘌呤、鸟嘌呤、胞嘧啶与 DNA 中的相同，只是由尿嘧啶(uracil，U)代替了胸腺嘧啶(图 2-1)。DNA 核苷酸中的戊糖是 β-D-2-脱氧核糖，而 RNA 核苷酸中的戊糖为 β-D-核糖。核苷的 C-5′ 与磷酸通过磷酸酯键连接，组成的单元称为核苷酸。核苷可以和一个、两个或三个磷酸相连接，称为核苷单磷酸、核苷二磷酸、核苷三磷酸。

核苷酸的结构可以用许多参数来进行描述，如图 2-2(a)所示用扭角 α、β、γ、δ、ε 和 ζ 来描述磷酸骨架，用 $\theta_0 \sim \theta_4$ 描述呋喃糖环，用 χ 描述 N-糖苷键。一些参数因为是相互关联的，所以可以归纳为 4 个参数来表述核苷酸的具体结构：戊糖折叠构象(sugar pucker)、糖苷键的顺 - 反构象(syn-anti conformation)、C4′-C5′的取向和磷酸酯键的构象[2]。

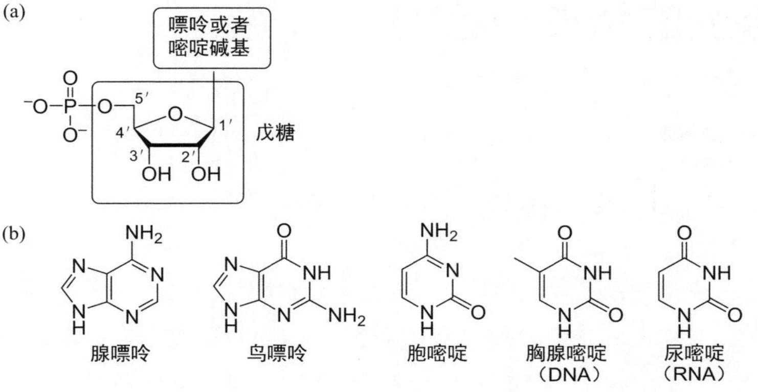

图 2-1　核苷酸的结构与五种主要碱基[1]

戊糖折叠构象：如图 2-2(b)所示，呋喃糖环有 4 个原子位于同一平面上，第五个原子(C2′或 C3′)位于糖环之上(C5′)称为内构象(endo)，位于糖环之下为外构象(exo)。

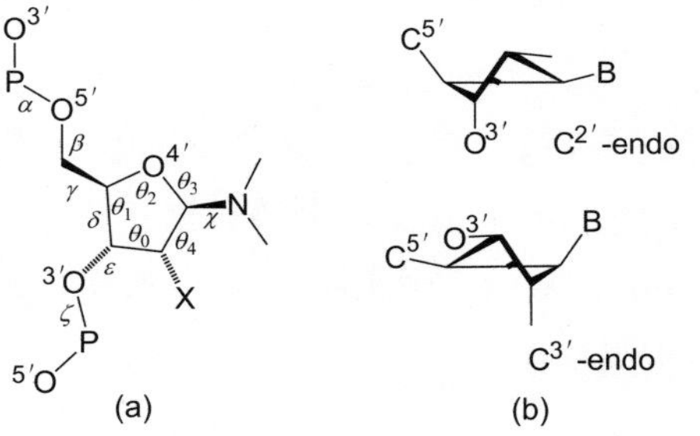

图 2-2　DNA 中核苷酸的各种扭角参数（a）及戊糖折叠构象的 C2′内构象和 C3′内构象（b）

顺反构象：碱基平面垂直于糖环并且平分 O4′-C1′-C2′角，因而碱基可以采取顺反两种取向。如图 2-3 所示，碱基环上较小的 H-6(嘧啶)、H-8(嘌呤)原子位于糖环上方时称为反式构象，较大的 O-2(嘧啶)、N-3(嘌呤)原子位于糖环上方时称为顺式构象。

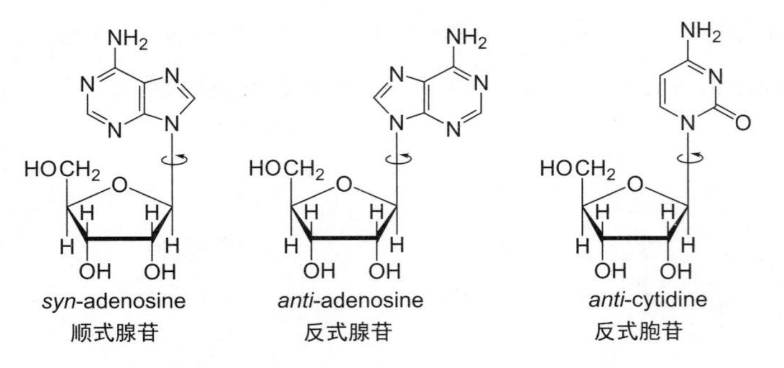

图 2-3　糖苷键的顺反构象

C4′-C5′的取向：糖环外 C4′-C5′键的构象决定 5′端磷酸相对于糖环的位置。C4′-C5′键有两种经典的向斜(synclinal)和反叠(antiperiplanar)旋转异构体(rotamer)。嘧啶核苷多是向斜体(+sc)，而嘌呤核苷中向斜和反叠异构体的数量相同。在 Z 型 DNA 中顺式的鸟嘌呤核苷酸多是反叠体(ap)(图 2-4)。

+sc　　ap

图 2-4　C4′-C5′ 的取向

磷酸酯键的构象：通常，H4′-C4′-C5′-O5′-P 是变宽的 W 构型。在简单的磷酸二酯化合物例如磷酸二甲酯以及寡聚核苷酸中，C-O-P-O-C 是一种斜型(skewed conformation)，DNA 中采取这种构型可能是由于 O5′和 P-O3′键的孤对电子间的相互作用。

2.1.1.2　DNA 的结构

与蛋白质类似，DNA 结构也有一级结构、二级结构和三级结构。DNA 的一级结构为 DNA 分子中核苷酸的连接顺序。组成 DNA 的四种核苷酸通过磷酸二酯键相互连接，磷酸二酯键由前一个核苷酸 3′-OH 与下一核苷酸 5′- 磷酸连接而成。

DNA 的二级结构也就是著名的双螺旋结构。1953 年，Watson 和 Crick 在 DNA 结晶 X 射线衍射研究中获得了一些原子结构的参数，结合多方资料提出了 DNA 的双螺旋结构模型（图 2-5）[3-4]。双螺旋结构模型不仅揭示了 DNA 分子的结构特征，而且进一步解释了 DNA 分子如何执行生物遗传功能，遗传信息如何通过复制从亲代传递到子代。DNA 双螺旋结构的提出被认为是 20 世纪生命科学中最重大的发现之一，它不仅奠定了生物化学的基础，而且促进了生命科学的飞速发展，使得核酸的研究受到前所未有的重视。

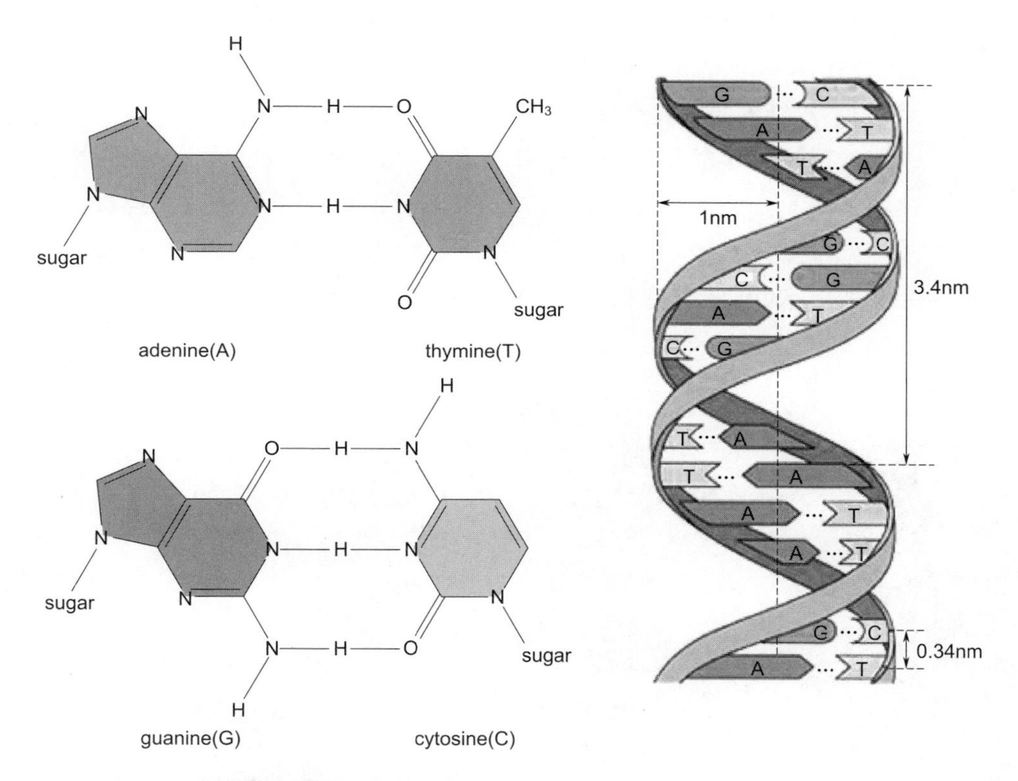

图 2-5　DNA 的碱基配对原则和双螺旋结构

adenine (A)—腺嘌呤；thymine (T)—胸腺嘧啶；guanine (G)—鸟嘌呤；cytosine (C)—胞嘧啶

DNA 双螺旋模型如图 2-5 所示。DNA 的双螺旋结构是指两条反向平行的多聚核苷酸链沿一个假设的中心轴右旋相互盘绕而形成，磷酸和脱氧核糖单位作为不变的骨架组成位于外侧，作为可变成分的碱基位于内侧，链间碱基按 A-T、G-C 配对（碱基互补配对原则），螺旋直径 2nm，相邻碱基平面垂直距离 0.34nm，螺旋结构每隔 10 个碱基对重复一次，间隔为 3.4nm。其中，最有价值的是确认了碱基配对原则，这是 DNA 复制、转录和反转录的分子基础，亦是遗传信息传递和表达的分子基础。

（1）DNA 二级结构的多样性

DNA 双螺旋结构有三种主要构象（图 2-6）：A-DNA、B-DNA 和 Z-DNA。B-DNA 即为 Watson 和 Crick 提出的右手螺旋模型，是大部分双螺旋 DNA 在生理条件下最稳定的结构，但含水量、DNA 序列、超螺旋数和方向、碱基的化学修饰及溶液中金属离子的种类和浓度等条件，也会使 DNA 结构发生改变[5-6]。A 型 DNA 的大沟区与小沟区宽度相似，且大沟区相较于 B 型 DNA 更深。B 型 DNA 可以通过脱水或在一些特殊的生理条件下转变为 A 型 DNA[7]。Z-DNA 与上两种不同，是左手螺旋，磷酸基分布呈 Z 字形，只有一条大沟而无小沟。嘌呤 - 嘧啶交替排列的序列特别是 d（GC）交替序列容易形成 Z-DNA，如果其中 C 甲基化，则更易形成 Z-DNA[8-9]。

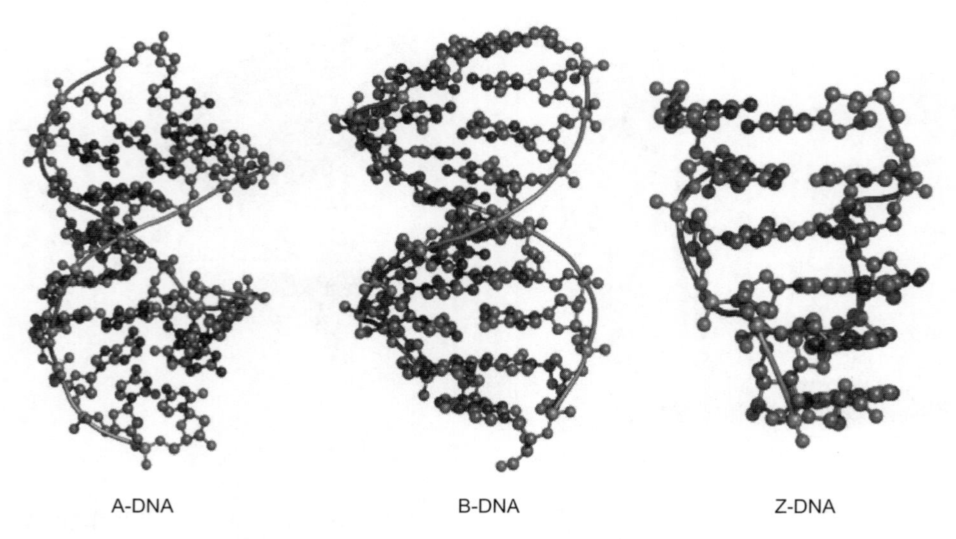

图 2-6　A、B、Z 三种 DNA 构型[2]

一些具有反向互补序列的DNA还可以形成发卡形结构和十字形结构。发卡形结构由一端的序列与另一端的反向互补序列配对，形成双链，而双链中间则包含一段裸露的单链[10]，互补序列最少只需要7个碱基的长度就能够形成发卡形结构[11]。而十字形结构则由包含了两个发卡形结构和一个十字形交叉点的序列所组成(图2-7)。

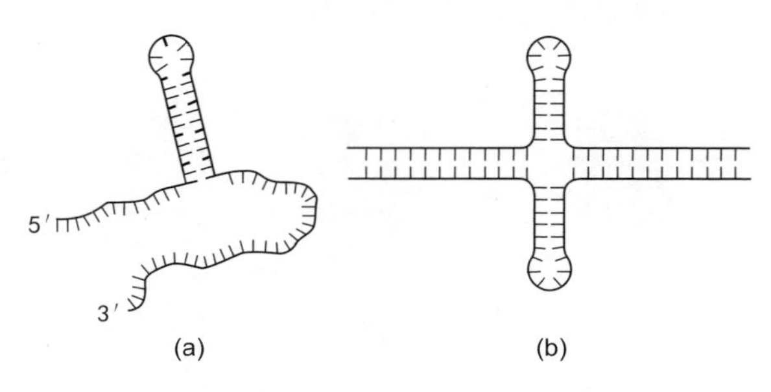

图2-7　DNA的发卡形结构（a）与十字形结构（b）[10]

DNA的三链结构最早由Felsenfeld等于1957年发现[12]，而三链螺旋结构这一概念则由Hoogsteen于1963年提出。螺旋DNA由第三条核苷酸链通过与双链DNA形成Hoogsteen键或反Hoogsteen键，在双链大沟处紧密缠绕而形成，如图2-8所示[12-13]。三螺旋DNA第三条DNA链为同聚嘌呤(homopurine)或同聚嘧啶(homopyrimidine)。

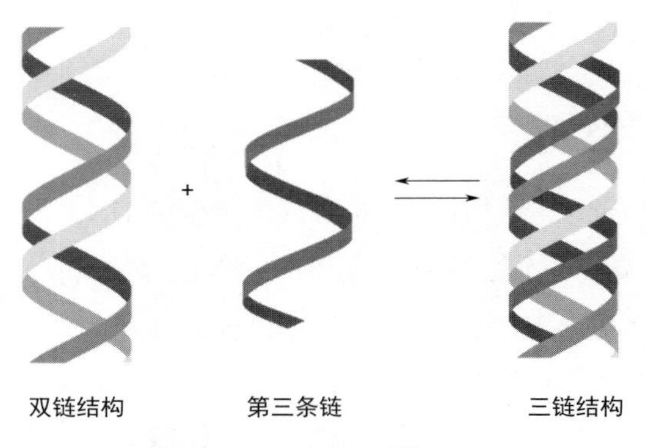

图2-8　三链螺旋结构形成机理[13]

Gellert 等报道的鸟苷酸纤维的 X-ray 衍射数据显示，四个鸟嘌呤分子间可以通过八个 Hoogsteen 氢键排列成一个正方形的 G-平面，该平面称为 G-quartet[14]。G-quartet 中的每个碱基既是两个氢键的给体也是两个氢键的受体。通过 π-π 堆积，多个 G-quartet 可以形成结构更为复杂的 G-四链体(G-quadruplex)[15]。根据 G- 四链体中四条链走向的不同，可分别形成平行结构、反平行结构以及混合结构(图 2-9)[16]。

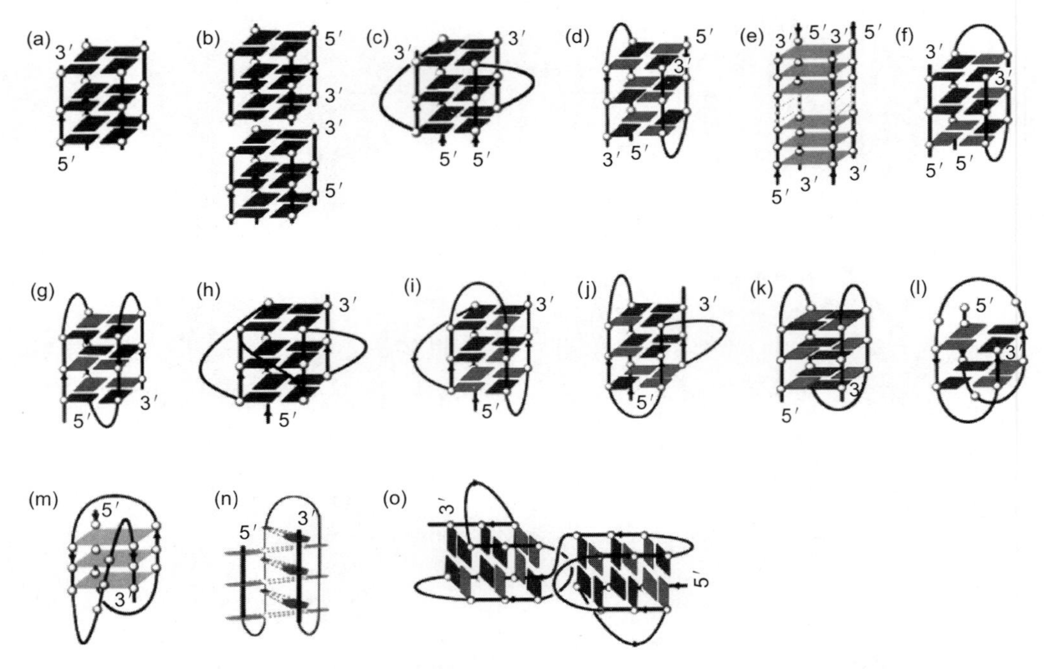

图 2-9　常见的 G-quadruplex 拓扑结构示意图[16]

G-triplex 结构与 i-motif 结构是与 G- 四链体类似的 DNA 的二级结构。三个鸟嘌呤通过 Hoogsteen 氢键形成 G-triad 平面，G-triplex 则由两个 G-triad 平面堆积而成［图 2-10(a)］[17]。G-triplex 结构不太不稳定，对环境条件要求较高。富含胞嘧啶的序列在酸性条件下形成 i-motif 四链体结构。在酸性条件下，胞嘧啶可以被质子化，质子化的 C 和未质子化的 C 之间可以形成三个氢键［图 2-10(b)］[18]。

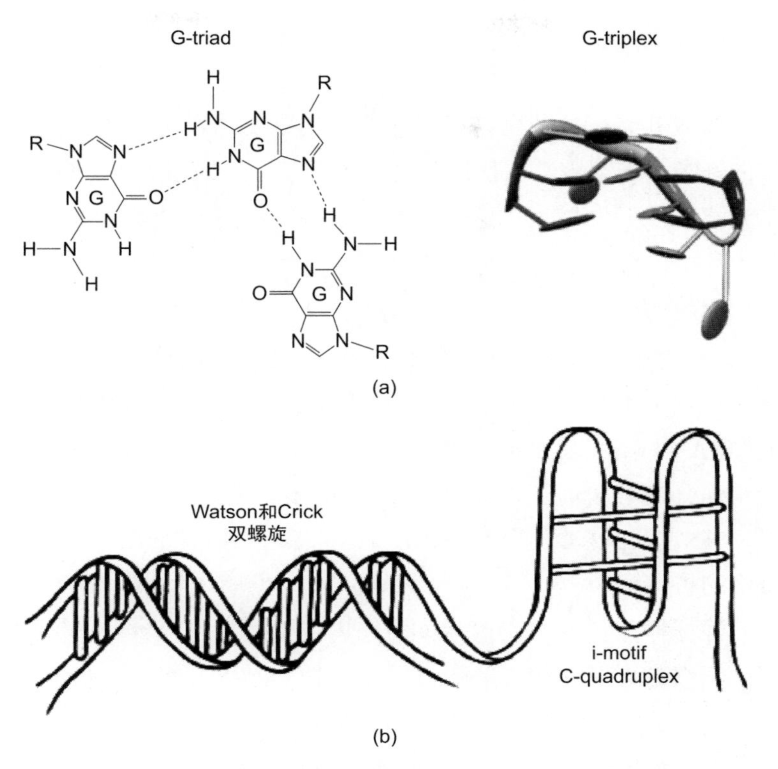

图2-10 G-triad[17]及G-triplex结构（a）和i-motif（b）结构[18]

（2）DNA 三级结构

真核生物的细胞核体积很小，却能够存储分子巨大、链长很长的DNA分子，这就要求DNA必须在二级结构的基础上，进一步高度有序地紧密折叠，这就形成了DNA的三级结构，如超螺旋和染色体结构等绝大部分原核生物DNA形成一个共价闭合的环状双螺旋结构，此环形分子可再次扭曲盘绕形成超螺旋，非环形双螺旋DNA分子也可以在局部形成超螺旋。此外，真核细胞核内染色体DNA会在双螺旋的基础上，围绕两分子组蛋白H2A、H2B、H3、H4组成组蛋白八聚体，随后八聚体和组蛋白H1连成核小体结构。核小体再经过进一步的旋转折叠形成螺线管，最后形成细胞核中的棒状染色体。

2.1.1.3 核酸的分离

核酸分离在分子生物学中起着至关重要的作用，在生物学和医学科学的许多领域都被常规使用，是许多下游应用的第一步。自1869年第一个分离方法开发以来，这个关键的程序已经有一个多世纪了，在过去的几十年中已经有了长足的发展。

细胞内核酸可以大致分为基因组DNA(或染色体)，质粒和各种不同类型的RNA[19]。虽然RNA特有尿嘧啶，而DNA具有胸腺嘧啶，而且可能具有完全不同的三维结构(基因组、质粒、tRNA、mRNA、rRNA等)，但DNA和RNA具有相似的基本生化特性。然而，尽管结构上存在差异，但常用分离方法仍可以应用于DNA的多种组织形式(染色体、质粒等)，以及RNA及其多维形式(mRNA、rRNA、tRNA、miRNA等)和含有多种修饰的核酸[20-21]。

根据样品和下游应用，核酸分离纯化过程可以大致分为以下几个步骤：①细胞裂解；②去除蛋白质和其他生物大分子；③核酸的分离和纯化[22]。在进行核酸分离提取时，应遵循的原则是：尽量排除其他分子污染，保证核酸分子一级结构的完整性。

细胞裂解可以通过化学或机械的方法来实现，其主要目的是破坏细胞壁或细胞膜，使核酸释放出来。根据样品的不同性质，可以使用多种试剂和方法来实现细胞破裂[23]。化学裂解是指在加入变性试剂和一定pH条件下，使细胞破裂，蛋白质变性沉淀，将核酸释放到水相中。常用的有表面活性剂(SDS、Triton X-100、Tween 20、NP-40、CTAB及Chelex-100等)或者强离子剂(如盐酸胍、异硫氰酸胍等)。可以通过加入的强碱(NaOH)或缓冲液(TE等)来达到一定的pH环境。在一定的pH条件下，表面活性剂或强离子剂可使细胞壁或细胞膜破裂、细胞中的蛋白质和多糖发生变性或沉淀，缓冲液中的金属离子螯合剂如EDTA可以通过螯合核酸酶活性所必需的金属离子如Mg^{2+}、Ca^{2+}等，抑制酶的活性，保护核酸不被核酸酶降解。机械方法可以通过研磨、剪切、微珠打浆和超声微波等物理方法来裂解细胞[24]。但机械力也可造成长链核酸的断裂，所以高分子量的长链核酸不适用于机械分离。

去除蛋白质和其他生物大分子：在核酸分离提取过程中，可在裂解液中加入适当的酶，如蛋白酶，使不需要的生物大分子如蛋白质降解。也可以加入核酸酶(DNase 或者 RNase)，用于降解不需要的核酸。

核酸的分离与纯化：相比于其他生物大分子蛋白质、多糖、脂肪等物质，核酸由于磷酸骨架上的高电荷密度，其亲水性更好一些。此外，根据这些生物大分子理化性质的差异，可以用沉淀、色谱法、密度梯度离心等方法将核酸进行分离和纯化。①酚提取 / 沉淀法。核酸分离的一个经典方法是酚 - 氯仿抽提法[25]，将水 / 有机两相漩涡振荡(适用于分子量较小的核酸)，或者简单颠倒混匀(适用于分子量较大的核酸)后，进行高速离心。核酸存在于上层水相中，而疏水性的蛋白质则被分配至两相之间。②色谱法。利用不同物质的物理化学性质上的区别而建立的分离方法[20]，主要包括吸附色谱、亲和色谱、离子交换色谱等方法。色谱法由于是分离和纯化过程同步进行，并且有商品化试剂盒可使用，因此在核酸的纯化中被广泛使用。在一定的离子条件下，核酸会被选择性地吸附到玻璃或硅胶等载体表面，从而达到与其他生物分子分离的目的。可以用经修饰或包被的磁珠、离子交换柱等固相载体来实现选择性吸附。该法分离纯化核酸，具有质量好、产量高、成本低、快速、简便等优点。③密度梯度离心法[26]。双链 DNA、单链 DNA、RNA 和蛋白质分子由于密度不同，可通过离心的过程，在离心力的作用下不同颗粒会在密度梯度不同区域上形成纯样品区带。该法适用于大量核酸样本的制备，如纯化大量质粒 DNA 的首选方法被认为是氯化铯 - 溴化乙锭梯度平衡离心法。

2.1.2 核酸中磷元素的化学性质

磷元素位于元素周期表中第三周期 VA 族，其原子核外电子排布是外层有 3 个未成对的 p 电子和 5 个 3d 空轨道。由于磷原子中的 3s 轨道、3p 轨道以及 3d 轨道的能量较为相近，容易杂化形成如 sp^3、sp^3d、sp^3d^2

等多种杂化轨道方式，因而可以形成 4 ～ 6 个化学键。同时由于磷原子具有较多可利用的空轨道，配位数也较多，一定条件下不同化合价态也较易相互转化，这就使得磷酯基团上的磷原子容易受亲核试剂的进攻，发生亲核反应。

核酸中的磷原子采取 sp^3d 的形式杂化，以磷酸二酯键的形式存在。磷酸单酯键或磷酸二酯键的 p*K* 值约为 2，磷酸二酯键在生理 pH 条件下能够发生电离，使大量的核酸保留在细胞膜所限定的区域内。核酸中磷酸二酯键起着连接核苷酸的作用，使得核苷相互连接以形成可携带遗传信息的长链。而且磷酸酯二酯键所带的负电荷能有效地减少亲核试剂的进攻，使得核酸不易被水解。但同时，形成的长链又可以发生断裂使得核苷可以被重新利用。由于作为遗传信息载体的核酸的这些独特需求，生命采用了磷元素而不是硫、硅、砷等元素，正是由于磷酸二酯键结构恰好可以满足这些需求[27]。

2.2

核酸磷酸骨架的化学修饰及其应用

2.2.1 核酸磷酸二酯键的稳定性

一分子磷酸和两分子戊糖中的羟基(3′-OH 和 5′-OH)发生酯化反应形成 3′,5′-磷酸二酯键。磷酸二酯键可在酸、碱或酶的作用下水解。可以水解磷酸二酯键的酶包括限制性核酸内切酶、核酸连接酶、聚合酶和水解酶等。在室温下 pH 为 7.0 的中性水溶液中，DNA 中的磷酸二酯键极其稳定，其半衰期长达 3100 万年。想要 DNA 中的磷酸二酯键能够在几分钟之内水解，就要求催化剂具有高达 10^{17} 数量级的加速水解反应的能力。核酸之所以能够作为遗传物质，磷酸二酯键的高稳定性是重要原因之一。

DNA 和 RNA 对酸或碱的耐受程度不同。DNA 对碱稳定，而室温下 RNA 可被稀碱水解。例如，在 0.1mol/L 的氢氧化钠溶液中，RNA 几乎完全水解，磷酸二酯键发生断裂，生成 2′-和3′-核苷酸的混合物；DNA 中因为 2′-位不存在羟基，难以被碱水解。酸性条件下，磷酸二酯键比糖苷键稳定，糖苷键中嘌呤与脱氧核糖之间的糖苷键稳定性最差。核酸发生酸水解，会首先生成无嘌呤酸，所以很少用酸水解来进行核酸的部分水解。

2.2.2 核酸磷酸骨架的人工化学修饰

随着 20 世纪生物学和医学的高速发展，人类认识到基因的改变可以引起多种疾病。从基因水平上阻断或控制疾病相关异常基因的表达备受青睐。具有专一序列的寡核苷酸因其特异性高、降解产物无毒的特性，在多种疾病(如病毒感染、心血管疾病、癌症和炎症等)治疗研究中有很大的吸引力和应用潜力。常见的寡核苷酸有：反义核酸(antisense nucleic acid)、核酶(ribozyme)、小干扰 RNA(siRNA)、microRNA(miRNA)、适配体(aptamer)等。为了增强寡核苷酸在体内的稳定性，使其不易被体内各种核酸酶降解，研究者们对寡核苷酸进行了多种化学修饰，包括磷酸骨架改变、糖环修饰(主要是对 RNA 糖环的 2′位进行修饰)、碱基修饰以及 3′或 5′端修饰。寡核苷酸特异性作用的关键在于其碱基连接顺序，而与磷酸二酯键骨架无关。因此，对磷酸二酯键骨架进行化学修饰具有更好的适应性。磷酸骨架的修饰包含磷酸二酯键中非桥接和桥接氧原子的化学修饰(图 2-11 和图 2-12)，以及非糖环 - 磷酸骨架的取代如肽核酸(PNA)的多肽骨架［图 2-13(a)］和吗啉代氨基磷酸酯(PMO)骨架［图 2-13(b)］等。

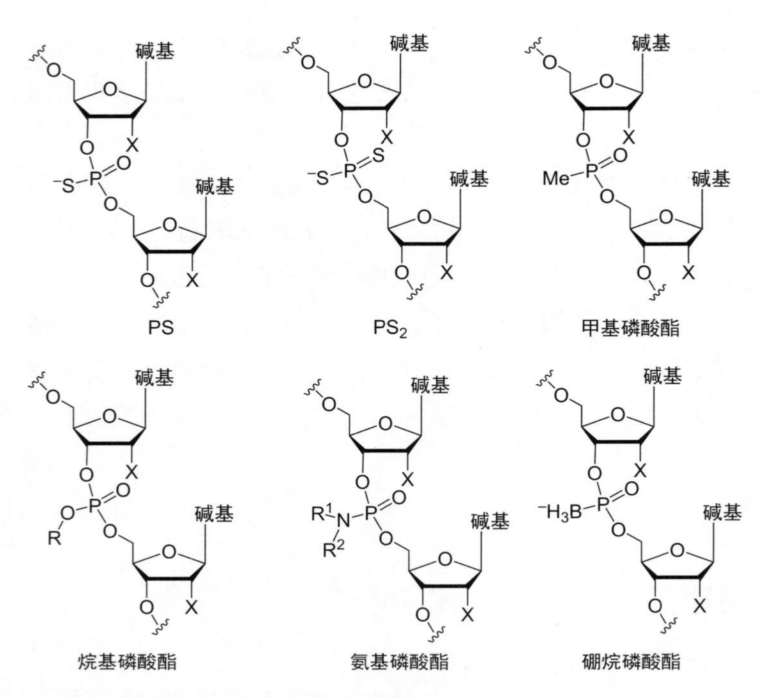

图 2-11　磷酸骨架上非桥接 O 的化学修饰

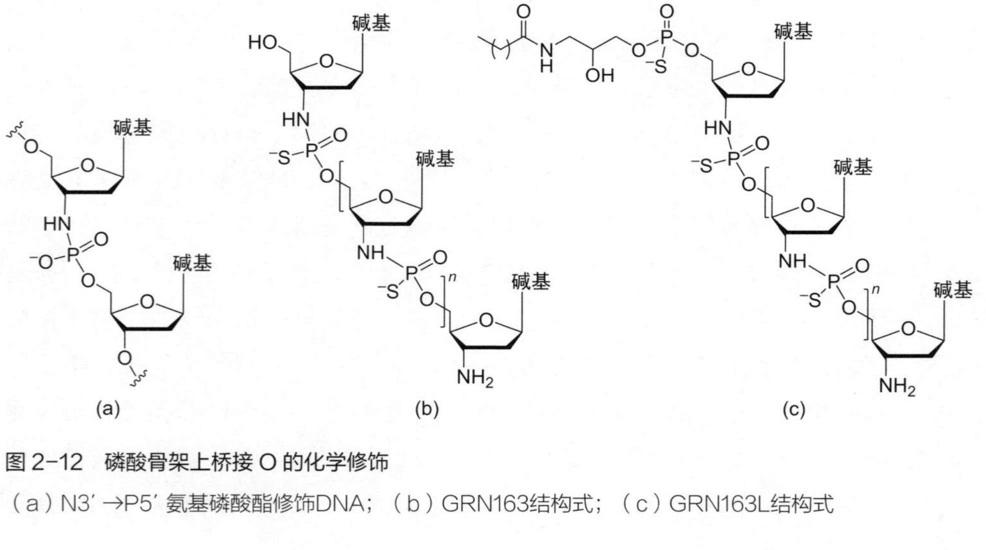

图 2-12　磷酸骨架上桥接 O 的化学修饰

（a）N3′→P5′ 氨基磷酸酯修饰DNA；（b）GRN163结构式；（c）GRN163L结构式

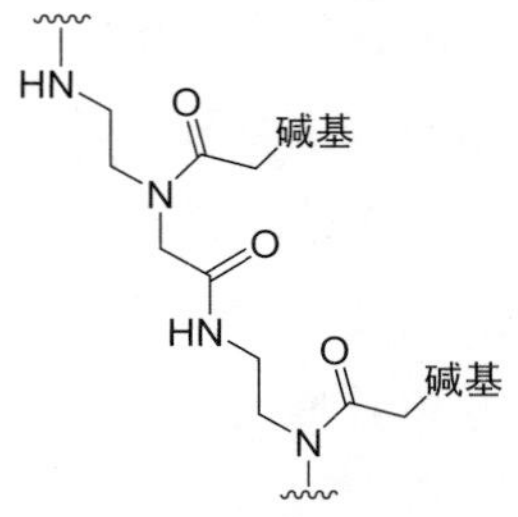

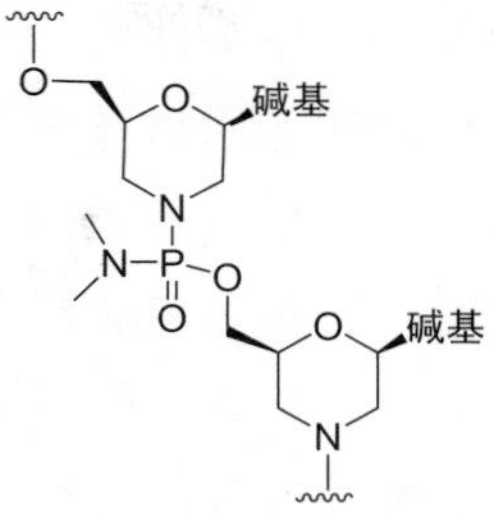

(a) PNA　　(b) PMO

图 2-13　非糖环 - 磷酸骨架寡核苷酸类似物结构

（a）肽核酸（PNA）的多肽骨架；（b）吗啉代氨基磷酸酯（PMO）骨架

2.2.2.1　磷酸骨架上非桥接 O 的化学修饰

研究者们采用氢磷酸法、亚磷酰胺法等化学方法合成了各种磷酸骨架修饰的寡核苷酸，包括 P—S、P—C、P—N、P—B 等键取代非桥接 P—O；P═S 双键取代 P═O；P—N 等键取代桥接 P—O 等。硫代磷酸酯(phosphorothioate，PS)键修饰寡核苷酸是至今为止研究最多和应用最广泛的一类反义核酸药物。P—S 键与天然 P—O 相比，磷酸基团的负电荷得以保留，而硫原子半径仅略大于氧原子[28]。这一修饰使 PS 修饰寡核苷酸保留了天然寡核苷酸的反义活性，比如对互补链的高亲和力、序列的特异性以及 RNase H 活性等，寡核苷酸在体内对核酸酶的稳定性也得到了提高。一般 PS 修饰寡核苷酸中硫取代数量越多，其抗核酸酶降解的能力越强。美国 FDA 批准上市的福米韦生 Vitravene(Fomivirsen)和米泊美生钠 Kynamro(Mipomersen)均是全硫代磷酸酯寡核苷酸。不过，PS 修饰也存在一些缺陷：对靶 RNA 分子的亲和性降低(每个修饰引起 T_m 值降低约 0.5 ～ 1℃)[29]；存在某些毒副反应(主要是由于非专一性蛋白结合引起的非专一性反应)。之后，研究者们在此基础上开发了与糖环修饰相结合的寡核苷酸，以提高靶标亲和性、核酸酶稳定性和药物代谢性质。

由于 S 原子取代 P—O 键中的一个非桥接 O 原子，使得 P 周围有四个不同配体，产生手性磷酸酯基。而含手性磷寡核苷酸的每一种绝对构型对其理化性质如水合作用、对靶标的亲和力、生物利用率以及对细胞内核酸酶的稳定性有很大的影响。当寡核苷酸中手性磷的个数大于4的时候，非对映异构体的分离非常困难。为解决此问题，研究者们发展了立体控制方法合成含手性磷酸酯基修饰的寡核苷酸。此外，还合成了不含手性磷酸酯基的寡核苷酸，如二硫代磷酸酯(PS_2)寡核苷酸，即两个S原子取代磷酸酯基中的两个非桥接O原子[30-31]。PS_2修饰寡核苷酸结构非常接近天然核酸，但疏水性较强。研究表明，PS_2修饰的核苷酸二聚体抗核酸酶降解能力强[32]。此外，一个PS_2修饰的锤头状核酸酶(在切割位点进行修饰)依然能够保持其原有活性[33]。两个PS_2修饰的siRNA(在正义链的3′端进行修饰)和AGO2蛋白具有较高亲和力，大大提高了基因沉默效率[34]。

除了S原子取代P—O中非桥接O原子，形成负离子型连接，还出现了电中性基团的取代，形成非离子型连接[35-39]，如甲基磷酸酯(methyl phosphonate)、烷基磷酸三酯(phosphate triester)、氨基磷酸酯(phosphoramidate)等。这些电中性基团的修饰，一方面提高了寡核苷酸在体内抗核酸酶降解的能力，另一方面提高了寡核苷酸的亲脂性，使其穿过细胞膜的能力得以加强。而这些修饰对稳定性的影响则取决于修饰的位点及核酸的构型。研究表明，甲基磷酸酯修饰的位点在发卡结构的单链环状区能够稳定其结构，而位于双链区则相反；Rp构型磷酸酯键的稳定性较Sp构型高[35]。此外，乙炔和三唑修饰基团的引入便于通过后续的Click反应对核酸进行合成后修饰[37-38]。Meade等在2014年合成了*S*-acyl-2-thioethyl(SATE)磷酸三酯键修饰的siRNA。一旦SATE磷酸三酯键修饰的siRNA进入细胞，就被胞内的硫酯酶水解为正常的P—O键，可有效阻断靶致病蛋白的合成[39]。

这里值得一提的是硼烷磷酸酯(boranophosphate)修饰寡核苷酸[40-41]。路易斯酸BH_3取代P—O的非桥接O原子形成的磷酸二酯键非常稳定($pH > 2$)。硼烷磷酸酯键和天然P—O键、P—S键一样带相同的负电荷，具有较高水溶性。与未修饰寡核苷酸相比，硼烷磷酸酯修饰可以增强寡核苷酸亲脂性，使其更容易通过细胞膜；而与 PS 修饰寡核苷酸相比，硼烷磷酸酯修饰寡核苷酸同样可以抗核酸酶降解，激活 RNase H 活性[42]，且它们的核苷三磷酸可以作为聚合酶的底物用于核酸合成。另外，硼烷磷酸酯修饰寡核苷酸能够将 Ag^{+}、Au^{3+} 和 Pt^{2+} 还原为金属原子[43]。深入研究发现，在水中 P—B 磷酸酯键连接转变为正常的 P—O 键；而在醇中则转变为磷酸三酯[44]。最近，Roy 等报道了硼烷磷酸酯基团的另一新反应活性，即在某些胺(如吡啶)的存在下，碘的氧化会使硼烷基团的一个氢被胺取代，增强细胞的摄入[45]。由此可见，寡核苷酸的硼烷磷酸酯修饰具有很好的应用价值和应用前景。

2.2.2.2 磷酸骨架上桥接 O 的化学修饰

N 原子取代磷酸骨架上桥接 O 原子是对磷酸骨架进行改造的另一种常用方式。用于合成寡核苷酸单体的糖环 3′-OH 被氨基取代。如此，核苷酸间的磷 - 氧键连接转变为 N3′→ P5′氨基磷酸酯键连接［图 2-12(a)］。研究表明，该类修饰的寡核苷酸同样抗核酸酶降解但对胞内胞外蛋白质的亲和力低；既能够与互补 DNA、单链 RNA 形成非常稳定的双链(称为 antisense)，又可以与双链 DNA 形成稳定的三链核酸(称为 antigene)，具有反义核酸和反基因活性；N3′→ P5′氨基磷酸酯键连接的寡核苷酸不能诱导 RNase H 识别并切割 mRNA[46]。不过，N3′→ P5′氨基磷酸酯基对酸不稳定。随后，研究者合成了对酸稳定的 N3′→ P5′硫代氨基磷酸酯修饰的寡核苷酸[47-48]，以期拓宽该类核苷酸类似物的应用，特别是将其作为口服药物用于疾病治疗。研究者通过优化氨基磷酸酯骨架结构，开发出更高活性的端粒酶抑制剂 GRN163［图 2-12(b)］。在此基础上，又将 5′端用十六酰化氨基丙三醇基团修饰，得到了在没有脂质转运体的情况下仍可进入细胞的 GRN163L 药物［图 2-12(c)］。GRN163 和 GRN163L 共同的核苷酸序列为 5′-TAGGGTTAGACAA-3′。研究结果显示，只有经硫代氨基磷酸酯修饰后的寡核苷酸作用下的细胞内发生细胞增殖率和端粒长度的减少，而没有修饰的寡核苷酸作用下的细胞则没有相应的细胞增殖率和端粒长度的减少。相关的临床研究表明，以端粒酶抑制剂 GRN163L 为基础的药物治疗有望成为未来癌症治疗方法的重要部分[49]。

核酸适配体(aptamer)是指采用指数富集的配体系统进化(systematic evolution of ligands by exponential enrichment，SELEX)技术从体外筛选得到的一段能够特异性识别靶标的特殊寡核苷酸片段，可以是单链 DNA(ssDNA)或 RNA。理论上自然界中的各种物质，包括有机小分子、生物大分子、细胞、细菌、病毒甚至是组织等，都可以通过 SELEX 筛选得到相应的核酸适配体。采用核磁共振及 X 射线晶体衍射等方法研究发现，核酸适配体特异性地与靶标结合的原因在于核酸适配体结构和空间构象的多样性。当靶标存在时，核酸适配体可以通过链内特定碱基的互补配对以及堆积作用、静电作用等，自发适应性折叠成具有特殊三维结构的稳定结构，如发卡、G-四链体等。核酸适配体和其配体之间高亲和力、高特异性的性质，为化学生物学界提供了一种能够实现高效快速识别的新方法，在诸如医学诊断、食品检测、靶向治疗等领域展示了巨大的应用前景。然而，同其他寡核苷酸一样，核酸适配体，尤其是 RNA 适配体，在体内极易被核酸酶降解，从而不能充分发挥作用。目前，为了提高适配体的核酸酶抗性，研究者们主要采用硫代磷酸酯和二硫代磷酸酯修饰的寡核苷酸[50-53]。其中二硫代磷酸酯的修饰能够显著增强适配体如抗血管内皮生长因子适配体(anti-VEGF165 aptamer)、抗凝血酶适配体(anti-thrombin aptamer)与目标蛋白的亲和力。此外，核酸适配体的分子量较小，20 ～ 35 个核苷酸寡聚体的分子量范围为 7000 ～ 12000，静脉注射体内后通过肾脏排泄会在几分钟内被清除，不能保证足够的药代动力学活性。为解决该问题，研究者们通过多种修饰，比如将它和生物相容性好、惰性的生物活性大分子如脂质、聚乙二醇(PEG)[54]连接，以延长其在体内的滞留时间。由此可见，磷酸骨架修饰的寡核苷酸不仅可以通过碱基互补配对影响特定基因的表达，还可以提高适配体与配体间的亲和作用性能，使其发挥最大效用。

2.2.3 DNA磷酸骨架的天然化学修饰

DNA胞嘧啶甲基化修饰发现后，研究者又在生命体内发现了另外一种生理性DNA修饰——硫代磷酸酯修饰[55]。研究者Zhou等在体外琼脂糖凝胶电泳实验中发现，变铅青链霉菌1326的DNA发生了DNA降解现象，而天蓝色链霉菌的DNA中却没有这一现象，其DNA条带仍是清晰的[56]。Ray等认为发现的DNA降解现象是由于阳极在电泳过程中积累产生的氧化物所引起的氧化切割反应，因而可以被硫脲试剂有效地抑制[57-58]。该现象表明，变铅青链霉菌1326中的DNA之所以发生降解，可能是由于存在一种不同于传统DNA甲基化修饰的新型修饰。之后进行的系统研究发现，这一修饰是在5个蛋白的协同作用下，将DNA磷酸二酯键中的一个非桥联的O原子用S原子取代。这一修饰广泛地存在于不同微生物中，在各种不同细菌中具有序列特异性和构象专一性[59-61]。

天然存在的生理性DNA硫代磷酸酯修饰打破了DNA只能由碳、氢、氧、氮、磷5种元素构成的传统思维，对核酸的组成元素有了新的认识。作为一种新型的表观遗传学修饰，对其进行生命科学多个相关领域的研究，将进一步丰富分子生物学的基础理论，同时，还可能会推动其他领域如基因治疗、生物学和药学等的发展，为核酸药物研究开发、药物生产程序简化、分子作用机理研究等提供新的思路。

2.3 核酸碱基及糖环的化学修饰及其应用

核酸作为生命体的基本遗传物质，具有存储和传递遗传信息的重要功能，并且核酸本身也可以具有特定的生物功能，例如具有特异性亲和能力的核酸适体、具有催化活性的核酸酶。对核酸进行人工修饰，包括碱基及糖环的化学修饰，无疑对于核酸的相关功能具有重要意义。

周翔课题组针对 6-甲基腺嘌呤(N6-methyladenosine，m6A)，将脱氧胸苷三磷酸的 4-位的氧原子人为地替换为原子半径更大的同主族硫原子和硒原子(O: 0.73Å，S: 1.02Å，Se: 1.16Å)，旨在通过这种方式在保持 A-T* 正常配对的同时减弱其与 m6A 的配对。4-位硒代的脱氧胸苷三磷酸可在 m6A 位点产生逆转录终止现象。在 FTO 去甲基化酶的作用下，通过高通量测序技术，成功地实现了对单碱基位点 m6A 的检测，同时也可以用于对多个 m6A 位点进行单碱基检测(图 2-14)[62]。

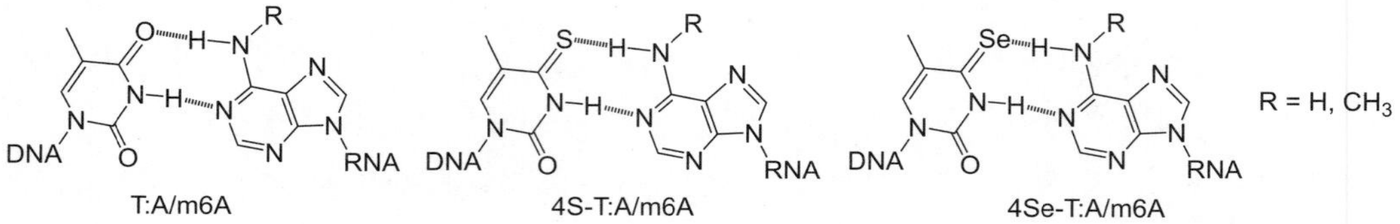

图 2-14　脱氧胸苷三磷酸的 4-位氧原子替换为硫原子和硒原子及其碱基配对

化学小分子探针 N_3-kethoxal 的二羟酮官能团仅仅能快速、可逆地修饰活细胞中的单链鸟嘌呤碱基，对其他核酸碱基不发生反应。该反应可以在温和条件下有效地对 RNA 进行标记，利用这一技术，周翔和何川课题组合作开发了体内的全转录组 RNA 二级结构高通量测序技术 Keth-seq，并利用 Keth-seq 开展了 HeLa 和 mES 细胞的 RNA 结构测序，实验结果表明 Keth-seq 与现有的测序方法相比，展现出更好的标记效率和准确度(图 2-15)[63]。

原核生物使用 CRISPR(成簇的规律间隔短回文重复序列)的重复基因组元件来破坏入侵的遗传分子，基于 CRISPR 系统开发的基因编辑技术已广泛应用于 DNA 和 RNA 中，但也存在某些缺点。例如，CRISPR 系统可能导致一定的脱靶效应。周翔课题组通过向导 RNA(gRNA)的糖环 2-叠氮甲基烟酸咪唑酯的修饰，进行掩蔽和化学活化来控制 CRISPR 系统，并且实现了活细胞中基因编辑的条件控制。人工修饰核酸可以作为化学生物学的一种通用工具来对核酸的功能进行操控(图 2-16)[64]。

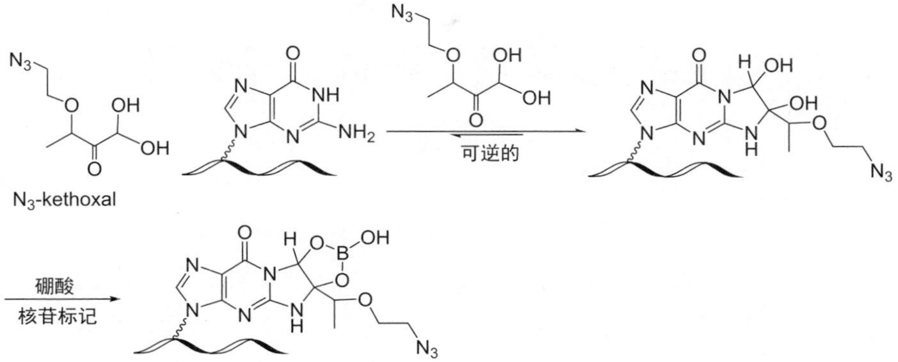

图 2-15　小分子探针 N_3-kethoxal 对单链上鸟嘌呤碱基的反应

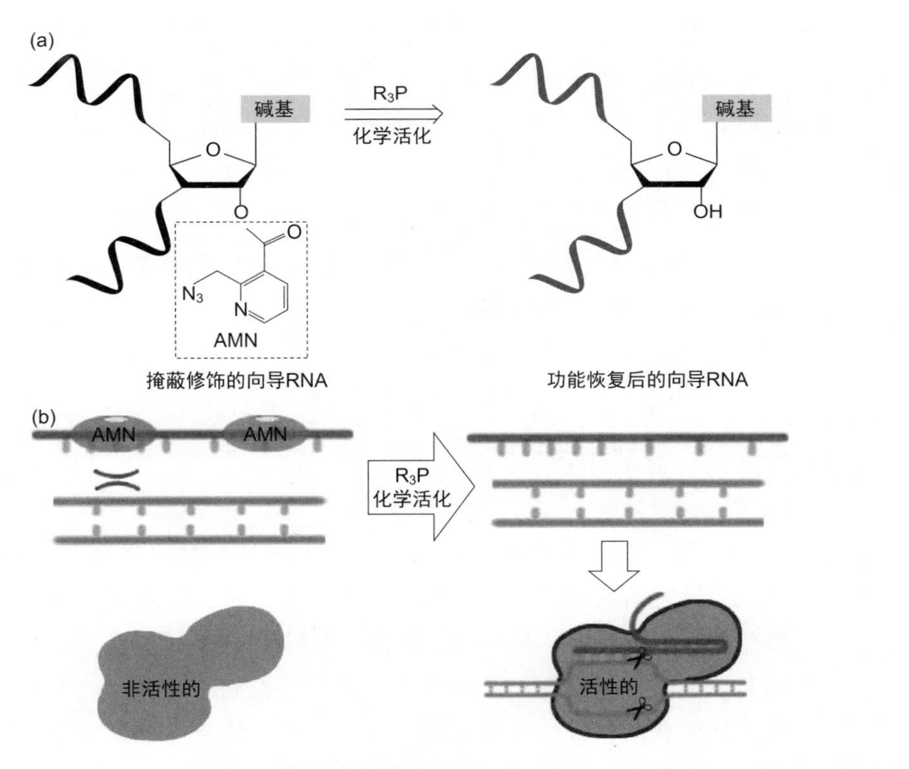

图 2-16　糖环 2- 叠氮甲基烟酸咪唑酯的修饰用于阻断 gRNA 生化活性，Staudinger 还原则恢复了 gRNA 功能（a）和 gRNA 的化学活化以控制 CRISPR 系统（b）

2.4

G-四链核酸及其配体分子设计

除了通过化学修饰寡核苷酸调控或阻断基因的表达，核酸本身还可以通过局部的结构或构象改变、形成或解旋某些特殊结构元件，提供与各种蛋白因子、活性小分子等生物活性物质作用的位点，以此介导酶、蛋白、活性小分子等参与的生物化学途径。在核酸可能形成的二级结构中，G-四链核酸是最重要的功能性二级结构之一，在生命体系中广泛存在，其生物学影响深远、结构研究明晰，且分子探针体系发展相对充分。目前 G-四链核酸已被证实存在于基因组 DNA、信使 RNA、非编码 RNA、小核酸等各种形式的核酸分子中；其基因调控功能从 DNA 层面延伸至 RNA 层面，从基因转录翻译延伸至非编码 RNA 的调控，从人细胞体系延伸至植物、细菌、病毒体系；其结构 / 构型的揭示更是从经典构型(平行型、反平行型、混合型)拓展至 $4n-1$ 空缺型、左手螺旋型、长 loop 型等各种非经典 G-四链结构。

2.4.1 G-四链核酸

G-四链核酸最早源于端粒、端粒酶研究中的一些发现。20 世纪 70 年代，研究者在真核生物染色体末端发现了一段特殊核酸片段，能保护染色体末端稳定性、避免末端融合，即所谓“端粒”。同时，与端粒密切相关的是与之相互作用的端粒酶，发现端粒酶以端粒片段为底物，通过自身逆转录酶的活性，能对端粒进行延伸，且与细胞癌变存在复杂的关联。而 G-四链核酸正是端粒序列可能形成的一种二级结构，因此 G-四链核酸便与染色体稳定性、细胞的增殖、衰老、癌变紧密地关联了起来。端粒与端粒酶，由于对细胞的衰老、癌变有重要影响，对于它们的研究，布莱克本、格雷德、邵斯达克三位科学家共同获得了2009年诺贝尔生理学或医学奖，同时，G-四链核酸的研究也随之受到广泛的关注。在人们探索生命体系遗传物质复制、基因表达、肿瘤癌变等生物化学过程分子机制的过程中，人们发现了G-四链核酸在这些过程中所产生的复杂而又重要的影响。

除了在端粒区域中，G-四链结构也普遍出现在人类基因的启动子区域中[65]，通过计算发现，启动子区域中存在着大量的假定的四链体序列（putative quadruplex sequences，PQS）片段，尤其是转录起始位点（TSS）附近。该项研究发现，人类基因中多达42.7%的启动子区域包含着一个或多个G-四链片段。在该研究领域中，剑桥大学课题组在2012年有一项重大发现[66]，他们通过G-四链配体Pyridostatin的应用，证实了G-四链介导的基因调控系统。在加入了Pyridostatin后，通过全基因组测序鉴定分析DNA的损伤标记γH2AX，发现基因组中出现了大约60个Pyridostatin诱导的γH2AX结构域。这些结构域多分布在具有高PQS比例的染色体中。将γH2AX基因组位点与385个指定致癌基因和763个肿瘤抑制因子相比较，发现其中25个基因，包括原癌基因SRC，出现了γH2AX的富集效应，这25个基因也都具有高PQS含量。在药物处理8h后，包括MYC和前十个PQS比例最高的γH2AX阳性基因在内，所有分析的基因其表达水平均出现了下调，特别是*SRC*基因，其mRNA表达水平降低了95%。进一步研究表明，Pyridostatin还能够下调SRC蛋白的丰度和SRC依赖型的细胞迁移率，在Pyridostatin处理24h后，SRC蛋白水平大约降低了60%。这些结果也都表明了基因组中G-四链的存在。G-四链诱导型DNA损伤的发现和G-四链对致癌基因表达的影响，也为疾病靶向药物治疗提供了基础。此外，关于*c-myc*、*c-kit*、*H-ras*、*BCL2*等基因中的G-四链结构也有广泛研究[67]。

与端粒上的单链G突出端不同，启动子区域中的PQS片段位于双链区域，这也使得相关序列折叠成为G-四链结构变得更加困难。因此，有理论提出染色体中的负超螺旋化可以满足其从双链 DNA 转变为 G-四链结构的拓扑学要求[68]。该理论认为 G-四链结构的形成可以部分地中和染色体的负超螺旋，使得这些结构在启动子区域附近有形成的趋势，特别是在 DNA 解旋酶和转录机制正常运转打开 DNA 双链释放负超螺旋堆积力时。这些研究表明启动子上的 G-四链片段与基因的转录密切相关。

近些年，随着 G-四链相关生物测序技术的发展，越来越多关于在基因组水平或染色质水平上调控 G-四链结构的潜在位点被发现。研究发现[69]，内源性 G-四链片段更容易在转录增强型的核小体缺失的启动子片段中形成。这一结果也表明，G-四链的形成与转录水平上升密切相关，例如在致癌基因激活的癌症细胞中。同时，研究还发现转录因子的识别或结合需要 G-四链结构的出现。在许多情况下，G-四链结构也被认为是转录相关蛋白因子或解旋酶的结合位点，如 *c-myc* 基因的调控。*c-myc* 是研究最广泛的致癌基因之一，在 *c-myc* NHE Ⅲ 1 中也含有潜在的 G-四链片段。早期研究也发现 G-四链结构能够识别或结合一些核酸蛋白复合体（如 CNBP[70] 和 NM23-H2[71]），表明 G-四链可作为一个潜在的调控因子。虽然对其中的相关机理还仍在研究中，但普遍认为 G-四链结构在其中扮演着双重身份。一是与上述蛋白质的结合有利于对转录因子的召集，随后激活转录系统，这个过程与转录区域内的结构变化有关。二是启动子对蛋白的召集通常与 G-四链解旋有关，因为一些蛋白质可以独立地打开 G-四链结构，其他蛋白则与上述相似，形成蛋白网络，随后激活转录系统。不过，过多 G-四链二级结构的形成也会对 *c-myc* 基因产生抑制作用，因为 G-四链的结构同样可以对转录起阻碍作用，抑制转录因子的正常召集，使聚合酶停止运行，最终使基因表达下调。Gonzalez 等[72]发现核仁素能通过 G-四链结构对转录的阻滞作用抑制 *c-myc* 基因的表达，证明了其机理。

此外也有研究发现一种 hTERT 基因的调控系统[73]，与上述 G-四链片段和各种转录因子的召集产生协同作用，其 G-四链片段能够独立地调控 DNA 转录。

G-四链结构对DNA相关生物过程的影响，除了在端粒及基因启动子相关调控外，在DNA复制起点的选择及复制起始方面，也被认为存在调控过程。在真核细胞中，DNA的复制起始于线性化染色体中的多个复制起点。最近有测序研究发现在脊椎动物中，DNA的复制起点可以是富含鸟嘌呤和胞嘧啶的G-四链片段，这给DNA复制起点机理带来了新的研究角度。

一种λ-核酸外切酶依赖性（λ-exonuclease-dependent）测序技术发现在人类基因组200000～250000个潜在的复制起点中，都存在着与已发现的DNA复制起点相关的能够形成G-四链结构的序列[74]。

2.4.2 G-四链RNA

G-四链核酸不是仅限于G-四链DNA，它也包含G-四链RNA。近年来，由于RNA链具有更好的灵活性，RNA G-四链结构在基因表达中发挥的更直接的作用受到越来越多的关注。通常认为富含G的RNA序列更容易形成G-四链结构，并且比DNA对应物具有更好的稳定性。最近的一项研究报道了RNA G-四链结构在mRNAs中的分布，并揭示了mRNA的3′端及5′端非翻译区UTRs和编码序列（CDS）中的倾向性分布，即非翻译区UTRs相比编码序列（CDS）含有更多的G-四链RNA。与DNA中的G-四链结构相似[75]，我们认为RNA G-四链也是动态的。最近的研究表明，G-四链RNA在真核细胞中，全面参与了信使RNA（mRNA）及非编码RNA相关的生物过程，有着复杂的调控机制，对翻译、翻译后过程均有调节作用。

在mRNA翻译过程中G-四链motifs的作用总是复杂的并且取决于G-四链motifs的位置和相关的结合蛋白。有许多在5′端UTR和开放阅读框（ORF）区域中的G-四链RNA motifs被认为是翻译抑制剂的例子。不难想象G-四链RNA motifs在翻译过程中可以作为核糖体扫描或易位的障碍，因此，往往存在解旋酶和特异性结合蛋白使基因中的G-四链RNA解旋。

已证明RNA解旋酶DHX36具有该功能，DHX36表现出G-四链RNA解旋酶活性，并显示通过解开G-四链结构来辅助Nkx2-5 mRNA翻译。亲和富集测试显示PQS存在于Nkx2-5 mRNA 5′端UTR中并且对DHX36具有亲和力。如果敲除DHX36，则Nkx2-5水平降低，这意味着Nkx2-5翻译减少[76]。

类似地，在ORF区域中，诸如G-四链RNA motifs的二级结构也经常被认为是翻译延伸的障碍，表明存在一些解决该问题的机制。最近的一项研究提出，保守蛋白CNBP(人CCHC型锌指核酸结合蛋白)可以在这方面发挥作用。CNBP优先结合成熟mRNA中富含G的区域，尤其是ORF区域。CNBP结合位点具有形成G-四链RNA二级结构的高倾向。此外，CNBP已被证明可以防止G-四链结构的形成。当CNBP丢失时，富含G的结合位点周围核糖体密度大大增加，结合位点下游 > 200nt位置急剧下降，表明CNBP的丢失使得延长核糖体更容易在富含G的位点停滞。还发现CNBP损失降低了CNBP靶标的翻译效率，表明CNBP通过阻止G-四链RNA结构的形成来维持翻译过程[77]。这些发现与最近关于真核细胞中G-四链RNA motifs解析的报道一致。

潜在的G-四链RNA motifs也可以介导特定的翻译过程，例如与癌基因相关的依赖于真核起始因子-4A(eIF4A)的翻译过程。eIF4A在核糖体扫描中起到翻译起始的作用，并且还被认为起到解旋mRNA 5′端UTR中二级结构的RNA解旋酶的作用。在许多含G-四链RNA的致癌基因中，eIF4A是翻译的必要组分。在抑制eIF4A活性后，一些mRNA的翻译效率降低，并且同时发现许多翻译抑制的mRNA富含G-四链RNA相关motifs，包括(CGG)4motifs和其他典型motifs。(CGG)4motifs和其他motifs的位置很大程度上与PQS的位置一致。当eIF4A被抑制时，5′端UTR中的G-四链motifs可以抑制mRNA翻译，这也表明了G-四链motifs和eIF4A之间的关系。因此，G-四链RNA在此翻译过程中，被认为是调节eIF4A诱导的癌基因翻译的潜在机制[78]。

G-四链结构在转录物中的位置也可以干扰并显著影响转录机制。已经证明 N-ras 原癌基因中的 5′端 UTR G-四链 motifs 在它们位于 5′端附近时抑制翻译，而当基序位于远离 5′端位置时，这些基序的影响可以忽略不计。此外，具有更高稳定性的三层或四层 G-四链 motifs 对翻译具有更显著的影响[79]。除了 5′端 UTR G- 四链之外，ORF 区域中的 G-四链在新提出的翻译抑制的周期性波动模式中也显示出对翻译位置的依赖性影响。在 ORF 区域，G-四链与核糖体的相对位置和距离被指示引起周期性影响，这可能是由核糖体能够解决和克服 G-四链结构的方式存在难度的差异所导致[80]。然而，5′端 UTR 和 ORF G-四链相关的机制应该是不同的，因为在不同翻译阶段核糖体行为存在差异。

上述 G-四链 motifs 对翻译的抑制作用主要基于这些基序的结构效应，这些基序作为障碍，干扰与翻译起始、延伸、易位等相关的连续过程。在这些过程中，转化机制和蛋白质因子需要克服 G-四链障碍。因此，转化机制中通常包括具有解旋酶活性的因子。这种转录调控也被证明受 G-四链特定位置的影响。

此外，G-四链 motifs 还可以通过协助一些翻译相关蛋白因子与 mRNA 的结合或定位来影响 mRNA 翻译。随之而来的影响是多种多样的，有时会导致正面的翻译调节，尽管相反的结果也是可能的。G-四链 motifs 对不依赖 Cap 的翻译起始的调节作用就是一个例子。不依赖 Cap 的翻译在很大程度上取决于 mRNA 5′端 UTR 中的内部核糖体进入位点(IRES)。据报道，人血管内皮生长因子(hVEGF)mRNA 具有两个 IRES——IRES-A 和 IRES-B，其中 IRES-A 具有 RNA G-四链 motifs。关于 G-四链辅助 IRES 介导的翻译起始的早期研究指出 G-四链 motifs 起着积极作用。当 G-四链 motifs 通过突变被破坏时，IRES-A 的翻译起始活性被完全废除[81]。随后的研究指出，该过程需要 G-四链 motifs 募集 40S 核糖体亚基。过滤结合测定显示 40S 核糖体亚基对 VEGF IRES-A 具有亲和力。G-四链区段的缺失或 G-四链区域的突变导致 40S 核糖体和 IRES-A 之间的结合亲和力急剧下降，这表明 G-四链 motifs 具有重要作用。这些发现与使用质粒模型系统的研究一致[82]。然而，最近的一项研究显示出相互矛盾的结果，其中 G-四链 motifs 起到了抑制作用[83]。我们认为实验的局限性和复杂性导致了这些相互矛盾的结果，尽管这些矛盾并不意味着G-四链在不依赖Cap的翻译过程中并不重要。相反，G-四链相关的VEGF IRES活性对G-四链配体敏感，表明G-四链motifs对VEGF表达的影响和未来医学研究的潜力[84]。

在特殊情况下，已观察到G-四链辅助的延伸因子1α(EF1α)与mRNA的结合。在H_2O_2处理引起的氧化应激下，EF1α通过结合核因子(erythroid-derived 2)-like 2（NRF2）mRNA 5′端UTR中的G-四链motifs促进翻译。G-四链基序序列中的突变消除了H_2O_2诱导的5′端UTR活性。因为NRF2对于组织损伤的保护是必需的，NRF2 mRNA中的G-四链motifs可能基于与EF1α的相互作用通过翻译调节与细胞防御相关，尽管确切的调节行为尚未阐明[85]。

如上所述，由于这些基序的空间效应和与相关蛋白质的相互作用，G-四链motifs在mRNA翻译中发挥复杂的调节作用，这导致翻译的双重作用并使这些情况复杂化。G-四链motifs结构本身也可以影响翻译。G-四链结构由G四联体和环组成，并且可以是不规则的或不同于具有规则结构的G-四链型。因此，一些具有高达40nt环长度的不规则G-四链motifs也影响翻译，这表现出更广泛的效果和更复杂的机制[86]。

上述是G-四链RNA在mRNA的成熟及翻译过程中发挥的调节功能。但值得注意的是，在哺乳动物转录组中，大部分RNA是非编码RNA(ncRNA)，包括tRNA、rRNA、长ncRNA（lncRNA)和小的ncRNA，如tRNA衍生的应激诱导的RNA（tiRNA)，pre-miRNA和Piwi相互作用的RNA(piRNA)。越来越多的研究表明，ncRNA是功能性生物分子，其与各个分子靶标相互作用并具有不同的调节功能。因此，ncRNA调节其靶标的能力与二级结构相关，从而引起研究人员对G-四链motifs的关注。类似于mRNA中的G-四链调节，G-四链motifs也可介导ncRNA中的功能调节。

在各种ncRNA中，lncRNA是近几十年来受到越来越多关注的重要一类。lncRNA在多种生物过程中发挥重要作用，与核酸和蛋白质功能相关的多种基因的表达和调控密切相关。例如，lncRNA 中的 G-四链 motifs 可以在调节功能中发挥关键作用。因为 lncRNA 长且柔韧并且能够折叠成特殊的二级结构，例如 G-四链结构，G-四链可以影响 lncRNA 与靶标的相互作用，并且可以对这些 RNA 的生物学功能产生不同的影响。

含有端粒重复的 RNA(TERRA)[$(UUAGGG)_4$] 是含有 G-四链的主要 lncRNA，并且是端粒转录物。TERRA 通过与端粒相关蛋白如 TRF2 的相互作用在维持端粒结构中起关键作用。据观察，TRF2 以高亲和力结合 TERRA 并依赖于 TERRA 中 G-四链结构的形成，因为 G-四链突变的 TERRA 重复序列不与 TRF2 结合。TRF2 和 TERRA 之间的亲和力与 TRF2 和端粒 DNA 之间的亲和力相当。此外，TRF2、TERRA 和端粒 DNA 之间的相互作用可以同时发生。因此，TERRA G-四链体应该是 TRF2 介导的 TERRA 与端粒 DNA 结合的关键参与者[87]。

此外，据报道增强的 TERRA 水平在多种癌细胞系中抑制一些先天免疫基因，例如信号转导和转录激活因子 1（STAT1），干扰素刺激基因 15（ISG15）和2′,5′-寡腺苷酸合成酶3（OAS3）。因为TERRA具有形成G-四链结构的趋势，所以有人提出上述基因抑制与 G-四链形成有关，这能够通过使用突变 TERRA 序列的对照实验和改变重复数以破坏 G-四链形成来证明[88]。

lncRNA GESC 含有 G-四链，并且通过 G-四链介导的与 DHX36 的相互作用在增强结肠癌细胞的运动性中起重要作用。DHX36 是一种已知可抑制癌细胞迁移的解旋酶。GESC 最有可能作为 DHX36 结合的诱饵，以防止 DHX36 对其他靶标的作用，从而导致癌细胞迁移增强。GESC-DHX36 需要 GESC G-四链 motifs。如果该区域发生突变，则 GESC 与 DHX36 的结合大大降低[89]。

C9orf72（染色体 9orf72）的非蛋白质编码区中的六核苷酸(GGGGCC)重复扩增(HRE)是导致许多神经变性疾病的重要遗传因子，特别是肌萎缩性侧索硬化和额颞叶痴呆。重复的富含 G 的 DNA 和 RNA 转录物可以形成G-四链结构，并且这些G-四链被证明是C9orf72患者中神经退行性损伤的原因，因为这些G-四链可以破坏C9orf72的转录效率并阻断许多相关的功能蛋白。具体而言，C9orf72 HRE DNA中的G-四链结构阻碍转录过程，诱导流产转录物的产生并导致C9orf72功能的丧失[90]。此外，通过与RanGAP的物理相互作用并螯合RanGAP，产生的含有重复序列的RNA转录物中的G-四链体破坏了RanGAP的功能[91]。RanGAP是核质转运所需的蛋白质并可作为HRE介导的神经变性的潜在抑制因子。除RanGAP外，HRE RNA G-四链还能够螯合核仁蛋白，导致细胞核功能缺陷。最近，hnRNP H还被发现与HRE RNA G-四链相互作用，导致C9orf72患者中hnRNP H靶向转录物的错误剪切[92]。C9orf72 HRE介导的神经退行性疾病的发病机制可能存在这些作用。

ncRNA具有多种生物学功能，并且据报道一些免疫功能相关的ncRNA受G-四链调节。免疫球蛋白开关(S)区域的转录物是一种非编码RNA，称为开关RNA，并已被证明存在与活化诱导胞苷脱氨酶(AID)重要的G-四链介导的相互作用。靶向免疫球蛋白开关(S)区域的AID-转换RNA复合物对于免疫球蛋白类别转换重组是至关重要的[93]。

2.4.3 G-四链核酸的配体分子设计

伴随着G-四链核酸生物功能的揭示，人们同时也在研究利用化学小分子对其进一步调控和靶向，尝试调控基因表达或者进行抗肿瘤的测试，这在过去二十年间，已发展得相对充分，有多种与G-四链DNA/RNA作用的小分子被设计开发出来。例如靶向端粒序列中G-四链结构的小分子及其对端粒活性抑制的研究。在过去的研究中，得到了几种比较经典的可以特异性靶标G-四链结构的小分子，例如端粒抑素、TMPyP4、Phen-DC、PDS、BRACO-19和360A，这些小分子总体而言具备抑制端粒酶活性或损伤端粒酶作用。其中端粒抑素是从链霉菌3533-SV4中提取出来的天然物质，可以通过引起DNA损伤响应、缩短端粒和引起细胞G1期的阻滞效果来达到使肿瘤细胞老化或者凋亡的目的。其他通过化学合成方式得到的小分子也可以通过稳定G-四链等方式来达到相同的目的。其中，PDS作为一种研究比较广泛的小分子，在被发现具有良好的识别和稳定G-四链的效果后，科研工作者们合成了一系列PDS衍生物来改良对G-四链作用的效果，后来它们还被应用于富集G-四链和G-四链的测序工作中[94]。

正是这些早期发现的靶标G-四链结构的小分子拥有较好的肿瘤识别及治疗效果，极大引起了科研工作者对通过研究小分子对G-四链的作用达到肿瘤识别及治疗方面的兴趣。后期对于改良G-四链结构作用的选择性和效率，主要专注于两个方向：一是进一步修饰以上提到的经典小分子；二是通过联用例如纳米材料等方法提高效率。例如上面提到的端粒抑素，因为其不稳定的原因使合成比较复杂，并且溶解度不佳，之后发现了一系列噁唑类的端粒抑素，更加稳定且拥有更好的溶解度，其中Y2H2-6M(4)-oxazole telomestatin derivative(6OTD)分子拥有较好的抗肿瘤活性，在多形性胶质细胞瘤的治疗中具有很好的靶标效果[95]。之后发现的咪唑类的分子IZNP-1可以选择性地结合并稳定端粒序列的重复G-四链结构，并且几乎不与单体和二重的G-四链序列反应，因为端粒区域的G-四链重复性较高，不同于前面提到的一类既可以结合端粒序列又可以结合启动子序列的小分子化合物，这种方法可以较好地区分端粒区域和启动子区域的G-四链序列[96]。上面所提到的结合端粒酶序列的化合物在抑制端粒酶活性的同时也会造成端粒酶序列的DNA损伤，这样就会招募激活修复活性的蛋白质去减弱G-四链配体分子的活性，因此近期的一项研究设计了一种双重效果的分子，同时可以稳定G-四链和抑制具有修复DNA损伤蛋白的PARPs，这样的设计达到了更好地使端粒酶活性紊乱的效果[97]。还有一系列金属卟啉大环的复合物，这类分子可以和二价的镍、铂和钯形成复合物，既可以靶标G-四链也可以达到抗肿瘤活性的效果[98]。

除了在端粒序列的G-四链结构外，在启动子区域的G-四链序列是另外一种调控机制。启动子区域的G-四链序列与基因的转录高度相关，大部分情况下致癌基因启动子序列的G-四链结构会提高转录的活性，因此研究影响致癌基因启动子区域的G-四链结构的小分子就成了一种很有前景的抗肿瘤途径。

原癌基因 *c-myc* 以及其编码的一系列蛋白对多种恶性肿瘤内细胞的增殖、凋亡和分化有很重要的影响，早期研究表明靶标G-四链的小分子可以抑制 *c-myc* 的转录活性 [99]。之后通过修饰侧链的方式达到双靶标目的的小分子可以更好地抑制原癌基因的表达，例如作用于可以促进 *c-myc* 转录的NM23-H2的分子G-四链-NM23-H2，可以通过同时稳定G-四链结构以及抑制NM23-H2活性的方式有效地抑制 *c-myc* 的过表达 [100]。之后这类方法被延伸到其他包含G-四链结构的基因序列中，例如 *VEGF*、*c-kit*、*BCL-2*、*K-ras* 和 *hTERT*。

之前提到过的RNA序列中的G-四链结构在生物医学方面同样有很重要的意义，但是因为RNA G-四链和DNA G-四链序列的高度相似，想要特异性地区分两者是较为困难的。迄今为止还没有很多可以特异性选择RNA G-四链的小分子，有报道的这类化合物都是基于DNA G-四链的分子并针对两者结构上的区别(主要是RNA糖环上的2′-OH)来设计的。这其中包含可以特异性识别TERRA G-四链序列的Carboxypyridostatin[101]和RGB-1[102]以及识别某些特定原癌基因中5′端UTR G-四链的TMPyP4-C14[103]。其中比较特殊的是喹唑啉衍生物，它可以特异性地识别hVEGF 5′端UTR IRES-A区域。此小分子展现出了很好的特异性，除了该区域的G-四链结构，几乎不与其他G-四链结构作用，例如 *TBA*、*c-kit 1* 和 *c-myc* 中的DNA G-四链以及 *ADAM10*、*TERRA*、*BCL2* 和 *N-ras* 中的RNA G-四链。它的作用方式是使G-四链结构不稳定而非通常的稳定作用。

2.5
小结

磷是生命体系中最重要的元素之一。它参与了生命各个基本特征的实现过程。DNA 中磷酸二酯键十分稳定，半衰期是 3100 万年；而其他类似元素的半衰期只有几小时、几分钟甚至几秒，稳定性很低。这就是为何地球生命选择了磷作为必需的生命元素的根本原因之一。另外，磷对生命活动的分子过程也起着重要的调控作用。因此，研究核酸的磷作用机制等关键科学问题，是人类认识自己的重要课题。选择核酸磷科学关联优势方向进行深入研究，将有望获得生命科学领域的原创发现与理论突破。

参考文献

[1] Nelson D L, Cox M M. Lehninger principles of biochemistry. New York: W H Freeman and Company, 2008.

[2] Blackburn G M, Gait M J, Loakes D, Williams D M. Nucleic acids in chemistry and biology. Royal Society of Chemistry, 2006.

[3] Watson J D, Crick F H. Molecular structure of nucleic acids; a structure for deoxyribose nucleic acid. Nature, 1953, 171 (4356): 737-738.

[4] Wilkins M H, Stokes A R, Wilson H R. Molecular structure of deoxypentose nucleic acids. Nature, 1953, 171 (4356): 738-740.

[5] Franklin R E, Gosling R G. Evidence for 2-chain helix in crystalline structure of sodium deoxyribonucleate. Nature, 1953, 172 (4369): 156-157.

[6] Franklin R E, Gosling R G. Molecular configuration in sodium thymonucleate. Nature, 1953, 171 (4356): 740-741.

[7] Basham B ,Schroth G P, Ho P S. An A-DNA triplet code: thermodynamic rules for predicting A- and B-DNA. Proc Natl Acad Sci USA, 1995, 92 (14): 6464-6468.

[8] Wang A H, Quigley G J, Kolpak F J, Crawford J L, van Boom J H, van der Marel G, Rich A. Molecular structure of a left-handed double helical DNA fragment at atomic resolution. Nature, 1979, 282 (5740): 680-686.

[9] Singleton C K, Klysik J, Stirdivant S M, Wells R. D. Left-handed Z-DNA is induced by supercoiling in physiological ionic conditions. Nature, 1982, 299 (5881): 312-316.

[10] Smith G R. Meeting DNA palindromes head-to-head. Genes Dev, 2008, 22 (19): 2612-2620.
[11] Nag D K, Petes T D. Seven-base-pair inverted repeats in DNA form stable hairpins *in vivo* in *Saccharomyces cerevisiae*. Genetics, 1991, 129 (3): 669-673.
[12] Felsenfeld G, Rich A. Studies on the formation of two- and three-stranded polyribonucleotides. Biochim Biophys Acta, 1957, 26 (3): 457-468.
[13] Jain A, Wang G L, Vasquez K M. DNA triple helices: biological consequences and therapeutic potential. Biochimie, 2008, 90 (8): 1117-1130.
[14] Gellert M, Lipsett M N, Davies D R. Helix formation by guanylic acid. Proc Natl Acad Sci USA, 1962, 48: 2013-2018.
[15] Guschlbauer W, Chantot J F, Thiele D. Four-stranded nucleic acid structures 25 years later: from guanosine gels to telomer DNA. J Biomol Struct Dyn, 1990, 8 (3): 491-511.
[16] Xu Y. Chemistry in human telomere biology: structure function and targeting of telomere DNA/RNA. Chem Soc Rev, 2011, 40 (5): 2719-2740.
[17] Limongelli V, de Tito S, Cerofolini L, Fragai M, Pagano B, Trotta R, Cosconati S, Marinelli L, Novellino E, Bertini I, Randazzo A, Luchinat C, Parrinello M. The G-triplex DNA. Angewandte Chemie (International ed in English), 2013, 52 (8): 2269-2273.
[18] Day H A, Pavlou P, Waller Z A. i-Motif DNA: structure stability and targeting with ligands. Bioorg Med Chem, 2014, 22 (16): 4407-4418.
[19] Doyle K. The source of discovery: Protocols and applications guide PROMEGA. Madison Wis USA, 1996.
[20] Tan S C, Yiap B C. DNA, RNA and protein extraction: the past and the present. J Biomed Biotechnol, 2009, 2009: 574398.
[21] Griffiths L, Chacon-Cortes D. Methods for extracting genomic DNA from whole blood samples: current perspectives. Journal of Biorepository Science for Applied Medicine, 2014, 2: 1-9.
[22] Goldberg S. Mechanical/physical methods of cell disruption and tissue homogenization. Methods Mol Biol, 2008, 424: 3-22.
[23] Mitra S. Sample Preparation Techniques in Analytical Chemistry. Journal of Chemical Education, 2004, 81 (2): 199-200. 2003, 167: 459-464.
[24] Burden D W. Guide to the disruption of biological samples. Random Primers, 2012, 12 (1): 1-25.
[25] Chomczynski P, Sacchi N. Single-step method of RNA isolation by acid guanidinium thiocyanate-phenol-chloroform extraction. Anal Biochem, 1987, 162 (1): 156-159.
[26] Brown T A. Gene cloning & DNA analysis: An introduction. Blackwell Publishing, 2010.
[27] 赵玉芬，李艳梅．磷化学与生命化学过程．科技导报，1994 (3): 6-8.
[28] Eckstein F. Phosphorothioates essential components of therapeutic oligonucleotides. Nucleic Acid Ther, 2014, 24 (6): 374-387.
[29] Freier S M, Altmann K H. The ups and downs of nucleic acid duplex stability: structure-stability studies on chemically-modified DNA:RNA duplexes. Nucleic Acids Res, 1997, 25 (22): 4429-4443.
[30] Yang X B, Sierant M, Janicka M, Peczek L, Martinez C, Hassell T, Li N, Li X, Wang T Z, Nawrot B. Gene silencing activity of siRNA molecules containing phosphorodithioate substitutions. ACS Chem Biol, 2012, 7 (7): 1214-1220.
[31] Yang X B, Dinuka Abeydeera N, Liu F W, Egli M. Origins of the enhanced affinity of RNA-protein interactions triggered by RNA phosphorodithioate backbone modification. Chem Commun (Camb), 2017, 53 (76): 10508-10511.
[32] Petersen K H, Nielsen J. Chemical synthesis of dimer ribonucleotides containing internucleotidic phosphorodithioate linkages. Tetrahedron Letters, 1990, 31 (6): 911-914.
[33] Derrick W B, Greef C H, Caruthers M H, Uhlenbeck O C. Hammerhead cleavage of the

phosphorodithioate linkage. Biochemistry, 2000, 39 (16): 4947-4954.
[34] Pallan P S, Yang X B, Sierant M, Abeydeera N D, Hassell T, Martinez C, Janicka M, Nawrot B, Egli M. Crystal structure stability and Ago2 affinity of phosphorodithioate-modified RNAs. Rsc Advances, 2014, 4 (110): 64901-64904.
[35] Flur S, Micura R. Chemical synthesis of RNA with site-specific methylphosphonate modifications. Methods, 2016, 107: 79-88.
[36] Nielsen J, Caruthers M H. Directed Arbuzov-type reactions of 2-cyano-11-dimethylethyl deoxynucleoside phosphites. J Am Chem Soc, 1988, 110 (18): 6275-6276.
[37] Krishna H, Caruthers M H. Alkynyl phosphonate DNA: a versatile "click" able backbone for DNA-based biological applications. J Am Chem Soc, 2012, 134 (28): 11618-11631.
[38] Tanabe K, Ando Y, Nishimoto S. Reversible modification of oligodeoxynucleotides: click reaction at phosphate group and alkali treatment. Tetrahedron Letters, 2011, 52 (52): 7135-7137.
[39] Meade B R, Gogoi K, Hamil A S, Palm-Apergi C, van den Berg A, Hagopian J C, Springer A D, Eguchi A, Kacsinta A D, Dowdy C F, Presente A, Lonn P, Kaulich M, Yoshioka N, Gros E, Cui X S, Dowdy S F. Efficient delivery of RNAi prodrugs containing reversible charge-neutralizing phosphotriester backbone modifications. Nat Biotechnol, 2014, 32 (12): 1256-1261.
[40] Sood A, Shaw B R, Spielvogel B F. Boron-containing nucleic-acids .2. Synthesis of oligodeoxynucleoside boranophosphates. Journal of the American Chemical Society, 1990, 112 (24): 9000-9001.
[41] Li P, Sergueeva Z A, Dobrikov M, Shaw B R. Nucleoside and oligonucleoside boranophosphates: chemistry and properties. Chem Rev, 2007, 107 (11): 4746-4796.
[42] Hall A H, Wan J, Spesock A, Sergueeva Z, Shaw B R, Alexander K A. High potency silencing by single-stranded boranophosphate siRNA. Nucleic Acids Res, 2006, 34 (9): 2773-2781.
[43] Roy S, Olesiak M, Padar P, McCuen H, Caruthers M H. Reduction of metal ions by boranephosphonate DNA. Org Biomol Chem, 2012, 10 (46): 9130-9133.
[44] Roy S, Caruthers M. Synthesis of DNA/RNA and their analogs via phosphoramidite and H-phosphonate chemistries. Molecules, 2013, 18 (11): 14268-14284.
[45] Roy S, Paul S, Roy M, Kundu R, Monfregola L, Caruthers M H. Pyridinium boranephosphonate modified DNA oligonucleotides. J Org Chem, 2017, 82 (3): 1420-1427.
[46] Pongracz K, Gryaznov S M. Alpha-Oligodeoxyribonucleotide N3′→ P5′ phosphoramidates: synthesis and duplex formation. Nucleic Acids Res, 1998, 26 (4): 1099-1106.
[47] Wang E S, Wu K D, Chin A C, Chen-Kiang S, Pongracz K, Gryaznov S, Moore M A. Telomerase inhibition with an oligonucleotide telomerase template antagonist: *in vitro* and *in vivo* studies in multiple myeloma and lymphoma. Blood, 2004, 103 (1): 258-266.
[48] Herbert B S, Gellert G C, Hochreiter A, Pongracz K, Wright W E, Zielinska D, Chin A C, Harley C B, Shay J W, Gryaznov S M. Lipid modification of GRN163 an N3′→ P5′ thio-phosphoramidate oligonucleotide enhances the potency of telomerase inhibition. Oncogene, 2005, 24 (33): 5262-5268.
[49] 喻嫦娥，余忠华．端粒酶抑制剂 GRN163L 在肿瘤治疗中的研究进展．肿瘤学杂志，2013, 19 (3): 231-234.
[50] Green L S, Jellinek D, Bell C, Beebe L A, Feistner B D, Gill S C, Jucker F M, Janjic N. Nuclease-resistant nucleic acid ligands to vascular permeability factor/vascular endothelial growth factor. Chem Biol, 1995, 2 (10): 683-695.
[51] Willis M C, Collins B D, Zhang T, Green L S, Sebesta D P, Bell C, Kellogg E, Gill S C, Magallanez A, Knauer S, Bendele R A, Gill P S, Janjic N. Liposome-anchored vascular endothelial growth factor aptamers. Bioconjug Chem, 1998, 9 (5): 573-582.
[52] Pozmogova G E, Zaitseva M A, Smirnov I P, Shvachko A G, Murina M A, Sergeenko V I. Anticoagulant effects of thioanalogs of thrombin-binding DNA-aptamer and their stability in the

plasma. Bull Exp Biol Med, 2010, 150 (2): 180-184.
[53] Abeydeera N D, Egli M, Cox N, Mercier K, Conde J N, Pallan P S, Mizurini D M, Sierant M, Hibti F E, Hassell T, Wang T, Liu F W, Liu H M, Martinez C, Sood A K, Lybrand T P, Frydman C, Monteiro R Q, Gomer R H, Nawrot B, Yang X B. Evoking picomolar binding in RNA by a single phosphorodithioate linkage. Nucleic Acids Res, 2016, 44 (17): 8052-8064.
[54] Webster R, Didier E, Harris P, Siegel N, Stadler J, Tilbury L, Smith D. PEGylated proteins: evaluation of their safety in the absence of definitive metabolism studies. Drug Metab Dispos, 2007, 35 (1): 9-16.
[55] Gao Y L, Deng Z X, Chen S. Research progress and prospects of phosphorothioate modification——A review. Wei Sheng Wu Xue Bao, 2016, 56 (12): 1831-1839.
[56] Zhou X F, He X Y, Liang J D, Li A Y, Xu T G, Kieser T, Helmann J D, Deng Z X. A novel DNA modification by sulphur. Mol Microbiol, 2005, 57 (5): 1428-1438.
[57] Ray T, Mills A, Dyson P. Tris-dependent oxidative DNA strand scission during electrophoresis. Electrophoresis, 1995, 16 (6): 888-894.
[58] Ray T, Weaden J, Dyson P. Tris-dependent site-specific cleavage of Streptomyces lividans DNA. FEMS Microbiology Letters, 1992, 96 (2-3): 247-252.
[59] Pang B, Zhou X F, Yu H B, Dong M, Taghizadeh K, Wishnok J S, Tannenbaum S R, Dedon P C. Lipid peroxidation dominates the chemistry of DNA adduct formation in a mouse model of inflammation. Carcinogenesis, 2007, 28 (8): 1807-1813.
[60] Wang L R, Chen S, Xu T G, Taghizadeh K, Wishnok J S, Zhou X F, You D L, Deng Z X, Dedon P C. Phosphorothioation of DNA in bacteria by dnd genes. Nat Chem Biol, 2007, 3 (11): 709-710.
[61] Wang L R, Chen S, Vergin K L, Giovannoni S J, Chan S W, DeMott M S, Taghizadeh K, Cordero O X, Cutler M, Timberlake S, Alm E J, Polz M F, Pinhassi J, Deng Z X, Dedon P C. DNA phosphorothioation is widespread and quantized in bacterial genomes. Proc Natl Acad Sci USA, 2011, 108 (7): 2963-2968.
[62] Hong T T, Yuan Y S, Chen Z G, Xi K, Wang T L, Xie Y L, He Z Y, Su H M, Zhou Y, Tan Z J, Weng X C, Zhou X. Precise Antibody-Independent m6A Identification via 4SedTTP-Involved and FTO-Assisted Strategy at Single-Nucleotide Resolution. J Am Chem Soc, 2018, 140 (18): 5886-5889.
[63] Weng X C, Gong J, Chen Y, Wu T, Wang F, Yang S X, Yuan Y S, Luo G Z, Chen K, Hu L L, Ma H H, Wang P L, Zhang Q C, Zhou X, He C. Keth-seq for transcriptome-wide RNA structure mapping. Nat Chem Biol, 2020, 16 (5): 489-492.
[64] Wang S R, Wu L Y, Huang H Y, Xiong W, Liu J, Wei L, Yin P, Tian T, Zhou X. Conditional control of RNA-guided nucleic acid cleavage and gene editing. Nat Commun, 2020, 11 (1): 91.
[65] Huppert J L, Balasubramanian S. G-quadruplexes in promoters throughout the human genome. Nucleic Acids Res, 2007, 35 (2): 406-413.
[66] Rodriguez R, Miller K M, Forment J V, Bradshaw C R, Nikan M, Britton S, Oelschlaegel T, Xhemalce B, Balasubramanian S, Jackson S P. Small-molecule-induced DNA damage identifies alternative DNA structures in human genes. Nat Chem Biol, 2012, 8 (3): 301-310.
[67] Onel B, Carver M, Wu G, Timonina D, Kalarn S, Larriva M, Yang D A. New G-quadruplex with hairpin loop immediately upstream of the human BCL2 P1 promoter modulates transcription. J Am Chem Soc, 2016, 138 (8): 2563-2570.
[68] Selvam S, Koirala D, Yu Z B, Mao H B. Quantification of topological coupling between DNA superhelicity and G-quadruplex formation. J Am Chem Soc, 2014, 136 (40): 13967-13970.
[69] Hansel-Hertsch R, Beraldi D, Lensing S V, Marsico G, Zyner K, Parry A, di Antonio M, Pike J, Kimura H, Narita M, Tannahill D, Balasubramanian S. G-quadruplex structures mark human regulatory chromatin. Nat Genet, 2016, 48 (10): 1267-1272.
[70] Chen S Q, Su L J, Qiu J, Xiao N N, Lin J, Tan J H, Ou T M, Gu L Q, Huang Z S, Li D. Mechanistic studies for the role of cellular nucleic-acid-binding protein (CNBP) in regulation of c-myc

transcription. Biochim Biophys Acta, 2013, 1830 (10): 4769-4777.

[71] Thakur R K, Kumar P, Halder K, Verma A, Kar A, Parent J L, Basundra R, Kumar A, Chowdhury S. Metastases suppressor NM23-H2 interaction with G-quadruplex DNA within c-MYC promoter nuclease hypersensitive element induces c-MYC expression. Nucleic Acids Res, 2009, 37 (1): 172-183.

[72] Gonzalez V, Guo K X, Hurley L, Sun D. Identification and characterization of nucleolin as a c-myc G-quadruplex-binding protein. J Biol Chem, 2009, 284 (35): 23622-23635.

[73] Saha D, Singh A, Hussain T, Srivastava V, Sengupta S, Kar A, Dhapola P, Dhople V, Ummanni R, Chowdhury S. Epigenetic suppression of human telomerase (hTERT) is mediated by the metastasis suppressor NME2 in a G-quadruplex-dependent fashion. J Biol Chem, 2017, 292 (37): 15205-15215.

[74] Besnard E, Babled A, Lapasset L, Milhavet O, Parrinello H, Dantec C, Marin J M, Lemaitre J M. Unraveling cell type-specific and reprogrammable human replication origin signatures associated with G-quadruplex consensus motifs. Nat Struct Mol Biol, 2012, 19 (8): 837-844.

[75] Kwok C K, Marsico G, Sahakyan A B, Chambers V S, Balasubramanian S. rG4-seq reveals widespread formation of G-quadruplex structures in the human transcriptome. Nat Methods, 2016, 13 (10): 841-844.

[76] Nie J W, Jiang M Y, Zhang X T, Tang H W, Jin H, Huang X Y, Yuan B Y, Zhang C X, Lai J C, Nagamine Y, Pan D J, Wang W G, Yang Z Z. Post-transcriptional Regulation of Nkx2-5 by RHAU in Heart Development. Cell Rep, 2015, 13 (4): 723-732.

[77] Benhalevy D, Gupta S K, Danan C H, Ghosal S, Sun H W, Kazemier H G, Paeschke K, Hafner M, Juranek S A. The human CCHC-type zinc finger nucleic acid-binding protein binds G-rich elements in target mRNA coding sequences and promotes translation. Cell Rep, 2017, 18 (12): 2979-2990.

[78] Wolfe A L, Singh K, Zhong Y, Drewe P, Rajasekhar V K, Sanghvi V R, Mavrakis K J, Jiang M, Roderick J E, van der Meulen J, Schatz J H, Rodrigo C M, Zhao C Y, Rondou P, de Stanchina E, Teruya-Feldstein J, Kelliher M A, Speleman F, Porco J A. Jr Pelletier J Ratsch G Wendel H. G. RNA G-quadruplexes cause eIF4A-dependent oncogene translation in cancer. Nature, 2014, 513 (7516): 65-70.

[79] Kumari S, Bugaut A, Balasubramanian S. Position and stability are determining factors for translation repression by an RNA G-quadruplex-forming sequence within the 5′ UTR of the NRAS proto-oncogene. Biochemistry, 2008, 47 (48): 12664-12669.

[80] Endoh T, Sugimoto N. Mechanical insights into ribosomal progression overcoming RNA G-quadruplex from periodical translation suppression in cells. Sci Rep, 2016, 6: 22719.

[81] Morris M J, Negishi Y, Pazsint C, Schonhoft J D, Basu S. An RNA G-quadruplex is essential for cap-independent translation initiation in human VEGF IRES. J Am Chem Soc, 2010, 132 (50): 17831-17839.

[82] Bhattacharyya D, Diamond P, Basu S. An Independently folding RNA G-quadruplex domain directly recruits the 40S ribosomal subunit. Biochemistry, 2015, 54 (10): 1879-1885.

[83] Cammas A, Dubrac A, Morel B, Lamaa A, Touriol C, Teulade-Fichou M P, Prats H, Millevoi S. Stabilization of the G-quadruplex at the VEGF IRES represses cap-independent translation. RNA Biol, 2015, 12 (3): 320-329.

[84] Wang S K, Wu Y, Wang X Q, Kuang G T, Zhang Q, Lin S L, Liu H Y, Tan J H, Huang Z S, Ou T M. Discovery of small molecules for repressing cap-independent translation of human vascular endothelial growth factor (hVEGF) as novel antitumor agents. J Med Chem, 2017, 60 (13): 5306-5319.

[85] Lee S C, Zhang J, Strom J, Yang D Z, Dinh T N, Kappeler K, Chen Q M. G-Quadruplex in the NRF2 mRNA 5' untranslated region regulates de novo NRF2 protein translation under oxidative stress. Mol Cell Biol, 2017, 37 (1): e00122-16.

[86] Bolduc F, Garant J M, Allard F, Perreault J P. Irregular G-quadruplexes found in the untranslated regions of human mRNAs influence translation. J Biol Chem, 2016, 291 (41): 21751-21760.

[87] Biffi G, Tannahill D, Balasubramanian S. An intramolecular G-quadruplex structure is required for binding of telomeric repeat-containing RNA to the telomeric protein TRF2. J Am Chem Soc, 2012, 134 (29): 11974-11976.

[88] Hirashima K, Seimiya H. Telomeric repeat-containing RNA/G-quadruplex-forming sequences cause genome-wide alteration of gene expression in human cancer cells in vivo. Nucleic Acids Res, 2015, 43 (4): 2022-2032.

[89] Matsumura K, Kawasaki Y, Miyamoto M, Kamoshida Y, Nakamura J, Negishi L, Suda S, Akiyama T. The novel G-quadruplex-containing long non-coding RNA GSEC antagonizes DHX36 and modulates colon cancer cell migration. Oncogene, 2017, 36 (9): 1191-1199.

[90] Haeusler A R, Donnelly C J, Periz G, Simko E A, Shaw P G, Kim M S, Maragakis N J, Troncoso J C, Pandey A, Sattler R, Rothstein J D, Wang J. C9orf72 nucleotide repeat structures initiate molecular cascades of disease. Nature, 2014, 507 (7491): 195-200.

[91] Zhang K, Donnelly C J, Haeusler A R, Grima J C, Machamer J B, Steinwald P, Daley E L, Miller S J, Cunningham K M, Vidensky S, Gupta S, Thomas M A, Hong I, Chiu S L, Huganir R L, Ostrow L W, Matunis M J, Wang J, Sattler R, Lloyd T E, Rothstein J D. The C9orf72 repeat expansion disrupts nucleocytoplasmic transport. Nature, 2015, 525 (7567): 56-61.

[92] Conlon E G, Lu L, Sharma A, Yamazaki T, Tang T, Shneider N A, Manley J L. The C9ORF72 GGGGCC expansion forms RNA G-quadruplex inclusions and sequesters hnRNP H to disrupt splicing in ALS brains. Elife, 2016, 5: 17820.

[93] Zheng S M, Vuong B Q, Vaidyanathan B, Lin J Y, Huang F T, Chaudhuri J. Non-coding RNA generated following Lariat debranching mediates targeting of AID to DNA. Cell, 2015, 161 (4): 762-773.

[94] Chambers V S, Marsico G, Boutell J M, di Antonio M, Smith G P, Balasubramanian S. High-throughput sequencing of DNA G-quadruplex structures in the human genome. Nat Biotechnol, 2015, 33 (8): 877-881.

[95] Nakamura T, Okabe S, Yoshida H, Iida K, Ma Y, Sasaki S, Yamori T, Shin-Ya K, Nakano I, Nagasawa K, Seimiya H. Targeting glioma stem cells *in vivo* by a G-quadruplex-stabilizing synthetic macrocyclic hexaoxazole. Sci Rep, 2017, 7 (1): 3605.

[96] Hu M H, Chen S B, Wang B, Ou T M, Gu L Q, Tan J H, Huang Z S. Specific targeting of telomeric multimeric G-quadruplexes by a new triaryl-substituted imidazole. Nucleic Acids Res, 2017, 45 (4): 1606-1618.

[97] Salvati E, Botta L, Amato J, di Leva F S, Zizza P, Gioiello A, Pagano B, Graziani G, Tarsounas M, Randazzo A, Novellino E, Biroccio A, Cosconati S. Lead discovery of dual G-quadruplex stabilizers and poly(ADP-ribose) polymerases (PARPs) inhibitors: A new avenue in anticancer treatment. J Med Chem, 2017, 60 (9): 3626-3635.

[98] Xu L, Chen X, Wu J H, Wang J Q, Ji L N, Chao H. Dinuclear ruthenium(Ⅱ) complexes that induce and stabilise G-quadruplex DNA. Chemistry, 2015, 21 (10): 4008-4020.

[99] Siddiqui-Jain A, Grand C L, Bearss D J, Hurley L H. Direct evidence for a G-quadruplex in a promoter region and its targeting with a small molecule to repress c-MYC transcription. Proc Natl Acad Sci USA, 2002, 99 (18): 11593-11598.

[100] Shan C, Yan J W, Wang Y Q, Che T, Huang Z L, Chen A C, Yao P F, Tan J H, Li D, Ou T M, Gu L Q, Huang Z S. Design synthesis and evaluation of isaindigotone derivatives to downregulate c-myc transcription via disrupting the interaction of NM23-H2 with G-quadruplex. J Med Chem, 2017, 60 (4): 1292-1308.

[101] Di Antonio M, Biffi G, Mariani A, Raiber E A, Rodriguez R, Balasubramanian S. Selective RNA versus DNA G-quadruplex targeting by in situ click chemistry. Angewandte Chemie (International ed. in English), 2012, 51 (44): 11073-11078.

[102] Katsuda Y, Sato S, Asano L, Morimura Y, Furuta T, Sugiyama H, Hagihara M, Uesugi M A. Small

molecule that represses translation of G-quadruplex-containing mRNA. J Am Chem Soc, 2016, 138 (29): 9037-9040.
[103] Faudale M, Cogoi S, Xodo L E. Photoactivated cationic alkyl-substituted porphyrin binding to g4-RNA in the 5'-UTR of KRAS oncogene represses translation. Chem Commun (Camb), 2012, 48 (6): 874-876.

P
PHOSPHORUS 磷科学前沿与技术丛书
磷与生命科学

3

基于核酸的适配体和基因编辑技术

郭珊，彭双，周翔
武汉大学化学与分子科学学院

3.1

核酸适配体及其在疾病诊断中的应用

3.1.1 核酸适配体

适配体(aptamer)一词源自拉丁语“aptus”和希腊文后缀“meros”，分别译为“适合(suit)”和“部分(portion)”。1990年，Tuerk和Gold[1]创建并运用SELEX(systematic evolution of ligands by exponential enrichment，指数富集的配基系统进化)技术筛选到特异性结合噬菌体T4 DNA聚合酶的RNA寡核苷酸片段，称为配基。同时，研究者也针对有机染料小分子采用SELEX技术筛选出具有特异性识别作用的RNA寡核苷酸片段，并命名为适配体[2]。自此，人们又筛选出特异性结合各种靶标的DNA和RNA寡核苷酸片段。核酸适配体的靶标范围十分广泛，可以是金属离子、有机小分子、生物大分子、细菌、病毒、细胞甚至是组织。进一步的研究[3-6]表明，核酸适配体特异性结合靶标的原因在于其自身折叠形成特定的三维结构如发卡、假结、G-四链体等，可以通过氢键、范德华力、疏水作用、芳环堆积作用、静电作用、构象互补等与靶标形成复合体，解离常数K_d数量级在pmol/L至nmol/L之间。因此，核酸适配体是一段具有特定三维结构且能够特异性结合靶标的单链DNA(ssDNA)或RNA(ssRNA)寡核苷酸序列，长度一般为20～100个碱基(分子质量为10～30kDa)[7]。通常，核酸适配体以构象互补的方式结合于较大靶分子的某一特定部位，而小分子则主要是插入在核酸适配体的三维结构中。

3.1.2 疾病诊断中的应用

核酸适配体作为一种靶向配体(targeting ligand)，与靶标间的高特异性和高亲和力作用，可以和抗原 - 抗体的免疫亲和作用媲美，且具有抗体所不具备的其他优点：①易于化学合成、易储存且不同批次生产的适配体性能重现性好；②靶标范围广；③尺寸小、低毒、低免疫原性；④热 / 化学稳定性高，温度、pH 刺激可以引起其结构发生可逆变化；⑤可以根据需求，设计、化学修饰或偶联不同功能基团。因此，核酸适配体在疾病诊断、治疗、靶向给药等生物医学领域应用广泛[8-11]，既可以作为分子探针特异性识别靶标如癌胚抗原 CEA[12]、甲胎蛋白 AFP[13]、前列腺特异性抗原 PSA[14]、黏蛋白 MUC1[15]、表皮生长因子受体 EGFR[16]、人表皮生长因子受体 HER2[17]、上皮细胞黏附分子 EpCAM[18] 等，又可以独立作为核酸类药物作用于靶标分子，干扰或者调节细胞信号转导通路等，如调节血小板衍生因子 PDGF 的适配体 41t[19]、抗血管内皮生长因子适配体 VEGF65[20]、核仁素适配体 AS1411[21]。

然而，核酸适配体在体内易被核酸酶降解和肾脏排泄清除，需进行一定的化学修饰，提高其生物稳定性和结合力[22]。对适配体进行化学修饰的部位可以在适配体序列的 3′端或者 5′端、糖环、碱基和磷酸骨架。在适配体序列末端修饰方面，3′端加帽、生物素的修饰能够抗核酸外切酶的降解[23]；5′端修饰疏水或者大基团如胆固醇[24]、甘油二酯(DAG)[25]、聚乙二醇(PEG)[26-27]，能够降低肾脏过滤，延长适配体在体内的循环时长。在 RNA 适配体糖环修饰方面，2′-氟(—F)[28]、2′-氨基(—NH_2)[29] 和 2′-甲氧基(—OCH_3)[30] 取代修饰(最为常见)，可以增强适配体抗核酸酶降解和优化适配体 - 靶标的结合力；RNA 糖环 2′-O 和 4′-C 连接在一起形成的锁核酸(locked nucleic acid，LNA)修饰，具有很强的热稳定性和抗核酸酶降解性能[31]；RNA 糖环 2′-C 和 3′-C 碳碳单键断裂形成的解锁核酸(unlocked nucleic acid，UNA)修饰，可以缓解适配体中环结构区域的张力，增强其热稳定性和结合力[32]。对于适配体序列中碱基的修饰，最常见的修饰位置是嘧啶类碱基的 C5 位和嘌呤类碱基的 N7 位。将这些位点修饰不同的化学基团或者侧链[33-37]，既可以优化适配体-靶标间的结合力，改善适配体的生物稳定性，还可以通过活性基团偶联荧光分子等赋予适配体新的功能，拓展其应用。适配体中磷酸骨架常见的化学修饰有甲基磷酸酯[38]、硫代磷酸酯[39]以及1,2,3-三唑[40]取代磷酸二酯键连接核苷酸，可以抗核酸酶水解适配体，改善适配体-靶标间的结合力。此外，天然D型核酸的镜像构象L型核酸spiegelmer适配体[41]、环型结构适配体[42]、多价或者二聚体适配体[43]也可以有效抗核酸酶降解。

生物标志物是一种客观检测、评价正常或病理生物学过程的分子指标，因此基于疾病相关标志物筛选的适配体可以作为分子识别配体特异性检测组织和体液中蛋白、细胞、外泌体等标志物。磁共振成像(MRI)是利用原子核在外磁场共振所产生信号重建成像的一种医学影像学诊断技术。MRI造影剂如顺磁性钆(Gd)复合物、超顺磁性Fe_3O_4纳米颗粒，能够有效改变组织中局部的水质子弛豫速率，缩短弛豫时间，增大对比信号的差异，提升成像对比度和清晰度。因此，适配体功能化修饰的Gd_2O_3纳米颗粒[44]、Fe_3O_4纳米颗粒[45]可以作为MRI的靶向性造影剂突出显示靶细胞等。

超声分子成像通过将特异性抗体或者配体连接到声学造影剂表面构筑靶向性光声分子探针，基于抗原-抗体或者配体-受体之间的亲和作用，使光声探针主动结合到靶区，实现特异性的光声分子成像。因此，超声造影剂是超声分子成像的基础，特异性光声分子探针是提高超声诊断准确性与敏感性的关键。超声造影剂通常是一种微泡，其外壳成分可以是白蛋白、脂类物质、棕榈酸、聚合物，其内的空气较体内周围生物介质易于变形，从而产生超声信号[46]。因此，适配体修饰的微泡超声造影剂[47]可以用于病变区域靶分子成像。

光学分子影像学是一种利用靶向性光学分子探针对特定靶细胞、靶组织进行荧光成像的技术，是分子影像学的重要组成部分。因此适配体化学偶联荧光染料小分子或者功能化修饰荧光纳米材料如量子[48]、稀土上转换纳米颗粒[49]、长余辉纳米颗粒/棒[50-51]可以作为光学分子探针，特异性标记靶细胞、靶组织，精准区分正常细胞和癌细胞、正常组织和病变组织。

免疫组织/细胞化学技术是基于抗原-抗体特异性，通过化学反应使显色剂如荧光素、酶、金属离子、同位素标记的抗体显色，进而鉴定、定位、定性和定量组织细胞内抗原，在肿瘤诊断和鉴别诊断中普遍使用。鉴于核酸适配体与靶标抗原作用的高特异性和高亲和力，发展基于核酸适配体的免疫组织/细胞化学技术[52]，有望用于癌症等疾病诊断。

不过，一些标志物如循环肿瘤细胞、外泌体，在成分复杂的体液中含量较低，难以直接分析。为此，将特异性识别肿瘤细胞、外泌体的核酸适配体功能化修饰于磁性微纳米颗粒[53-55]、微纳米结构基底[56-58]、微流控芯片[59-64]，可以实现对肿瘤细胞、囊泡等标志物的高效、特异性富集。此外，还可利用互补配对的寡核苷酸、温度、pH改变核酸适配体与靶标作用的特定三维结构，以及核酸酶降解核酸适配体实现细胞等目标物的释放，便于后续分析。

此外，Shangguan等[65]通过cell-SELEX筛选得到CCFRF-CEM细胞（人T细胞急性淋巴细胞白血病）核酸适配体sgc8，并基于生物素修饰的sgc8适配体和链霉亲和素修饰的磁珠，进一步捕获、分离得到蛋白酪氨酸激酶PTK7，而之前对PTK7在白血病细胞膜上的表达未知。Gold等[66]基于核酸适配体和DNA微阵列技术成功鉴定了2种已知慢性肾病标志物和58种新的潜在标志物。目前，该技术还应用于儿童肺囊性纤维化病患者支气管肺泡灌洗液中标志物[67]、恶性胸膜间皮瘤患者血清标志物[68]、非小细胞肺癌患者血液标志物[69]、心肌损伤患者血液标志物[70]、结核病患者血清标志物[71]、杜氏肌营养不良症者血清标志物[72]、癌症相关外泌体标志物[73]等的鉴定。

综上可见，核酸适配体可以通过亲和性与特异性识别、结合已知生物标志物，应用于MRI、光声成像、光学成像、病理检查、生物传感器等技术领域，提高疾病诊断的准确性、特异性和灵敏度。此外，还可以利用核酸适配体，分离其作用的靶分子，发现新的疾病特异性生物标志物。

3.2
DNA修复与编辑

DNA 损伤是细胞生命中相对常见的事件，可能导致突变、癌症、细胞或组织死亡。DNA 损伤会诱导一些细胞反应，使细胞能够消除或应对损伤，或激活程序性细胞死亡过程，可能是为了消除具有潜在灾难性突变的细胞。DNA 修复机制包括直接修复、碱基切除修复、核苷酸切除修复、双链断裂修复和交联修复。DNA 的编辑就是特异性地在目的基因的位置造成双链断裂，然后启动基因修复功能，将想要插入的目的片段连接到断裂的位置，实现基因编辑或者基因沉默。现阶段比较常用的三种基因编辑的方式有: ZFN、TALEN、CRISPR/Cas。从分子层面的角度来看，DNA 的损伤修复和编辑的过程大多就是磷酸骨架上磷酸二酯键的断裂和重新连接的过程，并伴随着磷的化学变化。所以下文我们将介绍 DNA 损伤修复和编辑的机制。

3.2.1　DNA 修复过程的磷化学机制

DNA 的一级结构经常受到细胞代谢产物和外源 DNA 损伤剂的影响。这些改变可能导致简单的碱基改变，也可能导致更复杂的改变，包括缺失、融合、易位或非整倍体。DNA 的损伤从分子层面的角度理解就是，DNA 结构的共价变化和非共价异常结构的产生，有的是碱基的损伤，更多往往都伴随着磷酸骨架中磷酸二酯键的断裂。DNA 的修复过程会特异性地将损伤部位按照正常的方式将磷酸二酯键进行修复。总的来说大多数 DNA 的损伤和修复就是磷酸二酯键的断裂和重新连接的过程。

这种改变最终可能导致单细胞生物的细胞死亡或多细胞生物的变性和老化。DNA 损伤会扰乱细胞的稳态准平衡，激活或放大某些调节细胞生长和分裂的生化途径，以及有助于 DNA 复制和损伤消除的途径。已知或推测的由 DNA 损伤引起的改善有害损伤的四种途径是 DNA 修复、DNA 损伤检查点、转录反应和凋亡。这些途径中任何一种缺陷都可能导致基因组不稳定[74]。

3.2.1.1 DNA 的损伤

DNA 损伤包括 DNA 结构的共价变化和非共价异常结构，包括碱基对错配和由一系列错配引起的异常结构。前者通过 DNA 修复和重组途径进行处理，后者通过错配修复途径[75]进行处理。引起这种反应的异常 DNA 结构的例子如图 3-1。

（1）碱基损伤

碱基损伤包括 O^6-甲基鸟嘌呤、胸腺嘧啶二醇和 DNA 中由活性氧物种或电离辐射产生的其他还原、氧化损伤或者碱基片段化的损伤。因此，紫外线（UV）辐射产生活性氧物种以及特定产物，如环丁烷嘧啶二聚体和光产物[77]。化学物质形成各种碱基加合物、大的多环烃加合物或者烷基化剂的简单烷基加合物。将近一半的化疗药物，包括顺铂、丝裂霉素 C、补骨脂素、氮芥、阿霉素，都会产生碱基加合物，而化疗的一个主要挑战是在不引起癌细胞 DNA 修复的情况下发现损害 DNA 的药物。

（2）磷酸骨架损伤

磷酸骨架损伤包括碱基位点（AP 位点）和单链、双链 DNA 断裂。碱基位点（AP 位点）是自发产生的，通过形成不稳定的碱基加合物或碱基切除修复过程产生。单链断裂直接由损伤剂产生，或由单链断裂和 1 ～ 30 核苷酸（nt）范围内的间隙作为碱基和核苷酸切除修复的中间产物而产生。氧化损伤引起的断裂通常在断裂处保留糖的残基。双链断裂是由电离辐射和其他 DNA 损伤剂形成的。此外，双链断裂在重组过程中有重要的中间产物。

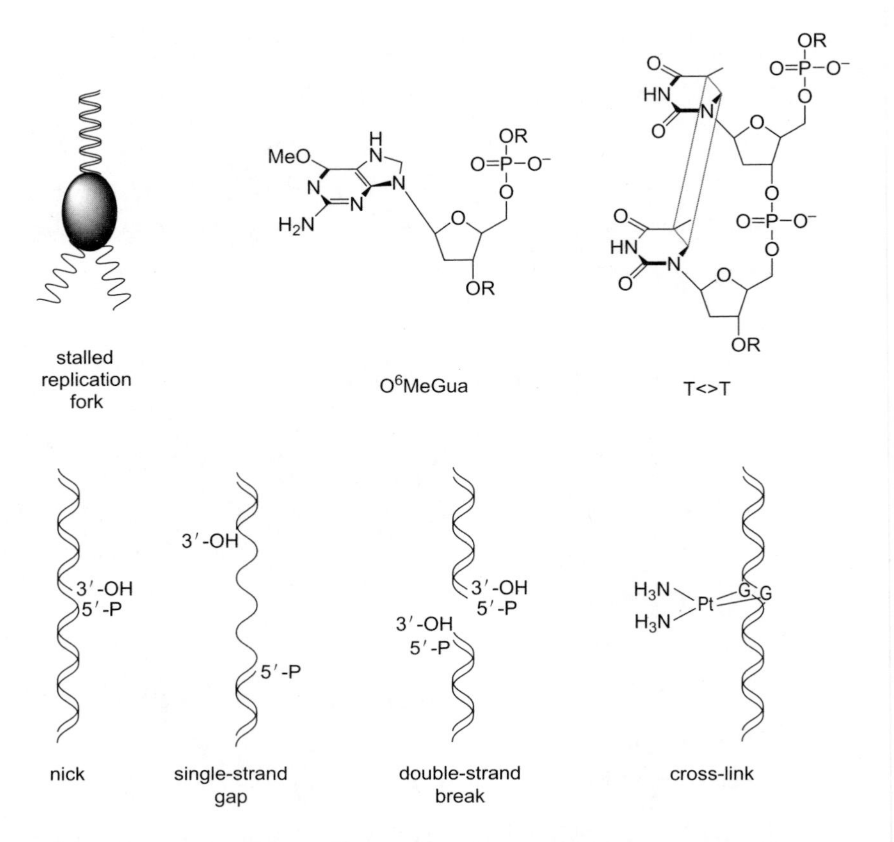

图 3-1　DNA 损伤的图示（包括碱基和磷酸骨架的损伤以及非标准结构引起的 DNA 损伤）

stalled replication fork代表停滞DNA复制叉；O^6 MeGua 代表O^6-甲基脱氧鸟苷损伤；T<>T代表环丁烷胸腺嘧啶二聚体损伤；nick代表单缺口损伤；single-strand gap代表单链跃迁损伤；double-strand break 代表双链断裂损伤；cross-link代表顺铂导致的G-G跨链交联损伤[76]

(3) 交联损伤

顺铂、氮芥及丝裂霉素 D 等双功能药物形成了链间交联和 DNA 蛋白交联。DNA 蛋白交联也可能是由碱基位点的醛基与蛋白质反应产生的[78]。尽管非共价但紧密的 DNA 蛋白复合物在严格意义上不被认为是损伤，但一些非常紧密的复合物可能通过构成转录或复制的障碍而引起与共价损伤相同的细胞反应。

3.2.1.2 DNA损伤修复的机理

DNA修复途径可分为：直接修复、碱基切除修复、核苷酸切除修复、双链断裂修复和链间交联修复。

(1)碱基切除修复

哺乳动物细胞的碱基切除修复机制：一个受损的碱基被一个DNA糖基化酶移除，产生一个AP位点。根据碱基去除的个数，修复贴片可以是单核苷酸(short patch，短贴片)或2～10核苷酸(long patch，长贴片)。糖基化酶/AP裂解酶通过将靠近AP位点的3′端磷酸二酯键切割而去除损伤的碱基，然后APE1内切酶将AP位点的5′端磷酸二酯键切断，并且在损伤碱基位置相邻的碱基位置处招募Polβ，同时在这个位置处由Lig3/XRCC1复合物连接切断磷酸二酯键。当AP位点通过水解糖基化酶或自发水解产生时，修复通常通过长的贴片修补途径进行。APE1切割5′端磷酸二酯键，RFC/PCNA-Polδ/ε复合物携带DNA合成的原料通过切口平移进行修复，这个途径会修复几个核苷酸。凸悬的结构被FEN1核酸内切酶切断，连接酶1连接长的贴片(图3-2)。

(2)核苷酸切除修复

核苷酸切除修复是一种主要的修复系统，用于去除因辐射或化学物质暴露等形成的DNA损伤，或因DNA中添加蛋白质而形成的巨大DNA损伤。受损的碱基被切除核酸酶移除，这是一个多种酶参与的损伤修复过程(图3-3)。具体的机理如下：DNA损伤是通过RPA、XPA和XPC-TFIIH的协同作用来识别的，它们以随机顺序聚集在损伤部位。修复因子在结合位点形成复合物，如果结合位点没有损伤，XPB和XPD解旋酶将ATP水解后使复合物分离。如果存在损伤，ATP水解使损伤部位周围的二联体释放约25bp，在损伤部位形成稳定的切口前复合物1 (PIC1)。然后XPG取代复合物中的XPC形成更稳定的切口前复合物2 (PIC2)。最后，XPF-ERCC1进入损伤部位形成切口前复合物3 (PIC3)。损伤的DNA序列，XPG在第6±3位置的3′-位磷酸二酯键处切割，XPF-ERCC1在第20±5位置5′-位磷酸二酯键处进行切割。然后将24～32寡聚体释放出来，在复制辅助蛋白 PCNA 和 RFC 的帮助下，Polδ/ε 存在于此间隙中，完成缺口的修复，得到完整的 DNA 序列。

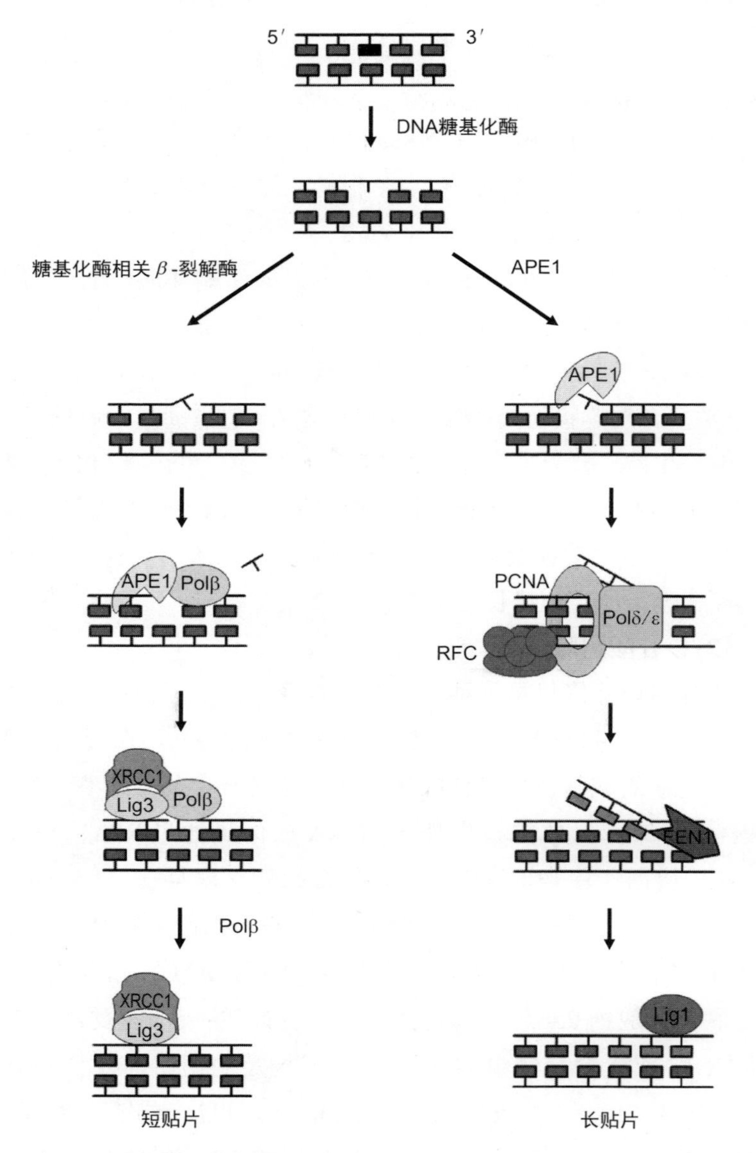

图 3-2 碱基切除修复机制示意图[76]

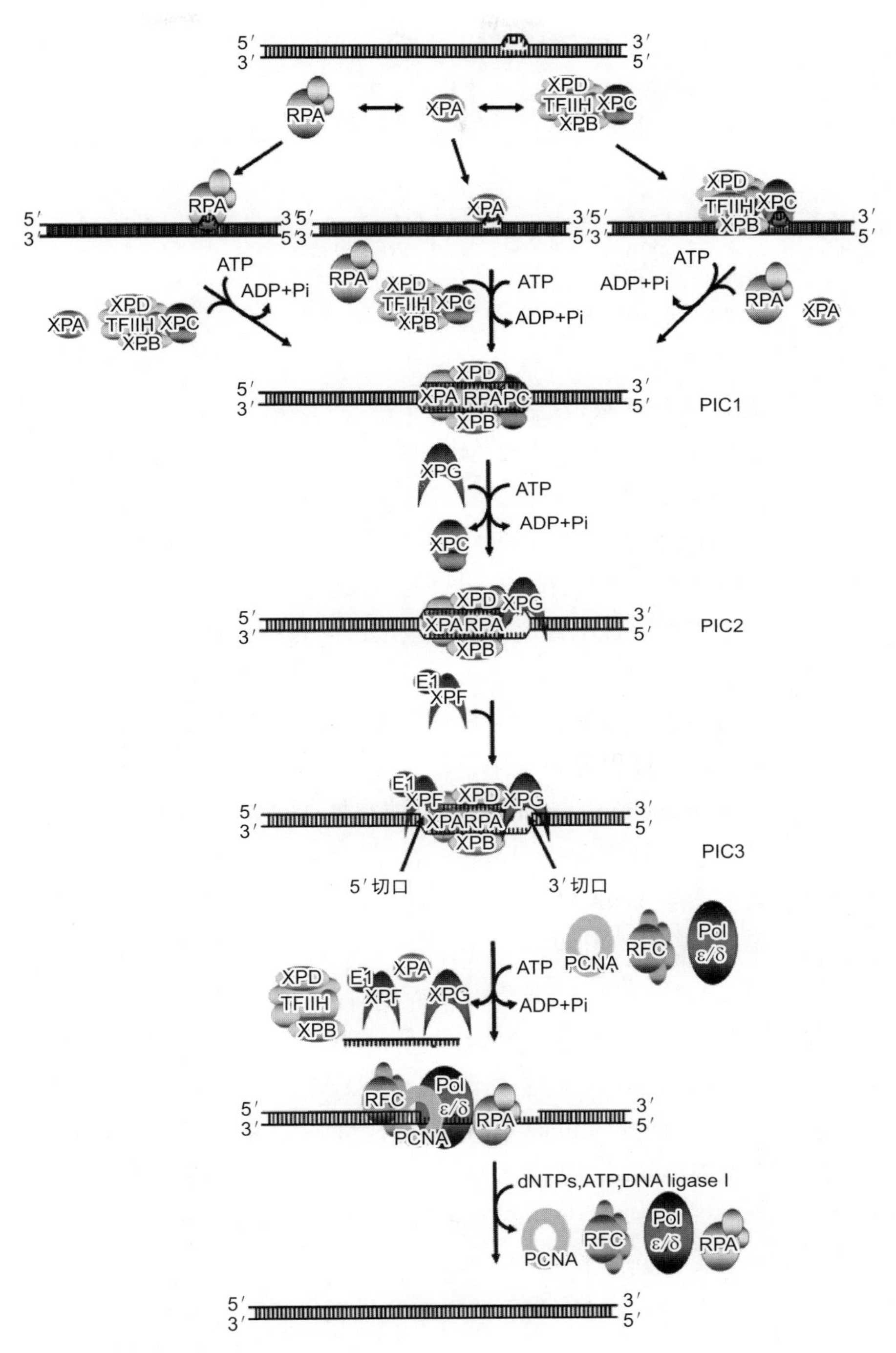

图 3-3　核苷酸切除修复机制示意图[76]

（3）双链断裂修复

双链断裂是由活性氧物种、电离辐射和产生活性氧物种的化学物质产生的。双链断裂也是在淋巴细胞分化过程中免疫球蛋白质重链 C 区表达的转换（class switching）的正常状态，但是也有在复制过程中由于复制分叉停止和折叠而导致的不正常状态。双链断裂可通过同源重组（HR）或非同源末端连接（NHEJ）修复机制（图 3-4）进行修复。

① 同源重组（HR）修复

需要以未受伤的姐妹染色单体的同源序列作为其修复的模板。MRN 复合物识别双链断裂位置，结合到 DNA 末端，修复第一步就是要将 DNA 末端进行修剪，MRN 复合物和转录因子 CtIP（CtBP-interacting protein）促进 DNA 末端切割过程，造成 5′末端 DNA 降解，产生 3′单链 DNA（ssDNA），3′ssDNA 被复制蛋白 A（replication protein A，RPA）包被，使其免受核酸酶的降解，去除二级结构；然后由 BRCA2 蛋白介导，RPA 被重组酶 Rad51 替换，形成核蛋白丝寻找姐妹染色单体上的同源序列，Rad51 蛋白介导侵入 DNA 双链模板，与同源 DNA 序列配对形成 D-Loop 结构，D-Loop 延伸或与另一个末端连接，完成修复过程。

这一过程分为三个阶段：DNA 链入侵（DNA strand invasion）、分支迁移（branch migration）和霍利迪交界（Holliday junction）形成。然后通过结构特异性核酸内切酶（resolvase）将霍利迪交界解离成两个双链结构。入侵修复 DNA 链和分支迁移是由真核生物中的 Rad51[79] 或原核生物中的 RecA[80] 引起的。在真核生物中，Rad52、Rad54、Rad55、Rad57、BRCA1 和 BRCA2 也参与同源重组，但这些蛋白的确切作用尚不清楚。在 Rad51 入侵修复 DNA 序列前，Mre11/Rad50/Nbs1（M/R/N）复合体对双链断裂的位点进行前处理。MUS81-MMS4 异二聚体解决了复制分叉回归[81] 引起的 Holliday 连接或拓扑学四链体中间产物。同源重组的特点在于，双链断裂处丢失的遗传信息将从一个同源的双链中恢复得到。但是在两个双链不完全同源的情况下，可能发生基因转换。

② 非同源末端连接（NHEJ）修复

通过 DNA 连接酶将 DSBs 末端直接连接的一种修复过程，不依赖于同源 DNA 序列。Ku 蛋白(Ku70/Ku80)复合物识别结合到 DSBs 末端，Ku-DNA 复合物招募 DNA 依赖蛋白激酶催化亚基(DNA-PKcs)激活其激酶活性，将自身磷酸化启动 NHEJ 通路，吸引重组酶 Artemis 加入处理 DNA 末端，然后召集 XRCC4- DNAligase4-XLF 复合物促使 DNA 末端进行连接。

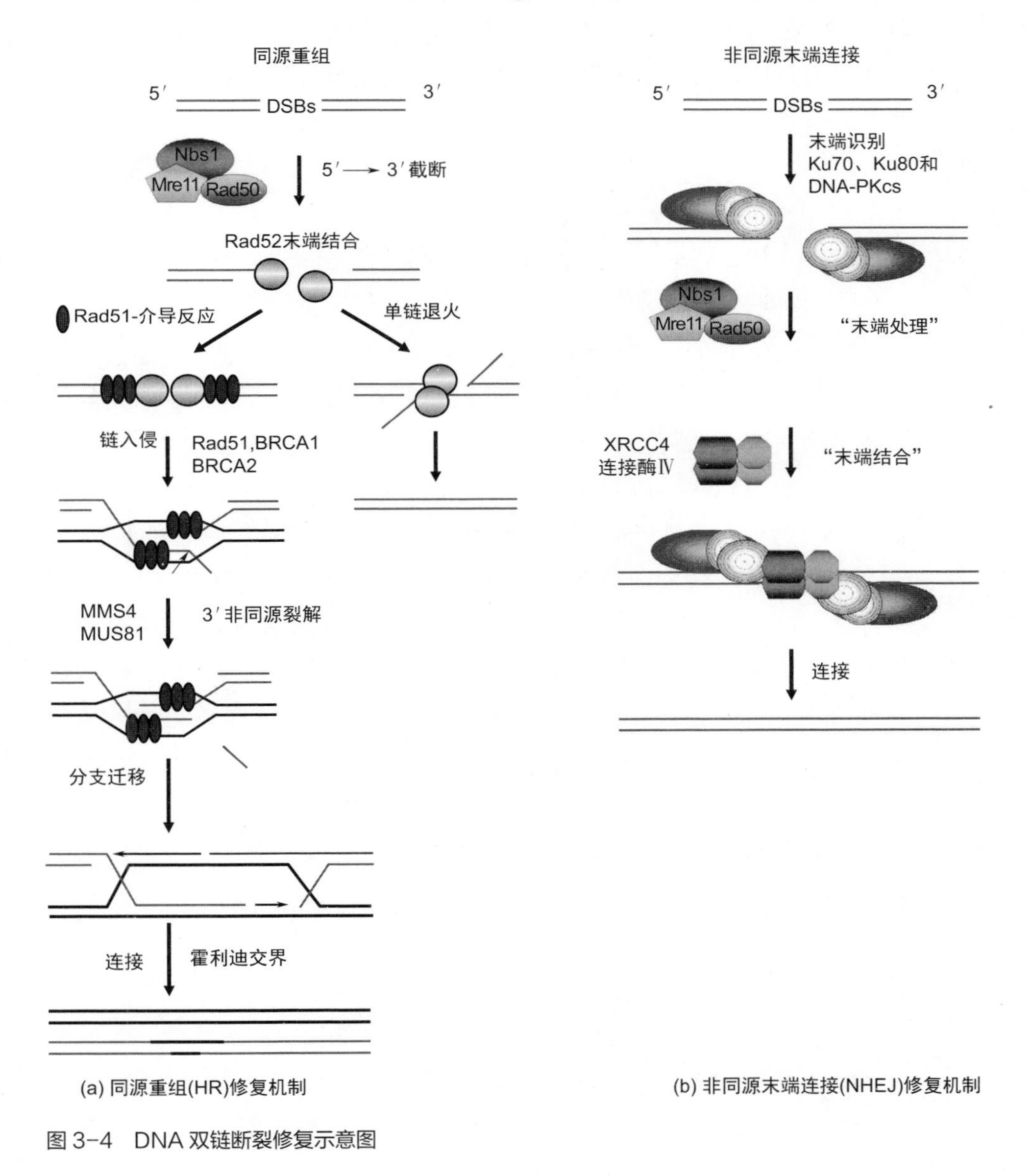

图 3-4　DNA 双链断裂修复示意图

在真核生物的这种修复形式中，Ku 杂二聚体与双链断裂的两端结合，并招募 DNA-PKcs[82] 和连接酶 4-XRCC4 杂二聚体，然后连接物连接两个双链的末端，而不管两端是否来自同一染色体 [83]。M/R/N 复合物也可能参与 NHEJ 修复机制，特别是当该途径用于 V(D)J 重组时。遗传数据表明，HR 对折叠复制分叉的恢复具有重要意义。相反，NHEJ 是 V(D)J 重组的关键，被认为是修复电离辐射和放射模拟剂引起的双链断裂的主要途径。

3.2.2 DNA 编辑过程的磷化学调控机制

基因编辑就是特异性地在想要编辑的 DNA 位置造成双链断裂，也是通过断裂磷酸二酯键来实现，然后启动基因修复，将想要插入的目的片段通过形成磷酸二酯键连接到断裂的位置。基因编辑的本质就是定位到需要编辑的基因组区域，然后非特异性切断双链 DNA，从而造成 DNA 双链断裂(double-strand break，DSB)；再通过 DNA 的自我修复，引起碱基的缺失或突变，或者插入基因从而引起基因突变 [84]。简而言之，在基因编辑的系统中，需要一个特异性识别 DNA 的部分和核酸切割酶活性部分。现阶段比较常用的三种基因编辑的方式有：锌指酶(zinc-finger nucleases，ZFN)编辑系统、转录激活因子样效应物核酸酶(transcription activator-like effector nucleases，TALEN)编辑系统、CRISPR/Cas(clustered regulatory interspaced short palindromic repeat /Cas-based RNA-guided DNA endonucleases)编辑系统 [85]。下面分别介绍这三种基因编辑的原理。

3.2.2.1 ZFN 编辑系统

在 ZFN 编辑系统中特异性 DNA 识别域是锌指蛋白，核酸内切酶部分是核酸内切酶 *Fok* I 构成的，这两个功能性的结构域构成了一个完整的基因编辑系统。每个锌指蛋白包含大约30个氨基酸，能够相对特异地识别靶位上的3个连续的碱基被一个锌离子所固定，其二级结构为α-β-β形式，骨架结构保守。其中α螺旋的1-、2-、3-、6-氨基酸残基与DNA作用，将决定锌指酶的DNA结合特异性，这些氨基酸的组成可以识别不同的碱基序列。核酸内切酶*Fok*Ⅰ来自海床黄杆菌，非特异性核酸内切酶*Fok*Ⅰ形成二聚体时切割双链DNA，当两个识别位点相距恰当的距离时(6～8bp)，2个*Fok*Ⅰ将聚合成二聚体，产生酶切的作用，形成双链断裂，引起损伤修复机制，达到基因编辑的目的(图3-5)[86]。

3.2.2.2 TALEN编辑系统

TALEN编辑系统是一种源于植物致病菌的靶向基因操作技术。科学家发现，来自植物细菌*Xanthomonas* sp.的TAL蛋白的核酸结合域的氨基酸序列与其靶位点的核酸序列有恒定的对应关系，一个模块单元识别一个碱基，简单且特异性极好。通过组合各类模块，可对任意核苷酸序列进行靶向特异性敲除或内源基因表达调控。目前已在人、大鼠、小鼠、猪、羊、斑马鱼、拟南芥及酵母等多类物种中得到成功应用。此编辑系统中的DNA特异性识别域是TALE蛋白，一个识别单元可以识别一个核苷酸，通常由34个氨基酸排列组成，除第12位和第13位两个重复可变双残基(repeat variable diresidue，RVD)外，这些重复几乎相同。RVD决定了基本的识别特异性。因此，不同的RVD使TALE能够识别特定的目标(识别对照关系：NI=A，HD=C，NG=T，NK=G，HN=G或NN=G/A)。而此系统使用的核酸内切酶依然是*Fok*Ⅰ酶。TALEN质粒转入细胞后，表达两个融合蛋白，可以特异性识别靶基因的TALE，定位到需要编辑的基因组区域；然后非特异性核酸内切酶*Fok*Ⅰ切断双链DNA从而造成DNA双链断裂(double-strand break，DSB)；最后通过DNA的自我修复，引起碱基的缺失或突变，从而引起基因突变，见图3-5[86]。

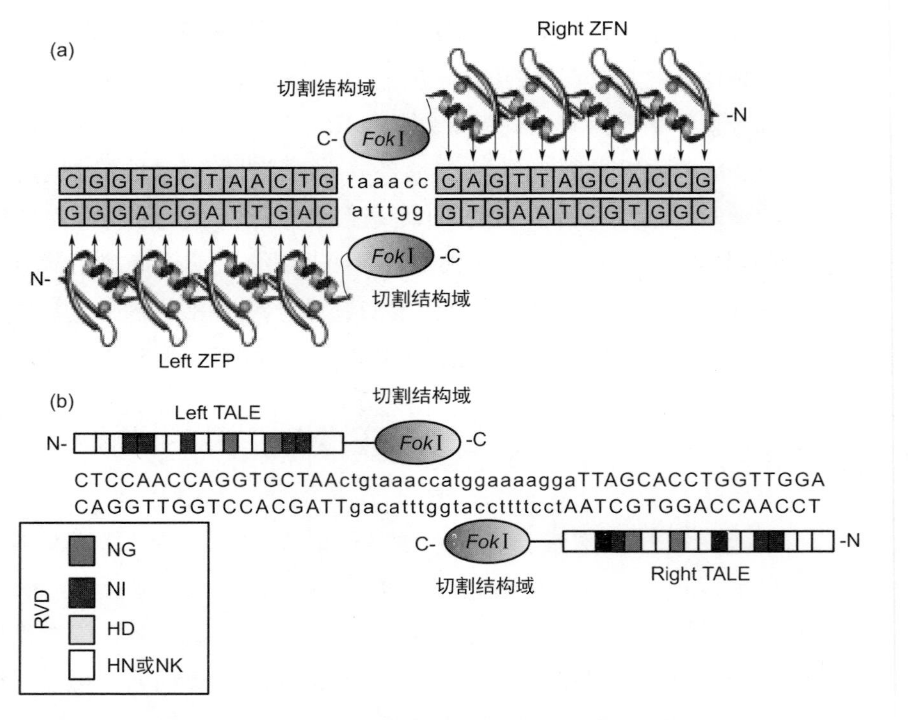

图 3-5　ZFN 编辑系统（a）和 TALEN 编辑系统（b）工作示意图[86]

3.2.2.3　CRISPR/Cas 编辑系统

与上述位点特异性核酸酶不同的是，CRISPR/Cas 系统在诱导靶向性基因改变方面成为 ZFNs 和 TALENs 的一种潜在的简便有效的替代方法[87]。在细菌中，CRISPR 系统通过 RNA 引导的 DNA 切割提供获得性免疫以抵抗外来 DNA 的入侵[88]。在Ⅱ型 CRISPR/Cas 系统中，被称为“间隔区”的外源 DNA 短片段整合在 CRISPR 基因座中，转录并加工成 CRISPR RNA(crRNA)。这些 crRNAs 退火至反式激活 crRNA(tracrRNAs)，并指导 Cas 蛋白直接进行序列特异性切割和基因沉默。最近的研究表明，Cas9 蛋白的目标识别需要 crRNA 内的“种子”序列和 crRNA 结合区上游含有原间隔基邻接基序(PAM)的保守二核苷酸序列[89]。因此，CRISPR/Cas 系统可以通过重新设计 crRNA 来重新定位以切割几乎任何 DNA 序列。值得注意的是，CRISPR/Cas 系统已经被证明可以通过表达 Cas9 内切酶和必要的 crRNA 成分的质粒的共同递送直接移植到人类细胞中[90]。此 RNA 引导的基因编辑技术已经证明了在人工多功能性干细胞（iPS 细胞）中的多重基因破坏能力[17]和靶向指导功能的高度整合性[91]。Cas9 核酸内切酶也被转化为切口酶，使得对 DNA 修复机制的进一步控制成为可能。除了人体细胞外，CRISPR/Cas 介导的基因组编辑已经在斑马鱼[92]和细菌细胞[93]中得到了成功的证明。然而，为了完整地评估该系统的实用性，还需要进行更详尽的研究，包括潜在的脱靶效应。特别是目前尚不清楚 CRISPR/Cas 系统是否提供了必要的识别选择性，以确保复杂基因组中的单位点特异性。CRISPR/Cas9 系统的工作原理是 crRNA 通过碱基配对与 tracrRNA（trans-activating RNA）结合形成 tracrRNA/crRNA 复合物，此复合物引导核酸酶 Cas9 蛋白在与 crRNA 配对的序列靶位点剪切双链 DNA。人工设计 crRNA 和 tracrRNA 这两种 RNA，改造成具有引导作用的 sgRNA（single guide RNA），从而引导 Cas9 对 DNA 的定点切割[84]（图 3-6）。

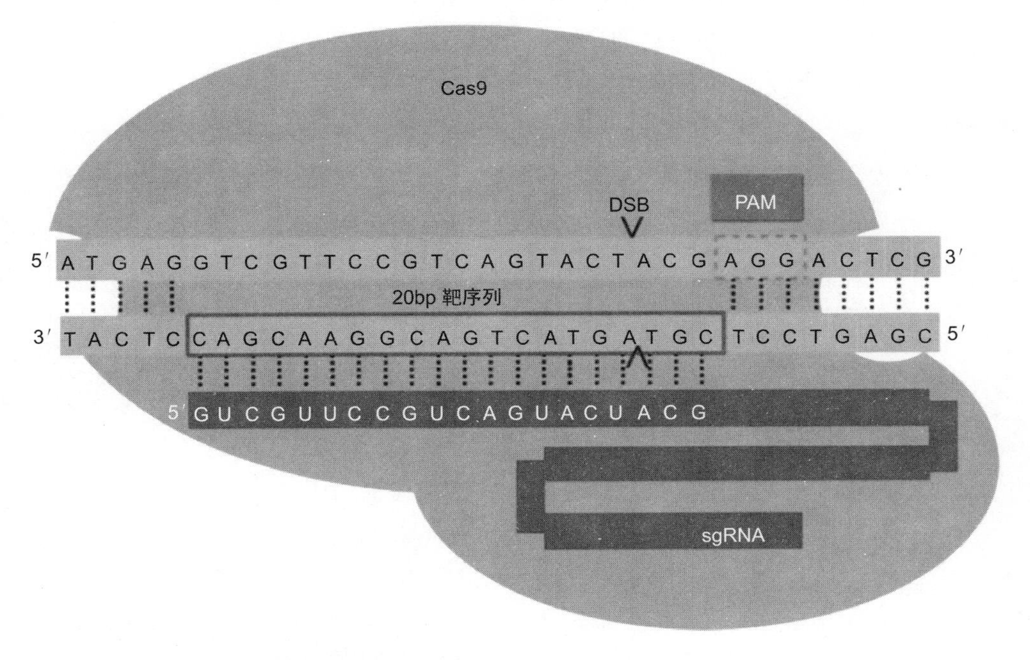

图 3-6　CRISPR/Cas9 编辑系统工作示意图

Cas9核酸内切酶在sgRNA的指导下识别PAM区域上游区的20bp DNA双链结构，并对其进行切割，产生双链断裂[84]

3.3
小结

含磷的核酸分子作为储存遗传信息的物质，其结构、功能与基因表达、蛋白质合成、信号转导等多种生命重要过程密切相关。因此，核酸相关的生物、化学的研究具有重大价值，在疾病诊断和治疗、药物开发、基因编辑等基础领域发挥了显著效用，进而带动了一系列基于核酸的讨论与研究。在不断探索研究中，核酸适配体的靶标范围不断扩展，并逐渐走向实际应用；基因编辑技术已经取得了巨大发展，从最初简单的细胞同源重组，到目前已经可在所需任意位点进行的靶向基因重组。基于核酸的适配体技术和基因编辑技术，将会在生物医学基础研究、疾病诊断和治疗领域显示出更为广阔的应用前景。

参考文献

[1] Tuerk C, Gold L. Systematic evolution of ligands by exponential enrichment: RNA ligands to bacteriophage T4 DNA polymerase. Science, 1990, 249 (4968): 505-510.

[2] Ellington A D, Szostak J W. *In vitro* selection of RNA molecules that bind specific ligands. Nature, 1990, 346 (6287): 818-822.

[3] Padmanabhan K, Padmanabhan K P, Ferrara J D, Sadler J E, Tulinsky A. The structure of alpha-thrombin inhibited by a 15-mer single-stranded DNA aptamer. J Biol Chem, 1993, 268 (24): 17651-17654.

[4] Huang D B, Vu D, Cassiday L A, Zimmerman J M, Maher L J, Ghosh G. Crystal structure of NF-kappaB (p50)2 complexed to a high-affinity RNA aptamer. Proc Natl Acad Sci USA, 2003, 100 (16): 9268-9273.

[5] Long S B, Long M B, White R R, Sullenger B A. Crystal structure of an RNA aptamer bound to thrombin. RNA, 2008, 14 (12): 2504-2512.

[6] Lebars I, Legrand P, Aime A, Pinaud N, Fribourg S, Di Primo C. Exploring TAR-RNA aptamer loop-loop interaction by X-ray crystallography UV spectroscopy and surface plasmon resonance. Nucleic Acids Res, 2008, 36 (22): 7146-7156.

[7] Zhang L Q, Wan S, Jiang Y, Wang Y Y, Fu T, Liu Q L, Cao Z J, Qiu L P, Tan W H. Molecular elucidation of disease biomarkers at the interface of chemistry and biology. J Am Chem Soc, 2017, 139 (7): 2532-2540.

[8] Ruiz Ciancio D, Vargas M R, Thiel W H, Bruno M A, Giangrande P H, Mestre M B. Aptamers as diagnostic tools in cancer. Pharmaceuticals (Basel), 2018, 11 (3): 86.

[9] Moutsiopoulou A, Broyles D, Dikici E, Daunert S, Deo S K. Molecular aptamer beacons and their

applications in sensing imaging and diagnostics. Small (Weinheim an der Bergstrasse Germany), 2019, 15 (35): e1902248.
[10] Zhu G Z, Niu G, Chen X Y. Aptamer-drug conjugates. Bioconjug Chem, 2015, 26 (11): 2186-2197.
[11] Zhong Y, Zhao J Y, Li J Z, Liao X, Chen F L. Advances of aptamers screened by Cell-SELEX in selection procedure cancer diagnostics and therapeutics. Anal Biochem, 2020, 598: 113620.
[12] Gao X S, Niu S Y, Ge J J, Luan Q Y, Jie G F. 3D DNA nanosphere-based photoelectrochemical biosensor combined with multiple enzyme-free amplification for ultrasensitive detection of cancer biomarkers. Biosens Bioelectron, 2020, 147: 111778.
[13] Li G Y, Li S S, Wang Z H, Xue Y W, Dong C Y, Zeng J X, Huang Y, Liang J T, Zhou Z D. Label-free electrochemical aptasensor for detection of alpha-fetoprotein based on AFP-aptamer and thionin/reduced graphene oxide/gold nanoparticles. Anal Biochem, 2018, 547: 37-44.
[14] Ma W, Yin H H, Xu L G, Wu X L, Kuang H, Wang L B, Xu C L. Ultrasensitive aptamer-based SERS detection of PSAs by heterogeneous satellite nanoassemblies. Chem Commun (Camb), 2014, 50 (68): 9737-9740.
[15] Nabavinia M S, Gholoobi A, Charbgoo F, Nabavinia M, Ramezani M, Abnous K. Anti-MUC1 aptamer: A potential opportunity for cancer treatment. Med Res Rev, 2017, 37 (6): 1518-1539.
[16] Ilkhani H, Sarparast M, Noori A, Zahra Bathaie S, Mousavi M F. Electrochemical aptamer/antibody based sandwich immunosensor for the detection of EGFR a cancer biomarker using gold nanoparticles as a signaling probe. Biosensors and Bioelectronics, 2015, 74: 491-497.
[17] Ranganathan V, Srinivasan S, Singh A, de Rosa M C. An aptamer-based colorimetric lateral flow assay for the detection of human epidermal growth factor receptor 2 (HER2). Anal Biochem, 2020, 588: 113471.
[18] Macdonald J, Denoyer D, Henri J, Jamieson A, Burvenich I J G, Pouliot N, Shigdar S. Bifunctional aptamer-doxorubicin conjugate crosses the blood-brain barrier and selectively delivers its payload to EpCAM-positive tumor cells. Nucleic Acid Ther, 2020, 30 (2): 117-128.
[19] Douglas S M, Bachelet I, Church G M. A logic-gated nanorobot for targeted transport of molecular payloads. Science, 2012, 335 (6070): 831-834.
[20] Kimoto M, Nakamura M, Hirao I. Post-ExSELEX stabilization of an unnatural-base DNA aptamer targeting VEGF165 toward pharmaceutical applications. Nucleic Acids Res, 2016, 44 (15): 7487-7494.
[21] Yazdian-Robati R, Bayat P, Oroojalian F, Zargari M, Ramezani M, Taghdisi S M, Abnous K. Therapeutic applications of AS1411 aptamer an update review. International Journal of Biological Macromolecules, 2020, 155: 1420-1431.
[22] Odeh F, Nsairat H, Alshaer W, Ismail M A, Esawi E, Qaqish B, Al Bawab A, Ismail S I. Aptamers Chemistry: Chemical Modifications and Conjugation Strategies. Molecules, 2020, 25 (1): 3.
[23] Shum K T, Tanner J A. Differential inhibitory activities and stabilisation of DNA aptamers against the SARS coronavirus helicase. Chembiochem, 2008, 9 (18): 3037-3045.
[24] de Smidt P C, Le Doan T, de Falco S, van Berkel T J. Association of antisense oligonucleotides with lipoproteins prolongs the plasma half-life and modifies the tissue distribution. Nucleic Acids Res, 1991, 19 (17): 4695-4700.
[25] Willis M C, Collins B D, Zhang T, Green L S, Sebesta D P, Bell C, Kellogg E, Gill S C, Magallanez A, Knauer S, Bendele R A, Gill P S, Janjic N. Liposome-anchored vascular endothelial growth factor aptamers. Bioconjug Chem, 1998, 9 (5): 573-582.
[26] Prodeus A, Abdul-Wahid A, Fischer N W, Huang E H, Cydzik M, Gariépy J. Targeting the PD-1/PD-L1 immune evasion axis with DNA aptamers as a novel therapeutic strategy for the treatment of disseminated cancers. Mol Ther Nucleic Acids, 2015, 4: e237.
[27] Hoffmann S, Hoos J, Klussmann S, Vonhoff S. RNA aptamers and spiegelmers: synthesis purification and post-synthetic PEG conjugation. Curr Protoc Nucleic Acid Chem, 2011, 4 (46): 1-30.

[28] Peng C G, Damha M J. G-quadruplex induced stabilization by 2′-deoxy-2′-fluoro-D-arabinonucleic acids (2′F-ANA). Nucleic Acids Res, 2007, 35 (15): 4977-4988.
[29] Lin Y, Qiu Q, Gill S C, Jayasena S D. Modified RNA sequence pools for in vitro selection. Nucleic Acids Res, 1994, 22 (24): 5229-5234.
[30] Maio G, Enweronye O, Zumrut H E, et al. Systematic optimization and modification of a DNA aptamer with 2′-O-methyl RNA analogues. Chemistry Select, 2017, 2 (7): 2335-2340.
[31] Schmidt K S, Borkowski S, Kurreck J, Stephens A W, Bald R, Hecht M, Friebe M, Dinkelborg L, Erdmann V A. Application of locked nucleic acids to improve aptamer in vivo stability and targeting function. Nucleic Acids Res, 2004, 32 (19): 5757-5765.
[32] Pasternak A, Hernandez F J, Rasmussen L M, Vester B, Wengel J. Improved thrombin binding aptamer by incorporation of a single unlocked nucleic acid monomer. Nucleic Acids Res, 2011, 39 (3): 1155-1164.
[33] Latham J A, Johnson R, Toole J J. The application of a modified nucleotide in aptamer selection: novel thrombin aptamers containing 5-(1-pentynyl)-2′-deoxyuridine. Nucleic Acids Res, 1994, 22 (14): 2817-2822.
[34] Gupta S, Drolet D W, Wolk S K, Waugh S M, Rohloff J C, Carter J D, Mayfield W S, Otis M R, Fowler C R, Suzuki T, Hirota M, Ishikawa Y, Schneider D J, Janjic N. Pharmacokinetic properties of DNA aptamers with base modifications. Nucleic Acid Ther, 2017, 27 (6): 345-353.
[35] Li M Y, Lin N, Huang Z, Du L P, Altier C, Fang H, Wang B H. Selecting aptamers for a glycoprotein through the incorporation of the boronic acid moiety. J Am Chem Soc, 2008, 130 (38): 12636-12638.
[36] Ohsawa K, Kasamatsu T, Nagashima J I, Hanawa K, Kuwahara M, Ozaki H, Sawai H. Arginine-modified DNA aptamers that show enantioselective recognition of the dicarboxylic acid moiety of glutamic acid. Anal Sci, 2008, 24 (1): 167-172.
[37] Lee K Y, Kang H, Ryu S H, Lee D S, Lee J H, Kim S. Bioimaging of nucleolin aptamer-containing 5-(N-benzylcarboxyamide)-2’-deoxyuridine more capable of specific binding to targets in cancer cells. J Biomed Biotechnol, 2010, 2010: 168306.
[38] Diafa S, Hollenstein M. Generation of aptamers with an expanded chemical repertoire. Molecules, 2015, 20 (9): 16643-16671.
[39] Abeydeera N D, Egli M, Cox N, Mercier K, Conde J N, Pallan P S, Mizurini D M, Sierant M, Hibti F E, Hassell T, Wang T Z, Liu F W, Liu H M, Martinez C, Sood A K, Lybrand T P, Frydman C, Monteiro R Q, Gomer R H, Nawrot B, Yang X B. Evoking picomolar binding in RNA by a single phosphorodithioate linkage. Nucleic Acids Res, 2016, 44 (17): 8052-8064.
[40] Varizhuk A M, Tsvetkov V B, Tatarinova O N, Kaluzhny D N, Florentiev V L, Timofeev E N, Shchyolkina A K, Borisova O F, Smirnov I P, Grokhovsky S L, Aseychev A V, Pozmogova G E. Synthesis characterization and in vitro activity of thrombin-binding DNA aptamers with triazole internucleotide linkages. Eur J Med Chem, 2013, 67: 90-97.
[41] Hoellenriegel J, Zboralski D, Maasch C, Rosin N Y, Wierda W G, Keating M J, Kruschinski A, Burger J A. The Spiegelmer NOX-A12 a novel CXCL12 inhibitor interferes with chronic lymphocytic leukemia cell motility and causes chemosensitization. Blood, 2014, 123 (7): 1032-1039.
[42] Kuai H L, Zhao Z L, Mo L T, Liu H, Hu X X, Fu T, Zhang X B, Tan W H. Circular bivalent aptamers enable in vivo stability and recognition. J Am Chem Soc, 2017, 139 (27): 9128-9131.
[43] Vorobyeva M, Vorobjev P, Venyaminova A. Multivalent aptamers: Versatile tools for diagnostic and therapeutic applications. Molecules, 2016, 21 (12): 1613.
[44] Li J J, You J, Dai Y, Shi M L, Han C P, Xu K. Gadolinium oxide nanoparticles and aptamer-functionalized silver nanoclusters-based multimodal molecular imaging nanoprobe for optical/magnetic resonance cancer cell imaging. Anal Chem, 2014, 86 (22): 11306-11311.
[45] Yu M K, Kim D, Lee I H, So J S, Jeong Y Y, Jon S. Image-guided prostate cancer therapy using aptamer-functionalized thermally cross-linked superparamagnetic iron oxide nanoparticles. Small

(Weinheim an der Bergstrasse Germany), 2011, 7 (15): 2241-2249.
[46] Bouvier-Muller A, Duconge F. Application of aptamers for in vivo molecular imaging and theranostics. Adv Drug Deliv Rev, 2018, 134: 94-106.
[47] Zhu L H, Wang L F, Liu Y, Xu D, Fang K J, Guo Y L. CAIX aptamer-functionalized targeted nanobubbles for ultrasound molecular imaging of various tumors. Int J Nanomedicine, 2018, 13: 6481-6495.
[48] Lian S H, Zhang P F, Gong P, Hu D H, Shi B H, Zeng C C, Cai L T, Universal quantum dots-aptamer probe for efficient cancer detection and targeted imaging. J Nanosci Nanotechnol, 2012, 12 (10): 7703-7778.
[49] Deng K R, Hou Z Y, Li X J, Li C X, Zhang Y X, Deng X R, Cheng Z Y, Lin J. Aptamer-mediated up-conversion core/MOF shell nanocomposites for targeted drug delivery and cell imaging. Sci Rep, 2015, 5: 7851.
[50] Wang J, Ma Q Q, Zheng W, Liu H Y, Yin C Q, Wang F B, Chen X Y, Yuan Q, Tan W H. One-dimensional luminous nanorods featuring tunable persistent luminescence for autofluorescence-free biosensing. ACS Nano, 2017, 11 (8): 8185-8191.
[51] Wang J, Ma Q Q, Hu X X, Liu H Y, Zheng W, Chen X Y, Yuan Q, Tan W H. Autofluorescence-free targeted tumor imaging based on luminous nanoparticles with composition-dependent size and persistent luminescence. ACS Nano, 2017, 11 (8): 8010-8017.
[52] Xiao H, Chen Y Q, Yuan E, Li W, Jiang Z R, Wei L, Su H M, Zeng W W, Gan Y J, Wang Z J, Yuan B F, Qin S S, Leng X H, Zhou X, Liu S M, Zhou X. Obtaining more accurate signals: Spatiotemporal imaging of cancer sites enabled by a photoactivatable aptamer-based strategy. ACS Appl Mater Interfaces, 2016, 8 (36): 23542-23548.
[53] Ding F, Guo S, Xie M, Luo W, Yuan C H, Huang W H, Zhou Y, Zhang X L, Zhou X. Diagnostic applications of gastric carcinoma cell aptamers in vitro and in vivo. Talanta, 2015, 134: 30-36.
[54] Haghighi F H, Binaymotlagh R, Mirahmadi-Zare S Z, Hadadzadeh H. Aptamer/magnetic nanoparticles decorated with fluorescent gold nanoclusters for selective detection and collection of human promyelocytic leukemia (HL-60) cells from a mixture. Nanotechnology, 2020, 31 (2): 025605.
[55] Xi Z J, Gong Q, Wang C, Zheng B. Highly sensitive chemiluminescent aptasensor for detecting HBV infection based on rapid magnetic separation and double-functionalized gold nanoparticles. Sci Rep, 2018, 8 (1): 9444.
[56] Chen L, Liu X L, Su B, Li J, Jiang L, Han D, Wang S T. Aptamer-mediated efficient capture and release of T lymphocytes on nanostructured surfaces. Adv Mater, 2011, 23 (38): 4376-4380.
[57] Wang Y Y, Zhou F, Liu X L, Yuan L, Li D, Wang Y W, Chen H. Aptamer-modified micro/nanostructured surfaces: efficient capture of Ramos cells in serum environment. ACS Appl Mater Interfaces, 2013, 5 (9): 3816-3823.
[58] Wan Y, Mahmood M A, Li N, Allen P B, Kim Y T, Bachoo R, Ellington A D, Iqbal S M. Nanotextured substrates with immobilized aptamers for cancer cell isolation and cytology. Cancer, 2012, 118 (4): 1145-1154.
[59] Xu Y, Phillips J A, Yan J L, Li Q G, Fan Z H, Tan W. Aptamer-based microfluidic device for enrichment sorting and detection of multiple cancer cells. Anal Chem, 2009, 81 (17): 7436-7442.
[60] Labib M, Green B, Mohamadi R M, Mepham A, Ahmed S U, Mahmoudian L, Chang I H, Sargent E H, Kelley S O. Aptamer and antisense-mediated two-dimensional isolation of specific cancer cell subpopulations. J Am Chem Soc, 2016, 138 (8): 2476-2479.
[61] Sheng W A, Chen T, Tan W H, Fan Z H. Multivalent DNA nanospheres for enhanced capture of cancer cells in microfluidic devices. ACS Nano, 2013, 7 (8): 7067-7076.
[62] Poudineh M, Labib M, Ahmed S, Nguyen L N, Kermanshah L, Mohamadi R M, Sargent E H, Kelley S O. Profiling Functional and Biochemical Phenotypes of Circulating Tumor Cells Using a Two-

Dimensional Sorting Device. Angewandte Chemie (International ed. in English), 2017, 56 (1): 163-168.
[63] Shen Q L, Xu L, Zhao L B, Wu D X, Fan Y S, Zhou Y L, Ouyang W H, Xu X C, Zhang Z, Song M, Lee T, Garcia M A, Xiong B, Hou S, Tseng H R, Fang X H. Specific capture and release of circulating tumor cells using aptamer-modified nanosubstrates. Adv Mater, 2013, 25 (16): 2368-2373.
[64] Guo S, Huang H Y, Deng X J, Chen Y Q, Jiang Z R, Xie M, Liu S M, Huang W H, Zhou X. Programmable DNA-responsive microchip for the capture and release of circulating tumor cells by nucleic acid hybridization. Nano Research, 2018, 11 (5): 2592-2604.
[65] Shangguan D H, Cao Z H, Meng L, Mallikaratchy P, Sefah K, Wang H, Li Y, Tan W H. Cell-specific aptamer probes for membrane protein elucidation in cancer cells. J Proteome Res, 2008, 7 (5): 2133-2139.
[66] Gold L, Ayers D, Bertino J, Bock C, Bock A, Brody E N, Carter J, Dalby A B, Eaton B E, Fitzwater T, Flather D, Forbes A, Foreman T, Fowler C, Gawande B, Goss M, Gunn M, Gupta S, Halladay D, Heil J, Heilig J, Hicke B, Husar G, Janjic N, Jarvis T, Jennings S, Katilius E, Keeney T R, Kim N, Koch T H, Kraemer S, Kroiss L, Le N, Levine D, Lindsey W, Lollo B, Mayfield W, Mehan M, Mehler R, Nelson S K, Nelson M, Nieuwlandt D, Nikrad M, Ochsner U, Ostroff R M, Otis M, Parker T, Pietrasiewicz S, Resnicow D I, Rohloff J, Sanders G, Sattin S, Schneider D, Singer B, Stanton M, Sterkel A, Stewart A, Stratford S, Vaught J D, Vrkljan M, Walker J J, Watrobka M, Waugh S, Weiss A, Wilcox S K, Wolfson A, Wolk S K, Zhang C, Zichi D. Aptamer-based multiplexed proteomic technology for biomarker discovery. PLoS One, 2010, 5 (12): e15004.
[67] Deterding R R, Wagner B D, Harris J K, De Boer E M. Pulmonary aptamer signatures in children's interstitial and diffuse lung disease. Am J Respir Crit Care Med, 2019, 200 (12): 1496-1504.
[68] Ostroff R M, Mehan M R, Stewart A, Ayers D, Brody E N, Williams S A, Levin S, Black B, Harbut M, Carbone M, Goparaju C, Pass H I. Early detection of malignant pleural mesothelioma in asbestos-exposed individuals with a noninvasive proteomics-based surveillance tool. PLoS One, 2012, 7 (10): e46091.
[69] Mehan M R, Williams S A, Siegfried J M, Bigbee W L, Weissfeld J L, Wilson D O, Pass H I, Rom W N, Muley T, Meister M, Franklin W, Miller Y E, Brody E N, Ostroff R M. Validation of a blood protein signature for non-small cell lung cancer. Clin Proteomics, 2014, 11 (1): 32.
[70] Ngo D, Sinha S, Shen D, Kuhn E W, Keyes M J, Shi X, Benson M D, O'Sullivan J F, Keshishian H, Farrell L A, Fifer M A, Vasan R S, Sabatine M S, Larson M G, Carr S A, Wang T J, Gerszten R E. Aptamer-based proteomic profiling reveals novel candidate biomarkers and pathways in cardiovascular disease. Circulation, 2016, 134 (4): 270-285.
[71] Nahid P, Bliven-Sizemore E, Jarlsberg L G, de Groote M A, Johnson J L, Muzanyi G, Engle M, Weiner M, Janjic N, Sterling D G, Ochsner U A. Aptamer-based proteomic signature of intensive phase treatment response in pulmonary tuberculosis. Tuberculosis (Edinb), 2014, 94 (3): 187-196.
[72] Hathout Y, Brody E, Clemens P R, Cripe L, DeLisle R K, Furlong P, Gordish-Dressman H, Hache L, Henricson E, Hoffman E P, Kobayashi Y M, Lorts A, Mah J K, McDonald C, Mehler B, Nelson S, Nikrad M, Singer B, Steele F, Sterling D, Sweeney H L, Williams S, Gold L. Large-scale serum protein biomarker discovery in Duchenne muscular dystrophy. Proc Natl Acad Sci USA, 2015, 112 (23): 7153-7158.
[73] Webber J, Stone T C, Katilius E, Smith B C, Gordon B, Mason M D, Tabi Z, Brewis I A, Clayton A. Proteomics analysis of cancer exosomes using a novel modified aptamer-based array (SOMAscan) platform. Mol Cell Proteomics, 2014, 13 (4): 1050-1064.
[74] Kolodner R D, Putnam C D, Myung K. Maintenance of genome stability in Saccharomyces cerevisiae. Science, 2002, 297 (5581): 552-557.
[75] Modrich P, Lahue R. Mismatch repair in replication fidelity genetic recombination and cancer biology. Annu Rev Biochem, 1996, 65: 101-133.

[76] Sancar A, Lindsey-Boltz L A, Unsal-Kacmaz K, Linn S. Molecular mechanisms of mammalian DNA repair and the DNA damage checkpoints. Annu Rev Biochem, 2004, 73: 39-85.
[77] Cox M M, Goodman M F, Kreuzer K N, Sherratt D J, Sandler S J, Marians K J. The importance of repairing stalled replication forks. Nature, 2000, 404 (6773): 37-41.
[78] Minko I G, Zou Y, Lloyd R S. Incision of DNA-protein crosslinks by UvrABC nuclease suggests a potential repair pathway involving nucleotide excision repair. Proc Natl Acad Sci USA, 2002, 99 (4): 1905-1909.
[79] Sung P. Catalysis of ATP-dependent homologous DNA pairing and strand exchange by yeast RAD51 protein. Science, 1994, 265 (5176): 1241-1243.
[80] Kowalczykowski S C. Initiation of genetic recombination and recombination-dependent replication. Trends Biochem Sci, 2000, 25 (4): 156-165.
[81] Chen X B, Melchionna R, Denis C M, Gaillard P H L, Blasina A, van de Weyer I, Boddy M N, Russell P, Vialard J, McGowan C H. Human Mus81-associated endonuclease cleaves Holliday junctions in vitro. Mol Cell, 2001, 8 (5): 1117-1127.
[82] Gottlieb T M, Jackson S P. The DNA-dependent protein kinase: requirement for DNA ends and association with Ku antigen. Cell, 1993, 72 (1): 131-142.
[83] Nick McElhinny S A, Snowden C M, McCarville J, Ramsden D A. Ku recruits the XRCC4-ligase Ⅳ complex to DNA ends. Mol Cell Biol, 2000, 20 (9): 2996-3003.
[84] LaFountaine J S, Fathe K, Smyth H D. Delivery and therapeutic applications of gene editing technologies ZFNs TALENs and CRISPR/Cas9. Int J Pharm, 2015, 494 (1): 180-194.
[85] Gupta R M, Musunuru K. Expanding the genetic editing tool kit: ZFNs TALENs and CRISPR-Cas9. J Clin Invest, 2014, 124 (10): 4154-4161.
[86] Gaj T, Gersbach C A, Barbas C F. 3rd ZFN, TALEN and CRISPR/Cas-based methods for genome engineering. Trends Biotechnol, 2013, 31 (7): 397-405.
[87] Heidenreich M, Zhang F. Applications of CRISPR-Cas systems in neuroscience. Nat Rev Neurosci, 2016, 17 (1): 36-44.
[88] Wiedenheft B, Sternberg S H, Doudna J A. RNA-guided genetic silencing systems in bacteria and archaea. Nature, 2012, 482 (7385): 331-338.
[89] Jinek M, Chylinski K, Fonfara I, Hauer M, Doudna J A, Charpentier E. A programmable dual-RNA-guided DNA endonuclease in adaptive bacterial immunity. Science, 2012, 337 (6096): 816-821.
[90] Cong L, Ran F A, Cox D, Lin S L, Barretto R, Habib N, Hsu P D, Wu X B, Jiang W Y, Marraffini L. A Zhang F. Multiplex genome engineering using CRISPR/Cas systems. Science, 2013, 339 (6121): 819-823.
[91] Mali P, Yang L, Esvelt K M, Aach J, Guell M, DiCarlo J E, Norville J E, Church G M. RNA-guided human genome engineering via Cas9. Science, 2013, 339 (6121): 823-826.
[92] Hwang W Y, Fu Y F, Reyon D, Maeder M L, Tsai S Q, Sander J D, Peterson R T, Yeh J R, Joung J K. Efficient genome editing in zebrafish using a CRISPR-Cas system. Nat Biotechnol, 2013, 31 (3): 227-229.
[93] Jiang W Y, Bikard D, Cox D, Zhang F, Marraffini L A. RNA-guided editing of bacterial genomes using CRISPR-Cas systems. Nat Biotechnol, 2013, 31 (3): 233-239.

PHOSPHORUS 磷科学前沿与技术丛书
磷与生命科学

4

蛋白质
的*O*-磷酸化修饰

林业竣，李艳梅

清华大学

4.1
引言

蛋白翻译后修饰(post-translational modifications，PTMs)通过蛋白质化学结构的变化调节蛋白质在细胞中的生物功能、酶活性以及与其他分子的相互作用[1]。蛋白质不同类型的化学修饰导致了修饰蛋白质在结构、相互作用和功能上的差异[2]。翻译后修饰在细胞中的失调可能导致疾病，因此理解翻译后修饰诱导的蛋白质性质变化对预防和治疗疾病十分重要。随着新技术的发展，例如生物质谱、荧光染色及冷冻电镜技术等，人们已鉴定出400种以上的蛋白翻译后修饰[3-4]，例如磷酸化、乙酰化、糖基化、泛素化、甲基化及亚硝基化等[5-6]。大多数翻译后修饰可帮助细胞特异并快速应对细胞内外的变化。磷酸化是最常见的一种翻译后修饰。磷酸化的修饰是可逆的，因此可调节众多的细胞途径和信号转导[7]。通过调控蛋白质稳定性、定位和与其他分子的相互作用，磷酸化修饰几乎调节了大部分细胞生命过程。因此，蛋白质磷酸化和去磷酸化可逆反应过程是被细胞严格调控的。蛋白质的异常磷酸化会导致多种疾病的发生[8-11]，诸如癌症、阿尔茨海默病(Alzheimer' s disease，AD)、帕金森病(Parkinson' s disease，PD)、肌萎缩侧索硬化症(amyotrophic lateral sclerosis，ALS)等疾病。因此，深入理解磷酸化的作用机制具有重要意义，不仅可剖析细胞的本质功能，也可以理解疾病的发生与发展机制及促进新药物的研发[12]。

O-磷酸化是发生在蛋白质的丝氨酸(serine，Ser)、苏氨酸(threonine，Thr)、酪氨酸(tyrosine，Tyr)等氨基酸残基的磷酸化修饰。*O*-磷酸化本质是酯化反应，磷酸基团与丝氨酸、苏氨酸或酪氨酸侧链的羟基反应。通过磷酸蛋白激酶，磷酸基团与氨基酸侧链羟基偶联；而磷酸蛋白激酶则可以使磷酸化蛋白去磷酸化。磷酸化是一种共价修饰，在生理 pH 下磷酸

基团带有两个负电荷。磷酸基团可以利用磷酸基上的氧原子与带正电的氨基酸（如赖氨酸和精氨酸）侧链之间形成盐桥或氢键[13]。研究表明，磷酸基团与赖氨酸（lysine，Lys）侧链形成的氢键比与精氨酸（arginine，Arg）侧链形成的氢键稍强，而磷酸基团与精氨酸形成的盐桥相互作用却比与赖氨酸形成的盐桥要强，这是因为赖氨酸的氨基比精氨酸的胍基具有更高的正电荷[14]。另外，与带正电的氨基酸发生相互作用时，磷酸化丝氨酸比磷酸化天冬氨酸更稳定[14]。除此之外，在蛋白质上偶联或去除磷酸基团会改变蛋白质的物理化学性质，进而影响蛋白质的稳定性、动力学性质和动态变化[13,15]。至今已经发现约有1/3的蛋白在响应刺激时会在不同的位点发生磷酸化修饰[15-16]。磷酸蛋白激酶识别蛋白质并将其磷酸化以及磷酸酶识别磷酸化蛋白并将其去磷酸化均有选择性，但是目前尚不知道其选择性的分子本质。*O*-磷酸化与许多疾病密切相关，本章重点讨论蛋白质 *O*-磷酸化与神经退行性疾病的关系。

4.2

O-磷酸化与神经退行性疾病

典型的神经退行性疾病包括阿尔茨海默病、帕金森病、肌萎缩侧索硬化症等。神经退行性疾病会影响认知、记忆、对肢体运动的控制等。这些疾病的重要病理是其病理相关蛋白折叠成了稳定的异常结构，在大多数情况下会导致病理蛋白发生聚集并在组织中堆积成为蛋白质沉积物[17-19]。这些蛋白质沉积物具有一些相似的形态和结构，但不同的蛋白质沉积物也可能具有独特的生化特征。

早先在阿尔茨海默病和淀粉样变性症（amyloidosis）中发现的蛋白质

沉积物被称为淀粉样蛋白(amyloid)，但现在它的定义已扩展到包括一些细胞内纤维聚集体。本章使用淀粉样蛋白沉积物、蛋白聚集体、纤维聚集体等术语来表述这些蛋白，但并不意味着它们是绝对等价的。淀粉样蛋白聚集体是一个通用术语，主要是指以交叉-β折叠(cross-β-sheet)结构堆积的纤维聚集体，具有特定的着色特性(能特异性结合刚果红、硫黄素S和硫黄素T等)，对蛋白水解酶的降解有更高的抵抗能力，在电子显微镜下观察可见纤维状结构。

在阿尔茨海默病中，可以发现两种典型的神经病理学特征：神经淀粉样斑块(neurotic amyloid plaques)和神经纤维缠结(neurofibrillary tangles)。神经淀粉样斑块沉积在脑实质中和脑血管壁周围，主要由含40或42个氨基酸的多肽(β-淀粉样蛋白)组成[20]。神经纤维缠结位于退化神经元的细胞质中，包含高度磷酸化Tau蛋白的纤维聚集体[21]；在帕金森病患者的脑部黑质神经元的细胞质中含有被称为路易小体(Lewy body)的纤维聚集体，这些纤维聚集体的主要成分是α-核突触蛋白(α-synuclein，α-Syn)；TAR DNA结合蛋白-43(TAR DNA binding protein-43，TDP-43)的纤维聚集体则在肌萎缩侧索硬化症中发现。研究发现，这些纤维聚集体的形成与磷酸化的修饰密切相关。因此，厘清磷酸化与这些疾病的关系将有助于了解疾病的机制，并开发诊断和治疗的方法。

4.2.1 *O*-磷酸化和阿尔茨海默病相关的Tau蛋白

Tau蛋白在生理状态下是可溶蛋白，主要存在于神经元中[22]。通过*MAPT*基因的可变剪接，在成年人中枢神经系统通常表达六种不同的Tau蛋白亚型[23]。Tau蛋白是一种磷酸化蛋白，含有85个潜在的丝氨酸、苏氨酸和酪氨酸*O*-磷酸化位点[24]。质谱分析结合特异性抗体检测显示，从健康大脑中纯化的可溶性Tau蛋白上可以检测到大约10个磷酸化位点，而在阿尔茨海默病患者大脑中则检测出约45个磷酸化位点[24-28]。阿尔茨海默病患者大脑中的磷酸化Tau蛋白是被激酶(如GSK 3β、CDK5、CK1

等）过度磷酸化所致[29-30]。大量的研究证据表明，Tau 蛋白通过其微管结合域（图 4-1 中 R1 ～ R4）与微管相互作用[31]。在 Tau 蛋白的微管结合域中，258 位、262 位、289 位和 356 位丝氨酸可以被磷酸化修饰。体外研究表明，262 位丝氨酸磷酸化（pS262）和 356 位丝氨酸磷酸化（pS356），可以强烈抑制 Tau 蛋白与微管的相互作用[32]。这两个位点可以被包括 GSK 3β 在内的许多激酶磷酸化，是重要的异常磷酸化位点。李艳梅等通过化学手段分别合成了多肽 R1（Tau 蛋白残基 256 ～ 273）、磷肽 pR1（Tau 蛋白残基 256 ～ 273，pS262）、多肽 R4（Tau 蛋白残基 350 ～ 367）和磷肽 pR4（Tau 蛋白残基 350 ～ 367，pS356），以研究磷酸化如何影响 Tau 蛋白的结构与功能[33-36]。

Tau磷酸化在AD大脑中鉴定；在体外或体内鉴定

图 4-1　Tau 蛋白的磷酸化修饰位点

（1）磷酸化可调控 Tau 蛋白的局部构象及相关机理

圆二色光谱（CD）可以检测磷肽和多肽之间的二级结构差异。多肽 R1 的 CD 光谱特征是在 206nm 处有强负峰、在 222nm 处有较平坦的小负峰，表明存在一些 α-螺旋结构和大量无规则卷曲结构。Ser262 磷酸化后，其强负峰稍微移至 204nm，且在 222nm 处的小负峰强度减弱，表明磷酸化使 α-螺旋水平降低。多肽 R4 的 CD 光谱特征是在 198nm 处具有强负峰，表明存在大量的无规则卷曲结构。Ser356 磷酸化后，并未发现明显的结构扰动[34-35]。

在蛋白 NMR 谱中，NH 的化学位移偏移可以反映静电屏障的变化，而 α-H 的化学位移偏移则可以反映分子结构的变化。在 Ser262 磷酸化后，可以观察到 262 位丝氨酸 NH 和 α-H 的化学位移变化最大。Ser356 磷酸化后，也观察到 356 位丝氨酸 NH 和 α-H 的化学位移变化最大。NH 和 α-H

的明显化学位移变化均发生在磷酸化位点及其附近，这表明磷酸化可能影响磷酸化位点附近的局部结构[34-35]。

为了更好地了解磷肽的局部结构，需要测定不同 pH 时的 ^{1}H NMR 谱。结果表明，在滴定过程中，磷肽的磷酸化丝氨酸(磷肽 pR1 的 Ser262 和磷肽 pR4 的 Ser365)的 NH 信号大幅偏移。该现象可通过酰胺质子与磷酸基团之间的氢键作用进行解释：在酸性条件下，酰胺质子与磷酸基团之间无法形成氢键。当 pH 升高时，磷酸基团失去质子，与酰胺质子形成氢键[33]。

接着，根据 ^{1}H NMR 数据构建模型，并通过分子模拟获取氢键能的信息。从图 4-2(a) 可以看出结构 1 和结构 2 都具有分子内氢键(用虚线表示)。结构 2 中的 N2 和 O11 之间的距离(2.74 Å) 比结构 1(2.92 Å) 短，这表明磷酸基团从单离子形式转化为双离子形式时形成了更强的氢键。为了评估绝热势能的变化以及质子在分子内氢键中的运动，对两个结构进行了局部势能面扫描。图 4-2(b) 显示了结构 1 和 2 质子在氢键中运动的势能变化。通过比较可以清楚地看出去质子作用后氢键的缩短[36]。

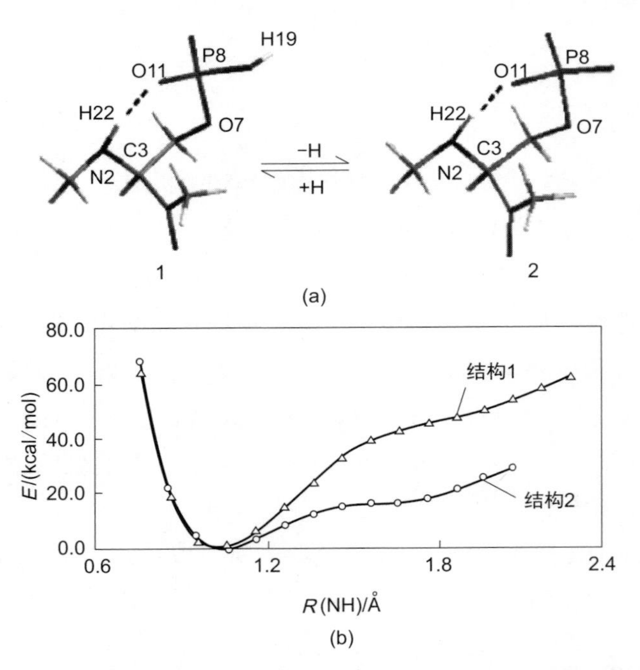

图 4-2　结构 1 和结构 2（a）与单离子形式的结构 1 和双离子形式的结构 2 质子运动的相对绝热势能（b）[36]

(2)磷酸化可调控 Tau 蛋白的聚集性质

通过浊度实验和透射电子显微镜(TEM)可以有效研究多肽和磷肽的聚集能力差异。在浊度实验中，多肽 R1 和磷肽 pR1 都在第二天开始发生聚集，并在第五天到达平台。聚集初期磷肽 pR1 的聚集速率高于多肽 R1，但后期磷肽 pR1 的聚集速率降低了，而多肽 R1 仍以同样的速率聚集。从 TEM 结果可以发现多肽 R1 的纤维平均长度比磷肽 pR1 长。这表明磷肽 pR1 的成核比多肽 R1 要容易。对于多肽 R4 和磷肽 pR4，结果则相反。因此，不同位点的磷酸化能调控 Tau 蛋白的聚集能力 [34-35]。

4.2.2　*O*-磷酸化和阿尔茨海默病相关的 *β*-淀粉样蛋白

β-淀粉样蛋白(amyloid-*β*，A*β*)是淀粉样前体蛋白(amyloid precursor protein，APP)的水解片段。淀粉样前体蛋白在 *β*-分泌酶和 *γ*-分泌酶的剪切下形成不同长度的 *β*-淀粉样蛋白(图 4-3)，其中最普遍的是 40 个氨基酸(A*β*40)和 42 个氨基酸(A*β*42)的多肽 [37]。研究表明，A*β*42 比 A*β*40 具有更强的聚集倾向。计算分析表明，*β*-淀粉样蛋白的 8 位和 26 位丝氨酸以及 10 位酪氨酸是潜在的磷酸化位点。临床研究发现，阿尔茨海默病患者样本中发现大量磷酸化修饰的 *β*-淀粉样蛋白 [38]。研究表明，8 位磷酸化的 *β*-淀粉样蛋白与散发性阿尔茨海默病关联密切 [38-39]。李艳梅等通过化学手段合成了 8 位丝氨酸磷酸化的 A*β*40(pS8 A*β*40)，以研究磷酸化对 *β*-淀粉样蛋白的作用 [40]。

(1)磷酸化可调控 *β*-淀粉样蛋白的纤维结构

CD 谱图显示，A*β*40 单体和 pS8 A*β*40 单体都具有无规则卷曲的二级结构；在傅里叶变换红外光谱(FT-IR)中，它们都在 $1653cm^{-1}$ 处出现峰。这表明二者的单体结构非常相似。有趣的是，A*β*40 的纤维聚集体(F_{β})和 pS8 A*β*40 的纤维聚集体($F_{p\beta}$)在 CD 谱图中出现明显差异。在 CD 谱图中，F_{β} 和 $F_{p\beta}$ 分别在 222nm 和 216nm 出现负峰，表明虽然两种纤维聚集体的主要结构是 *β* 折叠结构，但两者之间略有差异。TEM 研究表明，$F_{p\beta}$

主要形成了扭曲圆柱结构，而 F_{β} 则形成了扁平带状结构。X 射线衍射（X-ray diffraction，XRD）与 FT-IR 结果表明，F_{β} 和 $F_{p\beta}$ 均富含交叉-β 折叠结构。总的来说，Ser8 处的磷酸化改变了淀粉样蛋白纤维聚集体的形貌。不同的纤维聚集体形貌被认为会影响纤维丝的对称性和横向结合倾向。因此，F_{β} 和 $F_{p\beta}$ 纤维聚集体之间形貌上的差异可能反映了它们的结构多样性[40]。

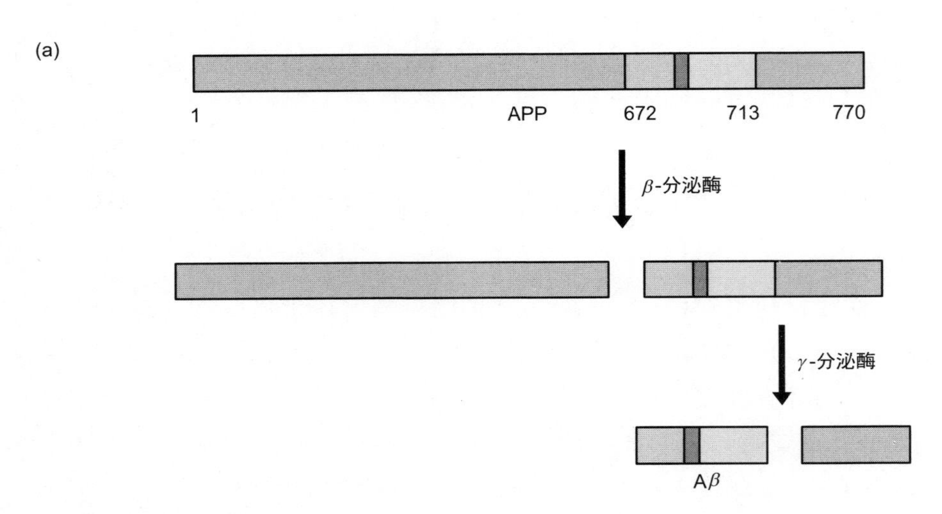

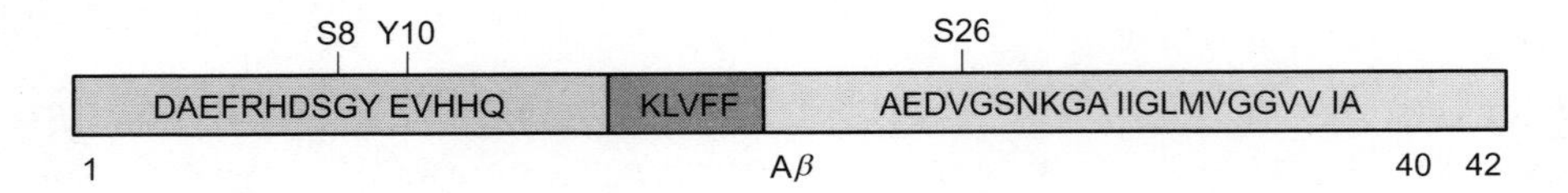

图 4-3 β- 淀粉样蛋白生成示意图

（a）由淀粉样前体蛋白经β-分泌酶和γ-分泌酶剪切生成β-淀粉样蛋白；（b）β-淀粉样蛋白的磷酸化修饰位点

APP为淀粉样前体蛋白

通过固态 NMR 研究，可以更深入探究 F_{β} 和 $F_{p\beta}$ 纤维聚集体的二级结构。图 4-4 为代表性的 NMR 谱图和化学位移偏移的总结。结果显示，$F_{p\beta}$ 纤维聚集体与 F_{β} 纤维聚集体形成了典型的 β链-环-β 链（β-strand-loop-β-strand）结构，但在精细结构中还存在差异。首先，紧邻磷酸化位点(Ser8)的 Gly9 的局部二级结构发生显著变化。其次，Ser8 的磷酸化不仅影响局部结构，还影响纤维的整体二级结构。如图 4-4(g)所示，在 F_{β} 和 $F_{p\beta}$ 纤维聚集体之间发现了明显的化学位移偏移，其中包括 Gly9、Leu17 与 Ile32 之间的残基以及 Val39。此外，$F_{p\beta}$ 纤维聚集体的碳端比 F_{β} 纤维聚集体的碳端具有更多的有序结构。这些结果表明 Ser8 磷酸化后通过 Ser8 侧链与其他残基发生相互作用，进而影响 Aβ40 纤维整体的结构[40]。

(2)磷酸化可加速 β- 淀粉样蛋白的聚集且增强聚集能力

ThT 荧光实验可以检测纤维聚集的动力学过程。从 ThT 荧光动力学研究中得知，Aβ40 和 pS8 Aβ40 聚集的滞后时间(lag time of fibrillation)分别为 38min 和 22min。这表明 8 位丝氨酸磷酸化加速了纤维聚集的过程。此外，与 Aβ40(57.6min ± 13.2min)相比，pS8 Aβ40 聚集的半衰期(39.1min ± 9min)也缩短了。这表明磷酸化可能改变纤维聚集体的形成过程[40]。

接着，以 F_{β} 和 $F_{p\beta}$ 纤维聚集体作为种子诱导 Aβ40 单体的聚集，以考察它们的传播效率。研究发现，添加了纤维聚集体的种子后，Aβ40 聚集的速度更快，大大缩短了滞后时间。与 F_{β} 纤维聚集体作为种子相比，$F_{p\beta}$ 纤维聚集体作为种子使 Aβ40 聚集的滞后时间减少得更多，意味着 pS8 Aβ40 和 Aβ40 之间的交叉传播效率比 Aβ40 的自传播效率更高。研究表明，以 $F_{p\beta}$ 纤维聚集体作为种子诱导聚集的 Aβ40 形成了扭曲圆柱结构，而以 F_{β} 纤维聚集体作为种子诱导聚集的 Aβ40 则形成了扁平带状结构，表明 F_{β} 和 $F_{p\beta}$ 纤维聚集体可将其结构传递给子代[40]。

(3)磷酸化诱导 β-淀粉样蛋白形成纤维聚集体

为了探索 $F_{p\beta}$ 纤维聚集体与 F_{β} 纤维聚集体是否具有不同的细胞毒性，将两种纤维聚集体分别与小鼠神经母细胞瘤细胞(N2a)和小鼠小胶质瘤细胞(BV-2)孵育，之后通过噻唑蓝(MTT)分析细胞活力。研究发现，经过 24h 孵育后，F_{β} 和 $F_{p\beta}$ 纤维聚集体对两种细胞均呈现出浓度依赖性的细胞毒性，其中 $F_{p\beta}$ 纤维聚集体毒性比 F_{β} 更大，说明 8 位磷酸化可以诱导 Aβ40 形成毒性更大的纤维聚集体[40]。

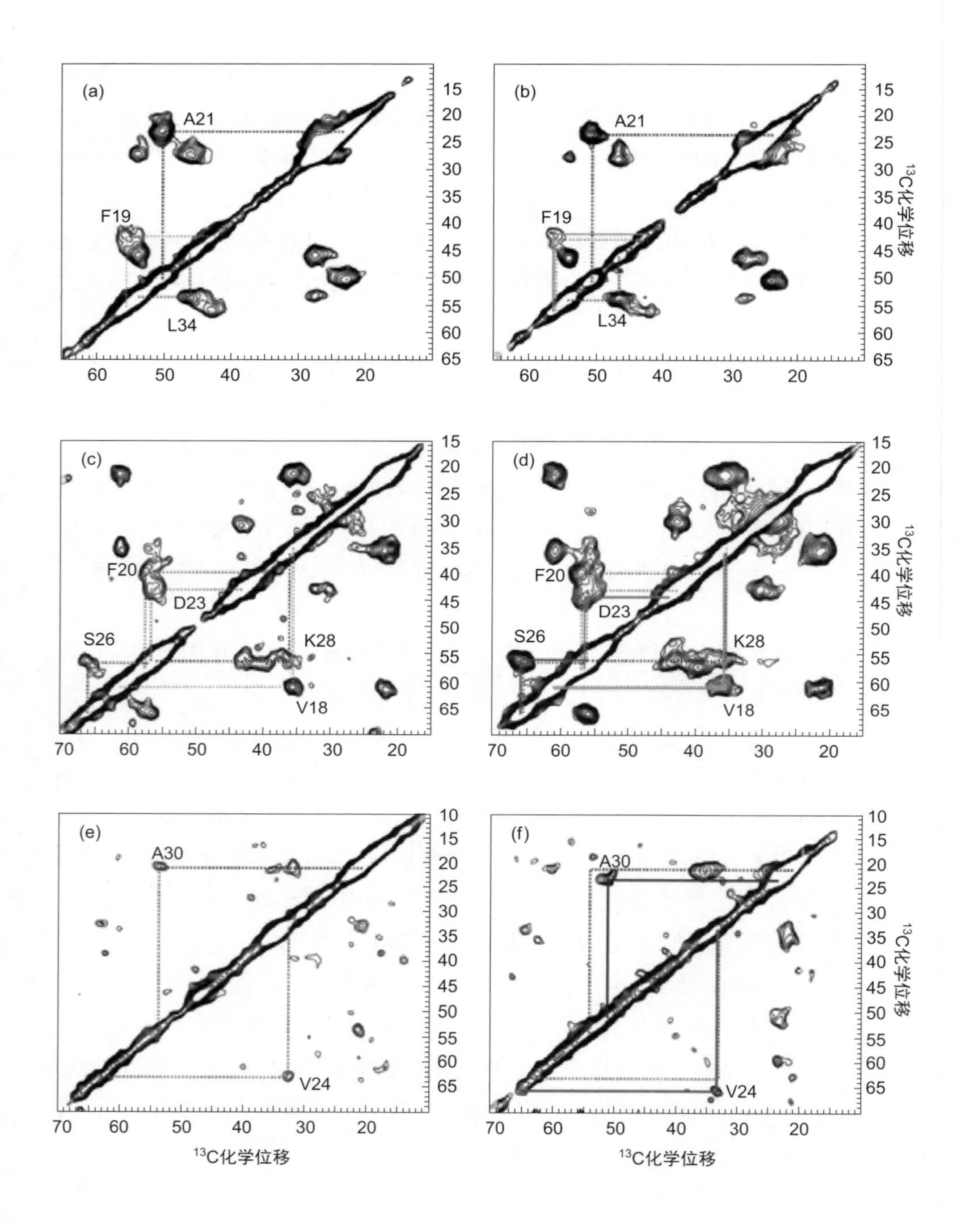
(a)
A21
F19
L34
(b)
A21
F19
L34
(c)
F20
D23
S26
K28
V18
(d)
F20
D23
S26
K28
V18
(e)
A30
V24
(f)
A30
V24
^{13}C化学位移
^{13}C化学位移

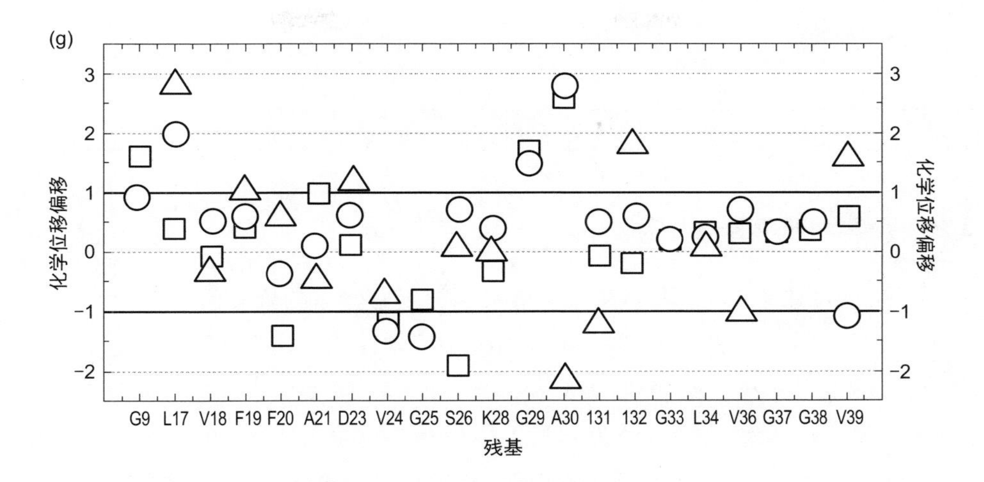

图 4-4　F_{β} 和 $F_{p\beta}$ 纤维聚集体的固态 NMR 谱图和化学位移偏移 [40]
（a）、（c）、（e）为$F_{p\beta}$纤维聚集体的固态NMR谱图；（b）、(d)、(f）为F_{β} 纤维聚集体的固态NMR谱图；（g）为残基的C′（□）、Cα（○）和Cβ（△）化学位移偏移

4.2.3　*O*-磷酸化和帕金森病相关的 *α*-核突触蛋白

α-核突触蛋白(*α*-Synuclein，*α*-Syn)是一种 14kDa 的蛋白质，高度可溶，富集在神经突触的末端。*α*-核突触蛋白是帕金森病的病理相关蛋白，帕金森病患者脑中的黑质发生异常聚集形成路易小体。临床研究表明，在帕金森病患者体内的路易小体中，超过 90% 的 *α*-核突触蛋白被磷酸化修饰 [41]。经鉴定，发现 *α*-核突触蛋白总共有 6 个潜在的磷酸化位点(图 4-5)，分别为 39 位酪氨酸、87 位丝氨酸、125 位酪氨酸、129 位丝氨酸、133 位酪氨酸和 136 位酪氨酸。其中，39 位酪氨酸、87 位丝氨酸和 129 位丝氨酸的磷酸化均发现与帕金森病有关，尤其是 129 位丝氨酸磷酸化，被认为是与帕金森病理最相关的翻译后修饰。通过化学合成和表达连接法可以获得 39 位酪氨酸磷酸化的 *α*- 核突触蛋白(pY39 *α*-Syn)和 129 位丝氨酸磷酸化的 *α*-核突触蛋白(pS129 *α*-Syn)，以研究磷酸化导致 *α*-核突触蛋白病变的机理 [42-47]。

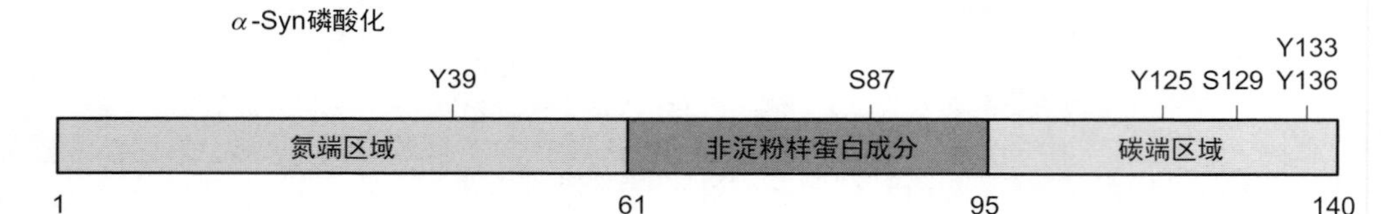

图 4-5 α- 核突触蛋白的磷酸化修饰位点

(1) 129 位丝氨酸磷酸化可增强 α-核突触蛋白的聚集倾向

在 ThT 荧光动力学实验中，pS129 α-Syn 在 11h 后就开始发生聚集，而野生型 α-核突触蛋白（WT α-Syn）则要 24h 后才开始聚集，表明 129 位磷酸化使 α-核突触蛋白更容易发生聚集。TEM 结果表明，WT α-Syn 和 pS129 α-Syn 形成的纤维具有相似的形貌。在 XRD 实验中，WT α-Syn 形成的纤维（WT 纤维）和 pS129 α-Syn 形成的纤维（PS 纤维）都包含典型的交叉-β 折叠结构，其中包含特征信号 4.8Å（对应纤维的 β-链）和 9.6Å（对应 β-片层之间的距离）。除此之外，pS129 α-Syn 纤维还有 8.1Å 的特征信号（对应两个层间的距离）。此外，通过蛋白酶 K 降解（PK）实验，进一步检测两种纤维的差异。实验结果发现，两种纤维具有不同的 PK 降解模式，PS 纤维对 PK 降解的抵抗能力较弱。这些结果表明，与 WT α-Syn 相比，129 位磷酸化使得 α-核突触蛋白形成的纤维具有不同结构和性质 [42]。

接着，以 WT 纤维和 PS 纤维作为种子，考察它们的传播能力。以 WT 纤维作为诱导聚集种子，ThT 荧光信号迅速上升且没有滞后，这表明 WT 纤维能够强烈地招募 α-核突触蛋白单体。以 PS 纤维进行传播实验时，α-核突触蛋白单体的聚集仍有约 6h 的滞后时间。这些结果表明，PS 纤维传播能力比 WT 纤维弱。TEM 实验结果表明，WT 纤维诱导的子代（WT2 纤维）的结构与 WT 纤维相似，PS 纤维诱导的子代（PS2 纤维）的结构与 PS 纤维相似。同样地，在 PK 实验中，PS2 纤维表现出比 WT2 纤维更弱的 PK 降解抵抗能力，这分别与 WT 纤维和 PS 纤维的特征相似。这些结果表明，WT 纤维和 PS 纤维具有不同的结构特征，它们招募的 α-核突触蛋白单体也同样具有相应的结构特征 [42]。

(2) 129 位丝氨酸磷酸化的 α-核突触蛋白的纤维毒性更高

通过 MTT 实验结果可发现，PS 纤维导致人体神经母细胞瘤细胞（SH-SY5Y）存活率更低，表明 PS 纤维比 WT 纤维具有更高的细胞毒性。研究也发现 PS 纤维比 WT 纤维更能诱导 Caspase-3 的活化，表明 PS 纤维能更有效地触发细胞凋亡通路，导致细胞死亡。通过评估纤维聚集体诱导的活性氧（ROS）水平和膜渗透，人们进一步研究纤维聚集体的细胞毒性差异。与 WT 纤维相比，PS 纤维诱导了更高的活性氧水平，此外 PS 纤维也会更大程度地增加细胞膜的渗透性。以上结果均强烈表明 PS129 磷酸化使纤维聚集体的细胞毒性更高[42]。

(3) 39 位酪氨酸磷酸化会改变 α- 核突触蛋白的纤维形貌

ThT 荧光动力学实验结果显示，WT α-Syn 和 pY39 α-Syn 的聚集滞后时间相似，而纤维种子诱导可以大大缩短 WT α-Syn 和 pY39 α-Syn 聚集的滞后时间。与 WT α-Syn 相比，纤维种子诱导 pY39 α-Syn 聚集的速度较慢。从 TEM 图中也可以得到同样的结果，即 pY39 α-Syn 形成纤维比 WT α-Syn 慢。此外，TEM 图显示，pY39 α-Syn 的纤维具有三种形貌，包括一种直纤维和两种左旋扭曲纤维。值得注意的是，所有 pY39 α-Syn 形成的纤维形貌都与 WT α-Syn 不同。综上所述，39 位酪氨酸磷酸化可以改变 α- 核突触蛋白的纤维形貌[43]。

(4) 39 位酪氨酸磷酸化改变 α- 核突触蛋白的纤维结构

pY39 α-Syn 纤维聚集体结构模型的密度如图 4-6（a）所示。通过冷冻电镜（cryo-EM）研究可以发现 pY39 α-Syn 纤维聚集体折叠成钩状（hook-like）结构［图 4-6（b）］，由残基 1 ～ 100（整个氮端、非 β-淀粉样结构域和碳端的片段）参与组成纤维核心，而 WT α-Syn 纤维聚集一般由残基 37 ～ 99 参与组成纤维核心。在纤维核心中，带有正电荷的残基侧链（Lys21、Lys23、Lys32、Lys34、Lys43 和 Lys45）和带有负电荷的残基侧链（Glu20、Glu28 和 pY39）形成了静电相互作用，稳定了整个纤维聚集体结构［图 4-6（c）］。除此之外，残基 V52-V66 形成异位拉链结构并伸出以调节纤维丝间的相互作用，可进一步促进纤维聚集体的组装[43]。

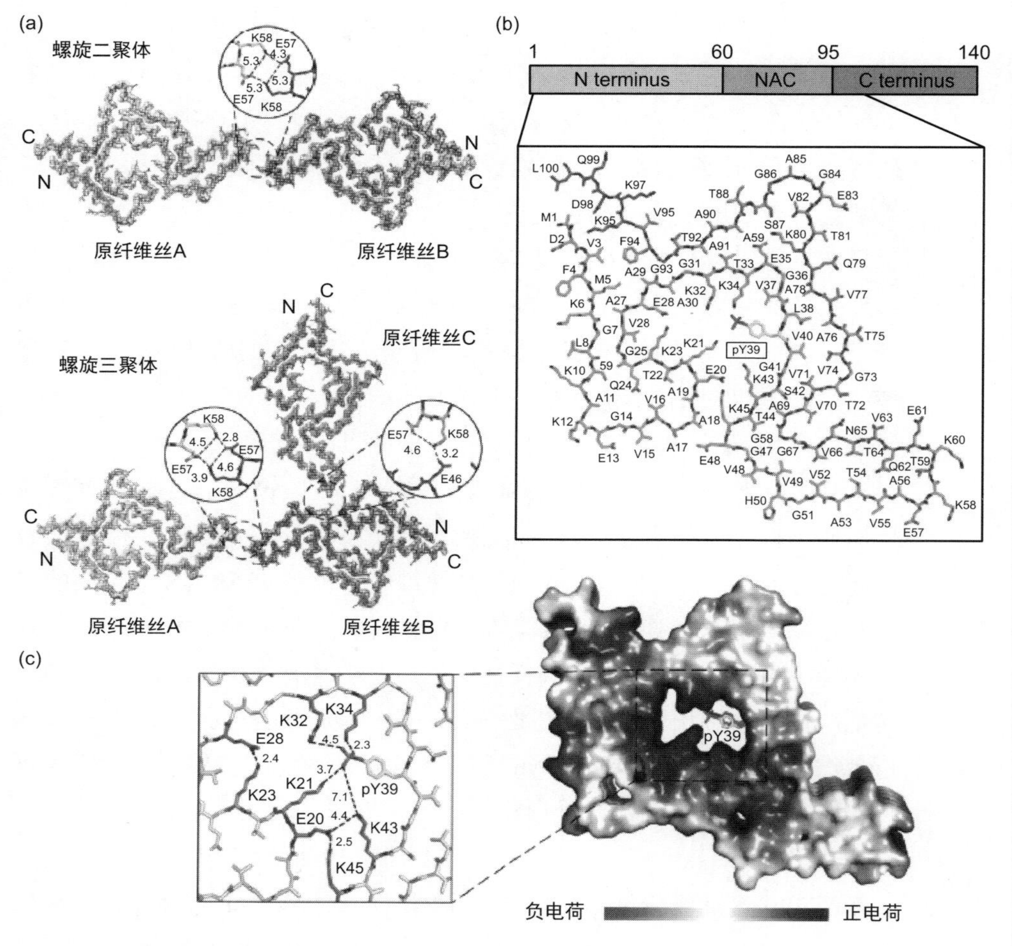

图 4-6 pY39 α-Syn 纤维聚集体的冷冻电镜结构 [43]

（a）pY39 α-Syn纤维聚集体结构模型的密度图；（b）pY39 α-Syn纤维聚集体的纤维核心；（c）pY39 α-Syn纤维聚集体的静电表面

整个氮端的参与不仅扩大了纤维核心，而且显著增加了纤维核心的带电残基。此外，磷酸化也将 39 位酪氨酸修饰成强负电残基。39 位磷酸化酪氨酸与 8 个带电残基(6 个赖氨酸和 2 个谷氨酸)相互作用，促使纤维核心结构中心形成亲水通道。因此，pY39 α-Syn 纤维聚集体可能包含与外环境接触的内表面和外表面 [43](图 4-7)。

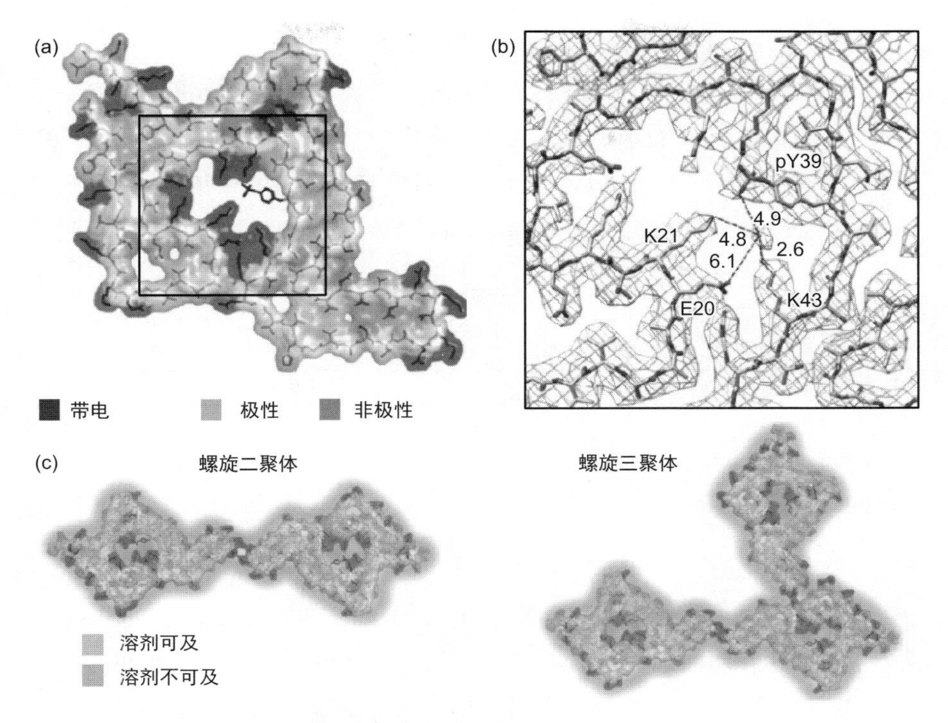

图 4-7 pY39 α-Syn 纤维聚集体的亲水通道 [43]

（a）pY39 α-Syn 纤维聚集体的表面；（b）中心孔的密度图；（c）潜在的溶剂可及（深色）和溶剂不可及（浅色）纤维表面

4.2.4 *O*- 磷酸化和肌萎缩侧索硬化症相关的 TDP-43

TAR-DNA 结合蛋白-43（TDP-43）是一种 RNA 结合蛋白，由一个泛素样的氮端、两个 RNA 识别片段和一个无结构朊病毒样的结构域组成 [48]。通常，TDP-43 蛋白主要定位在细胞核中，并在 RNA 剪接和运输中发挥作用 [49]。然而，TDP-43 蛋白会被切割成碳端片段，并聚集为高度磷酸化和泛素化的纤维聚集体，导致肌萎缩侧索硬化症（amyotrophic lateral sclerosis，ALS）和额颞叶变性（frontotemporal lobar degeneration，FTLD）等疾病 [50-51]。临床研究发现，在肌萎缩侧索硬化症患者和额颞叶变性患者体内，均发现 TDP-43 的磷酸化水平高于正常水平 [52-53]。研究发现，

TDP-43 蛋白共有 39 个潜在磷酸化位点，且主要位于碳端 [54]（图 4-8）。在肌萎缩侧索硬化症和额颞叶变性患者中，发现Ser379、Ser403、Ser404、Ser409、Ser410 的磷酸水平比正常水平高得多 [55-56]。李艳梅等通过化学合成和生物表达等手段，获得了无标签的 TDP-43 朊病毒样结构域（WT TDP PLD）和 Ser404 磷酸化的 TDP-43 朊病毒样结构域（pTDP PLD）[57]。

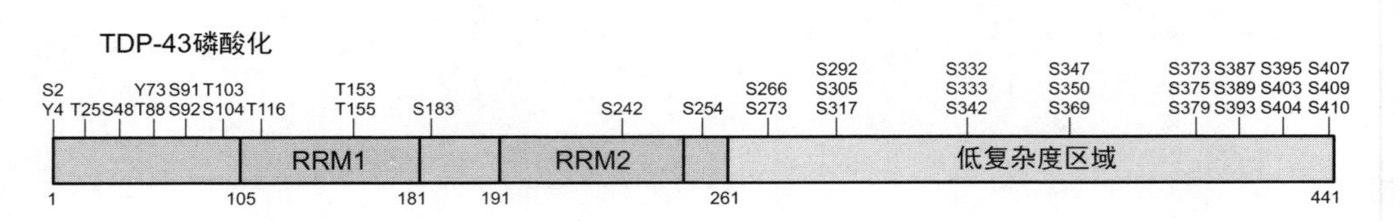

图 4-8　TDP-43 的磷酸化修饰位点

RRM表示RNA识别基序

（1）磷酸化加速 TDP-43 的聚集过程

ThT 荧光动力学实验发现，pTDP PLD 的滞后时间为（68.28 ±15.85）min，短于 WT TDP PLD 的滞后时间［（119.11 ± 9.33）min］。该结果表明与 WT TDP PLD 相比，pTDP PLD 更容易聚集。从 TEM 图中也获得同样的结果：在孵育 2h 后，pTDP PLD 已经观察到了纤维聚集体，而相同时间下 WT TDP PLD 还没有开始聚集。孵育 8h 后，WT TDP PLD 和 pTDP PLD 最终都能聚集形成纤维聚集体。综上所述，Ser404 的磷酸化可以加速 TDP PLD 的聚集过程 [57]。

（2）磷酸化增强 TDP-43 的神经毒性

MTT 实验发现，WT TDP PLD 对细胞的存活率影响较小，而 pTDP PLD 则对细胞的存活率影响较大，表明 Ser404 的磷酸化加剧了细胞毒性。通过考察 WT TDP PLD 和 pTDP PLD 在细胞培养基中的聚集情况，可进一步研究在生理条件下 TDP PLD 的聚集行为和细胞毒性。实验结果表明，在细胞培养基中 Ser404 磷酸化同样能促进 TDP PLD 的聚集，此条件下聚集的 pTDP PLD 的细胞毒性同样大于 WT TDP PLD。Ser404 磷酸化的全长 TDP-43 蛋白可以通过天冬氨酸或谷氨酸的残基突变去模拟。对比 WT TDP-43，S404D TDP-43 和 S404E 同样显示出较大的细胞毒性。综上结果，Ser404 磷酸化可以导致神经元细胞死亡，并进一步导致神经退行性疾病的相关病理特征 [57]。

4.3 小结

淀粉样蛋白异常聚集形成纤维聚集体是各种神经退行性疾病的共同特征，神经退行性疾病至关重要的问题在于淀粉样蛋白的调节机制。越来越多的证据表明，翻译后修饰可以直接或间接影响淀粉样蛋白的聚集。因此，研究与神经退行性疾病相关的特定翻译后修饰位点将有助于了解淀粉样蛋白的致病机制。

磷酸化是生物体中最重要的翻译后修饰之一，其参与各种细胞途径和信号转导。研究发现在神经退行性疾病患者体内存在异常磷酸化的淀粉样蛋白，磷酸化 / 去磷酸化的紊乱是导致神经退行性疾病的原因之一。多种生物化学和物理化学方法揭示：磷酸基团可以改变蛋白的局部构象稳定并促进纤维聚集体的形成；磷酸化修饰能调节淀粉样蛋白的聚集速率；磷酸化能增强淀粉样蛋白的神经毒性等。然而，磷酸化导致神经病变的生物学过程中仍有许多未解之谜。除此之外，现有的临床药物不能降低磷酸化纤维聚集体的毒性和保护神经元。因此，迫切需要深入了解神经退行性疾病中异常磷酸化的致病机制，深入认识调控淀粉样蛋白磷酸化的方法，从而为神经退行性疾病的治疗策略提供新的思路。

参考文献

[1] Prabakaran S, Lippens G, Steen H. Post-translational modification: Nature's escape from genetic imprisonment and the basis for dynamic information encoding. Wiley Interdiscip Rev Syst Biol Med, 2012, 4 (6): 565.

[2] Karve T M, Cheema A K. Small changes huge impact: The role of protein posttranslational modifications in cellular homeostasis and disease. J Amino Acids, 2011, 2011: 207691.

[3] Larsen M R, Trelle M B, Thingholm T E. Analysis of posttranslational modifications of proteins by tandem mass spectrometry. Biotechniques, 2006, 40 (6): 790.

[4] Slade D J, Subramanian V, Fuhrmann J. Chemical and biological methods to detect post-translational modifications of arginine. Biopolymers, 2014, 101 (2): 133.

[5] Brooks C L, Gu W. Ubiquitination, phosphorylation and acetylation: The molecular basis for p53 regulation. Curr Opin Cell Biol, 2003, 15 (2): 164.

[6] Deribe Y L, Pawson T, Dikic I. Post-translational modifications in signal integration. Nat Struct Mol

Biol, 2010, 17 (6): 666.
[7] Hunter T. The age of crosstalk: Phosphorylation, ubiquitination, and beyond. Mol Cell, 2007, 28 (5): 730.
[8] Lu K P, Zhou X Z. The prolyl isomerase PIN 1: A pivotal new twist in phosphorylation signalling and disease. Nat Rev Mol Cell Biol, 2007, 8 (11): 904.
[9] Barefield D, Sadayappan S. Phosphorylation and function of cardiac myosin binding protein-C in health and disease. J Mol Cell Cardiol, 2010, 48 (5): 866.
[10] Noble W, Hanger D P, Miller C C J. The importance of tau phosphorylation for neurodegenerative diseases. Front Neurol, 2013, 4: 83.
[11] Kazlauskaite A, Muqit M M K. PINK1 and Parkin-mitochondrial interplay between phosphorylation and ubiquitylation in Parkinson's disease. FEBS Journal, 2015, 282 (2): 215.
[12] Qausain S, Srinivasan H, Jamal S, Nasiruddin M, Alam khan Md. K. Chapter 3-phosphorylation and acetylation of proteins as posttranslation modification: implications in human health and associated disease. Elsevier, 2019: 69.
[13] Johnson L N, Lewis R J. Structural basis for control by phosphorylation. Chem Rev, 2001, 101 (8): 2209.
[14] Mandell D J, Chorny I, Groban E S. Strengths of hydrogen bonds involving phosphorylated amino acid side chains. J Am Chem Soc, 2007, 129 (4): 820.
[15] Cheng H C, Qi R Z, Paudel H. Regulation and function of protein kinases and phosphatases. Enzyme Research, 2011, 2011: 794089.
[16] Cohen P. The regulation of protein function by multisite phosphorylation—a 25 year update. Trends in Biochemical Sciences, 2000, 25 (12): 596.
[17] Carrell R W, Lomas D A. Conformational disease. Lancet, 1997, 350 (9071): 134.
[18] Dobson C M. Protein misfolding, evolution and disease. Trends in Biochemical Sciences, 1999, 24 (9): 329.
[19] Soto C. Unfolding the role of protein misfolding in neurodegenerative diseases. Nature Reviews Neuroscience, 2003, 4 (1): 49.
[20] Glenner G G, Wong C W. Alzheimers-disease-initial report of the purification and characterization of a novel cerebrovascular amyloid protein. Biochem Biophys Res Commun, 1984, 120 (3): 885.
[21] Grundkeiqbal I, Iqbal K, Quinlan M. Microtubule-associated protein-tau——a component of alzheimer paired helical filaments. J Biol Chem, 1986, 261 (13): 6084.
[22] Goedert M, Spillantini M G, Jakes R. Multiple isoforms of human microtubule-associated protein-tau-sequences and localization in neurofibrillary tangles of alzheimers-disease. Neuron, 1989, 3 (4): 519.
[23] Goedert M, Wischik C M, Crowther R A. Cloning and sequencing of the cdna-encoding a core protein of the paired helical filament of alzheimer-disease-identification as the microtubule-associated protein tau. Proc Natl Acad Sci USA, 1988, 85 (11): 4051.
[24] Wang J Z, Xia Y Y, Grundke-Iqbal I. Abnormal hyperphosphorylation of tau: Sites, regulation, and molecular mechanism of neurofibrillary degeneration. Journal of Alzheimers Disease, 2013, 33: S123.
[25] Hanger D P, Byers H L, Wray S. Novel phosphorylation sites in tau from alzheimer brain support a role for casein kinase 1 in disease pathogenesis. J Biol Chem, 2007, 282 (32): 23645.
[26] Hanger D P, Brion J P, Gallo J M, et al. Tau in alzheimers-disease and downs-syndrome is insoluble and abnormally phosphorylated. Biochem J, 1991, 275: 99.
[27] Morishimakawashima M, Hasegawa M, Takio K, et al. Proline-directed and non-proline-directed phosphorylation of phf-tau. J Biol Chem, 1995, 270 (2): 823.
[28] Hanger D P, Betts J C, Loviny T L F, et al. New phosphorylation sites identified in hyperphosphorylated tau (paired helical filament-tau) from alzheimer's disease brain using nanoelectrospray mass spectrometry. J Neurochem, 1998, 71 (6): 2465.
[29] Lee V M Y, Goedert M, Trojanowski J Q. Neurodegenerative tauopathies. Annual Review of Neuroscience, 2001, 24: 1121.
[30] Lucas J J, Hernandez F, Gomez-Ramos P, et al. Decreased nuclear beta-catenin, tau hyperphosphorylation and neurodegeneration in gsk-3 beta conditional transgenic mice. Embo J, 2001, 20 (1-2): 27.
[31] Steiner B, Mandelkow E M, Biernat J, et al. Phosphorylation of microtubule-associated protein-tau-identification of the site for ca-2+-calmodulin dependent kinase and relationship with tau-phosphorylation in alzheimer tangles. Embo J, 1990, 9 (11): 3539.

[32] Kins S, Kurosinski P, Nitsch R M. Activation of the ERK and JNK signaling pathways caused by neuron-specific inhibition of PP2A in transgenic mice. American Journal of Pathology, 2003, 163 (3): 833.
[33] Du J T, Li Y M, Ma Q F, et al. Synthesis and conformational properties of phosphopeptides related to the human tau protein. Regulatory Peptides, 2005, 130 (1-2): 48.
[34] Zhou L X, Zeng Z Y, Du J T, et al. The self-assembly ability of the first microtubule-binding repeat from tau and its modulation by phosphorylation. Biochem Biophys Res Commun, 2006, 348 (2): 637.
[35] Du J T, Yu C H, Zhou L X, et al. Phosphorylation modulates the local conformation and self-aggregation ability of a peptide from the fourth tau microtubule-binding repeat. FEBS Journal, 2007, 274 (19): 5012.
[36] Du J T, Li Y M, Wei W, et al. Low-barrier hydrogen bond between phosphate and the amide group in phosphopeptide. J Am Chem Soc, 2005, 127 (47): 16350.
[37] Goedert M, Spillantini M G. A century of alzheimer's disease. Science, 2006, 314 (5800): 777.
[38] Kumar S, Walter J. Phosphorylation of amyloid beta (a beta) peptides—a trigger for formation of toxic aggregates in alzheimer' s disease. Aging-Us, 2011, 3 (8): 803.
[39] Milton N G N. Subcellular biochemistry. Springer, 2005, 38: 381.
[40] Hu Z W, Ma M R, Chen Y X, et al. Phosphorylation at ser(8) as an intrinsic regulatory switch to regulate the morphologies and structures of alzheimer' s 40-residue beta-amyloid (a beta 40) fibrils. J Biol Chem, 2017, 292 (7): 2611.
[41] Fujiwara H, Hasegawa M, Dohmae N, et al. Alpha-synuclein is phosphorylated in synucleinopathy lesions. Nat Cell Biol, 2002, 4 (2): 160.
[42] Ma M R, Hu Z W, Zhao Y F, et al. Phosphorylation induces distinct alpha-synuclein strain formation. Scientific Reports, 2016, 6: 37130.
[43] Zhao K, Lim Y J, Liu Z Y, et al. Parkinson' s disease-related phosphorylation at Tyr39 rearranges alpha-synuclein amyloid fibril structure revealed by cryo-em. Proc. Natl Acad Sci USA, 2020, 117 (33): 20305.
[44] Hejjaoui M, Butterfield S, Fauvet B, et al. Elucidating the role of c-terminal post-translational modifications using protein semisynthesis strategies: Alpha-synuclein phosphorylation at tyrosine 125. J Am Chem Soc, 2012, 134 (11): 5196.
[45] Fauvet B, Lashuel H A. Protein amyloid aggregation: Methods and protocols. Springer, 2016, 1345: 3.
[46] Dikiy I, Fauvet B, Jovicic A, et al. Semisynthetic and in vitro phosphorylation of alpha-synuclein at y39 promotes functional partly helical membrane-bound states resembling those induced by pd mutations. ACS Chemical Biology, 2016, 11 (9): 2428.
[47] Mahul-Mellier A L, Fauvet B, Gysbers A, et al. C-ABl phosphorylates alpha-synuclein and regulates its degradation: Implication for alpha-synuclein clearance and contribution to the pathogenesis of parkinson's disease. Human Molecular Genetics, 2014, 23 (11): 2858.
[48] Lee E B, Lee V M Y, Trojanowski J Q. Gains or losses: Molecular mechanisms of TDP43-mediated neurodegeneration. Nature Reviews Neuroscience, 2012, 13 (1): 38.
[49] Lagier Tourenne C, Cleveland D W. Rethinking ALS: The FUS about TDP-43. Cell, 2009, 136 (6): 1001.
[50] Neumann M, Sampathu D M, Kwong L K, et al. Ubiquitinated TDP-43 in frontotemporal lobar degeneration and amyotrophic lateral sclerosis. Science, 2006, 314 (5796): 130.
[51] Sreedharan J, Blair I P, Tripathi V B, et al. TDP-43 mutations in familial and sporadic amyotrophic lateral sclerosis. Science, 2008, 319 (5870): 1668.
[52] Hasegawa M, Ara T, Nonaka T, et al. Phosphorylated TDP-43 in frontotemporal lobar degeneration and amyotrophic lateral sclerosis. Annals of Neurology, 2008, 64 (1): 60.
[53] Inukai Y, Nonaka T, Arai T, et al. Abnormal phosphorylation of Ser409/410 of TDP-43 in FTLD-U and ALS. FEBS Letters, 2008, 582 (19): 2899.
[54] Kametani F, Nonaka T, Suzuki T, et al. Identification of casein kinase-1 phosphorylation sites on TDP-43. Biochem Biophys Res Commun, 2009, 382 (2): 405.
[55] Anderson K J, Scheff S W, Miller K M, et al. The phosphorylated axonal form of the neurofilament subunit NF-H (PNF-H) as a blood biomarker of traumatic brain injury. Journal of Neurotrauma, 2008, 25 (9): 1079.
[56] Inukai Y, Nonaka T, Arai T, et al. Abnormal phosphorylation of Ser409/410 of TDP-43 in FTLD-U and ALS. FEBS Letters, 2008, 582 (19): 2899.
[57] Li Q Q, Liu Y Q, Luo Y Y, et al. Uncovering the pathological functions of Ser404 phosphorylation by semisynthesis of a phosphorylated TDP-43 prion-like domain. Chemical Communications, 2020, 56 (40): 5370.

PHOSPHORUS 磷科学前沿与技术丛书
磷与生命科学

5

磷酸化修饰与真核基因转录延伸调控过程

陈春景[1]，高祥[1]，周强[2]

[1] 厦门大学药学院

[2] 香港大学理学院

DNA是生命体贮藏遗传信息的生物大分子。现代分子生物学的中心法则认为遗传信息从DNA通过转录传递到RNA，再由RNA翻译成蛋白质，从而完成生物学功能。基因转录(transcription)指的是以DNA双链中的一条链为模板，将核糖核苷酸按从5′端到3′端的顺序合成出一条具有磷酸二酯键结构的RNA序列。DNA双链中作为模板的链称为模板链(template strand)，而其互补链则称为编码链(coding strand)。在序列组成上，RNA链与模板链的互补链完全一致(除了脱氧核糖核苷酸T转换成核糖核苷酸U)。以RNA聚合酶为中心的转录复合物是一个庞大且复杂的转录体系，在转录的不同阶段由不同的转录因子构成。科学家使用冷冻电镜(cryo-electron microscopy)技术研究了转录终止过程中大肠杆菌六聚ATP酶ρ转录延伸复合物的结构，从蛋白复合物的组装和结构变化上揭示了ATP酶和磷酸化在转录过程中发挥的重要作用[1]。

基因转录的异常包括转录因子活性异常及其调控的转录水平异常，引起蛋白表达水平过高或过低，从而导致多种疾病的发生与发展。真核生物中正性转录延伸因子b (positive transcription elongation factor b, P-TEFb)是由CDK9和Cyclin T1组成的异二聚体，其中CDK9具有磷酸激酶活性，能够磷酸化RNA聚合酶Ⅱ最大亚基的碳末端区域(CTD)、负性转录因子DSIF和NELF等蛋白; Cyclin T1主要负责结合激酶底物。P-TEFb主要依赖其CDK9的激酶活性来调控转录过程，使转录进入生产性延伸从而得到完整的前体RNA。若P-TEFb活性过高会造成细胞内整体转录水平增强，引起蛋白的大量合成，进而直接导致心肌肥大等疾病的发生[2]。

蛋白可逆磷酸化修饰在基因转录过程中发挥了非常重要的作用，多种激酶(如CDK7、CDK9和CDK12等)和磷酸酶(如FCP1、SSU72和PP1等)在整个转录周期中协同发挥功能，精密调控转录进程，影响转录水平。同样地，激酶在细胞内也会因其他蛋白的招募或聚集而影响其磷酸化活性。P-TEFb在细胞内至少存在于三个复合物中，并且具有不一样的转录活性：① 7SK snRNP复合物，是一个以7SK snRNA为骨架，结合MePCE、LARP7、HEXIM1和P-TEFb的复合物，在7SK snRNP中的

CDK9 激酶活性受到抑制，无法促进转录延伸；② BEC 复合物，主要由 BRD4 蛋白和 P-TEFb 组成，能够促进细胞内大部分蛋白的转录顺利延伸，以维持细胞正常的生命活动；③ SEC 复合物，由 AFF1/4、ELL2、ENL/AF9 和 P-TEFb 组成的超级转录延伸复合物，会更偏向于与某些特殊的基因结合，如 SEC 会被 HIV-1 的 Tat 蛋白招募到 LTR 启动子上，从而大大增强 HIV-1 基因的转录水平。

5.1

磷酸化修饰与真核基因转录循环过程

基因转录过程将 DNA 中携带的遗传信息转换成另一种形式——mRNA，并以此为模板指导蛋白质的生物合成。基因的转录过程主要分为转录起始、转录延伸和转录终止三个阶段，需要多种转录因子的协同作用，其中蛋白质可逆磷酸化修饰调控发挥着十分关键的作用。

5.1.1 RNA 聚合酶的组成和功能

5.1.1.1 RNA 聚合酶分类和组成

细菌和古生菌中仅有一种 RNA 聚合酶，几乎负责了所有 mRNA、rRNA 和 tRNA 的合成过程；而真核细胞中有 3 种分工不同的 RNA 聚合酶，转录产生不同的转录产物。表 5-1 中列出了真核细胞中三种 RNA 聚合酶在细胞内的分布、转录的产物以及对 *α*-鹅膏蕈碱的敏感度。*α*-鹅膏蕈碱是一种来自真菌毒蕈的八肽二环剧毒物，能够与 RNA 聚合酶Ⅱ紧密结合并阻止转录延伸的进行。RNA 聚合酶Ⅰ(RNA Pol Ⅰ)负责合成核糖体 RNA(ribosome RNA，rRNA)；这类基因在细胞内丰度较大，每个基因大约有 200 个拷贝数；转录合成 45S 前体 rRNA(pre-rRNA)的基因随机排列于 5 条不同的染色体上。RNA 聚合酶Ⅱ(RNA Pol Ⅱ)负责合成 mRNA；人体细胞中有约 22000 个以上基因，包括 66000 个以上转录本[包括蛋白的各种变体(isoform)]由 RNA Pol Ⅱ转录。RNA 聚合酶Ⅲ(RNA Pol Ⅲ)则负责合成小 RNA(small RNAs)，包括转运 RNA(tRNA)和 5S rRNA 等，它们一般具有不同的拷贝数。在 RNA 聚合酶转录合成前体 RNA 后还需要剪接复合物的参与，进一步加工才能得到最终的 RNA 产物。

表5-1 真核生物中三种RNA聚合酶的比较

聚合酶类型	细胞内定位	RNA 合成产物	对 α- 鹅膏蕈碱的敏感度
RNA Pol Ⅰ	核仁	18S rRNA、5.8S rRNA 和 28S rRNA 的 pre-rRNAs	不敏感
RNA Pol Ⅱ	核质	pre-mRNAs、miRNAs 和一些 snRNAs	敏感（1μg/mL）
RNA Pol Ⅲ	核质	pre-tRNAs、5S rRNA 和一些 snRNAs	敏感（10μg/mL）

RNA 聚合酶由多个亚基组成，例如细菌的 RNA 聚合酶有 6 个亚基，而人体和酵母中的 RNA Pol Ⅱ多达 12 个亚基(Rpb1-12)[3](表 5-2)。其中，Rpb1、Rpb2 和 Rpb9 参与转录起始位点的选择；Rpb3 会与 Rpb11 结合形成异二聚体；Rpb4 和 Rpb7 形成亚复合体，不仅参与转录过程，还参与 DNA 修复、RNA 的转录、衰变和翻译等生物学过程[4]。

表5-2 酵母RNA Pol Ⅱ 的亚基组成及其主要功能

组成	主要功能
Rpb1	与 RNA Pol Ⅰ 和 Ⅲ 的亚基同源；细胞生存不可或缺；结合 DNA；转录起始位点的选择，影响起始的精确性；参与克服转录暂停；RNA Pol Ⅱ 的最大亚基；碳末端区域（CTD）具有特殊结构
Rpb2	与 RNA Pol Ⅰ 和 Ⅲ 的亚基同源；细胞生存不可或缺；结合核苷酸底物；转录起始位点的选择，影响起始的精确性；参与克服转录暂停；RNA Pol Ⅱ 中的第二大亚基
Rpb3	与 RNA Pol Ⅰ 和 Ⅲ 的亚基同源；细胞生存不可或缺；参与 RNA Pol Ⅱ 的组装

续表

组成	主要功能
Rpb4	RNA Pol Ⅱ 独有；缺失后细胞仍可生存；与Rpb7功能性结合；转录起始必要元件；与细胞在压力情况下耐受相关
Rpb5	三种RNA聚合酶都有；细胞生存不可或缺；转录活化因子靶点
Rpb6	三种RNA聚合酶都有；细胞生存不可或缺；参与RNA Pol Ⅱ 的组装
Rpb7	RNA Pol Ⅱ 独有；细胞生存不可或缺；与Rpb4功能性结合；转录起始相关
Rpb8	三种RNA聚合酶都有；细胞生存不可或缺；具有结合寡核苷酸的结构域
Rpb9	RNA Pol Ⅱ 独有；缺失后细胞仍可生存；转录起始位点的选择
Rpb10	三种RNA聚合酶都有；细胞生存不可或缺
Rpb11	与RNA Pol Ⅰ 和 Ⅲ 的亚基同源；细胞生存不可或缺；与Rpb3结合
Rpb12	三种RNA聚合酶都有；细胞生存不可或缺

5.1.1.2 RNA Pol Ⅱ介导的真核基因转录循环

转录从激活因子与增强子DNA元件序列特异性结合开始，然后促进通用转录因子(general transcription factors，GTF)和RNA Pol Ⅱ有序被募集到目标基因的启动子上[5]。随后发生生产性转录的关键步骤：转录起始前复合物(pre-initiation complex，PIC)的组装、转录起始、启动子区清扫、转录延伸和转录终止。在转录进行的同时还会对新产生的pre-mRNA序列进行加帽及剪接处理。在转录终止后，会释放转录因子，并重新启动新一轮的转录过程。

相对而言，我们对在后生动物的非CpG岛基因启动子上的PIC组装了解得多一些。组装时，一般由上游的TATA盒和起始子(initiator；个别基因有其他起始元件参与)招募TFⅡD到TATA盒所在位置。随后，TFⅡA和TFⅡB加入TFⅡD-启动子复合物上，紧接着TFⅡF-RNA PolⅡ复合物、TFⅡE和TFⅡH等按顺序组装形成PIC。此时的PIC是一个“闭合”状态的复合物。TFⅡE和TFⅡH具有解旋酶活性，二者水解ATP释放能量，并与RNA PolⅡ一起将DNA双螺旋结构打开形成单链转录泡，使DNA模板链和转录起始位点暴露出来。此时RNA PolⅡ才可以与DNA模板结合并聚合核苷酸形成磷酸二酯键。TFⅡH的结合蛋白CDK7具有ATP磷酸激酶活性，解旋酶打开DNA双链的同时会磷酸化RNA Pol Ⅱ CTD中七肽重复序列的第5位丝氨酸，转录开始启动。TF Ⅱ D、TF Ⅱ A和TF Ⅱ B不会随着转录往前行进，PIC解体。在完成解旋和磷酸化RNA Pol Ⅱ CTD Ser5任务的同时，新生RNA链具有60～70个核苷酸，并完成了5′端的加帽过程。TF Ⅱ E和TF Ⅱ H将从转录起始复合物中解离，转录将进行下一步延伸过程。这一步骤同样需要一些转录因子的参与调节，在接收到延伸信号后才会进行[6]（图5-1）。

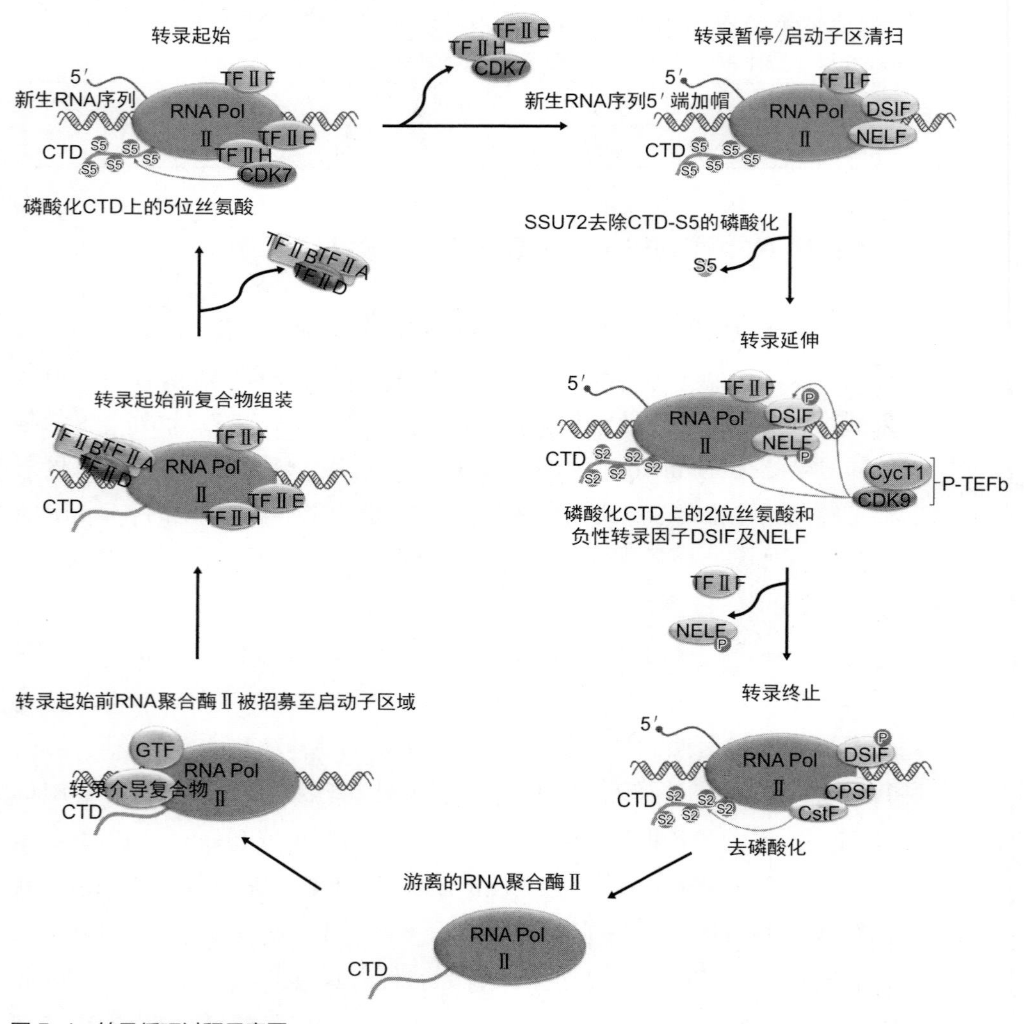

图5-1　转录循环过程示意图

在 20 世纪 80 年代中后期，John 等在研究果蝇中热激蛋白 70 基因(hsp70)的转录时发现 RNA Pol Ⅱ 在启动子近端发生暂停现象 [7]。大多数后生动物的基因在转录启动后会被负性转录因子暂停转录进程，称之为启动子近端暂停(promoter-proximal pausing) [8]。很多基因的转录过程中都观察到了这种暂停阻滞现象，如 c-myc[9]、c-fos[10]、腺苷脱氢酶 [11]、腺病毒 [12]、SV40[13]、小鼠微小病毒 [14] 和 HIV-1[15] 等。2008 年，Core 等人利用 GRO-Seq(global nuclear run-on sequencing)技术在基因组水平上标记了参与转录的 RNA 聚合酶的位置、数量和方向，结果显示有大约 30% 的人体基因上有启动子近端聚合酶的聚集峰，而且大部分启动子会招募聚合酶到其上游以及基因相反方向的序列上 [16]。因此，转录延伸是基因转录循环中一个重要的限速步骤和调控环节，且这种调控方式有利于基因转录的快速与同步展开 [17]。

1995 年，Marshall 等人确定了可以使 RNA Pol Ⅱ 脱离暂停状态进行生产性延伸的复合物——正性转录延伸因子(positive transcription elongation factor，P-TEF) 中的三个成分: P-TEFa、P-TEFb 和因子 2[18]。1996 年 Price 等人发现用有限蛋白酶解作用切除 CTD 会导致转录无法从暂停状态解除而进行生产性延伸；而 P-TEFb 能够使纯化的 RNA Pol Ⅱ 的 CTD 发生磷酸化。在细胞中 P-TEFb 对 CTD 的磷酸化作用发生在转录的早期。但是相比于 TF Ⅱ H-CDK7 复合物在转录起始阶段使 CTD 磷酸化，P-TEFb 与它们在蛋白亚基上并不重合，P-TEFb 对 DRB 更加敏感。另外，体外转录实验证明 P-TEFb 与果蝇中 TF Ⅱ H 的功能有所不同。简而言之，他们的研究发现 P-TEFb 是 CTD 的激酶，也是转录从暂停状态顺利过渡到生产性延伸过程的一个必需的转录因子 [19]。

科学家们发现 P-TEF 的转录活性对药物 DRB(5,6-dichloro-1-β-D-ribofuranosylbenzimidazole)很敏感，低浓度的 DRB 就能够抑制它的转录活性，并且 P-TEF 不存在于转录起始前复合物中。在缺少 P-TEF 等转录延伸复合物时，仅靠转录起始前复合物只能得到很短的转录产物 [20]。1997 年 Takagi 等人发现由 Spt4 和 Spt5 两个亚基组成的蛋白因子 DSIF (DRB sensitivity-inducing factor)会暂停 HeLa 细胞核提取物的转录延伸 [21]。

1999 年 Yamaguchi 等发现了另一个对 DRB 敏感转录有关的蛋白因子——NELF(negative elongation factor)。NELF 与 DSIF 协同发挥作用，强烈地抑制 RNA Pol Ⅱ 的转录延伸水平[22]。

真核细胞染色体通常会与由 4 种蛋白亚基(H2A、H2B、H3 和 H4)组成的组蛋白复合体相互缠绕结合，称之为核小体。每个核小体由约 147bp 的 DNA 缠绕组蛋白八聚体 1.75 圈形成[23]。染色体是由一个个核小体串联组成的。核小体的这种 DNA 与蛋白质紧密结合的状态对基因转录来说是非常不利的，但是，核小体中组蛋白在转录过程中不同的修饰能够使细胞很好地适应和满足对应的生物学需求。活性基因转录过程最相关的组蛋白翻译后修饰是乙酰化和甲基化[24]。从转录起始位点(TSS)算起，转录起始后产生 20 ～ 120 个核苷酸转录产物后，RNA Pol Ⅱ 会因动力不足或负性转录因子的抑制作用而无法再继续延伸，处于一种暂停状态。处于这种暂停启动子两侧的核小体具有组蛋白标记修饰：组蛋白 H3 上 4 位和 27 位赖氨酸(H3K4/27)发生甲基化修饰[6]。

TF Ⅱ H-CDK7 复合物磷酸化 CTD 的 5 位丝氨酸(Ser5)。5 位丝氨酸磷酸化的 CTD 能够招募加帽酶至新合成的 RNA 的 5′端，诱使 RNA Pol Ⅱ 从启动子上逃离并进入开放阅读框(open reading frame，ORF)。此时转录进入正式的延伸阶段，组蛋白 H3 上 36 位赖氨酸的甲基化修饰是一个重要标志；磷酸酶 SSU72 去掉 CTD 上 5 位丝氨酸的磷酸化标记；同时正性转录因子 P-TEFb 中具有激酶活性的 CDK9 亚基会将 CTD 的 2 位丝氨酸(Ser2)进行磷酸化，Ser2 磷酸化的 CTD 会招募 mRNA 剪接复合物；CDK9 也会对 NELF 和 DSIF 进行磷酸化修饰，磷酸化后的 NELF 离开 RNA Pol Ⅱ，而磷酸化的 DSIF 则会随着延伸的 RNA Pol Ⅱ 一起移动，从而解除转录暂停状态，进行生产性的转录延伸过程。

转录继续前进，直到遇到 poly A 序列，转录终止特异性复合物(如 CPSF 和 CstF)会被招募；被解旋后转录的 DNA 区域也会在组蛋白伴侣分子和 HDAC 的帮助下重新组装成染色质。磷酸化修饰发生在整个转录循环过程中，特别是 RNA Pol Ⅱ 的 CTD 的七肽重复序列会在不用的位点被不同的激酶磷酸化以及其他翻译后修饰，从而刺激或调控转录起始、延伸和终止等过程[25]。

5.1.2 CTD 的特殊结构

Rpb1 是 RNA Pol Ⅱ 中最大的一个亚基，由人体细胞中 *POLR2A* 基因转录而成，分子量高达 192kDa，与其他亚基结合形成聚合酶的 DNA 结合结构域，形成 DNA 模板转录产生 RNA 的凹槽结构。Rpb1 具有特殊的碳末端区域(carboxy terminal domain，CTD)，而 RNA Pol Ⅰ 和 RNA Pol Ⅲ 的最大亚基中均不存在这样的序列结构。RNA Pol Ⅱ 的 CTD 结构发挥十分关键的作用，不仅参与转录起始，而且通过招募和结合不同转录因子和酶以及作为支架参与转录延伸、终止、5′-末端加帽、3′-末端加工和剪接等基因转录重要过程。

真核生物中的 CTD 均由 7 个多肽序列“酪氨酸 - 丝氨酸 - 脯氨酸 - 苏氨酸 - 丝氨酸 - 脯氨酸 - 丝氨酸($Y_1S_2P_3T_4S_5P_6S_7$)”重复排列组成。不同种属生物中 CTD 的重复个数有所不同，例如，哺乳动物中有 52 个重复，而出芽酵母含有 26 ～ 27 个重复，秀丽隐杆线虫有 32 个，果蝇中含有 42 个。在酵母和哺乳动物细胞中，缺失一定数量的 CTD 七肽重复序列是可以接受的，对细胞活力没有明显影响。科学家在去除一半或一半以上的七肽重复序列时，观察到酵母或哺乳动物细胞有显著的生长缺陷。酿酒酵母细胞存活所需 CTD 七肽重复序列最小的重复次数为 11 次，而人体细胞中要求重复数不少于 28 次[26]。

在大多数生物中 CTD 的七肽重复序列保持着序列的高度一致性；然而在哺乳动物的 52 个七肽重复序列中，远端(更靠近 C 端)的序列会偏离这种序列一致性，但仍然保持着七肽重复的规律。图 5-2 显示了人体 CTD 的氨基酸序列，与其他哺乳动物的 CTD 序列相比，七肽重复序列中 2/3 位和 5/6 位的丝氨酸 - 脯氨酸(S-P)残基以及中间苏氨酸残基插入的顺序显示出了很强的保守性，但是黑体标注的 4 位苏氨酸残基会被丝氨酸等其他氨基酸取代，而 7 位的丝氨酸残基甚至可以被其他氨基酸短肽取代[27]。

CTD 重复序列中氨基酸组成的复杂性较低，主要由 4 种氨基酸组成。从氨基酸的理化性质上看，丝氨酸、苏氨酸和酪氨酸这三种带有侧链羟基的氨基酸会生成一个亲水的重复区块，该区块中氨基酸残基的羟基容易发生可逆修饰，例如磷酸化、酰化及甲基化等。脯氨酸残基有助于稳定二级结构，并防止蛋白通过水解降解。过去20年的研究表明，Tyr1、Ser2、Thr4、Ser5和Ser7这5个氨基酸都可以发生可逆磷酸化修饰；Thr4、Ser5和Ser7残基上会发生动态的糖基化修饰；两个脯氨酸以顺式或反式构型稳定存在。CTD区域的氨基酸组成虽然很简单，但单个七肽重复序列上氨基酸可能发生的修饰组合理论上能达到432种以上；而哺乳动物CTD远端序列的变化进一步增加了七肽重复修饰组合的复杂性[28]。

01	YSPTSPA	10	YSPTSPS	20	YSPTSPS	30	YSPTSPS	40	YSPTSPK
	YEPRSPGG		YSPTSPS		YSPTSPS		YSPSSPR		YSPTSPT
	YTPQSPS		YSPTSPS		YSPTSPN		YTPQSPT		YSPTSPK
	YSPTSPS		YSPTSPS		YSPTSPN		YTPSSPS		YSPTSPT
	YSPTSPS		YSPTSPS		YTPSSPS		YSPSSPS		YSPTSPV
	YSPTSPN		YSPTSPS		YSPTSPS		YSPTSPK		YTPTSPK
	YSPTSPS		YSPTSPS		YSPTSPN		YTPTSPS		YSPTSPT
	YSPTSPS		YSPTSPS		YTPTSPN		YSPSSPE		YSPTSPK
	YSPTSPS		YSPTSPS		YSPTSPS		YTPTSPK		YSPTSPT
			YSPTSPS		YSPTSPS		YSPTSPK		YSPTSPKGST
								50	YSPTSPG
									YSPTSPT
									YSLTSPA
									ISPDDSDEEN

图5-2　哺乳动物中RNA Pol Ⅱ的CTD序列特征

自由存在的CTD结构在很大程度上是灵活的，因此其基本上可以到达RNA Pol Ⅱ 核心结构上的任何地方，也可以位于DNA、pre-mRNA、其他转录因子或转录复合物的组蛋白结构上[29]。有越来越多的证据表明在其未磷酸化的状态下CTD很可能是紧凑的，而丰富的磷酸化修饰由于电荷排斥作用会导致更松散的构象。2017年发表于*Cell*杂志上的文章提出在转录过程中，转录因子、转录相关因子、染色体调节因子、非编码RNA和RNA Pol Ⅱ在转录区域的高密度协同装配会形成超级增强子(super-enhancers)，是一种类似无膜细胞器的结构，称之为液-液相分离(LLPS)。各因子上可逆的化学修饰(如CTD上的磷酸化修饰)状态会影响它们之间的相互作用，进而影响它们结合的形态和转录活性[30]。电泳、凝胶过滤和蔗糖梯度分析结果表明，CTD的磷酸化导致了一个更扩展和对蛋白酶更敏感的结构。

5.1.3 CTD 的磷酸化修饰

根据修饰 CTD、识别特定 CTD 修饰或从 CTD 中删除修饰的功能，将 CTD 相互作用蛋白分为“Writers”“Readers”和“Erasers”。表 5-3 中列出了哺乳动物中对 CTD 进行修饰、识别修饰及去修饰的各种蛋白及其功能 [28]。在修饰酶中，CTD 激酶和磷酸酶是最具代表性的一类，在下文中我们将对它们的可逆磷酸化修饰进行介绍。

表5-3 CTD相互作用蛋白

类别		蛋白（复合物）名称	功能
Writers（修饰蛋白酶）		CDK7（TF Ⅱ H）	5 位和 7 位丝氨酸的磷酸化（Ser5-P，Ser7-P）
		CDK8（Mediator）	Ser5-P
		CDK9（P-TEFb）	Ser2-P，Ser5-P，Ser7-P
		CDK12，CDK13	Ser2-P
		PIK3	Thr4-P
		cABL1，cABL2	Tyr1-P
		CARM1	1810 位精氨酸的甲基化（R1810-Me）
Readers（识别蛋白酶）	转录复合物	TF Ⅱ E，TF Ⅱ F，TBP（TF Ⅱ D）	起始前复合物（识别低磷酸化）
		Mediator	转录激活
	组蛋白及染色体	MLL1，MLL2，SET1	组蛋白甲基化（识别 Ser5-P）
		SET2	组蛋白甲基化（识别 Ser2-P，Ser5-P）
		Hypb	组蛋白甲基化（识别高度磷酸化）
		Rpd3S	组蛋白去乙酰化（识别 Ser5-P）
		Spt6	组蛋白伴侣（识别 Ser2-P）
	RNA 加工过程	MCE1，CGT1	5′ 加帽（识别 Ser5-P）
		PRP40（U1 snRNP），U2AF65/Prp19（U2 snRNP）	剪接（识别高度磷酸化）
		PSF/p54	多功能 / 剪接（识别低 / 高度磷酸化的 CTD）
		SUS1	mRNA 输出（识别 Ser2-P，Ser5-P）

续表

类别		蛋白（复合物）名称	功能
Readers（识别蛋白酶）	RNA 加工过程	YRA1	mRNA 输出（识别高度磷酸化的 CTD）
		NRD1	转录终止（识别 Ser5-P）
		SEN1，RTT103	转录终止（识别 Ser2-P）
		PCF11	切割（识别 Ser2-P）
		YDH1，YHH1	切割（识别高度磷酸化的 CTD）
		INT11（Integrator）	转录激活（识别 Ser2-P，Ser7-P）
		TDRD3	小 RNA 加工（识别 R1810-Me）
Erasers（去修饰酶）		SSU72	Ser5 和 Ser7 的去磷酸化
		SCP1，RTR1，RPAP2	Ser5 的去磷酸化
		FCP1	Ser2 的去磷酸化
		CDC14	Ser2 和 Ser5 的去磷酸化

5.1.3.1　CDK7（TFⅡH）

细胞周期依赖性激酶 CDK7 是一般转录因子 TF Ⅱ H 的重要组成部分，最初在酵母和人体中发现具有 CTD 激酶活性。哺乳动物 CDK7 及其相关亚基 Cyclin H 负责大部分的 Ser5 磷酸化，这个作用与其两个同源酵母激酶——Kin28（酿酒酵母）和 Msc6（裂殖酵母）的功能一致。这些激酶的特异性抑制剂的使用会导致体内 Ser5 磷酸化水平急剧下降[31]。

5.1.3.2　CDK8（Mediator）

CDK8 是 Mediator 复合物中的一个亚基，在体外具有 Ser2 和 Ser5 的磷酸化活性[32]。Mediator 复合物是一个必不可少的转录调控因子，主要在转录起始前基因序列特异转录激活因子与 PIC和 RNA Pol Ⅱ 之间发挥连接的桥梁作用。CDK8 与 Cyclin C 一起被招募到启动子上，并且会在 Mediator 复合物和 CDK8 模块间存在动态的相互作用[33]。CDK8 对 CTD 的直接磷酸化作用还有待验证，因为 CDK8-Cyclin C 的调控不同于其他

CDKs，其 T-loop 区域似乎没有被上游激酶磷酸化而激活。最近的一些研究证明 CDK8 可以在起始前复合物中作为共激活物发挥作用[34]。

5.1.3.3 CDK9（P-TEFb）

正性转录延伸因子 b（positive transcription elongation factor b，P-TEFb）的激酶活性与从转录起始到转录的生产性延伸的转变密切相关。P-TEFb 由 CDK9 和 Cyclin T 组成，其激酶活性能被多种特异性抑制剂所抑制，如 flavopiridol（FLP）、DRB（5,6-dichloro-1-β-D-ribofuranosylbenzimidazole）及高度特异的 i-CDK9（CDK9 抑制剂）等[35]。基因转录过程中，人体逆转录病毒（如 HIV-1）会通过激活转录延伸来刺激病毒基因的转录水平从而增强复制。此外，应激诱导基因（如热休克蛋白家族）是直接进入转录延伸过程的。P-TEFb 通过双重机制实现基因转录延伸的调控。P-TEFb 磷酸化负性转录因子（如 DRB 敏感诱导因子 DSIF 复合物的 Spt5 亚基和负性延伸因子 NELF）可以释放暂停状态。此外，P-TEFb 可以磷酸化 RNA Pol Ⅱ CTD 的丝氨酸残基，在转录延伸调控阶段与延伸期的 RNA Pol Ⅱ结合，并磷酸化 CTD 的 Ser2。然而，体外研究结果显示 CDK9 优先磷酸化 CTD 的 Ser5，与 CDK7 的磷酸化位点一致，具体机制还有待揭示[36]。

5.1.3.4 CDK12 和 CDK13

人源 CDK12 和 CDK13 的激酶结构域有大约 89% 的序列同源性；从生化角度推测它们的结合特异性和底物偏好可能是相似的。果蝇中对 CDK12 的 ChIP（染色质免疫共沉淀）实验结果显示，CDK12 存在于活性基因的转录区域，表明 CDK12 可能具有磷酸化 Ser2 的激酶活性[37]。CDK12 的缺失主要会导致外显子数目较多的长基因的表达减少[38]。酿酒酵母（BUR1 和 CTK1）和裂殖酵母（CDK9 和 LSK1）中各包含两个与转录延伸调控相关的 CTD 激酶，因此 CDK12/CDK13 的鉴定似乎解决了哺乳动物中除了 CDK9（P-TEFb）激酶外存在另外一个转录延伸调控相关激酶的谜题，从氨基酸序列比对上来看，它们之间也具有同源性。

5.1.3.5 其他CTD的激酶

在DT40细胞中，Thr4-P标记是组蛋白mRNA 3′-末端加工所必需的。在哺乳动物细胞中PLK3被认为是一种Thr4的特异性激酶[39]。Tyr1-P会抑制转录终止因子与RNA Pol Ⅱ 的结合。Tyr1的磷酸化是由原癌基因激酶c-ABL1和c-ABL2介导的。它们在体内和体外都能将CTD磷酸化到高水平。c-ABL1与CTD的结合和磷酸化作用依赖于它的SH2结构域和CTD相互作用结构域[40]。

5.1.4 CTD的去磷酸化

蛋白质的磷酸化修饰会有特定的磷酸酶进行去磷酸化，完成磷酸化修饰的可逆循环。人体基因组编码有500多种激酶和189种蛋白磷酸酶，并且细胞内约90%的去磷酸化是由磷酸蛋白磷酸酶(phosphoprotein phosphatase，PPP)家族催化的。PPP家族由13个丝氨酸磷酸酶或苏氨酸磷酸酶组成，包括具有广泛活性的PP1和PP2A。据估计细胞内磷酸酶的丰度是激酶的两倍，并且激酶和磷酸酶异构体的数量不对等的现象在进化上是保守的。例如，出芽酵母的基因组编码有129个激酶催化亚基和30个磷酸酶，而且其中有13个属于PPP家族。在裂殖酵母、老鼠、果蝇和植物系统中也有类似的现象[41]。

转录过程中，磷酸化的CTD需要在特定阶段被磷酸酶去除磷酸化修饰。有研究表明细胞内缺失PP1磷酸酶会导致转录因子的磷酸化修饰增强和原癌基因MYC的过表达[42]。很多实验结果表明，一些特定的和不典型的磷酸酶(如FCP1、RTR1/RPAP2和SSU72)在RNA Pol Ⅱ 的转录中发挥作用。PPP家族的主要成员(包括PP1、PP2A和PP4)在细胞信号通路中起着多重作用，在转录过程中也具有一定的功能。

5.1.4.1 最早的 CTD 磷酸酶：FCP1 及其家族

早期体外研究表明，在完成一轮转录后，人源 FCP1 蛋白在 RNA Pol Ⅱ 的重新启动中发挥作用。在体外纯化蛋白组成的体外复合物系统中，当 RNA Pol Ⅱ是高度磷酸化的$Ⅱ_0$形式时，FCP1 的加入可以形成一个有功能的 PIC 复合物；FCP1 能够去除从染色体上脱离的 RNA Pol Ⅱ CTD 的磷酸化，从而确保在高表达基因的启动子上存在未磷酸化的 RNA Pol Ⅱ（$Ⅱ_A$）形式来起始转录[43]。

酿酒酵母 FCP1 的 C 端具有一个 BRCT 区域，体外反应中这个区域对于 FCP1 的活性是必需的[44]。通常情况下 BRCT 结构域以串联成对形式出现，形成磷蛋白结合基序。FCP1 独特的结构特征决定了 pSer2 比 pSer5 更适合作为其底物，意味着 FCP1 在转录延伸中有着重要作用。人源细胞中 FCP1 也与 RNA Pol Ⅱ CTD 上 pThr4 的去磷酸化有关，可能还存在其他转录相关底物（如 Spt5）。因此，FCP1 在去除 pSer2 磷酸化和促进 RNA Pol Ⅱ 的转录循环方面具有保守的功能。体外实验结果表明野生型的 FCP1 对 pSer5 只有微弱的活性，并且在大多数研究中，FCP1 的失活或缺失会首先影响体内的 pSer2 和 pThr4 水平[45]。

人源细胞中由 *CTDSP1*、*CTDSP2*、*CTDSPL* 和 *CTDSPL2* 等基因编码的磷酸酶 SCPs 与 FCP1 具有同源性。SCPs 在体外具有 CTD 磷酸酶活性，但底物相比于 pSer2 会更倾向于 pSer5[46]。早期功能缺失实验结果表明，SCPs 在转录中并没有起到主要作用。有趣的是，SCPs 的表达局限于非神经元谱系，并推测它们通过维持局部 RNA Pol Ⅱ 未磷酸化来促进参与神经元发育的特定基因子集的沉默[41]。

5.1.4.2 RTR1/RPAP2：一个新的磷酸酶家族的初始成员

RTR1 与酿酒酵母的转录和耐受性有关，并与 Mediator、Spt4/Spt5 和 PAF 复合物相互作用一起组成 RNA Pol Ⅱ 的转录机器[47]。RTR1 蛋白结合了 RNA Pol Ⅱ 和含有 pSer5 的磷酸肽，与活性基因的染色质交联位置处于 pSer5 和 pSer2 峰之间，表明其参与了共转录的 pSer5 去除。在 RTR1 缺失的菌株中，提取物和染色质上的 pSer5 水平都增加了。纯化的酿酒酵母 RTR1 蛋白在体外反应中明确地显示了其磷酸酶活性 [48]。

酿酒酵母中表达的 RTR1 与人源 RPAP2（RNA Pol Ⅱ -associated protein 2）是同源蛋白。在 RPAP2 表达降低时，pSer5 的水平增加。有两个含有 CTD 结合域（CTD-interacting domain）的蛋白——RPRD1A 和 RPRD1B，在体外会形成异二聚体或二聚体并优先结合含有 pSer2 或 pSer7 重复序列的 CTD。二者形成骨架来招募 RPAP2 进而去除相邻重复的 pSer5 磷酸化修饰；体内 RNA 沉默实验（RNAi）也表明 RPRD 起到了调节 RPAP2 与 RNA Pol Ⅱ之间的相互作用 [49]。RTR1 的缺失会改变 RNA Pol Ⅱ 在编码基因上的分布，使其向 TSS 转移。

5.1.4.3 SSU72 连接着转录的起始和终止

另一种 pSer5 特异性磷酸酶 SSU72 位于 CPF（the cleavage and polyadenylation factor）这个聚腺苷酸转录终止所需要的复合物中。SSU72 与其他 CPF 成分一起，调控前体 mRNA 3′ - 端的加工。需要注意的是，酵母中称为 CPF 的复合物，在人源细胞中称为 CPSF。CPSF/CPF 的核心亚基在人体和酵母之间高度保守，它们都包含三种组分：聚腺苷酸［poly（A）］聚合酶、核酸酶和磷酸酶。酵母和人体中各组分的蛋白组成如表 5-4 所示 [50]，括号中表示人源与酵母中对应的同源蛋白。

表5-4　CPF（CPSF）各组分蛋白组成

poly(A) 聚合酶	核酸酶	磷酸酶
YHH1（CPSF160）	YSH1（CPSF73）	PTA1（Symplekin）
YTH1（CPSF30）		SSU72（hSSU72）
PFS2（WDR33）	YDH1（CPSF100）	SWD2（WDR82）
FIP1（hFIP1）		PTI1
poly(A) polymerase	MPE1（RBBP6）	REF2
		GLC7（PP1a/b）

缺失RTR1/RPAP2时会导致转录在启动子处聚集，无法延伸而过早终止，但是缺失SSU72则是相反的结果——终止受损。因此，虽然pSer5去磷酸化酶都识别CTD重复序列上的同一位置，但是它们的功能却截然不同。1996年，在芽殖酵母中根据与转录起始所需的GTF-TFⅡB（由*sua7*基因编码）的遗传相互作用，首次对SSU72基因进行了表征[51]。SSU72的突变增强了*sua7*突变体的TSS规范缺陷，预示了转录起始和终止步骤之间的联系。SSU72也可以去除pSer7的磷酸化。在SSU72突变体中，pSer7去磷酸化的失败被认为是导致转录终止相关缺陷的原因之一。在酵母提取物中，SSU72的缺失会影响启动子依赖的转录，并伴随着pSer5的增加和RNA Pol $Ⅱ_A$的缺失，而该缺陷可被野生型的SSU72修复。6位脯氨酸的异构化会影响SSU72与底物的结合[52]。

基因环（gene looping）是一种与PIC形成不同的转录循环途径，能够避免RNA PolⅡ的从头募集和组装转录因子，是转录的限速步骤。基因环将启动子和终止区排列在一起，并将RNA PolⅡ从终止子“传递”到启动子，也就是说基因环上需要调节转录起始和3′-端加工的因子。基因环依赖于SSU72的催化活性和CPF的核心亚基PTA1，两者都与启动子和终止子区域有关。在酵母中，顺式和反式调控因子会增强基因环，这些调控因子包括启动子、PAS（the polyadenylation signal）、TFⅡB和CPF[53]。基因环被认为能够从本质上加强双向启动子的转录方向性，从而防止串联基因对转录干扰。尚未在后生动物中观察到基因环，但或许像SSU72这样的磷酸酶可能在RNA PolⅡ循环机制中发挥重要作用。

5.1.4.4 PPP家族成员作为RNA PolⅡ转录的关键调控因子出现

PPP家族中不同的磷酸酶会在启动子近端的暂停阶段发挥作用。将这些磷酸酶可能作用的基因进行如下分类：①“PP1/PP4 genes”：PP4靶向Spt5，PP1-PNUTS去磷酸化pSer5；②“PP2A genes”：与Integrator结合的PP2A-PP2R1A靶向Spt5和RNA PolⅡ的CTD区域；③“mixed genes”：RNA PolⅡ和Spt5被PP1、PP2A和PP4全酶靶向。在人体细胞中，Integrator-PP2A 复合物具有增强转录暂停的功能，而 PP4 复合物推测与 Integrator-PP2A 复合物具有类似的功能且识别相同的磷酸化蛋白底物；而且 PP2A 和 PP4 可能在许多甚至大多数基因上共存，要么对不同的刺激作出反应，要么共同工作[41]。

PP1-PNUTS 全酶作用于多个转录步骤。① PP1-PNUTS 活性将转录与剪接结合：PNUTS 被招募到暂停在第一个外显子与内含子边界的 RNA Pol Ⅱ 中。此时的 PP1 与另一种全酶（可能与 NIPP1 剪接因子一起）结合，抑制 U2 剪接体。NUAK1 激酶磷酸化 PNUTS，并导致 PP1 亚基与 PNUTS 结合，从而促进暂停释放和剪接激活[54]。②高效终止需要 PP1-PNUTS：PP1-PNUTS 能使 Spt5 去磷酸化，减缓 RNA Pol Ⅱ 的延伸，并确保适当的空间精确的终止[55]。

RNAi 沉默 PP4 蛋白会导致 Spt5 中多个位点的磷酸化增加，并导致 DAF-16 特异的靶基因转录在起始阶段发生阻断[56]。PPP4R2 蛋白是首次在化学遗传筛选策略中检测到的 CDK9 底物。CDK9 对 PPP4R2 的磷酸化修饰会负调控 PP4 的磷酸酶活性。在人体细胞中加入 CDK9 抑制剂会降低 PPP4R2 蛋白 173 位苏氨酸的磷酸化，但是 PP4 的磷酸酶活性会恢复；相反，用纯化的 P-TEFb 去处理 PP4 复合物，则会影响 PP4 对磷酸肽底物的选择，从而抑制它们的去磷酸化活性[57]。在三个转录水平高度暂停的基因上检测发现人体 PP4 是 RNA Pol Ⅱ 进入转录延伸过程的负调控因子，也是启动子近端暂停的潜在强制者。总之，PP4 全酶对 Spt5 和其他暂停复合物的组分进行去磷酸化，从而调控了早期的 RNA Pol Ⅱ 转录步骤。

科学家们于 2020 年发现 PP2A 在 RNA Pol Ⅱ 转录的关键步骤（包括暂停调节、延伸和终止阶段）中都发挥了作用。由于与 Integrator 复合物结合的 PP2A 能够去除 RNA Pol Ⅱ CTD 和 Spt5 的磷酸化，从而阻止转录向生产性延伸的转变，因此，阻断 PP2A 与 Integrator 的关联会刺激转录暂停的释放而激活基因的转录[58]。另外，电镜结构显示人体细胞中 9 个 Integrator 亚基和 PP2A 核心酶（PP2A-AC）组装成一个十字形中央支架，磷酸酶和内切酶位于两侧，并将其称为 INTAC 复合物。INTAC 复合物将 RNA Pol Ⅱ CTD 的 pSer2、pSer5 和 pSer7 去磷酸化从而调控转录。研究人员揭示了 RNA 切割和 RNA Pol Ⅱ 去磷酸化这两种酶活性是如何在结构和功能上整合到 INTAC 复合物中的[59]。另有研究发现，PP2A 会被 Integrator 复合物的 INTS6 亚基招募到转录位点，并抑制 CDK9 介导的 RNA Pol Ⅱ 驱动的转录。PP2A 动态地拮抗 CDK9 关键底物的磷酸化，包括 DSIF 和 RNA Pol Ⅱ CTD。抑制 CDK9 活性会导致肿瘤细胞的凋亡。INTS6 的缺失则会抵抗这种凋亡作用，减少 CDK9 磷酸化底物的翻转(即底物被磷酸化后不再去磷酸化)，还会扩大急性致癌转录反应。药理效果上，PP2A 激活剂与 CDK9 抑制剂会协同杀伤白血病和实体肿瘤细胞，在体内发挥治疗作用[60]。

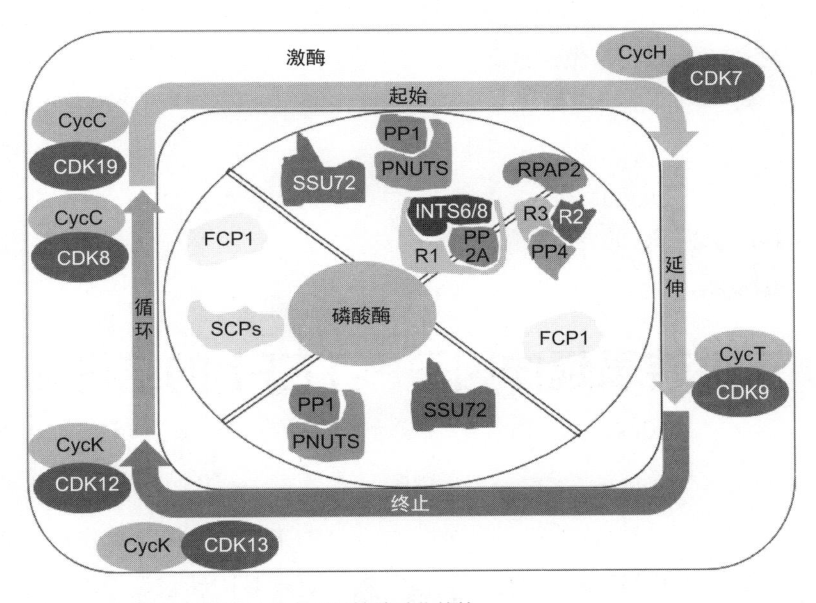

图 5-3　基因转录循环过程中可逆转磷酸化修饰

综上所述，RNA 聚合酶Ⅱ CTD 的磷酸化与去磷酸化(图 5-3)作用几乎贯穿了真核基因转录循环的全过程。在 CTD 的磷酸化循环过程中，首先 RNA Pol Ⅱ 的 CTD 会被起始前复合物 PIC 募集到启动子区域，此时的 CTD 可能已经被糖基化，但是还没有发生磷酸化修饰。我们认为转录起始前已被磷酸化的CTD会阻止RNA Pol Ⅱ的募集，说明转录起始前后CTD密码(CTD code)的读取方式会有所不同。在结合位置上，CTD靠近新生成RNA的出口通道。转录起始后，CDK7与通用转录因子TFⅡH形成的复合物会对CTD Ser5进行磷酸化修饰，进而帮助招募相关工具酶，使其在转录产物的5′-末端加上甲基鸟苷修饰，类似于给新生RNA 5′-末端带上一个帽子。而一系列的实验中糖基化和磷酸化的修饰不会在一个CTD上同时被发现，因此我们认为此时糖基化已经被去除了。紧接着由P-TEFb亚基CDK9磷酸化Ser2会激活转录延伸和RNA加工过程。在酵母和一些哺乳动物的基因中，Ser5的去磷酸化发生在转录到达3′-末端的时候。在poly(A)位点的指导下，pre-mRNA的3′-末端被切割和多聚腺苷酸化后，CTD的去磷酸化有助于RNA Pol Ⅱ从染色质上脱离，并为另一轮的转录做好准备。

5.2
正性转录延伸因子P-TEFb的结构和功能

在上述CTD的磷酸化循环中，P-TEFb发挥着关键作用。接下来将详细叙述P-TEFb的组成、功能及参与真核基因转录调控的机制。

1995年Marshall和Price等发现果蝇中的P-TEFb是由两个分子量分别为43kDa和124kDa的亚基组成的异源二聚体。而人体中P-TEFb的组成直到1997年才发现其小的亚基，也是P-TEFb中的激酶部分——CDK9[61]；直到1998年才发现P-TEFb中的大亚基——Cyclin T[62]。现在我们已经知道，P-TEFb是由激酶活性亚基CDK9和调节亚基Cyclin T组成的异二聚体，其中Cyclin T包括Cyclin T1、Cyclin T2a、Cyclin T2b以及极少量的 Cyclin K[62-63]。Cyclin T（主要是 Cyclin T1）会调控激酶活性，是 CDK9 在细胞核中可以与其底物在转录活性位点组装必不可少的相互作用蛋白 [64]。近期研究还发现，Cyclin T1 中的组氨酸富集区域（HRD）这种低复杂度的区域在体外可以促进蛋白形成相分离液滴。CTD 虽然自身不会形成相分离，但是它会包裹在 Cyclin T1 的液滴内，可以促进 CDK9 与 CTD 的结合，激活 CTD 的磷酸化及转录；而且 CTD 与 Cyclin T1 的这种相分离形式的结合会在转录起始因子 TF Ⅱ H 和激酶 CDK7 的预磷酸化后增强 [64b]。

CDK9 属于细胞中的 CDK 蛋白家族（cyclin-dependent kinases，CDKs）。CDKs 是一类需要有一个独立的 Cyclin 亚基来提供必不可少的酶活性结构域的蛋白激酶家族。CDKs 在哺乳动物中可分为两类亚家族，一类由三个 CDK（CDK1、CDK4 和 CDK5）组成，与细胞周期相关；另一类由 CDK7、CDK8、CDK9、CDK11 和 CDK20 组成，与转录相关。与酿酒酵母不同，哺乳动物中的 CDKs 大多会结合一个或几个细胞周期蛋白（Cyclin），对应发挥不用的作用 [65]。细胞中可以表达两种不同变体的 CDK9，它们分子量大小有所差异，分别是 55kDa（CDK9-55）和 42kDa（CDK9-42）。这两种 CDK9 变体由同一基因表达，却由不同的启动子转录。CDK9-55 相较于 CDK9-42 的 N 端多 117 个氨基酸，而后面的氨基酸序列一致。此外它们还有其他方面的区别：表达水平上，CDK9-42 会比 CDK9-55 的表达丰度更高一些；细胞内定位上，CDK9-55 主要存在于核仁中，CDK9-42 则是大部分存在于细胞核质中，也有少部分位于细胞质中；功能上，CDK9-55 与细胞凋亡和 DNA 修复调节相关，而 CDK9-42 则主要与通用转录调控相关 [66]。因此本文中关于转录激活功能的 CDK9 主要指的是分子量为 42kDa 的 CDK9。

在转录起始后不久，TF Ⅱ H 中的 CDK7 会磷酸化 RNA Pol Ⅱ CTD 的第 5 位丝氨酸，使 RNA Pol Ⅱ从 PIC 中解离出来进行转录延伸 [67]。RNA Pol Ⅱ 从 PIC 中解离出来后就会开始聚合核苷酸，转录产生的 RNA 链会伸长，但在 TSS 下游的启动子附近区域，也就是新生 RNA 链的 20 ～ 50nt 处，会因为 TSS 附近的核小体阻碍以及负性延伸因子（DSIF 和 NELF）而暂停[68]。用 RNAi 或 CDK9 抑制剂进行的实验结果表明，P-TEFb 是表达大量基因时的一个重要通用转录因子[35b,69]。当转录进行到延伸状态时，RNA Pol Ⅱ 分布在基因的各个区域，CDK9 抑制剂的加入会使 RNA Pol Ⅱ 停留在启动子附近，无法顺利延伸。CDK9 能够磷酸化 RNA Pol Ⅱ CTD 的第 2 位丝氨酸，为 RNA Pol Ⅱ 的行进提供动力；磷酸化 DSIF 中的 Spt5 亚基，将其转化为正性延伸因子；磷酸化 NELF 中的 NELF-E 亚基，使其从整个转录延伸复合物中解离出去[70]。Spt5 的 CTR1（C 末端重复区域 1）通常包含 Thr-Pro 重复，其中苏氨酸可被 CDK9 磷酸化（如人体 Spt5 中 806 位苏氨酸）；Spt5 包含的另一个区域“KOW4-KOW5 linker”具有多个被 CDK9 磷酸化的丝氨酸残基（如人体 Spt5 中 666 位丝氨酸）。RNA Pol Ⅱ CTD 包含多个七肽重复序列，其中多个位点可被磷酸化修饰（包括 Ser2、Ser5 和 Ser7）。CDK9 通过将转录延伸过程中的这三个重要蛋白磷酸化来促进暂停中的 RNA Pol Ⅱ 可以脱离阻滞，顺利延伸[68b]。科学家使用 ChIP 技术检测 RNA Pol Ⅱ 在基因序列上的定位时发现，大部分基因处于转录暂停状态，在这种状态下不管有没有 CDK9 抑制剂处理，RNA Pol Ⅱ 大部分会停留在启动子附近。

5.3

正性转录延伸因子P-TEFb的活性和调控

人体细胞核中的 P-TEFb 存在两种不同的功能状态——激酶活性状态和激酶活性抑制状态[71]。P-TEFb 在两种状态间的动态平衡对维持细胞和生命的正常生存至关重要。

5.3.1 非活性状态复合物——7SK snRNP

在细胞体内有多于50%的P-TEFb存在于7SK snRNP中，处于无转录活性的状态，一旦细胞被外界刺激激活，这一部分P-TEFb可以立刻被激活发挥转录激活活性，作为一个活性储藏库以备不时之需。7SK snRNP结构如图5-4所示。7SK snRNP复合物主要由7SK snRNA作为支架，其上结合着MePCE、LARP7和HEXIM蛋白来“禁锢”P-TEFb[72]。当P-TEFb从7SK snRNP中释放时，HEXIM也被释放出来，并且7SK snRNA会发生结构变化。随后hnRNPs会替换P-TEFb和HEXIM与7SK snRNA结合。

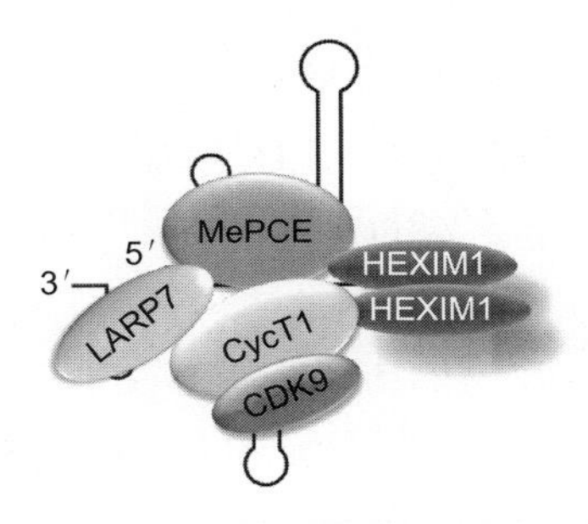

图5-4 7SK snRNP结构示意图

7SK snRNA由RNA Pol Ⅲ 转录，由330个核苷酸组成，是在细胞中含量丰富且序列保守的小核RNA[73]。前期实验表明用紫外线照射细胞或用放线菌素D处理细胞可以明显增强HIV-1的转录水平以及RNA Pol Ⅱ的磷酸化水平[74]。2001年周强课题组发现用这两种方式处理细胞都能够有效地使7SK snRNA从P-TEFb上解离。不管是体内实验还是体外实验，结果都表明，与7SK snRNA的结合会抑制CDK9的激酶活性，并防止P-TEFb被募集到HIV-1的启动子上。由此表明，7SK snRNA参与负调控P-TEFb的转录活性正是通过抑制CDK9-Cyclin T1的激酶活性来调控转录水平的[75]。同年，Nguyen等人也证明了与7SK snRNA的结合会抑制P-TEFb的激酶活性，并且细胞中有大半的P-TEFb与7SK snRNA结合而处于低激酶活性水平[76]。

2003年科学家们发现HEXIM1（其中一个课题组当时称之为MAQ1）与P-TEFb结合，并与7SK snRNA一起能够抑制P-TEFb的激酶和转录活性[77]。它的同源蛋白HEXIM2也一样能够通过与7SK snRNA的结合来调控P-TEFb的转录活性，而且它们的功能有一定的补偿作用，也就是说如果细胞中HEXIM1蛋白的表达水平被敲低，那么会有更多的HEXIM2与7SK snRNA结合来调控P-TEFb的活性[78]。7SK-HEXIM1-P-TEFb复合物的形成有几个重要的结构域，首先7SK snRNA的前172个核苷酸对于结合HEXIM1并抑制P-TEFb很重要[79]。其次，CDK9蛋白中T-loop结构上的第186位苏氨酸（T186）的磷酸化是与7SK snRNA结合的重要修饰，一旦磷酸化去除，P-TEFb就会从7SK-HEXIM1-P-TEFb中脱离而激活转录[79-80]。另外，HEXIM1蛋白的NLS区域与Cyclin T1蛋白的N末端结合，而这个区域也是P-TEFb被Tat招募时与之结合的区域，所以HEXIM1与Tat之间会竞争性结合Cyclin T1来抑制P-TEFb的转录活性[81]。

2007年科学家发现包括LARP7在内的5个蛋白，在有/无淋巴结转移患者的肿瘤样本中有表达水平的差异[82]。2008年，多个研究团队如Price、Fisher和周强课题组都发现LARP7（PIP7S）是7SK snRNP的组分之一，能够参与调控P-TEFb依赖的转录延伸过程。LARP7属于LARPs（LA-related proteins，LA相关蛋白）家族，它们结合与识别RNA的活性与真正的La-蛋白相关。真正的La-蛋白具有La-序列（LAM）和排列上紧随其后的RNA直接序列（RRM）。LAM能够识别RNA 3′-末端的UUU-OH序列，而RRM则会结合RNA的其他部分[83]。LARP7能够通过其LAM与7SK snRNA的3′-UUU-OH结合，并稳定了细胞中将近90%的7SK snRNA，从而成为7SK snRNP的一部分[84]。因此LARP7会参与抑制P-TEFb的激酶和转录活性，若细胞中LARP7的表达水平被敲低则能够增强转录，包括Tat特异的HIV-1转录活性[84-85]。

在利用蛋白质组学发现LARP7的同时，Price等还提出MePCE蛋白也与P-TEFb和HEXIM1紧密结合[85]。人体细胞中的MePCE（the methylphosphate capping enzyme）蛋白能够利用SAM（*S*-adenosyl-L-methionine）作为甲基供体来催化小部分非编码RNA的5′-γ-磷酸根上的单甲基化[86]。2007年，科学家提出人体细胞中有一个果蝇Bin3蛋白的同源蛋白MePCE，能够给7SK snRNA的5′-末端加上甲基化修饰，加帽后稳定7SK snRNA，反之若敲低细胞中MePCE的表达水平，则会使7SK snRNA的水平降低[87]。MePCE结合的是7SK snRNA 5′-端的G1-U4 / U106-G111这一段发夹结构[88]。

2010年周强课题组提出细胞中不与LARP7结合的MePCE才可以给7SK snRNA的5′-末端加上甲基化修饰，由此MePCE也成了7SK snRNP的一部分；而在7SK snRNP中的MePCE与LARP7有直接的相互作用，并且该相互作用区域正好是MePCE的酶活性区域，因此与LARP7结合后的MePCE不再具有甲基化酶活性[89]。2017年Price课题组证明LARP7蛋白C端446～549段的xRRM与7SK snRNA的3′-端茎环结构结合，549～582段的MID（MePCE interaction domain）会抑制MePCE的甲基转移酶活性[90]。

MePCE除了能够甲基化7SK snRNA，通过加帽修饰使其稳定之外，作为7SK snRNP中的中心成分，它还是唯一不依赖于7SK snRNA与P-TEFb之间相互作用的蛋白因子[77b,84a,87]。2013年Elagib等发现在巨核细胞中，钙蛋白酶2会切割水解MePCE，从而促进P-TEFb的解离，介导了一种P-TEFb的不可逆的激活途径[91]。2020年Zhang课题组也发现在高等真核生物中，JMJD6可以切割MePCE，从而促进P-TEFb从7SK snRNP中解离而激活转录，增加了RNA Pol Ⅱ的磷酸化水平[92]。2018年Shelton等发表的文章提出在某些关键的细胞识别的特殊基因上，MePCE可以通过组蛋白H4的尾部与染色质结合。这种结合作用使得MePCE不再具有对7SK snRNA的甲基转移酶活性，也不能形成完整的7SK snRNP。这时的MePCE相当于一个P-TEFb的激活因子，能够激活RNA Pol Ⅱ的转录活性[93]。

在细胞受到一些外界刺激的情况下，如紫外照射或一些药物（DRB）处理，会激活下游的信号通路，使7SK snRNP中的蛋白翻译后修饰发生改变，从而解离复合物使 P-TEFb 能够脱逃后被募集到相应的基因序列上去而增强转录活性(图 5-5)[94]。HMBA(hexamethylene bisacetamide)是一种杂化的双极性化合物，可以抑制细胞生长，并诱导多种细胞类型的分化。在 HeLa 细胞中，HMBA 处理可以破坏 7SK snRNP 的结合，使 P-TEFb 解离并与 Brd4 形成 BEC(P-TEFb-Brd4)复合体，增强与 HIV-1 启动子的结合并活化 HIV-1 的转录活性[95]。

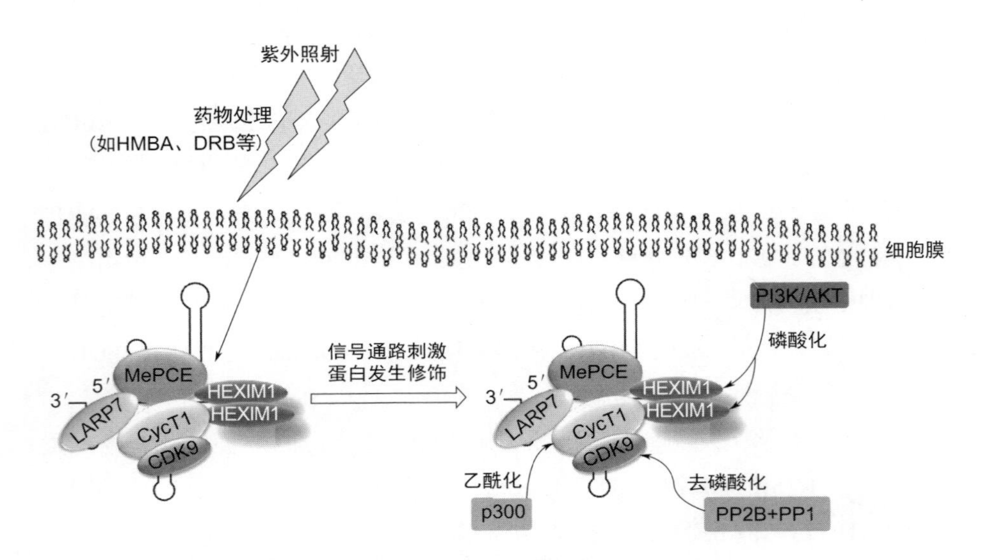

图 5-5　P-TEFb 被隔离在 7SK snRNP 中并在信号刺激下应激解离

5.3.2　HIV-1 基因转录调控

艾滋病病毒需要宿主细胞提供转录因子才能真正诱导 HIV-1 的转录激活作用，而事实上科学家们经过了无数的尝试，直到 20 世纪 90 年代才确定 P-TEFb 是与 Tat 共同作用的蛋白因子，明确指出 Tat-TAR-P-TEFb 在 HIV-1 的启动子上相互作用，并对病毒的转录具有有效的激活作用[96]。在与 HIV-1 感染和复制高度相关的 $CD4^+$ T 淋巴细胞和单核细胞中，Cyclin T1 的表达通常较低，在蛋白合成水平上受到抑制[97]，而该细胞内 P-TEFb

的低水平或许就是病毒在初级 T 细胞中潜伏的重要原因。在 T 细胞活化或单核细胞分化成巨噬细胞后 Cyclin T1 蛋白水平增加，也会增强细胞对 HIV-1 感染的放任。

Tat 以一种特定的方式在许多人体和灵长类细胞中有效地激活病毒启动子，但其宿主蛋白在其他物种(如酵母、果蝇和小鼠)的细胞中不能与之结合。Tat 和人体 Cyclin T1 蛋白之间的直接结合作用需要锌离子和必需的半胱氨酸残基参与。然而，小鼠 Cyclin T1 缺乏一个关键的半胱氨酸(人源 Cyclin T1 蛋白上的 261 位半胱氨酸)，当把小鼠 Cyclin T1 蛋白对应的位置上用半胱氨酸取代酪氨酸，发现存在有与 Tat 的锌依赖结合并增强了 Tat 反式激活的能力[98]。与许多其他病毒基因的启动子相比，HIV-1 LTR 的转录对激酶抑制剂(如 DRB 和 FLP)特别敏感。这两种药物一方面能够抑制 CDK9 的激酶活性，另一方面会抑制 Tat 的转录激活作用，这两种功能之间的强相关性揭示了两个蛋白功能之间的相关性和 HIV-1 对药物高敏感的原因。

在潜伏期的 HIV-1 病毒转录过程中，当细胞内 Tat 蛋白积累到一定量时，Tat 蛋白可以招募 P-TEFb，使 P-TEFb 从非活性复合物 7SK snNRP 中解离出来并结合到 HIV-1 LTR 启动子区域。Tat 蛋白上的一个富含精氨酸的区域可以与 HIV-1 LTR 上新合成的 TAR(the transactivating responsive) RNA 结构相互结合；而另一个活性域结合 P-TEFb 中的 Cyclin T1 蛋白，从而招募 P-TEFb 到 HIV-1 的基因序列上激活艾滋病病毒的转录[96b,99]。

5.3.3 激酶活性状态复合物——SEC

从非活性态脱离出来转变成具有活性的 P-TEFb，需要另外一些蛋白或复合物的帮助，才可以定位到特定待转录延伸的基因上。目前主要有两种复合物可以招募P-TEFb并结合到染色质上。其中一个可以将P-TEFb招募到基因上的复合物为 SEC(super elongation complex，超级转录延伸复合物)。SEC 复合物主要由 P-TEFb、ELL、ENL、AF9 以及 AFF1/4 等蛋白组成[68b]。

20 世纪末科学家们就已经发现 P-TEFb 不仅仅是一个通用转录因子，它还能够被特殊的蛋白募集到特异的基因启动子上，例如 Tat 蛋白就可以募集 P-TEFb 到 HIV-1 LTR 启动子上[2,100]。2010 年周强课题组利用亲和纯化和质谱检测的方法确定了与 Tat 相互作用的 P-TEFb 实际上存在于 SEC 中[101]。SEC 的组成蛋白 AFF4、ELL2、ENL 和 AF9 等都是 MLL（mixed lineage leukemia）相关的融合蛋白。1996 年有研究指出 ELL2 是一个可以抑制 RNA Pol Ⅱ 在延伸过程中暂停的转录因子[102]。需要指出的是，虽然 ELL2 与其同源蛋白 ELL1 有高达 49% 的同源性和 66% 的相似性，但是在 SEC 复合物中存在并参与激活 Tat 依赖性 HIV-1 LTR 转录的只有 ELL2[101]。在细胞中，一般情况下的 ELL2 会被泛素连接酶 Siah Ⅰ 进行泛素化修饰，稳定性差，半衰期短。在结合形成 SEC 复合物后，AFF4 结合并保护了 ELL2 上易被泛素化修饰的 C 末端，从而增强了 ELL2 的稳定性[103]。ENL 和 AF9 是同源蛋白，它们都是 SEC 复合物的组分，但是不能同时存在于同一个 SEC 复合物中。它们通过 YEATS 结构域与 PAFc 复合物（polymerase-associated factor complex）相互结合，进而将 SEC 靶向到染色质的 RNA Pol Ⅱ 上[104]。AFF4 在 SEC 复合物中担任着骨架蛋白的角色。由 1163 个氨基酸组成的 AFF4 蛋白，其 2 ～ 73 区域与 P-TEFb 结合，318 ～ 337 区域与 ELL2 结合，710 ～ 729 区域则结合着 ENL、AF9[105]。AFF1 是 AFF4 的同源蛋白，同样也是 SEC 复合物的成分之一，也担任着骨架蛋白的角色。在 Tat-SEC 复合物中，AFF1 甚至是比 AFF4 更普遍的骨架蛋白[106]（图 5-6）。

存在于 7SK snRNP 中的 CDK9 形式在其 T-loop 顶端的 Thr186 具有磷酸化修饰；当 P-TEFb 被 Tat 从 7SK snRNP 捕获时它是具有催化活性的。因此，长期以来人们一直认为 Tat-P-TEFb 相互作用本身就足以激活 HIV-1 的转录。而鉴定到的 Tat-SEC 复合物中发现，Tat 不仅招募了 P-TEFb，还有另一个延伸因子 ELL2 也被一同招募了。与 P-TEFb 通过激酶活性的磷酸化功能来催化转录不同，ELL2 会通过维持新生 mRNA 的 3′-末端与 RNA Pol Ⅱ 的催化中心并排，从而防止 RNA Pol Ⅱ 返回暂停位置，并直接增强 RNA Pol Ⅱ 的转录速率。这一发现极大地扩展了 Tat 反转录激活机制的传统观点，也解释了为什么 Tat 是如此强大的转录激活剂。由于在单个复合物中存在至少两个确定的延伸激活因子，这种新的多亚基复合物被称为 SEC。

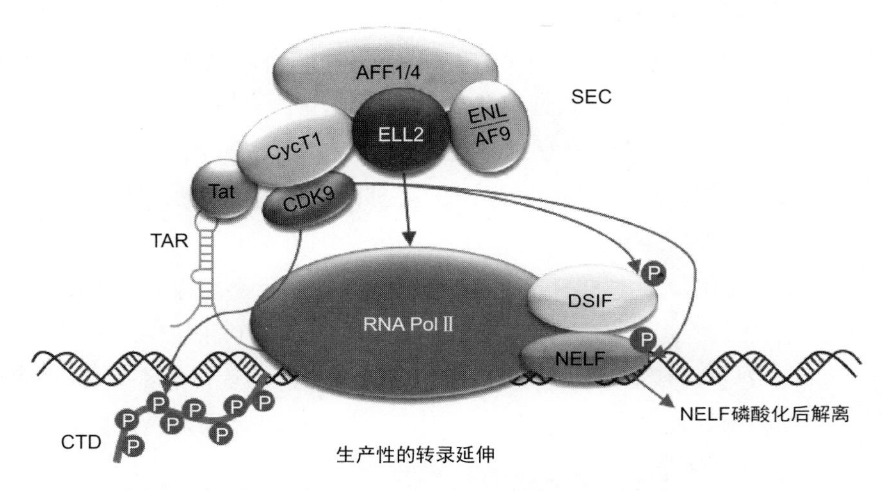

图 5-6　超级转录延伸复合物（SEC）的结构组成及其激活转录功能

SEC 复合物中除了 P-TEFb 外，所有亚基都曾被报道为 MLL 的融合配偶体，这也就意味着 SEC 与白血病发病机制之间存在密切关系。事实上，就在 SEC 被认定为 HIV Tat 的辅助因子和结合伙伴的同时，对几种常见的 MLL 嵌合体(如 MLL-AFF1 和 MLL-ENL) 及其相互作用分子的独立的生化纯化，结果中都鉴定到了相同的 SEC 组分，这也证明了 SEC 是 MLL 介导的白血病发生所必需的 [107]。SEC 这种高级的含 P-TEFb 的复合物，在生物化学上有别于 MLL 组蛋白甲基转移酶复合物，能够促进 MLL 靶基因不受控制的转录延伸，从而诱导白血病转化。

5.3.4　激酶活性状态复合物——BEC

通过质谱分析、生化方法和免疫荧光等实验，发现人体细胞核中

Brd4 蛋白［属于 BET(bromodomains and extra-terminal) 蛋白家族］在基因转录延伸中同样发挥着关键作用。Brd4 有两个 N 端溴结构域与乙酰化组蛋白 H3 和 H4 结合，在其 C 端有一个与 P-TEFb 相互作用的结构域 PID(P-TEFb interaction domain)，及一个与许多其他蛋白相互作用的结构域 ETD(extraterminal domain)。Brd4 在整个有丝分裂过程中都与染色质结合。作为表观遗传解读器，Brd4 在有丝分裂晚期通过招募和积累 P-TEFb 到关键生长促进基因的启动子上，促进 G1 期基因的表达和细胞周期的进程传递表观遗传记忆 [108]。激酶 CK2 和磷酸酶 PP2A 会对 Brd4 进行磷酸化 / 去磷酸化修饰，从而调节它的染色质定位、转录因子招募和癌症发展的功能 [109]。

Brd4 可以与 P-TEFb 相互作用形成复合物，称其为 BEC。Brd4 通过乙酰化组蛋白和其他转录介导复合物的相互作用把 P-TEFb 募集到需要应答的基因启动子上 [110]。最近有科研成果表明脱甲基酶 JMJD6(the jumonji C-domain-containing protein 6) 也可以与 BEC 形成复合物，能够促进基因启动子的活性，解放 RNA Pol Ⅱ 转录启动子近端暂停 [111]。2012 年周强课题组发现使用 BET 家族抑制剂 JQ1 去抑制 Brd4 的活性后，HIV-1 基因的转录水平反而增强。研究发现，JQ1 能够通过结合 Brd4 而减小 Brd4 与 P-TEFb 之间的相互作用，从而使更多的 P-TEFb 能够被 Tat 招募到 HIV-1 LTR 上，进而形成 Tat-SEC 复合物，激活 HIV-1 的转录水平 [112]。

5.4 小结

基因转录在生命活动中发挥着重要作用，能够完成 DNA 中的遗传信息到信使RNA的传递，转录活性的高低会直接影响后续蛋白表达水平，过高或过低的表达都有可能导致疾病的发生和发展。在整个转录循环过程中，可逆磷酸化修饰起到了非常重要的作用，真核基因转录过程中的不同阶段都涉及多蛋白和多位点的有序可逆磷酸化修饰，特别是RNA聚合酶Ⅱ最大亚基RPB1的C末端结构域(RNA Pol Ⅱ CTD)的七肽重复序列。CTD上具有可以被磷酸化修饰的丝氨酸、苏氨酸和酪氨酸，特别是相对更为保守的2位和5位丝氨酸，它们的磷酸化和去磷酸化过程发生在基因转录的不同阶段。2021年，中国科学家团队解析了基因转录过程中的复合物结构，涵盖了转录起始过程的不同阶段，系统揭示了转录起始过程中TFⅡH-CDK7激酶复合体可以在TFⅡD帮助下进入PIC中，并磷酸化CTD的5位丝氨酸，促进转录的顺利起始[113]。然而，CTD高度磷酸化修饰机制及其磷酸化模式特征仍未被明确解析，被科学家称为"CTD密码"，还有待后续深入研究。

过去20多年科学家们证明了转录不仅在起始阶段具有精密的调控，在其延伸阶段也受到严格的调控。通过测序发现转录起始后大部分RNA Pol Ⅱ会停留在启动子附近，在受到转录延伸因子刺激后才会顺利进行延伸，而加入转录延伸因子抑制剂后延伸就无法顺利进行。转录延伸因子，主要是P-TEFb，凭借其组分CDK9的激酶活性可以磷酸化CTD上的2位丝氨酸和负性转录因子NELF以及DSIF，从而促进生产性转录的顺利完成。同样在转录终止阶段，P-TEFb也会招募磷酸酶(如PP1和CPSF等)到CTD上将其去磷酸化，从而终止转录并为下一个转录循环做好准备[68b]。

磷酸化是一种细胞生命活动中广泛存在的翻译后修饰，磷酸化与去磷酸化之间的动态平衡影响着生命体的正常生理活动。激酶和磷酸酶活性的正常与否是关键影响因素。鉴于CDK9在基因转录循环过程中的重要功能，CDK9可作为抗肿瘤、心肌肥大和艾滋病等重大疾病的药物靶点，国内外有许多针对CDK9激酶的药物开发和研究，并且已有药物进入临床研究阶段。另外，CTD序列中氨基酸组成决定结构与功能的特殊性，"CTD密码"实际上就是可逆磷酸化密码，通过定量生物分析组学技术的发展，对不同生理条件下细胞中基因转录不同阶段的CTD磷酸化修饰进行时空动态分析，对于理解基因转录的基本机制至关重要。

参考文献

[1] Said N, Hilal T, Sunday N D, Khatri A, Burger J, Mielke T, Belogurov G A, Loll B, Sen R, Artsimovitch I, Wahl M C. Steps toward translocation-independent RNA polymerase inactivation by terminator ATPase ρ. Science, 2021, 371 (6524): 44.

[2] Price D H. P-TEFb a cyclin-dependent kinase controlling elongation by RNA polymerase Ⅱ. Molecular and Cellular Biology, 2000, 20: 2629-2634.

[3] Cramer P. Multisubunit RNA polymerases. Current Opinion in Structural Biology, 2002, 12: 89-97.

[4] (a) Hampsey M. Molecular genetics of the RNA polymerase Ⅱ general transcriptional machinery. Microbiology and Molecular Biology Reviews, 1998, 62: 465-503; (b) Sharma N, Kumari R. Rpb4 and Rpb7: multifunctional subunits of RNA polymerase Ⅱ. Critical Reviews in Microbiology, 2013, 39 (4): 362-372.

[5] Thomas M C, Chiang C M. The general transcription machinery and general cofactors. Critical Reviews in Biochemistry and Molecular Biology, 2006, 41 (3): 105-178.

[6] Shandilya J, Roberts S G. The transcription cycle in eukaryotes: From productive initiation to RNA polymerase Ⅱ recycling. Biochimica et Biophysica Acta, 2012, 1819 (5): 391-400.

[7] (a) Core L, Adelman K. Promoter-proximal pausing of RNA polymerase Ⅱ: A nexus of gene regulation. Genes & Development, 2019, 33 (15-16): 960-982; (b) Gilmour D S, John T, Lis J T. RNA Polymerase Ⅱ Interacts with the Promoter Region of the Noninduced hsp70 Gene in Drosophila melanogaster Cells. Molecular and Cellular Biology, 1986, 6: 3984-3989.

[8] (a) Muse G W, Gilchrist D A, Nechaev S, Shah R, Parker J S, Grissom S F, Zeitlinger J, Adelman K. RNA polymerase is poised for activation across the genome. Nature Genetics, 2007, 39 (12): 1507-1511; (b) Kerppola T K, Kane C M. RNA polymerase: regulation of transcript elongation and termination. FASEB J, 1991, 5: 2833-2842; (c) Wright S. Regulation of eukaryotic gene expression by transcriptional attenuation. Molecular Biology of the Cell, 1993, 4: 661-668; (d) Bentley D L. Regulation of transcriptional elongation by RNA polymerase Ⅱ. Current Opinion in Genetics and Development, 1995, 5: 210-216.

[9] Strobl L J, Eick D. Hold back of RNA polymerase 11 at the transcription start site mediates down-regulation of c-myc in vivo. The EMBO Journal, 1992, 11: 3307-3314.

[10] Collart M A, Tourkine N, Belin D, Vassalli P, Jeanteur P, Blanchard J M. c-fos gene transcription in murine macrophages is modulated by a calcium-dependent block to elongation in intron 1. Molecular and Cellular Biology, 1991, 11: 2826-2831.

[11] Chinsky J M, Maa M C, Ramamurthy V, Kellems R E. Adenosine deaminase gene expression: tissue-dependent regulation of transcriptional elongation. The Journal of Biological Chemistry, 1989, 264: 14561-14565.

[12] Kessler M, Ben-Asher E, Alon Y. Elements modulating the block of transcription elongation at the adenovirus 2 attenuation site. The Journal of Biological Chemistry, 1989, 264: 9785-9790.

[13] Kessler M, Ben-Asher E, Resenkov O, Hatini V, Bengal E, Alon Y. A 21-base pair DNA fragment directs transcription attenuation within the simian virus 40 late leader. The Journal of Biological Chemistry, 1991, 266: 13019-13027.

[14] Krauskopf A, Bengal E, Aloni Y. The block to transcription elongation at the minute virus of mice attenuator is regulated by cellular elongation factors. Molecular and Cellular Biology, 1991, 11: 3515-3521.

[15] Feinberg M B, Baltimore D, Frankel A D. The role of Tat in the human immunodeficiency virus life cycle indicates a primary effect on transcriptional elongation. Proc Natl Acad Sci USA, 1991, 88: 4045-4049.

[16] Core L J, Waterfall J J, Lis J T. Nascent RNA sequencing reveals widespread pausing and divergent initiation at human promoters. Science, 2008, 322: 1845-1848.

[17] Muniz L, Nicolas E, Trouche D. RNA polymerase Ⅱ speed: A key player in controlling and adapting transcriptome composition. EMBO J, 2021, 40 (15): e105740.

[18] Marshall N F, Price D H. Purification of P-TEFb a transcription factor required for the transition into productive elongation. The Journal of Biological Chemistry, 1995, 270: 12335-12338.

[19] Marshall N F, Peng J, Xie Z, Price D H. Control of RNA polymerase Ⅱ elongation potential by a novel carboxyl-terminal domain Kinase. The Journal of Biological Chemistry, 1996, 271: 27176-27183.

[20] Nicholasf M, Davidh P. Control of formation of two distinct classes of RNA polymerase Ⅱ elongation complexes. Molecular and Cellular Biology, 1992, 12 (5): 2078-2090.

[21] Wada T, Takagi T, Yamaguchi Y, Ferdous A, Imai T, Hirose S, Sugimoto S, Yano K, Hartzog G A, Winston F, Buratowski S, Handa H. DSIF a novel transcription elongation factor that regulates RNA polymerase Ⅱ processivity is composed of human Spt4 and Spt5 homologs. Genes & Development, 1998, 12: 343-356.

[22] Yamaguchi Y, Takagi T, Wada T, Yano K, Furuya A, Sugimoto S, Hasegawa J, Handa H. NELF a multisubunit complex containing RD cooperates with DSIF to repress RNA polymerase Ⅱ elongation. Cell, 1999, 97: 41-51.

[23] Luger K, Mäder A W, Richmond R K, Sargent D F, Richmond T J. Crystal structure of the nucleosome core particle at 2.8 Å resolution. Nature, 1997, 389: 251-260.

[24] Rando O J, Winston F. Chromatin and transcription in yeast. Genetics, 2012, 190 (2): 351-387.

[25] Buratowski S. Progression through the RNA polymerase Ⅱ CTD cycle. Molecular Cell, 2009, 36 (4): 541-546.

[26] (a) Allison L A, Wong J K C, Fitzpatrick V D, Moyle M, Ingles C J. The C-terminal domain of the largest subunit of RNA polymerase Ⅱ of saccharomyces cerevisiae drosophila melanogaster and mammals: a conserved structure with an essential function. Molecular and Cellular Biology, 1988, 8: 321-329; (b) Dahmus M E. Phosphorylation of the C-terminal domain of RNA polymerase Ⅱ. Biochimica et Biophysica Acta, 1995, 1261: 171-182.

[27] Egloff S, Murphy S. Cracking the RNA polymerase Ⅱ CTD code. Trends in Genetics : TIG, 2008, 24 (6): 280-288.

[28] Eick D, Geyer M. The RNA polymerase Ⅱ carboxy-terminal domain (CTD) code. Chemical Reviews, 2013, 113 (11): 8456-8490.

[29] Meinhart A, Kamenski T, Hoeppner S, Baumli S, Cramer P. A structural perspective of CTD function. Genes & Development, 2005, 19: 1401-1415.

[30] Hnisz D, Shrinivas K, Young R A, Chakraborty A K, Sharp P A. A phase separation model for transcriptional control. Cell, 2017, 169 (1): 13-23.

[31] Glover-Cutter K, Larochelle S, Erickson B, Zhang C, Shokat K, Fisher R P, Bentley D L. TFIIH-associated CDK7 kinase functions in phosphorylation of C-terminal domain Ser7 residues promoter-proximal pausing and termination by RNA polymerase Ⅱ. Mol Cell Biol, 2009, 29 (20): 5455-5464.

[32] Tsai K L, Sato S, Tomomori-Sato C, Conaway R C, Conaway J W, Asturias F J. A conserved Mediator-CDK8 kinase module association regulates mediator-RNA polymerase Ⅱ interaction. Nature Structural & Molecular Biology, 2013, 20 (5): 611-619.

[33] Davis M A, Larimore E A, Fissel B M, Swanger J, Taatjes D J, Clurman B E. The SCF-Fbw7 ubiquitin ligase degrades MED13 and MED13L and regulates CDK8 module association with Mediator. Genes & Development, 2013, 27 (2): 151-156.

[34] Schneider E V, Bottcher J, Blaesse M, Neumann L, Huber R, Maskos K. The structure of CDK8/CycC implicates specificity in the CDK/cyclin family and reveals interaction with a deep pocket binder. Journal of Molecular Biology, 2011, 412 (2): 251-266.

[35] (a) Marshall N F, Peng J, Xie Z, Price D H. Control of RNA polymerase Ⅱ elongation potential by a novel carboxyl-terminal domain kinase. J Biol Chem, 1996, 271 (43): 27176-27183; (b) Chao S H, Price D H. Flavopiridol inactivates P-TEFb and blocks most RNA polymerase Ⅱ transcription in vivo. J Biol Chem, 2001, 276 (34): 31793-31799.

[36] (a) Jones J C, Phatnani H P, Haystead T A, MacDonald J A, Alam S M, Greenleaf A L. C-terminal repeat domain kinase Ⅰ phosphorylates Ser2 and Ser5 of RNA polymerase Ⅱ C-terminal domain repeats. J Biol Chem, 2004, 279 (24): 24957-24964; (b) Ghamari A, van de Corput M P, Thongjuea S, van Cappellen W A, van Ijcken W, van Haren J, Soler E, Eick D, Lenhard B, Grosveld F G. In vivo live imaging of RNA polymerase Ⅱ transcription factories in primary cells. Genes & Development, 2013, 27 (7): 767-777.

[37] Bartkowiak B, Liu P D, Phatnani H P, Fuda N J, Cooper J J, Price D H, Adelman K, Lis J T, Greenleaf A L. CDK12 is a transcription elongation-associated CTD kinase the metazoan ortholog of yeast Ctk1. Genes & Development, 2010, 24 (20): 2303-2316.

[38] Blazek D, Kohoutek J, Bartholomeeusen K, Johansen E, Hulinkova P, Luo Z P, Cimermancic P, Ule J, Peterlin B M. The Cyclin K/Cdk12 complex maintains genomic stability via regulation of expression of DNA damage response genes. Genes & Development, 2011, 25 (20): 2158-2172.

[39] (a) Corinna H, Martin H, Frederic K, Nicolas D, Marta G, Ivo G, Romain F, Pierre F, Andrew F, Elisabeth K, Rob D C, Jean C A, Eick D. Threonine-4 of mammalian RNA polymerase Ⅱ CTD is targeted by Polo-like kinase 3 and required for transcriptional elongation. The EMBO Journal, 2012, 31: 2784-2797; (b) Hsin J P, Sheth A, Manley J. L. RNAP Ⅱ CTD Phosphorylated on Threonine-4 Is Required for Histone mRNA 3′ End Processing. Science, 2011, 334 (6056): 683-686.

[40] Baskaran R, Dahmus M E, Wang J Y. Tyrosine phosphorylation of mammalian RNA polymerase Ⅱ carboxyl-terminal domain. Proc Natl Acad Sci, 1993, 90: 11167-11171.

[41] Cossa G, Parua P K, Eilers M, Fisher R P. Protein phosphatases in the RNAPI Ⅱ transcription cycle: Erasers sculptors gatekeepers and potential drug targets. Genes & Development, 2021, 35 (9-10): 658-676.

[42] Dingar D, Tu W B, Resetca D, Lourenco C, Tamachi A, De Melo J, Houlahan K E, Kalkat M, Chan P K, Boutros P C, Raught B, Penn L Z. MYC dephosphorylation by the PP1/PNUTS phosphatase complex regulates chromatin binding and protein stability. Nature Communications, 2018, 9 (1): 3502.

[43] Cho H, Kim T K, Mancebo H, Lane W S, Flores O, Reinberg D. A protein phosphatase functions to recycle RNA polymerase Ⅱ. Genes & Development, 1999, (13): 1540-1552.

[44] Kobor M S, Simon L D, Omichinski J, Zhong G Q, Archambault, Greenblatt J. A motif shared by TFIIF and TFIIB mediates their interaction with the RNA polymerase Ⅱ carboxy-terminal domain phosphatase Fcp1p in saccharomyces cerevisiae. Molecular and Cellular Biology, 2000, 20: 7438-7449.

[45] Schwer B, Ghosh A, Sanchez A M, Lima C D, Shuman S. Genetic and structural analysis of the essential fission yeast RNA polymerase Ⅱ CTD phosphatase Fcp1. RNA, 2015, 21 (6): 1135-1146.

[46] Yeo M, Lin P S, Dahmus M E, Gill G N. A novel RNA polymerase Ⅱ C-terminal domain phosphatase that preferentially dephosphorylates serine 5. J Biol Chem, 2003, 278 (28): 26078-26085.

[47] Gibney P A, Fries T, Bailer S M, Morano K A. Rtr1 is the Saccharomyces cerevisiae homolog of a novel family of RNA polymerase Ⅱ-binding proteins. Eukaryotic Cell, 2008, 7 (6): 938-948.

[48] Egloff S, Zaborowska J, Laitem C, Kiss T, Murphy S. Ser7 phosphorylation of the CTD recruits the RPAP2 Ser5 phosphatase to snRNA genes. Molecular Cell, 2012, 45 (1): 111-122.

[49] Ni Z Y, Xu C, Guo X H, Hunter G O, Kuznetsova O V, Tempel W, Marcon E, Zhong G Q, Guo H B, Kuo W W, Li J, Young P, Olsen J B, Wan C H, Loppnau P, El Bakkouri M, Senisterra G A, He

H, Huang H, Sidhu S S, Emili A, Murphy S, Mosley A L, Arrowsmith C H, Min J, Greenblatt J F. RPRD1A and RPRD1B are human RNA polymerase Ⅱ C-terminal domain scaffolds for Ser5 dephosphorylation. Nature Structural & Molecular Biology, 2014, 21 (8): 686-695.

[50] Liu C F, Zhang W H, Xing W G. Diverse and conserved roles of the protein Ssu72 in eukaryotes: From yeast to higher organisms. Current Genetics, 2021, 67 (2): 195-206.

[51] Sun Z W, Hampsey M. Synthetic enhancement of a TFIIB defect by a mutation in SSU72 an essential yeast gene encoding a novel protein that affects transcription start site selection *in vivo*. Molecular and Cellular Biology, 1996, 16: 1557-1566.

[52] Krishnamurthy S, He X Y, Reyes-Reyes M, Moore C, Hampsey M. Ssu72 is an RNA polymerase Ⅱ CTD phosphatase. Molecular Cell, 2004, 14 (3): 387-394.

[53] Tan-Wong S M, Zaugg J B, Camblong J, Xu Z Y, Zhang D W, Mischo H E, Ansari A Z, Luscombe N M, Steinmetz L M, Proudfoot N J. Gene loops enhance transcriptional directionality. Science, 2012, 338 (6107): 671-675.

[54] Cossa G, Roeschert I, Prinz F, Baluapuri A, Silveira-Vidal R, Schulein-Volk C, Chang Y C, Ade C P, Mastrobuoni G, Girard C, Wortmann L, Walz S, Luhrmann R, Kempa S, Kuster B, Wolf E, Mumberg D, Eilers M. Localized inhibition of protein phosphatase 1 by NUAK1 promotes spliceosome activity and reveals a MYC-sensitive feedback control of transcription. Molecular Cell, 2020, 77 (6): 1322-1339.

[55] Parua P K, Booth G T, Sanso M, Benjamin B, Tanny J C, Lis J T, Fisher R P. A Cdk9-PP1 switch regulates the elongation-termination transition of RNA polymerase Ⅱ. Nature, 2018, 558 (7710): 460-464.

[56] Sen I, Zhou X, Chernobrovkin A, Puerta-Cavanzo N, Kanno T, Salignon J, Stoehr A, Lin X X, Baskaner B, Brandenburg S, Bjorkegren C, Zubarev R A, Riedel C G. DAF-16/FOXO requires Protein Phosphatase 4 to initiate transcription of stress resistance and longevity promoting genes. Nature Communications, 2020, 11 (1): 138.

[57] Parua P K, Kalan S, Benjamin B, Sanso M, Fisher R P. Distinct Cdk9-phosphatase switches act at the beginning and end of elongation by RNA polymerase Ⅱ. Nature Communications, 2020, 11 (1): 4338.

[58] Huang K L, Jee D, Stein C B, Elrod N D, Henriques T, Mascibroda L G, Baillat D, Russell W K, Adelman K, Wagner E J. Integrator recruits protein phosphatase 2A to prevent pause release and facilitate transcription termination. Molecular Cell, 2020, 80 (2): 345-358.

[59] Zheng H, Qi Y L, Hu S B, Cao X, Xu C L, Yin Z N, Chen X Z, Li Y, Liu W D, Li J, Wang J W, Wei G, Liang K W, Chen F X, Xu Y H. Identification of integrator-PP2A complex (INTAC) an RNA polymerase Ⅱ phosphatase. Science, 2020, 370 (6520): 1059.

[60] Vervoort S J, Welsh S A, Devlin J R, Barbieri E, Knight D A, Offley S, Bjelosevic S, Costacurta M, Todorovski I, Kearney C J, Sandow J J, Fan Z, Blyth B, McLeod V, Vissers J H A, Pavic K, Martin B P, Gregory G, Demosthenous E, Zethoven M, Kong I Y, Hawkins E D, Hogg S J, Kelly M J, Newbold A, Simpson K J, Kauko O, Harvey K F, Ohlmeyer M, Westermarck J, Gray N, Gardini A, Johnstone R W. The PP2A-Integrator-CDK9 axis fine-tunes transcription and can be targeted therapeutically in cancer. Cell, 2021, 184 (12): 3143-3162.

[61] Zhu Y, Pe'ery T, Peng J, Ramanathan Y, Marshall N, Marshall T, Amendt B, Mathews M B, Price D H. Transcription elongation factor P-TEFb is required for HIV-1 Tat transactivation in vitro. Genes & Development, 1997, 11: 2622-2632.

[62] Peng J, Marshall N F, Price D H. Identification of a cyclin subunit required for the function of drosophila P-TEFb. The Journal of Biological Chemistry, 1998, 273: 13855-13860.

[63] (a) Peng J, Zhu Y, Milton J T, Price D H. Identification of multiple cyclin subunits of human P-TEFb. Genes & Development, 1998, 12: 755-762; (b) Wei P, Garber M E, Fang S M, Fischer W H, Jones K A. A novel CDK9-associated C-type cyclin interacts directly with HIV-1 tat and mediates its high-affinity, loop-specific binding to TAR RNA. Cell, 1998, 92: 451-462; (c) Fu T J, Peng J, Lee G, Price D H, Flores O. Cyclin K functions as a CDK9 regulatory subunit and participates in RNA

polymerase Ⅱ transcription. The Journal of Biological Chemistry, 1999, 274: 34527-34530.

[64] (a) Taube R, Lin X, Irwin D, Fujinaga K, Peterlin B M. Interaction between P-TEFb and the C-terminal domain of RNA polymerase Ⅱ activates transcriptional elongation from sites upstream or downstream of target genes. Mol Cell Biol, 2002, 22 (1): 321-331; (b) Lu H S, Yu D, Hansen A S, Ganguly S, Liu R D, Heckert A, Darzacq X, Zhou Q. Phase-separation mechanism for C-terminal hyperphosphorylation of RNA polymerase Ⅱ. Nature, 2018, 558 (7709): 318-323.

[65] Malumbres M. Cyclin-dependent kinases. Malumbres Genome Biology, 2014, 15: 122-131.

[66] Liu H B, Herrmann C H. Differential localization and expression of the Cdk9 42k and 55k isoforms. Journal of Cellular Physiology, 2005, 203 (1): 251-260.

[67] Soutourina J. Transcription regulation by the Mediator complex. Nature Reviews Molecular Cell Biology, 2018, 19 (4): 262-274.

[68] (a) Peterlin B M, Price D H. Controlling the elongation phase of transcription with P-TEFb. Molecular Cell, 2006, 23 (3): 297-305; (b) Bacon C W, D'Orso I. CDK9: A signaling hub for transcriptional control. Transcription, 2019, 10 (2): 57-75.

[69] Shim E Y, Walker A K, Shi Y, Blackwell T K. CDK-9/cyclin T (P-TEFb) is required in two postinitiation pathways for transcription in the C. elegans embryo. Genes & Development, 2002, 16: 2135-2146.

[70] (a) Wada T, Takagi T, Yamaguchi Y, Watanabe D, Handa H. Evidence that P-TEFb alleviates the negative effect of DSIF on RNA polymerase Ⅱ-dependent transcription *in vivo*. The EMBO Journal, 1998, 17: 7395-7403; (b) Wada T, Orphanides G, Hasegawa J, Kim D K, Shima D, Yamaguchi Y, Fukuda A, Hisatake K, Oh S, Reinberg D, Handa H. Fact relieves DSIF/NELF-mediated inhibition of transcriptional elongation and reveals functional differences between P-TEFb and TFIIH. Molecular Cell, 2000, 5: 1067-1072; (c) Gilchrist D A, Nechaev S, Lee C, Ghosh S K, Collins J B, Li L, Gilmour D S, Adelman K. NELF-mediated stalling of Pol Ⅱ can enhance gene expression by blocking promoter-proximal nucleosome assembly. Genes & Development, 2008, 22 (14): 1921-1933; (d) Gilchrist D A, Dos Santos G, Fargo D C, Xie B, Gao Y, Li L P, Adelman K. Pausing of RNA polymerase Ⅱ disrupts DNA-specified nucleosome organization to enable precise gene regulation. Cell, 2010, 143 (4): 540-551.

[71] Zhou Q, Yik J H. The Yin and Yang of P-TEFb regulation: implications for human immunodeficiency virus gene expression and global control of cell growth and differentiation. Microbiology and Molecular Biology Reviews : MMBR, 2006, 70 (3): 646-659.

[72] Zhou Q, Li T, Price D H. RNA polymerase Ⅱ elongation control. Annual Review of Biochemistry, 2012, 81: 119-143.

[73] Wassarman D A, Steitz J A. Structural analyses of the 7SK ribonucleoprotein (RNP) the most abundant human small RNP of unknown function. Molecular and Cellular Biology, 1991, 11: 3432-3445.

[74] (a) Kumar S, Orsini M J, Lee J C, McDonnell P C, Debouck C, Young P R. Activation of the HIV-1 long terminal repeat by cytokines and environmental stress requires an active CSBP/p38 MAP kinase. The Journal of Biological Chemistry, 1996, 271: 30864-30869; (b) Cassé C, Giannoni F, Nguyen V T, Dubois M F, Bensaude O. The transcriptional inhibitors actinomycin D and α-amanitin activate the HIV-1 promoter and favor phosphorylation of the RNA polymerase Ⅱ C-terminal domain. The Journal of Biological Chemistry, 1999, 274: 16097-16106.

[75] Yang Z Y, Zhu Q W, Luo K X, Zhou Q. The 7SK small nuclear RNA inhibits the CDK9/cyclin T1 kinase to control transcription. Nature, 2001, 414: 317-322.

[76] Nguyen V T, Kiss T, Michels A A, Bensaude O. 7SK small nuclear RNA binds to and inhibits the activity of CDK9/cyclin T complexes. Nature, 2001, 414: 322-325.

[77] (a) Michels A A, Nguyen V T, Fraldi A, Labas V, Edwards M, Bonnet F, Lania L, Bensaude O. MAQ1 and 7SK RNA interact with CDK9/cyclin T complexes in a transcription-dependent manner. Molecular and Cellular Biology, 2003, 23 (14): 4859-4869; (b) Yik J H N, Chen R, Nishimura R, Jennings J L,

Link A J, Zhou Q. Inhibition of P-TEFb (CDK9/cyclin T) kinase and RNA polymerase Ⅱ transcription by the coordinated actions of HEXIM1 and 7SK snRNA. Molecular Cell, 2003, 12: 971-982.
[78] (a) Byers S A, Price J P, Cooper J J, Li Q, Price D H. HEXIM2 a HEXIM1-related protein regulates positive transcription elongation factor b through association with 7SK. J Biol Chem, 2005, 280 (16): 16360-16367; (b) Yik J H, Chen R C, Pezda A C, Zhou Q. Compensatory contributions of HEXIM1 and HEXIM2 in maintaining the balance of active and inactive P-TEFb complexes for control of transcription. Journal of Biological Chemistry, 2005, 280: 16368-16376.
[79] Li Q T, Price J P, Byers S A, Cheng D M, Peng J M, Price D H. Analysis of the large inactive P-TEFb complex indicates that it contains one 7SK molecule a dimer of HEXIM1 or HEXIM2 and two P-TEFb molecules containing Cdk9 phosphorylated at threonine 186. J Biol Chem, 2005, 280 (31): 28819-28826.
[80] Chen R C, Yang Z Y, Zhou Q. Phosphorylated positive transcription elongation pactor b (P-TEFb) is tagged for inhibition through association with 7SK snRNA. Journal of Biological Chemistry, 2004, 279 (6): 4153-4160.
[81] (a) Yik J H, Chen R C, Pezda A C, Samford C S, Zhou Q. A human immunodeficiency virus type 1 Tat-like arginine-rich RNA-binding domain is essential for HEXIM1 to inhibit RNA polymerase Ⅱ transcription through 7SK snRNA-mediated inactivation of P-TEFb. Molecular and Cellular Biology, 2004, 24 (12): 5094-5105; (b) Barboric M, Yik J H, Czudnochowski N, Yang Z Y, Chen R C, Contreras X, Geyer M, Matija Peterlin B, Zhou Q. Tat competes with HEXIM1 to increase the active pool of P-TEFb for HIV-1 transcription. Nucleic Acids Research, 2007, 35 (6): 2003-2012.
[82] Biewenga P, Buist M R, Moerland P D, Ver Loren Van Themaat E, van Kampen A H, ten Kate F J, Baas F. Gene expression in early stage cervical cancer. Gynecologic Oncology, 2008, 108 (3): 520-526.
[83] Bayfield M A, Yang R Q, Maraia R J. Conserved and divergent features of the structure and function of La and La-related proteins (LARPs). Biochimica et Biophysica Acta (BBA)- Gene Regulatory Mechanisms, 2010, 1799 (5-6): 365-378.
[84] (a) He N H, Jahchan N S, Hong E, Li Q, Bayfield M A, Maraia R J, Luo K X, Zhou Q. A La-related protein modulates 7SK snRNP integrity to suppress P-TEFb-dependent transcriptional elongation and tumorigenesis. Mol Cell, 2008, 29 (5): 588-599; (b) Markert A, Grimm M, Martinez J, Wiesner J, Meyerhans A, Meyuhas O, Sickmann A, Fischer U. The La-related protein LARP7 is a component of the 7SK ribonucleoprotein and affects transcription of cellular and viral polymerase Ⅱ genes. EMBO Reports, 2008, 9 (6): 569-575.
[85] Krueger B J, Jeronimo C, Roy B B, Bouchard A, Barrandon C, Byers S A, Searcey C E, Cooper J J, Bensaude O, Cohen E A, Coulombe B, Price D H. LARP7 is a stable component of the 7SK snRNP while P-TEFb HEXIM1 and hnRNP A1 are reversibly associated. Nucleic Acids Res, 2008, 36 (7): 2219-2229.
[86] (a) Shumyatsky G P, Tillib S V, Kramerov D A. B2 RNA and 7SK RNA RNA polymerase Ⅲ transcripts have a cap-like structure at their 5' end. Nucleic Acids Research, 1990, 18: 6347-6351; (b) Gupta S, Busch R K, Singh R, Reddy R. Characterization of U6 small nuclear RNA cap-specific antibodies: identification of T-monomethyl-GTP cap structure in 7SK and several other human small RNAs. Journal of Biological Chemistry, 1990, 265: 19137-19142; (c) Shuman S. Transcriptional Networking Cap-tures the 7SK RNA 5'-γ-Methyltransferase. Molecular Cell, 2007, 27 (4): 517-519.
[87] Jeronimo C, Forget D, Bouchard A, Li Q T, Chua G, Poitras C, Thérien C, Bergeron D, Bourassa S, Greenblatt J, Chabot B, Poirier G G, Hughes T R, Blanchette M, Price D H, Coulombe B. Systematic analysis of the protein interaction network for the human transcription machinery reveals the identity of the 7SK capping enzyme. Molecular Cell, 2007, 27 (2): 262-274.
[88] Muniz L, Egloff S, Kiss T. RNA elements directing in vivo assembly of the 7SK/MePCE/Larp7 transcriptional regulatory snRNP. Nucleic Acids Research, 2013, 41 (8): 4686-4698.
[89] Xue Y H, Yang Z Y, Chen R C, Zhou Q. A capping-independent function of MePCE in stabilizing 7SK

snRNA and facilitating the assembly of 7SK snRNP. Nucleic Acids Research, 2009, 38 (2): 360-369.
[90] Brogie J E, Price D H. Reconstitution of a functional 7SK snRNP. Nucleic Acids Research, 2017, 45 (11): 6864-6880.
[91] Elagib K E, Rubinstein J D, Delehanty L L, Ngoh V S, Greer P A, Li S, Lee J K, Li Z, Orkin S H, Mihaylov I S, Goldfarb A N. Calpain 2 activation of P-TEFb drives megakaryocyte morphogenesis and is disrupted by leukemogenic GATA1 mutation. Developmental Cell, 2013, 27 (6): 607-620.
[92] Lee S, Liu H L, Hill R, Chen C J, Hong X, Crawford F, Kingsley M, Zhang Q Q, Liu X J, Chen Z Z, Lengeling A, Bernt K M, Marrack P, Kappler J, Zhou Q, Li C Y, Xue Y H, Hansen K, Zhang G Y. JMJD6 cleaves MePCE to release positive transcription elongation factor b (P-TEFb) in higher eukaryotes. Elife, 2020 (9): 53930.
[93] Shelton S B, Shah N M, Abell N S, Devanathan S K, Mercado M, Xhemalce B. Crosstalk between the RNA methylation and histone-binding activities of MePCE regulates P-TEFb activation on chromatin. Cell Rep, 2018, 22 (6): 1374-1383.
[94] Lu H S, Li Z C, Xue Y H, Zhou Q. Viral-Host Interactions That control HIV-1 transcriptional elongation. Chem Rev, 2013, 113: 8567-8582.
[95] Hsu C H. Calcium and phosphate metabolism management in chronic renal disease. Springer, 2006.
[96] (a) Mancebo H S Y, Lee G, Flygare J, Tomassini J, Luu P, Zhu Y R, Peng J M, Blau C, Hazuda D, Price D, Flores O. P-TEFb kinase is required for HIV Tat transcriptional activation in vivo and in vitro. Genes & Development, 1997, 11 (20): 2633-2644; (b) Wei P, Garber M E, Fang S M, Fischer W H, Jones K A. A novel CDK9-associated C-type cyclin interacts directly with HIV-1 Tat and mediates its high-affinity loop-specific binding to TAR RNA. Cell, 1998, 92 (4): 451-462; (c) Zhu Y R, Peery T, Peng T M, Ramanathan Y, Marshall N, Marshall T, Amendt B, Mathews M B, Price D H. Transcription elongation factor P-TEFb is required for HIV-1 Tat transactivation in vitro. Genes & Development, 1997, 11 (20): 2622-2632.
[97] Rice A P, Herrmann C H. Regulation of TAK/P-TEFb in CD4(+) T lymphocytes and macrophages. Current Hiv Research, 2003, 1 (4): 395-404.
[98] (a) Fujinaga K, Taube R, Wimmer J, Cujec T P, Peterlin B M. Interactions between human cyclin T Tat and the transactivation response element (TAR) are disrupted by a cysteine to tyrosine substitution found in mouse cyclin T. Proc Nati Acad Sci USA, 1999, 96 (4): 1285-1290; (b) Ivanov D, Kwak Y T, Nee E, Guo J, Garcia-Martinez L F, Gaynor R B. Cyclin T1 domains involved in complex formation with Tat and TAR RNA are critical for tat-activation. Journal of Molecular Biology, 1999, 288 (1): 41-56.
[99] O'Keeffe B, Fong Y, Chen D, Zhou S, Zhou Q. Requirement for a kinase-specific chaperone pathway in the production of a Cdk9/cyclin T1 heterodimer responsible for P-TEFb-mediated tat stimulation of HIV-1 transcription. Journal of Biological Chemistry, 2000, 275 (1): 279-287.
[100] (a) Jones K A. Taking a new TAK on Tat transactivation. Genes & Development, 1997, 11: 2593-2599; (b) Chen D, Fong Y, Zhou Q. Specific interaction of Tat with the human but not rodent P-TEFb complex mediates the species-specific Tat activation of HIV-1 transcription. PNAS, 1999, 96: 2728-2733.
[101] He N H, Liu M, Hsu J, Xue Y H, Chou S, Burlingame A, Krogan N J, Alber T, Zhou Q. HIV-1 Tat and host AFF4 recruit two transcription elongation factors into a bifunctional complex for coordinated activation of HIV-1 transcription. Molecular Cell, 2010, 38 (3): 428-438.
[102] Shilatifard A, Duan D R, Haque D, Florence C, Schubach W H, Conaway J, Conaway R C. ELL2 a new member of an ELL family of RNA polymerase Ⅱ elongation factors. PNAS, 1997, 94: 3639-3643.
[103] Liu M, Hsu J, Chan C, Li Z C, Zhou Q. The ubiquitin ligase Siah1 controls ELL2 stability and formation of super elongation complexes to modulate gene transcription. Molecular Cell, 2012, 46 (3): 325-334.
[104] He N H, Chan C K, Sobhian B, Chou S, Xue Y H, Liu M, Alber T, Benkirane M, Zhou Q. Human Polymerase-Associated Factor complex (PAFc) connects the Super Elongation Complex (SEC) to

RNA polymerase Ⅱ on chromatin. PNAS, 2011, 108: 636-645.
[105] Chou S, Upton H, Bao K, Schulze-Gahmen U, Samelson A J, He N H, Nowak A, Lu H, Krogan N J, Zhou Q, Alber T. HIV-1 Tat recruits transcription elongation factors dispersed along a flexible AFF4 scaffold. Proc Natl Acad Sci USA, 2013, 110 (2): E123-E131.
[106] Lu H S, Li Z C, Xue Y, Schulze-Gahmen U, Johnson J R, Krogan N J, Alber T, Zhou Q. AFF1 is a ubiquitous P-TEFb partner to enable Tat extraction of P-TEFb from 7SK snRNP and formation of SECs for HIV transactivation. Proc Natl Acad Sci USA, 2014, 111 (1): E15-E24.
[107] (a) Slany R K. The molecular biology of mixed lineage leukemia. Haematologica-the Hematology Journal, 2009, 94 (7): 984-993; (b) Lin C Q, Smith E R, Takahashi H, Lai K C, Martin-Brown S, Florens L, Washburn M P, Conaway J W, Conaway R C, Shilatifard A. AFF4, a component of the ELL/P-TEFb elongation complex and a shared subunit of MLL chimeras can link transcription elongation to leukemia. Molecular Cell, 2010, 37 (3): 429-437; (c) Yokoyama A, Lin M, Naresh A, Kitabayashi I, Cleary M L. A higher-order complex containing AF4 and ENL family proteins with P-TEFb facilitates oncogenic and physiologic MLL-dependent transcription. Cancer Cell, 2010, 17 (2): 198-212; (d) Lu H S, Li Z C, Xue Y H, Zhou Q. Viral-host interactions that control HIV-1 transcriptional elongation. Chemical Reviews, 2013, 113 (11): 8567-8582.
[108] (a) Mochizuki K, Nishiyama A, Jang M K, Dey A, Ghosh A, Tamura T, Natsume H, Yao H, Ozato K. The bromodomain protein Brd4 stimulates G(1) gene transcription and promotes progression to S phase. Journal of Biological Chemistry, 2008, 283 (14): 9040-9048; (b) Yang Z Y, He N H, Zhou Q. Brd4 recruits P-TER to chromosomes at late mitosis to promote G(1) gene expression and cell cycle progression. Molecular and Cellular Biology, 2008, 28 (3): 967-976.
[109] Cheung K L, Kim C, Zhou M M. The functions of BET proteins in gene transcription of biology and diseases. Frontiers in Molecular Biosciences, 2021, 8: 728-777.
[110] Jang M K, Mochizuki K, Zhou M S, Jeong H S, Brady J N, Ozato K. The bromodomain protein Brd4 is a positive regulatory component of P-TEFb and stimulates RNA polymerase Ⅱ -dependent transcription. Molecular Cell, 2005, 19 (4): 523-534.
[111] Liu W, Ma Q, Wong K, Li W B, Ohgi K, Zhang J, Aggarwal A, Rosenfeld M G. Brd4 and JMJD6-associated anti-pause enhancers in regulation of transcriptional pause release. Cell, 2013, 155 (7): 1581-1595.
[112] Li Z C, Guo J, Wu Y T, Zhou Q. The BET bromodomain inhibitor JQ1 activates HIV latency through antagonizing Brd4 inhibition of Tat-transactivation. Nucleic Acids Research, 2013, 41 (1): 277-287.
[113] Chen X Z, Qi Y L, Wu Z H, Wang X X, Li J B, Zhao D, Hou H F, Li Y, Yu Z S, Liu W D, Wang M, Ren Y L, Li Z, Yang H R, Xu Y H. Structural insights into preinitiation complex assembly on core promoters. Science, 2021, 372 (6541): eaba8490.

PHOSPHORUS 磷科学前沿与技术丛书
磷与生命科学

6

磷酸化修饰与细胞程序性坏死

吴晓男

厦门大学药学院

磷元素在生命起源以及细胞的生长、死亡和信号转导等许多生命进程的调控中起关键作用。磷酸化修饰是最为重要的蛋白质修饰类型之一，主要由蛋白激酶和磷酸酶可逆调控。本章将聚焦近年来发现的一种新型程序性细胞死亡形式及其调控过程中的关键激酶，以激酶 RIPK3 介导的磷酸化修饰在细胞程序性坏死中的发现过程、作用机制及其在人类重大疾病发生与发展过程中的病理功能等方面为例，阐述在多细胞生命个体中严格调控的磷酸化事件所具有的重要功能和意义。

6.1 激酶RIPK3

6.1.1 激酶 RIPK3 的发现

RIPK3（receptor-interacting protein kinase 3，受体相互作用的蛋白激酶 3）也被称作 RIP3，在人体中是由 *RIPK3* 基因编码的激酶。1999 年，RIPK3 蛋白在以 RIPK1（receptor-interacting protein kinase 1）激酶作为诱饵进行的酵母双杂交实验中被鉴定发现，其人源的全长蛋白包含 518 个氨基酸（aa）残基，由于其氨基（N）端的激酶结构域与当时已知的 RIPK1 和 RIPK2 蛋白的相应激酶结构域相似，因此被命名为 RIPK3[1-2]。在最初的研究中发现 RIPK3 可以结合 RIPK1，并通过 RIPK1 被募集至肿瘤坏死因子-α（tumor necrosis factor-α，TNF-α）在细胞内的信号转导接头复合体 TNFR1（tumor necrosis factor receptor 1）中。TNFR1 信号复合体主要介导了细胞因子 TNF-α 在胞内的两个关键下游信号事件，包括激活促炎转录因子 NF-κB 和起始细胞程序性凋亡的半胱天冬蛋白酶 caspase-8。因此，最初的RIPK3功能研究也聚焦于NF-κB和细胞凋亡两个方面[1-2]。RIPK3在体外可以进行自磷酸化修饰，具有激酶活性[2]。在最初的研究中，RIPK3因为其与RIPK1的相互作用被发现，也因其与RIPK1的相似性而被命名，其研究也基于RIPK1的已知功能而开展。

6.1.2 RIPK3的C端同源结构域——RHIM结构域

虽然RIPK3与RIPK1的同源结构域位于其蛋白的N端，也具有激酶活性，但是RIPK3的N端激酶结构域对于其与RIPK1的结合并不是必需的。相反，蛋白免疫共沉淀实验数据显示RIPK3蛋白的羧基(C)端对于其与RIPK1的结合是必需的，缺失C末端的413～518aa会导致其无法结合RIPK1蛋白。含有224～518aa的C端区域的RIPK3截短体足以结合RIPK1[1-2]。早期的研究表明RIPK3的N端激酶结构域和激酶活性对于细胞启动程序性凋亡不是必需的，其独特的C端结构域负责与RIPK1结合，可以触发细胞的程序性凋亡发生[1-3]。

对RIPK3和RIPK1蛋白C端结构域的氨基酸序列分析显示，其中含有一段16个氨基酸的同源序列。随后，Dixit课题组通过设计并构建一系列点突变实验，证实该16个核心氨基酸序列对于RIPK3和RIPK1的相互结合是必需的，定义了RIP同源相互作用结构域(RIP homotypic interaction motif，RHIM)，该16个同源氨基酸序列构成了RHIM结构域的核心。体外培养的细胞实验结果显示RIPK3的RHIM结构域和激酶活性都参与了其对RIPK1和TNFR1介导的NF-κB活性的限制[4]。

6.1.3 *Ripk3*基因敲除的小鼠

2002年，Dixit团队认为此前细胞水平实验得到的RIPK3促进或抑制NF-κB信号的结论存在争议，因此构建了*Ripk3*基因敲除的小鼠。发

现 *Ripk3* 的敲除并不会影响小鼠的发育，并证实 *Ripk3* 缺失后，既不影响抗原诱导的 T 细胞抗体产生，也不影响 LPS(lipopolysaccharide) 诱导的 IL-1β(interleukin-1β)、IL-6(interleukin-6) 和 TNF-α 等炎症因子的产生。因此，RIPK3 被认为不是参与 NF-κB 信号通路调控的关键分子[5]，RIPK3 成为一个看似无关紧要的冗余激酶。然而，从生命过程中生物分子进化的角度考虑，为什么经历了漫长的演化，生命过程中仍然选择保留 *RIPK3* 基因？如果 RIPK3 激酶能调控生命过程，其真正生物功能又是什么呢？这些都是有待揭示的重要科学问题。

6.2 细胞程序性坏死

6.2.1 细胞程序性坏死现象

TNF-α 是一种由活化的巨噬细胞或单核细胞等分泌的多效细胞因子，具有广泛的细胞毒性。1988 年，S. M. Laster 等观察到 TNF-α 除了能诱导程序性细胞凋亡，还会诱发另外一种截然不同的细胞死亡——坏死型细胞死亡(被称为 necrosis 或 necroptosis)。这种死亡具有不同于凋亡的普遍特征，经历坏死型死亡的细胞在形态上不同于凋亡，没有细胞核解体的现象。在显微镜下，发生程序性坏死的细胞质膜经历“像气球一样”的膨胀形态，最后“裂解”死亡[6]。细胞进行广谱的 caspase 抑制剂 z-VAD 处理以阻断凋亡途径，但这种坏死型死亡仍然可以发生[7]。此外，在 caspase-8 的关键衔接蛋白 FADD(fas associated via death domain) 缺陷的人体 T 细胞白血病 Jurkat 细胞中，也可以观察到 TNF-α 诱导细胞坏死的发生[8]。这些早期的研究结果表明细胞的坏死与凋亡是两种本质不同的细胞死亡方式，在凋亡被抑制的情况下，细胞坏死往往可以被观察到。

细胞程序性凋亡由胞内的半胱天冬蛋白酶(caspase)执行[9]。在caspase激活条件下，细胞内的底物蛋白被切割，随后细胞分裂成为许多膜包裹的囊泡(凋亡小体)。据报道，与程序性细胞凋亡清晰的信号途径相比，除了线粒体和活性氧与细胞坏死有关外，TNF-α诱导细胞程序性坏死的分子机制还不清楚，激活后的TNFR1信号复合体如何触发程序性坏死的机制有待深入揭示。

6.2.2 RIPK1激酶活性抑制剂的发现

2000年，J. Tschopp团队发现了RIPK1是细胞因子TNF-α、TRAIL(tumor necrosis factor-related apoptosis-inducing ligand)和Fas/CD95配体诱导坏死细胞死亡的关键激酶。该研究发现Fas配体在没有半胱天冬蛋白酶活性的情况下，仍可以有效杀死活化的原代T细胞，在此过程中可以观察到细胞坏死形态的变化和线粒体的损伤，但没有标志凋亡过程的细胞色素c释放。然而，在缺乏RIPK1的T细胞中，Fas配体诱导的不依赖caspase的死亡则不存在。此外，TNF-α和TRAIL诱导的坏死也被发现需要RIPK1的存在。总之，三种毒性细胞因子TNF-α、TRAIL和Fas/CD95配体可以通过两种途径启动细胞死亡：一种依赖于caspase-8，另一种依赖于RIPK1激酶[10]。

2008年，袁钧瑛团队发现特异性靶向RIPK1激酶活性的小分子抑制剂necrostatin-1(Nec-1)，可以有效阻断RIPK1的自磷酸化活性，并阻断TNF-α诱导的FADD缺陷的Jurkat细胞坏死[11]。Nec-1是首个被发现的靶向程序性细胞坏死(而非凋亡)的特异性小分子抑制剂，被广泛地用于程序性细胞坏死的研究。RIPK1激酶活性介导程序性细胞坏死的发现，开启了程序性细胞坏死研究的序幕。然而在RIPK1激酶调控下程序性坏死信号的传递机制仍有待进一步揭示。

6.3

细胞程序性坏死的开关分子——RIPK3激酶

6.3.1 RIPK3 激活细胞程序性坏死的现象

2006 年，RIPK3 抗体的制备以及基于该抗体的 RIPK3 的亚细胞定位的研究被报道。该研究从鼠源 NIH3T3 细胞中成功克隆了 *Ripk3* 基因，并表达了含有 RIPK3 的 287 ～ 486aa 序列的细菌重组蛋白，同时制备了具有特异性的 RIPK3 兔源多克隆抗体。利用免疫荧光方法，检测了 RIPK3 在 NIH3T3 细胞系中的亚细胞定位，以及 TNF 与 z-VAD 共同处理时对 RIPK3 细胞定位的影响。在 NIH3T3 细胞中，RIPK3 定位于细胞质，受到 z-VAD 和 TNF-α 诱导变化，并报道了 RIPK3 参与 TNF-α 诱导的 caspase 非依赖性细胞死亡信号转导通路 [12]。

随后，吴缅团队发现在细胞凋亡被诱导时 RIPK3 蛋白的第 328 位天冬氨酸残基(D328)位置会被 caspase-8 所切割，这一切割过程可以被泛 caspase 抑制剂 z-VAD 所阻断。在细胞中过量表达全长的 RIPK3 蛋白可以激活 NF-κB，同时可以诱导 caspase 依赖 / 非依赖的细胞死亡。被切割后，RIPK3 的 C 端(329 ～ 518aa)在细胞质中呈现点状或细丝状结构，只能诱导 caspase 依赖的细胞凋亡和 NF-κB 激活活性，并表现出更好的稳定性。RIPK3 的激酶活性缺失突变体(K50A)只能诱导 caspase 依赖的细胞死亡和升高的 NF-κB 活性，表明 RIPK3 的激酶活性对于 caspase 非依赖的细胞坏死是必需的 [13]。

6.3.2 RIPK3 介导细胞程序性坏死的机制

2009 年，多个研究团队同期报道了 RIPK3 激酶参与的程序性细胞坏死的分子机制[14-16]，从不同角度揭示了RIPK3介导的程序性坏死的分子机制。

王晓东团队使用一种模拟Smac蛋白功能的小分子（被称为Smac mimetic）对细胞凋亡过程展开深入研究。Smac mimetic可以和TNF-α一起有效地诱导含有FADD、RIPK1和caspase-8的复合体产生，激活caspase-8活性，进而启动程序性细胞凋亡。意外的是，研究者发现在结直肠癌细胞系HT-29中，Smac mimetic诱导的细胞死亡不会被泛caspase抑制剂z-VAD所阻断，z-VAD的加入反而会加剧细胞死亡。然而，这种死亡却可以被RIPK1的激酶活性抑制剂Nec-1所阻断，表明Smac mimetic与z-VAD共同诱导HT-29细胞发生了程序性坏死。电镜和碘化丙啶染色实验进一步证实了二者诱导的细胞死亡具有典型的坏死细胞形态特征，包括质膜肿胀和屏蔽性丧失等。研究者利用抗TNF-α抗体、siRNA敲低TNFR1和RIPK1等功能丧失型实验，证实了Smac mimetic与z-VAD共同诱导的坏死需要TNF-α、TNFR1和RIPK1等蛋白的参与。随后，利用无偏见的全基因组siRNA筛选，发现RIPK1家族的另一个成员RIPK3是介导程序性坏死所必需的。而且，RIPK3的激酶活性对于坏死的执行必不可少。在小鼠中敲除RIPK3会导致其胚胎成纤维细胞对坏死的抗性和急性胰腺炎造成的组织损伤减少。总之，研究表明RIPK3及其激酶活性是TNF-α细胞因子家族导致细胞坏死的决定性因素之一[15]。

与之相似，韩家淮团队从“异常”的细胞中发现了程序性坏死的开关分子。据报道大多数NIH3T3细胞在TNF-α刺激下会发生程序性凋亡。有趣的是，韩家淮团队注意到文献中报道有一株NIH3T3细胞在TNF-α刺激下会发生程序性坏死。研究者将这一株NIH3T3命名为N细胞，将ATCC来源命名为A细胞，并利用基因芯片方法确定了二者的差异表达基因。RIPK3、Calpain 5、Serpinb1a和Serpinb9b被发现在N细胞中显著高表达，而Calpain 6、Aifm1和Serpine2在A细胞中显著低表达。在N细胞和A细胞中，研究者利用敲低和回补等功能型实验发现RIPK3是NIH3T3细胞坏死或凋亡的关键开关分子，可以切换TNF诱导的细胞死亡进入程序性坏死。RIPK3不影响RIP1介导的细胞凋亡，但是对于

RIP1 介导的和泛 caspase 抑制剂 z-VAD 增强的坏死都是必需的。RIPK3 通过能量代谢调控 ROS 产生，部分地参与促进坏死功能 [14]。

同时期，Francis Ka-Ming Chan 团队也报道了磷酸化驱动的 RIPK1-RIPK3 复合体的形成并调控细胞坏死与病毒诱导的炎症反应。发现 RIPK1 的激酶活性对于坏死和促存活的 NF-κB 信号都是必要的，推测存在特异性介导坏死信号的下游分子。作者利用 RNAi 筛选，发现 RIPK3 激酶是介导 TNF-α 和病毒感染诱导细胞坏死的关键分子。机制上 RIPK3 可以调控 RIPK1 的磷酸化修饰，进而稳定二者的结合，激发促坏死激酶活性以及下游的 ROS 产生。RIPK1-RIPK3 复合物也可以被牛痘病毒(vaccinia virus，VV)感染所诱导产生。缺失 RIPK3 的小鼠会表现为失控的病毒复制而加剧死亡。这一研究表明体内细胞的程序性坏死有利于机体发生炎症反应，清除病毒，有利于宿主个体存活 [16]。

总之，上述一系列的研究成果揭示了 RIPK3 激酶及其活性介导了程序性细胞坏死事件，表明在体内细胞坏死与炎症及其导致的组织损伤和抗病毒免疫具有密切关联。

6.3.3 RIPK3 激酶底物的发现

RIPK3 激酶底物蛋白的鉴定对揭示程序性坏死过程的完整机制至关重要。2012 年，王晓东课题组发现 MLKL 是 RIPK3 下游介导程序性坏死的关键分子。研究发现小分子化合物 necrosulfonamide(NSA)可以有效阻断 RIPK3 调控的下游坏死事件的发生。利用这一小分子衍生物作为探针，并结合 RIPK3 抗体免疫共沉淀方法，证实了 MLKL(mixed lineage kinase domain like pseudokinase)是这一小分子的作用靶点。MLKL 可以被 RIPK3 磷酸化修饰，且磷酸化修饰位点特异性地发生在 T357 和 S358 氨基酸残基上，这两个位点的磷酸化修饰对细胞坏死的发生是至关重要的。利用 NSA 处理可以使坏死进程阻断，富集 MLKL 上游的信号复合体，此时发现 RIPK3 呈现散布的点状结构 [17]。随后，发现 MLKL 导致

necrosis 的分子机制是通过其寡聚化后直接破坏细胞膜实现的。具体地，RIPK3 磷酸化修饰 MLKL 的 T357 和 S358 位点后，磷酸化的 MLKL 会形成寡聚体，结合磷脂酰肌醇脂质和心磷脂，直接破坏细胞膜的完整性而导致细胞坏死 [18]，这与此前在显微镜下观察到的坏死型细胞形态吻合。至此，介导细胞坏死信号转导的三个关键蛋白被发现，RIPK3 激酶的上下游信号蛋白分子被确定，程序性细胞坏死的研究成为一个热门研究领域，围绕 RIPK1-RIPK3-MLKL 信号途径的调控机制及功能的研究广泛开展。

6.4

RIPK3与凋亡信号间的互作机制

6.4.1 caspase-8 限制细胞程序性坏死的发生

坏死与凋亡是两种本质上完全不同的细胞死亡方式，但是二者有着共同的上游信号。此前，程序性坏死现象大多在凋亡途径被阻断的情况下被观察到，例如施加 z-VAD 阻断 caspase 活性，或是在缺失 caspase-8 的关键衔接蛋白 FADD 的 T 细胞中等 [7-8]。有趣的是，在很多时候凋亡信号的阻断会加剧细胞的程序性坏死 [14-15]，这也表明细胞内的凋亡信号途径以某种机制抑制着坏死信号的传递。

这种抑制机制在 2007 年吴缅团队的研究中被初步报道 [13]，发现 RIPK3 蛋白的第 328 位天冬氨酸残基(D328)位置可以被 caspase-8 切割。2014 年，E. S. Mocarski、M. Pasparakis 和 D. R. Green 等课题组集中报道了这种抑制现象 [19-21]。研究发现在小鼠中剔除凋亡途径的起始信号分子半胱天冬蛋白酶 caspase-8 反而会导致小鼠在胚胎发育中的提前死亡。研

究者观察到 *Casp8*$^{-/-}$ 小鼠在胚胎发育的 10.5 ～ 11.5 天发生死亡，这种个体死亡的原因在于细胞程序性坏死的异常发生。在分子层面，caspase-8 的缺失导致对 RIPK3-RIPK1 复合体抑制的解除，触发了细胞程序性坏死，最终导致妊娠中期小鼠胚胎的死亡。caspase-8 通过与 $FLIP_L$ 形成的复合体对 RIPK3-RIPK1 复合体产生蛋白水解活性，用来避免 RIPK3 介导的细胞坏死发生。在 *Casp8*$^{-/-}$ 小鼠的基础上进一步敲除 *Ripk3* 基因的 *Casp8*$^{-/-}$ *Ripk3*$^{-/-}$ 双重缺陷小鼠是可以通过胚胎发育并存活的，证明 RIPK3 介导了 caspase-8 敲除小鼠的胚胎死亡。这些小鼠具有免疫能力，但是会在四个月大时出现淋巴结肿大和外周 T 细胞异常积累，这些表型与 Fas 缺失的小鼠类似 [19,21]。

同年，M. Pasparakis 课题组报道了 caspase-8 的关键衔接蛋白 FADD 在小肠上皮细胞（intestinal epithelial cells，IEC）特异性的缺失会导致细胞坏死和急性肠炎，表明 caspase-8 的关键衔接蛋白 FADD 也参与了对坏死途径的抑制作用，认为肠上皮细胞坏死可能是导致炎症性肠病（inflammatory bowel disease，IBD）的潜在原因之一。研究者观察到肠上皮细胞特异性缺失 FADD 小鼠（$FADD^{IEC-KO}$）的肠上皮细胞会发生自发坏死，同时伴随潘氏细胞损失，发生肠炎和严重的糜烂性结肠炎。进一步缺失 RIPK3 可以避免 $FADD^{IEC-KO}$ 小鼠小肠和结直肠炎症发生。在 $FADD^{IEC-KO}$ 的小鼠中，缺失 TNF-α、MYD88（myeloid differentiation factor 88）或微生物群都可以消除肠炎。通过抑制 RIPK3 可以保留上皮屏障的完整性，避免慢性肠道炎症 [20]。

6.4.2 RIPK3 抑制细胞程序性凋亡信号的机制

凋亡起始蛋白酶 caspase-8 抑制坏死信号的机制，解释了此前文献中关于细胞坏死现象大多是在凋亡被阻断的情况下才能被观察到的原因。这一模型表明在凋亡途径被关闭的情况下，坏死程序才能启动。但是，这一模型仍然无法解释在凋亡途径存在条件下发生细胞坏死事件的原因。

在文献中，也有 TNF-α 在凋亡信号途径完整存在条件下诱导细胞发生坏死的报道。例如，在小鼠纤维肉瘤 L929 细胞中 TNF-α 会诱发细胞发生程序性坏死，而非凋亡。2014 年，J. Silke、V. M. Dixit 和 D. R. Green 等课题组集中报道了这一现象 [22-24]。

其中，V. M. Dixit 团队构建了 RIPK3 激酶活性缺失的 RIPK3 D161N 点突变小鼠，发现 RIPK3 的激酶活性是决定细胞最终死于坏死还是凋亡的关键因素。在研究中，作者同时设计了表达无激酶催化活性 RIPK3 D161N 的点突变小鼠和 RIPK1 D138N 的点突变小鼠，以确定整个动物个体对激酶活性的需求。意外的是，与 *Ripk3*$^{-/-}$ 小鼠不同，*Ripk3*$^{D161N/D161N}$ 小鼠会在胚胎发育的第 11.5 天(E11.5)左右发生死亡，死因为卵黄囊脉管系统异常。发育过程中，RIPK3 在内皮细胞和肠上皮细胞中表达。对卵黄囊脉管的进一步染色显示凋亡起始蛋白酶 caspase-8 活性异常升高，*Ripk3*$^{D161N/D161N}$ 小鼠卵黄囊脉管中的细胞凋亡显著增加，表明 RIPK3 的激酶活性缺失会导致卵黄囊脉管中细胞凋亡的发生，证明了 RIPK3 激酶活性具有抑制细胞凋亡的功能。研究者进一步设计了 *Casp8*$^{-/-}$ *Ripk3*$^{D161N/D161N}$ 小鼠，证明剔除 caspase-8 基因可以挽救 RIPK3 D161N 导致的小鼠妊娠中期死亡 [23]。

RIPK3 被认为是通过 RHIM 结构域被募集至 RIPK1，RIPK1 则通过其死亡域(death domain，DD)结合 FADD，最终与 caspase-8 形成了 TNFR1 信号复合体。与这一模型相吻合，研究者发现 RIPK3 激酶活性对 caspase-8 在胚胎发生过程中的抑制需要其相互作用蛋白 RIPK1 的参与，RIPK1 的敲除也可以挽救由 RIPK3 D161N 引起的胚胎期死亡 [24]。总之，RIPK3 激酶活性抑制了 caspase-8 依赖的细胞凋亡途径，这种抑制需要 RIPK1 的参与。

6.4.3 RIPK1 参与 RIPK3 对凋亡信号的抑制

值得注意的是，*Ripk1*$^{-/-}$ 小鼠出生后不久会发生死亡，其结肠、棕色脂肪组织和胸腺中的细胞死亡显著增加。这种死亡无法被 RIPK3 D161N 突变所挽救，*Ripk1*$^{-/-}$*Ripk3*$^{D161N/D161N}$ 小鼠在出生后不久也会死亡，其肠道病变与 *Ripk1*$^{-/-}$ 小鼠类似，表明由 RIPK1 缺失引起的缺陷不是由 RIPK3 依赖性的坏死所介导，而是由凋亡途径所介导[23]。进一步地，如果在 *Ripk1*$^{-/-}$ 小鼠中将 *Ripk3* 和 *Casp8* 基因同时敲除，则可以挽救 *Ripk1*$^{-/-}$ 小鼠出生后死亡，*Ripk1*$^{-/-}$*Ripk3*$^{-/-}$*Casp8*$^{-/-}$ 小鼠可以在出生后存活。与之类似，在 *Ripk1*$^{-/-}$ 小鼠中将 RIPK1 和 caspase-8 的衔接蛋白 FADD 或 RIPK3 同时敲除后得到的 *Ripk1*$^{-/-}$*Ripk3*$^{-/-}$*Fadd*$^{-/-}$ 小鼠也是可以存活的。*Ripk1*$^{-/-}$*Ripk3*$^{-/-}$*Casp8*$^{-/-}$ 小鼠在年轻时具有正常的免疫系统，但是在衰老后会发展出类似急性淋巴组织增生综合征(ALPS)的表型，这与 *Ripk3*$^{-/-}$*Fadd*$^{-/-}$ 小鼠中观察到的表型类似。ALPS 通常与 Fas 信号转导的死亡途径缺陷有关，表现为淋巴结肿大及其相关的 $CD3^{+}B220^{+}$ 淋巴细胞亚群异常扩增[24]。

此外，*Ripk3*$^{D161N/D161N}$ 胚胎若缺乏其下游底物 MLKL、上游膜受体 TNFR1、TRIF、含有 RHIM 结构域的 DNA 感受器蛋白 DAI、RIPK1 的去甲基化酶 CYLD 或 FLIP 等，都无法挽救小鼠在 E11.5 的死亡，表明这些蛋白对于 RIPK3 D161N 激活 caspase-8 不是必要的[23]。那么 RIPK3 是如何抑制 caspase-8 的活性而导致体内坏死发生的呢?

6.4.4 激酶 RSK 是参与 RIPK3 对凋亡抑制的关键分子

2020 年，韩家淮课题组报道了内源程序性坏死阻断凋亡的分子机制，发现由 RIPK1-RIPK3-MLKL 组成的坏死小体复合物会招募激酶 RSK，通过 RSK 磷酸化修饰 caspase-8 的 T265 位点将其蛋白酶活性失活。研究者证明在体内模拟 caspase-8 的 T265 磷酸化修饰的 T265E 突变导致小鼠胚胎死亡，与敲除 caspase-8 的小鼠表型相似。此外，RSK 的激酶活性抑制剂可以显著缓解 TNF-α 诱发的盲肠损伤和小鼠致死性[25]。

6.5

RIPK3-RIPK1为核心的纤维状结构

RIPK3 激酶将细胞程序性死亡从凋亡逆转至坏死的一个重要因素是表达量，即足够量的 RIPK3 激酶才可以导致细胞坏死发生[14]。这种现象背后的机制是什么呢?

在 2007 年，吴缅课题组观察到 RIPK3 在被 caspase 切割后，丧失了激酶结构域的 C 端在细胞质中呈现点状或细丝状结构，诱导了 caspase 依赖的细胞凋亡，表明 RIPK3 在其激酶功能被阻断的时候，其 C 端具有形成巨大纤维状复合体的能力[13]。随后，利用 NSA 处理阻断 RIPK3 调控的下游坏死进程后，发现 RIPK3 呈现散布的点状结构[17]。2012 年，吴皓团队报道发现 RIPK1 和 RIPK3 在体外会形成一种功能性的淀粉样信号复合体，参与程序性细胞坏死。这种纤维丝展现出经典的 β- 淀粉样特征，可以被淀粉样染料硫黄素 T（thioflavin T，ThT）和刚果红（Congo red，CR）染色。RHIM 结构域介导了这种异源寡聚体纤维丝的组装，这是第一次观察到 RIPK1 和 RIPK3 在体外组装形成的纤维状复合体[26]。

随后在 2014 年报道了这种纤维状丝结构执行信号转导的精密机制[27]。研究者发现，在纤维内部的 RIPK1-RIPK1 同源相互作用对于坏死是可有可无的。坏死信号的转导需要 RIPK1-RIPK3 异源相互作用，但如果没有额外的 RIPK3 蛋白被募集到 RIPK1-RIPK3 异二聚体，坏死也不会发生。在坏死信号被触发时，RIPK3 二聚化会触发 RIPK3 分子内自磷酸化修饰，这一自磷酸化修饰是 RIPK3 二聚体募集其下游效应分子 MLKL 所必需的。二聚体中一个 RIPK3 分子的磷酸化就足以诱导坏死性凋亡。由于 RIPK1-RIPK3 异源二聚体本身不能诱导坏死，因此由 RIPK1-RIPK3 组成的异源二聚体淀粉样蛋白原纤维无法直接传递坏死信号[27]。这一研究揭示了坏死小体的纤维结构中 RIPK1-RIPK3 异源和 RIPK3-RIPK3 同源相互作用在坏死信号传递中截然不同的功能，揭示了坏死发生需要 RIPK3 满足特定剂量的原因，使 RIPK3 在纤维结构中与 RIPK1 竞争形成同源二聚体，下游磷酸化坏死信号的传递才可以发生。

随后，吴皓和 A. E. McDermott 课题组利用固态核磁共振技术确定了 RIPK1-RIPK3 核心 RHIM 域的高分辨率结构，证实了 RHIM 域核心相间堆叠形成的 β 片层结构及其紧密的疏水界面结构[28]。2022 年，韩家淮和陈鑫团队进一步利用单分子定位超分辨成像技术(STORM)，对细胞原位的坏死小体结构进行了观察，在细胞发生程序性坏死过程中，首次观察到以 RIPK1-RIPK3 为核心的坏死小体由最初的点团样结构演变为棒状结构的组装模式。其中，RIPK1-RIPK3 呈现明显的马赛克状分布，只有当 RIPK3 区域满足一定尺度要求，才能触发下游信号，诱导 MLKL 发生多聚化和细胞膜穿孔死亡[29]。图 6-1 为激酶 RIPK3 介导的细胞坏死信号途径示意图。

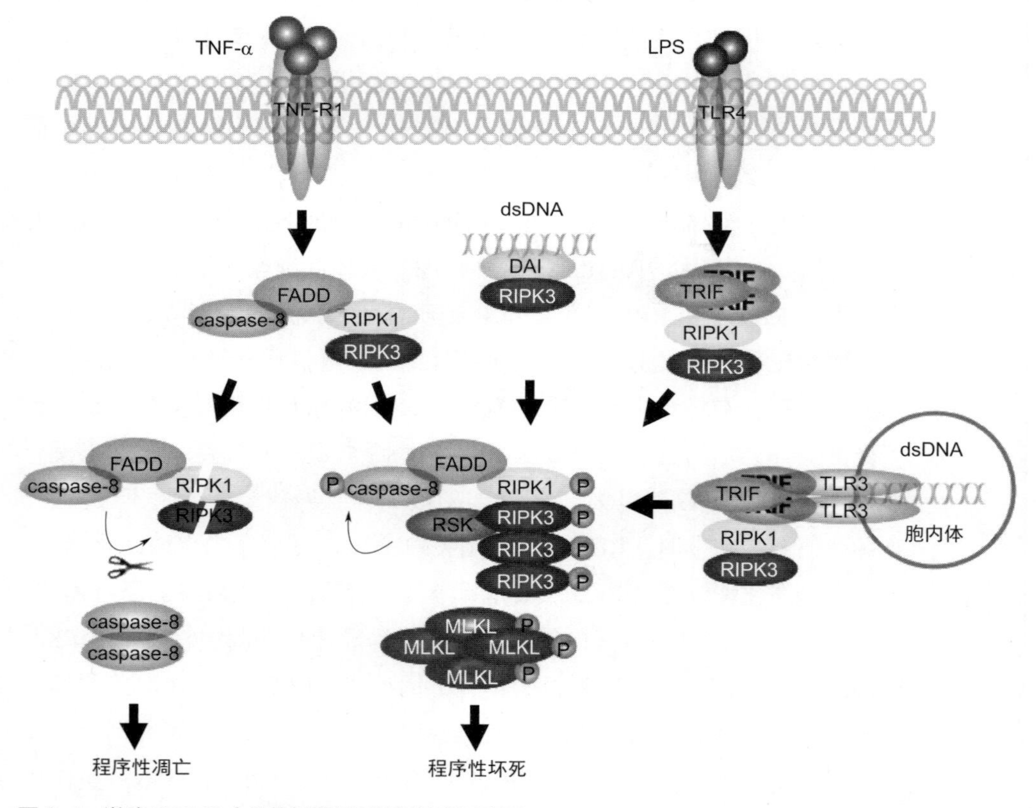

图 6-1　激酶 RIPK3 介导的细胞坏死信号途径示意图

总之，这一系列工作揭示了激酶 RIPK1 和 RIPK3 以 RHIM 结构域为核心聚集形成的淀粉样纤维丝状的多聚体结构，以及在其内部存在的精密的信号转导调控机制。

6.6 RIPK3介导细胞坏死的生物学功能

RIPK3 介导的细胞坏死在个体水平参与了多种疾病的发生发展，包括抗病毒免疫、胰腺炎、视网膜变性、动脉粥样硬化、肝损伤和全身性炎症等，其中，在炎症和抗病毒免疫方面研究最多。

6.6.1 RIPK3 介导的细胞坏死与抗病毒免疫

基于 *Ripk3*$^{-/-}$ 小鼠的研究表明 RIPK3 不是细胞内 NF-κB 信号通路的关键调控分子，其缺失不影响 T 细胞抗体的产生和细菌 LPS 诱导的炎症因子的释放[5]，但是 RIPK3 介导的细胞坏死具有广泛的抗病毒免疫功能，包括：牛痘病毒、小鼠巨细胞病毒(murine cytomegalovirus，MCMV)、单纯疱疹病毒 1(herpes simplex virus-1，HSV-1)等。2009 年，Chan 团队报道了 RIPK3 介导的细胞坏死与抗 DNA 病毒免疫功能。研究者发现牛痘病毒可以诱导细胞内的 RIPK1-RIPK3 复合物产生。在被牛痘病毒感染后，*Ripk3*$^{-/-}$ 小鼠会表现出更严重的病毒复制和死亡，表明牛痘病毒在体内诱发的细胞坏死利于机体清除病毒以及个体存活，这是 RIPK3 介导的坏死与抗病毒免疫的早期研究之一[16]。

同年，Jürg Tschopp 团队发现细胞内的 DNA 感受器蛋白 DAI（DNA-dependent activator of IRFs，也被称为 ZBP1，Z-DNA binding protein 1）也含有 RHIM 结构域，可以通过该结构域结合 RIPK1-RIPK3 复合体，激活 NF-κB 信号通路，这与 DAI 通过 TBK1 激活 IRF3 活性促发 I 型干扰素 IFNβ 转录的途径不同。DNA 感受器蛋白 DAI 是 RIPK 家族外被发现的首个 RHIM 结构域蛋白，揭示了 RIPK3 与胞内 DNA 信号感知之间的联系[30]。此外，还报道了 DAI 介导 MCMV 诱发的细胞坏死，敲低 DAI 则会导致细胞对 MCMV 诱发的坏死具有抗性[31]。随后，另一个含有 RHIM 结构域的宿主蛋白 TRIF（TIR-domain-containing adapter-inducing interferon-β）被发现。与位于细胞质内部的 DNA 感受器 DAI 蛋白不同，TRIF 是质膜上 TLR3 的胞内信号接头蛋白，介导细胞感受胞外双链 DNA 信号，激活 IRF3 活性并促发 I 型干扰素 IFNβ 的转录。2013 年，E. S. Mocarski 课题组报道了 TLR3 可以通过 TRIF 直接激活 RIPK3，诱发细胞坏死，并利用两种 RIPK3 抑制剂证明了 RIPK3 激酶活性对于三种复合体（RIPK1-RIPK3、DAI-RIPK3 和 TRIF-RIPK3）引发的坏死是必需的[32]。

除了宿主细胞内含有 RHIM 结构域蛋白之外，还发现病毒中也含有 RHIM 结构域蛋白，例如小鼠巨细胞病毒（MCMV）。MCMV 是一种双链 DNA 病毒，其 M45 基因编码的 vIRA（viral M45-encoded inhibitor of RIP activation）蛋白也含有 RHIM 结构域。vIRA 可以利用 RHIM 结构域通过阻断 DAI 与 RIPK1-RIPK3 复合体结合或直接靶向 RIPK3 的方式，限制 NF-κB 信号的激活和细胞坏死的发生，从而避免宿主炎症和细胞坏死对病毒的杀伤[30,33]。MCMV 的 vIRA 蛋白是发现的首个病毒编码含有 RHIM 结构域的蛋白。

双链 DNA 病毒除了其双链 DNA 可以被宿主识别外，也可以直接靶向 RIPK3 触发细胞坏死。例如，单纯疱疹病毒 1（HSV-1）可以通过其 ICP6 蛋白与 RIPK3 结合导致坏死的直接激活，触发宿主抗病毒防御[34]。2019 年，RIPK3 也被报道在神经元细胞中与 DAI 共同参与感知和抵御寨卡病毒（Zika virus，ZIKV）感染的抗病毒免疫功能[35]。

除了抗 DNA 病毒免疫功能，RIPK3 介导的坏死也被报道参与抗 RNA

病毒免疫，例如水疱性口炎病毒(vesicular stomatitis virus，VSV)、甲型流感病毒(influenza A virus，IAV)和西尼罗病毒(West Nile virus，WNV)等。单链RNA病毒VSV被发现可以激活RIPK1-RIPK3复合体及DRP1，导致线粒体损伤释放ROS，最终导致NLRP3炎症小体的激活[36-37]。RIPK3介导的坏死也被报道具有抵御甲型流感病毒IAV的功能[38]，DAI感知IAV的基因组RNA并激活了RIPK3依赖性的细胞坏死[39]。

长期以来，坏死都被认为是一种炎症型死亡，即坏死细胞在裂解后都会导致炎症。2017年，RIPK3被发现也可以通过与细胞死亡无关的神经炎症来限制病毒发病机制。研究中使用西尼罗病毒(WNV)诱发脑炎的小鼠模型，发现了RIPK3限制WNV发病机制可以不依赖细胞死亡。与野生型相比，*Ripk3*$^{-/-}$小鼠表现出更高的死亡率。缺乏MLKL或同时缺乏MLKL和caspase-8的小鼠都不受影响。研究者发现*Ripk3*$^{-/-}$小鼠的易感性源于：①降低的神经元趋化因子表达；②降低的T淋巴细胞和炎性骨髓细胞在中枢神经系统(CNS)的募集，从而保持外周免疫完整[40]。

RIPK3目前报道的参与的炎症反应在牛痘病毒、小鼠巨细胞病毒、单纯疱疹病毒1、水疱性口炎病毒、甲型流感病毒、西尼罗病毒、寨卡病毒等DNA或RNA病毒感染的宿主中发挥广泛的抗病毒免疫作用。RIPK3所参与的炎症反应是宿主抵御病毒的重要先天免疫手段之一。

6.6.2 RIPK3与炎症型疾病密切相关

除了胚胎发育和抗病毒免疫的功能之外，RIPK3所介导的细胞坏死与炎症驱动下疾病的发生发展同样密切相关，例如急性胰腺炎[15,41]、炎症性肠病(inflammatory bowel disease，IBD)及其相关的结直肠癌[20,42-45]、系统性炎症[46-47]、动脉粥样硬化[48-49]、肝纤维化[50-51]、视网膜变性[52-55]、缺血性脑损伤[45,56-60]、神经炎症[61]、心肌肥大与缺血性心肌损伤[62-67]、急性肾损伤[68-69]、骨关节炎[70-71]、疤痕形成[72]、胰岛炎症相关的Ⅱ型糖尿病[73]和抗癌免疫监视等[74]。

其中，RIPK3 激酶介导的肠上皮细胞坏死被认为是导致 IBD 的关键因素之一。IBD 是一种慢性肠道炎症疾病，分为三类：克罗恩病(Crohn's disease，CD)、溃疡性结肠炎(ulcerative colitis，UC)及未分型 IBD(IBD-unclassified，IBD-U)。2011 年，研究发现肠上皮细胞特异性缺失 FADD 小鼠的肠上皮细胞会发生自发坏死、潘氏细胞损失、肠炎和严重的糜烂性结肠炎。进一步的研究显示缺失 RIPK3 可以避免 $FADD^{IEC-KO}$ 小鼠小肠和结直肠炎症发生，表明 RIPK3 是介导肠炎发生的关键蛋白。此外，在 $FADD^{IEC-KO}$ 小鼠中，缺失 TNF、缺失 MYD88 或缺乏微生物群都可以消除肠炎，表明 RIPK3 是介导 TNF 信号通路异常激活导致炎症性肠病的关键因素之一。抑制 RIPK3 活性可以保留上皮屏障的完整性，避免慢性肠道炎症 [19]。2020 年，莫玮和韩家淮课题组发现肠干细胞的内源性逆转录病毒转录导致的基因组不稳定性，触发 RIPK3 导致炎症性肠病发生的表观遗传机制。研究者报道了一种在肠干细胞中可以介导组蛋白 H3 的 9 位赖氨酸三甲基化修饰的组蛋白甲基转移酶 SETDB1，其缺失后会导致小鼠出现自发性末端回肠炎和结肠炎。在机制上，SETDB1 的缺失导致了内源性逆转录病毒的释放，触发了 DAI 信号通路依赖的细胞坏死途径，最终导致了上皮屏障的破坏和肠道炎症。这种内源性逆转录病毒激活、DAI 上调和坏死都见于 IBD 患者，而靶向 RIPK3 的药物可以缓解 SETDB1 缺陷小鼠的肠炎，表明靶向 RIPK3 激酶介导的坏死可能是治疗严重 IBD 的潜在方法之一 [75]。

6.7

总结和展望

磷酸化修饰是生命起源与分子进化的关键因素之一，而 RIPK3 介导的磷酸化事件触发了生命基本单元的死亡，然而这种细胞的程序性死亡并不是多细胞生命的终点。相反，RIPK3 介导的细胞程序性死亡是生命经历漫长演化所产生的一种防御机制，是宿主与病毒等致病微生物博弈的焦点。目前，对于程序性坏死分子机制的认识还不清晰，特别是表观遗传调控机制层面的研究才刚刚开始。细胞程序性坏死机制的全面解析将有助于疾病的精准诊断方法和特异性靶点药物的研发，使人类在与病毒和炎症等重大疾病的长期斗争中处于有利位置。

参考文献

[1] Yu P W, Huang B C, Shen M, Quast J, Chan E, Xu X, Nolan G P, Payan D G, Luo Y. Identification of RIP3 a RIP-like kinase that activates apoptosis and NFkappaB. Curr Biol, 1999, 9 (10): 539-542.

[2] Sun X Q, Lee J, Navas T, Baldwin D T, Stewart T A, Dixit V M. RIP3, a novel apoptosis-inducing kinase. J Biol Chem, 1999, 274 (24): 16871-16875.

[3] Kasof G M, Prosser J C, Liu D R, Lorenzi M V, Gomes B C. The RIP-like kinase RIP3 induces apoptosis and NF-kappaB nuclear translocation and localizes to mitochondria. FEBS Lett, 2000, 473 (3): 285-291.

[4] Sun X Q, Yin J P, Starovasnik M A, Fairbrother W J, Dixit V M. Identification of a novel homotypic interaction motif required for the phosphorylation of receptor-interacting protein (RIP) by RIP3. J Biol Chem, 2002, 277 (11) :9505-9511.

[5] Newton K, Sun X Q, Dixit V M. Kinase RIP3 is dispensable for normal NF-kappa Bs signaling by the B-cell and T-cell receptors tumor necrosis factor receptor 1 and Toll-like receptors 2 and 4. Mol Cell Biol, 2004, 24 (4): 1464-1469.

[6] Laster S M, Wood J G, Gooding L R. Tumor necrosis factor can induce both apoptic and necrotic forms of cell lysis. J Immunol, 1988, 141 (8): 2629-2634.

[7] Vercammen D, Brouckaert G, Denecker G, van de Craen M, Declercq W, Fiers W, Vandenabeele P. Dual signaling of the Fas receptor: initiation of both apoptotic and necrotic cell death pathways. J Exp Med, 1998, 188 (5): 919-930.

[8] Chan F K M, Shisler J, Bixby J G, Felices M, Zheng L X, Appel M, Orenstein J, Moss B, Lenardo M J. A role for tumor necrosis factor receptor-2 and receptor-interacting protein in programmed necrosis and antiviral responses. J Biol Chem, 2003, 278 (51): 51613-51621.

[9] Thornberry N A, Lazebnik Y. Caspases: enemies within. Science, 1998, 281 (5381): 1312-1316.

[10] Holler N, Zaru R, Micheau O, Thome M, Attinger A, Valitutti S, Bodmer J L, Schneider P, Seed B, Tschopp J. Fas triggers an alternative caspase-8-independent cell death pathway using the kinase RIP as effector molecule. Nat Immunol, 2000, 1 (6): 489-495.

[11] Degterev A, Hitomi J, Germscheid M, Ch'en I L, Korkina O, Teng X, Abbott D, Cuny G D, Yuan C, Wagner G, Hedrick S M, Gerber S A, Lugovskoy A, Yuan J. Identification of RIP1 kinase as a specific cellular target of necrostatins. Nat Chem Biol, 2008, 4 (5): 313-321.

[12] Xie L N, Zhang N, Chen M L, Li Q X, Zhou H M. Preparation and subcellular localization of antibody against RIP3. Xi Bao Yu Fen Zi Mian Yi Xue Za Zhi, 2006, 22 (5): 660-663.

[13] Feng S S, Yang Y H, Mei Y, Ma L, Zhu D E, Hoti N, Castanares M, Wu M. Cleavage of RIP3 inactivates its caspase-independent apoptosis pathway by removal of kinase domain. Cell Signal, 2007, 19 (10): 2056-2067.

[14] Zhang D W, Shao J, Lin J, Zhang N, Lu B J, Lin S C, Dong M Q, Han J. RIP3 an energy metabolism regulator that switches TNF-induced cell death from apoptosis to necrosis. Science, 2009, 325 (5938): 332-336.

[15] He S D, Wang L, Miao L, Wang T, Du F H, Zhao L P, Wang X D. Receptor interacting protein kinase-3 determines cellular necrotic response to TNF-alpha. Cell, 2009, 137 (6): 1100-1111.

[16] Cho Y S, Challa S, Moquin D, Genga R, Ray T D, Guildford M, Chan F K. Phosphorylation-driven assembly of the RIP1-RIP3 complex regulates programmed necrosis and virus-induced inflammation. Cell, 2009, 137 (6): 1112-1123.

[17] Sun L M, Wang H Y, Wang Z G, He S D, Chen S, Liao D H, Wang L, Yan J C, Liu W L, Lei X G, Wang X D. Mixed lineage kinase domain-like protein mediates necrosis signaling downstream of RIP3 kinase. Cell, 2012, 148 (1-2): 213-227.

[18] Wang H, Sun L, Su L, Rizo J, Liu L, Wang L F, Wang F S, Wang X. Mixed lineage kinase domain-like protein MLKL causes necrotic membrane disruption upon phosphorylation by RIP3. Mol Cell, 2014, 54 (1): 133-146.

[19] Kaiser W J, Upton J W, Long A B, Livingston-Rosanoff D, Daley-Bauer L P, Hakem R, Caspary T, Mocarski E S. RIP3 mediates the embryonic lethality of caspase-8-deficient mice. Nature, 2011, 471 (7338): 368-372.

[20] Welz P S, Wullaert A, Vlantis K, Kondylis V, Fernandez-Majada V, Ermolaeva M, Kirsch P, Sterner-Kock A, van Loo G, Pasparakis M. FADD prevents RIP3-mediated epithelial cell necrosis and chronic intestinal inflammation. Nature, 2011, 477 (7364): 330-334.

[21] Oberst A, Dillon C P, Weinlich R, McCormick L L, Fitzgerald P, Pop C, Hakem R, Salvesen G S, Green D R. Catalytic activity of the caspase-8-FLIP(L) complex inhibits RIPK3-dependent necrosis. Nature, 2011, 471 (7338): 363-367.

[22] Rickard J A, O'Donnell J A, Evans J M, Lalaoui N, Poh A R, Rogers T, Vince J E, Lawlor K E, Ninnis R L, Anderton H, Hall C, Spall S K, Phesse T J, Abud H E, Cengia L H, Corbin J, Mifsud S, di Rago L, Metcalf D, Ernst M, Dewson G, Roberts A W, Alexander W S, Murphy J M, Ekert P G, Masters S L, Vaux D L, Croker B A, Gerlic M, Silke J. RIPK1 regulates RIPK3-MLKL-driven systemic inflammation and emergency hematopoiesis. Cell, 2014, 157 (5): 1175-1188.

[23] Newton K, Dugger D L, Wickliffe K E, Kapoor N, de Almagro M C, Vucic D, Komuves L, Ferrando R E, French D M, Webster J, Roose-Girma M, Warming S, Dixit V M. Activity of protein kinase RIPK3 determines whether cells die by necroptosis or apoptosis. Science, 2014, 343 (6177): 1357-1360.

[24] Dillon C P, Weinlich R, Rodriguez D A, Cripps J G, Quarato G, Gurung P, Verbist K C, Brewer T L, Llambi F, Gong Y N, Janke L J, Kelliher M A, Kanneganti T D, Green D R. RIPK1 blocks early postnatal lethality mediated by caspase-8 and RIPK3. Cell, 2014, 157 (5): 1189-1202.

[25] Yang Z H, Wu X N, He P, Wang X, Wu J, Ai T, Zhong C Q, Wu X, Cong Y, Zhu R, Li H, Cai Z Y, Mo W, Han J. A non-canonical PDK1-RSK signal diminishes pro-caspase-8-mediated necroptosis blockade. Mol Cell, 2020, 80 (2): 296-310.

[26] Li J, McQuade T, Siemer A B, Napetschnig J, Moriwaki K, Hsiao Y S, Damko E, Moquin D, Walz T, McDermott A, Chan F K, Wu H. The RIP1/RIP3 necrosome forms a functional amyloid signaling complex required for programmed necrosis. Cell, 2012, 150 (2): 339-350.

[27] Wu X N, Yang Z H, Wang X K, Zhang Y, Wan H, Song Y, Chen X, Shao J, Han J. Distinct roles of RIP1-RIP3 hetero- and RIP3-RIP3 homo-interaction in mediating necroptosis. Cell Death Differ, 2014, 21 (11): 1709-1720.

[28] Mompean M, Li W, Li J, Laage S, Siemer A B, Bozkurt G, Wu H, McDermott A E. The Structure of the Necrosome RIPK1-RIPK3 Core a Human Hetero-Amyloid Signaling Complex. Cell, 2018, 173 (5): 1244-1253.

[29] Chen X, Zhu R F, Zhong J J, Ying Y F, Wang W X, Cao Y T, Cai H Y, Li X, Shuai J W, Han J H. Mosaic composition of RIP1-RIP3 signalling hub and its role in regulating cell death. Nat Cell Biol,

2022, 24: 471-482.
[30] Rebsamen M, Heinz L X, Meylan E, Michallet M C, Schroder K, Hofmann K, Vazquez J, Benedict C A, Tschopp J. DAI/ZBP1 recruits RIP1 and RIP3 through RIP homotypic interaction motifs to activate NF-kappaB. EMBO Rep, 2009, 10 (8): 916-922.
[31] Upton J W, Kaiser W J, Mocarski E S. DAI/ZBP1/DLM-1 complexes with RIP3 to mediate virus-induced programmed necrosis that is targeted by murine cytomegalovirus vIRA. Cell Host Microbe, 2012, 11 (3): 290-297.
[32] Kaiser W J, Sridharan H, Huang C, Mandal P, Upton J W, Gough P J, Sehon C A, Marquis R W, Bertin J, Mocarski E S. Toll-like receptor 3-mediated necrosis via TRIF RIP3 and MLKL. J Biol Chem, 2013, 288 (43): 31268-31279.
[33] Upton J W, Kaiser W J, Mocarski E S. Virus inhibition of RIP3-dependent necrosis. Cell Host Microbe, 2010, 7 (4): 302-313.
[34] Wang X, Li Y, Liu S, Yu X L, Li L, Shi C L, He W H, Li J, Xu L, Hu Z L, Yu L, Yang Z X, Chen Q, Ge L, Zhang Z L, Zhou B Q, Jiang X J, Chen S, He S D. Direct activation of RIP3/MLKL-dependent necrosis by herpes simplex virus 1 (HSV-1) protein ICP6 triggers host antiviral defense. Proc Natl Acad Sci USA, 2014, 111 (43): 15438-15443.
[35] Daniels B P, Kofman S B, Smith J R, Norris G T, Snyder A G, Kolb J P, Gao X, Locasale J W, Martinez J, Gale M, Jr Loo Y M, Oberst A. The nucleotide sensor ZBP1 and kinase RIPK3 induce the enzyme IRG1 to promote an antiviral metabolic state in neurons. Immunity, 2019, 50 (1): 64-76.
[36] Wang X Q, Jiang W, Yan Y Q, Gong T, Han J H, Tian Z G, Zhou R B. RNA viruses promote activation of the NLRP3 inflammasome through a RIP1-RIP3-DRP1 signaling pathway. Nat Immunol, 2014, 15 (12): 1126-1133.
[37] Rayamajhi M, Miao E A. The RIP1-RIP3 complex initiates mitochondrial fission to fuel NLRP3. Nat Immunol, 2014, 15 (12): 1100-1102.
[38] Nogusa S, Thapa R J, Dillon C P, Liedmann S, Oguin T H, Ingram J P, Rodriguez D A, Kosoff R, Sharma S, Sturm O, Verbist K, Gough P J, Bertin J, Hartmann B M, Sealfon S C, Kaiser W J, Mocarski E S, Lopez C B, Thomas P G, Oberst A, Green D R, Balachandran S. RIPK3 activates parallel pathways of MLKL-driven necroptosis and FADD-mediated apoptosis to protect against influenza a virus. Cell Host Microbe, 2016, 20 (1): 13-24.
[39] Thapa R J, Ingram J P, Ragan K B, Nogusa S, Boyd D F, Benitez A A, Sridharan H, Kosoff R, Shubina M, Landsteiner V J, Andrake M, Vogel P, Sigal L J, tenOever B R, Thomas P G, Upton J W, Balachandran S. DAI senses influenza a virus genomic RNA and activates RIPK3-dependent cell death. Cell Host Microbe, 2016, 20 (5): 674-681.
[40] Daniels B P, Snyder A G, Olsen T M, Orozco S, Oguin T H, Tait S W G, Martinez J, Gale M, Jr Loo Y M, Oberst A. RIPK3 restricts viral pathogenesis via cell death-independent neuroinflammation. Cell, 2017, 169 (2): 301-313.
[41] Wang Y F, Song M L, Zhou P, Wang J D, Zheng J, Xu H D. TNFAIP3-upregulated RIP3 exacerbates acute pancreatitis via activating NLRP3 inflammasome. Int Immunopharmacol, 2021, 100: 108067.
[42] Xie Y, Zhao Y, Shi L, Li W, Chen K, Li M, Chen X, Zhang H, Li T, Matsuzawa-Ishimoto Y, Yao X, Shao D, Ke Z, Li J, Chen Y, Zhang X, Cui J, Cui S, Leng Q, Cadwell K, Li X, Wei H, Zhang H, Li H, Xiao H. Gut epithelial TSC1/mTOR controls RIPK3-dependent necroptosis in intestinal inflammation and cancer. J Clin Invest, 2020, 130 (4): 2111-2128.
[43] Wu C, Yang H J, Han C, Wang Q M, Zhang H Y, Huang T, Mao W J, Tang C, Zhao W J, Zhu Z M, Xu J, Yang W. Quyu shengxin decoction alleviates DSS-induced ulcerative colitis in mice by suppressing RIP1/RIP3/NLRP3 signalling. Evid Based Complement Alternat Med, 2021, 2021: 6682233.
[44] Negroni A, Colantoni E, Pierdomenico M, Palone F, Costanzo M, Oliva S, Tiberti A, Cucchiara S, Stronati L. RIP3 AND pMLKL promote necroptosis-induced inflammation and alter membrane permeability in intestinal epithelial cells. Dig Liver Dis, 2017, 49 (11): 1201-1210.

[45] Chen J S, Jin H H, Xu H Z, Peng Y C, Jie L Y, Xu D M, Chen L L, Li T, Fan L F, He P Y, Ying G Y, Gu C, Wang C, Wang L, Chen G. The neuroprotective effects of necrostatin-1 on subarachnoid hemorrhage in rats are possibly mediated by preventing blood-brain barrier disruption and RIP3-mediated necroptosis. Cell Transplant, 2019, 28 (11): 1358-1372.

[46] Meng L J, Jin W, Wang X D. RIP3-mediated necrotic cell death accelerates systematic inflammation and mortality. Proc Natl Acad Sci USA, 2015, 112 (35): 11007-11012.

[47] Linkermann A, Brasen J H, de Zen F, Weinlich R, Schwendener R A, Green D R, Kunzendorf U, Krautwald S. Dichotomy between RIP1- and RIP3-mediated necroptosis in tumor necrosis factor-alpha-induced shock. Mol Med, 2012, 18: 577-586.

[48] Meng L J, Jin W, Wang Y H, Huang H W, Li J, Zhang C. RIP3-dependent necrosis induced inflammation exacerbates atherosclerosis. Biochem Biophys Res Commun, 2016, 473 (2): 497-502.

[49] Lin J, Li H J, Yang M, Ren J M, Huang Z, Han F, Huang J, Ma J H, Zhang D W, Zhang Z R, Wu J F, Huang D L, Qiao M Z, Jin G H, Wu Q, Huang Y H, Du J, Han J H. A role of RIP3-mediated macrophage necrosis in atherosclerosis development. Cell Rep, 2013, 3 (1): 200-210.

[50] Gautheron J, Vucur M, Reisinger F, Cardenas D V, Roderburg C, Koppe C, Kreggenwinkel K, Schneider A T, Bartneck M, Neumann U P, Canbay A, Reeves H L, Luedde M, Tacke F, Trautwein C, Heikenwalder M, Luedde T. A positive feedback loop between RIP3 and JNK controls non-alcoholic steatohepatitis. EMBO Mol Med, 2014, 6 (8): 1062-1074.

[51] Ge C X, Xu M X, Qin Y T, Gu T T, Feng J, Lv J X, Wang S J, Ma Y J, Lou D S, Li Q, Hu L F, Nie X Y, Wang M X, Huang P, Tan J. Loss of RIP3 initiates annihilation of high-fat diet initialized nonalcoholic hepatosteatosis: A mechanism involving Toll-like receptor 4 and oxidative stress. Free Radic Biol Med, 2019, 134: 23-41.

[52] Xu J X, Mo J, Liu X J, Marshall B, Atherton S S, Dong Z, Smith S, Zhang M. Depletion of the receptor-interacting protein kinase 3 (RIP3) decreases photoreceptor cell death during the early stages of ocular murine cytomegalovirus infection. Invest Ophthalmol Vis Sci, 2018, 59 (6): 2445-2458.

[53] Kataoka K, Matsumoto H, Kaneko H, Notomi S, Takeuchi K, Sweigard J H, Atik A, Murakami Y, Connor K M, Terasaki H, Miller J W, Vavvas D G. Macrophage- and RIP3-dependent inflammasome activation exacerbates Retinal detachment-induced photoreceptor cell death. Cell Death Dis, 2015, 6: e1731.

[54] Allocca M, Corrigan J J, Mazumder A, Fake K R, Samson L D. Inflammation necrosis and the kinase RIP3 are key mediators of AAG-dependent alkylation-induced retinal degeneration. Sci Signal, 2019, 12 (568): eaau 9216.

[55] Khan N, Lawlor K E, Murphy J M, Vince J E. More to life than death: molecular determinants of necroptotic and non-necroptotic RIP3 kinase signaling. Curr Opin Immunol, 2014, 26: 76-89.

[56] Yi S, Zhang C Q, Li N, Fu Y J, Li H K, Zhang J. miR-325-3p Protects Neurons from Oxygen-Glucose Deprivation and Reoxygenation Injury via Inhibition of RIP3. Dev Neurosci, 2020, 42 (2-4): 83-93.

[57] Yang R, Hu K, Chen J, Zhu S, Li L, Lu H, Li P, Dong R. Necrostatin-1 protects hippocampal neurons against ischemia/reperfusion injury via the RIP3/DAXX signaling pathway in rats. Neurosci Lett, 2017, 651: 207-215.

[58] Xu Y, Wang J Y, Song X H, Qu L D, Wei R L, He F P, Wang K, Luo B Y. RIP3 induces ischemic neuronal DNA degradation and programmed necrosis in rat via AIF. Sci Rep, 2016, 6: 29362.

[59] Vieira M, Fernandes J, Carreto L, Anuncibay-Soto B, Santos M, Han J, Fernandez-Lopez A, Duarte C B, Carvalho A L, Santos A E. Ischemic insults induce necroptotic cell death in hippocampal neurons through the up-regulation of endogenous RIP3. Neurobiol Dis, 2014, 68: 26-36.

[60] Miao W Y, Qu Z W, Shi K J, Zhang D Y, Zong Y Y, Zhang G L, Zhang G Y, Hu S Q. RIP3 S-nitrosylation contributes to cerebral ischemic neuronal injury. Brain Res, 2015, 1627: 165-176.

[61] Kim S J, Li J R. Caspase blockade induces RIP3-mediated programmed necrosis in Toll-like receptor-activated microglia. Cell Death Dis, 2013, 4: e716.

[62] Zhang T, Zhang Y, Cui M Y, Jin L, Wang Y M, Lv F X, Liu Y L, Zheng W, Shang H B, Zhang J, Zhang

M, Wu H K, Guo J J, Zhang X Q, Hu X L, Cao C M, Xiao R P. CaMKII is a RIP3 substrate mediating ischemia- and oxidative stress-induced myocardial necroptosis. Nat Med, 2016, 22 (2): 175-182.

[63] Yang J E, Zhang F, Shi H R, Gao Y, Dong Z, Ma L L, Sun X L, Li X, Chang S C, Wang Z, Qu Y N, Li H, Hu K, Sun A J, Ge J B. Neutrophil-derived advanced glycation end products-Nepsilon-(carboxymethyl) lysine promotes RIP3-mediated myocardial necroptosis via RAGE and exacerbates myocardial ischemia/reperfusion injury. FASEB J, 2019, 33 (12): 14410-14422.

[64] Tang X, Pan L H, Zhao S, Dai F Y, Chao M L, Jiang H, Li X S, Lin Z, Huang Z R, Meng G L, Wang C, Chen C, Liu J, Wang X, Ferro A, Wang H, Chen H S, Gao Y Q, Lu Q L, Xie L P, Han Y, Ji Y. SNO-MLP (S-Nitrosylation of Muscle LIM Protein) facilitates myocardial hypertrophy through TLR3 (Toll-Like Receptor 3)-Mediated RIP3 (Receptor-Interacting Protein Kinase 3) and NLRP3 (NOD-Like Receptor Pyrin Domain Containing 3) inflammasome activation. Circulation, 2020, 141 (12): 984-1000.

[65] Luedde M, Lutz M, Carter N, Sosna J, Jacoby C, Vucur M, Gautheron J, Roderburg C, Borg N, Reisinger F, Hippe H J, Linkermann A, Wolf M J, Rose-John S, Lullmann-Rauch R, Adam D, Flogel U, Heikenwalder M, Luedde T, Frey N. RIP3 a kinase promoting necroptotic cell death mediates adverse remodelling after myocardial infarction. Cardiovasc Res, 2014, 103 (2): 206-216.

[66] Hou H F, Wang Y L, Li Q, Li Z B, Teng Y, Li J Y, Wang X Y, Chen J L, Huang N. The role of RIP3 in cardiomyocyte necrosis induced by mitochondrial damage of myocardial ischemia-reperfusion. Acta Biochim Biophys Sin (Shanghai), 2018, 50 (11): 1131-1140.

[67] Chang L L, Wang Z J, Ma F F, Tran B, Zhong R, Xiong Y, Dai T, Wu J, Xin X M, Guo W, Xie Y, Mao Y C, Zhu Y Z. ZYZ-803 mitigates endoplasmic reticulum stress-related necroptosis after acute myocardial infarction through downregulating the RIP3-CaMKII signaling pathway. Oxid Med Cell Longev, 2019, 2019: 6173685.

[68] Shashaty M G, Reilly J P, Sims C A, Holena D N, Qing D, Forker C M, Hotz M J, Meyer N J, Lanken P N, Feldman H I, Christie J D, Mangalmurti N S. Plasma levels of receptor interacting protein kinase-3 (RIP3) an essential mediator of necroptosis are associated with acute kidney injury in critically Ill trauma patients. Shock, 2016, 46 (2): 139-143.

[69] Ke J, Zhao F, Luo Y W, Deng F J, Wu X F. MiR-124 negatively regulated PARP1 to alleviate renal ischemia-reperfusion injury by inhibiting TNFalpha/RIP1/RIP3 pathway. Int J Biol Sci, 2021, 17 (8): 2099-2111.

[70] Zhang W K, Zheng X H, Gong Y H, Jiang T, Qiu J X, Wu X H, Lu F Y, Wang Z F, Hong Z H. VX-11e protects articular cartilage and subchondral bone in osteoarthritis by inhibiting the RIP1/RIP3/MLKL and MAPK signaling pathways. Bioorg Chem, 2022, 120: 105632.

[71] Jeon J, Noh H J, Lee H, Park H H, Ha Y J, Park S H, Lee H, Kim S J, Kang H C, Eyun S I, Yang S, Kim Y S. TRIM24-RIP3 axis perturbation accelerates osteoarthritis pathogenesis. Ann Rheum Dis, 2020, 79 (12): 1635-1643.

[72] Lin P T, Xue X D, Zhao Z D, Lu J Y, Xie P L. Necrostatin-1 RIP1/RIP3 inhibitor relieves transforming growth factor beta-induced wound-healing process in formation of hypertrophic scars. J Cosmet Dermatol, 2021, 20 (8): 2612-2618.

[73] Yang B Y, Maddison L A, Zaborska K E, Dai C H, Yin L L, Tang Z H, Zang L Q, Jacobson D A, Powers A C, Chen W B. RIPK3-mediated inflammation is a conserved beta cell response to ER stress. Sci Adv, 2020, 6 (51): 7272-7290.

[74] Yang H, Ma Y T, Chen G, Zhou H, Yamazaki T, Klein C, Pietrocola F, Vacchelli E, Souquere S, Sauvat A, Zitvogel L, Kepp O, Kroemer G. Contribution of RIP3 and MLKL to immunogenic cell death signaling in cancer chemotherapy. Oncoimmunology, 2016, 5 (6): e1149673.

[75] Wang R C, Li H D, Wu J F, Cai Z Y, Li B Z, Ni H X, Qiu X F, Chen H, Liu W, Yang Z H, Liu M, Hu J, Liang Y J, Lan P, Han J H, Mo W. Gut stem cell necroptosis by genome instability triggers bowel inflammation. Nature, 2020, 580 (7803): 386-390.

7

蛋白质磷酸化选择性富集方法

江波
中国科学院大连化学物理研究所

7.1

蛋白质磷酸化概述

蛋白质作为细胞以及组织的重要组成成分，是生命活动的主要承担者和生物功能的主要调控者。蛋白质不是由DNA单独编码的，在翻译过程后还可以被小分子共价修饰。因此，在翻译过程中增加了蛋白质种类的多样性和复杂性，从而提供了成千上万种具有不同生物学功能的蛋白质[1]。蛋白质的翻译后修饰通过改变蛋白质结构和化学性质来影响其定位、活性及相互作用，因此对于生命活动来说是非常重要的调控开关。蛋白质的翻译后修饰主要包括两种类型：一类是蛋白酶作用下肽链的共价断裂(或通过自催化断裂)，另一类是化学小分子共价连接到蛋白质的侧链残基上。其中第二种翻译后修饰方式主要包括磷酸化、糖基化、乙酰化、丙酰化、甲基化、泛素化、苏木化、硫巯化、巴豆酰化等，每一种翻译后修饰由其特异性的酶来催化完成。

蛋白质的磷酸化是生物体内最重要和最常见的一类翻译后修饰，从原核生物到真核动物都发现有蛋白质磷酸化过程发生。据统计，在哺乳动物细胞整个生命过程内约有1/3的蛋白质是以磷酸化形式存在的，在脊椎动物基因组中，有2% ～ 5%的基因编码蛋白质是参与磷酸化与去磷酸化过程的蛋白激酶和磷酸酯酶。蛋白质的磷酸化是指在蛋白激酶的催化下，由三磷酸腺苷(ATP)提供磷酸基团和能量把磷酸基团共价键合到蛋白质残基的过程，而去磷酸化则是由磷酸酯酶催化的水解反应，约500种蛋白激酶和少量的蛋白磷酸酶调节着可逆的磷酸化过程[2]。研究表明有9种氨基酸可以发生磷酸化修饰，根据发生磷酸化修饰的氨基酸残基的不同，可以把磷酸化修饰分为以下四种类型。

① 磷酸化发生在丝氨酸、苏氨酸和酪氨酸的侧链羟基上，以P—O键连接的磷酰酯类修饰，称为*O*-磷酸化修饰。丝氨酸是蛋白质中最常

见的 *O*-磷酸化残基，其次是苏氨酸，在已知的 500 多种激酶中，有 125 个是丝氨酸或苏氨酸磷酸化激酶。丝氨酸磷酸化(pSer)、苏氨酸磷酸化(pThr)和酪氨酸磷酸化(pTyr)在哺乳动物中比例约为 90∶10∶1。

② 磷酸化发生在碱性氨基酸(组氨酸、精氨酸和赖氨酸)的侧链氨基(pHis、pArg 和 pLys)上，以 P—N 键连接的磷酰胺类修饰，被称为 *N*- 磷酸化修饰。*N*-磷酸化中 P—N 键水解的吉布斯自由能较高，如 pHis 的磷酰胺键的水解释放的能量($\Delta G^{\ominus}$为 −13.0 ～ −12.0kcal/mol)约为 pSer、pThr 或 pTyr 的($\Delta G^{\ominus}$为 −9.5 ～ −6.5kcal/mol)的两倍，这使其热力学稳定性较差。另外，磷酰胺类在动力学上也不稳定，氮原子的孤电子对和磷酰胺 π 键重叠较少，P—N 键不能形成像 P—O 键一样稳定的电子离域结构，在酸性条件下 P—N 键的氮的质子化促进了磷酰基的解离，从而发生去磷酸化。因此，无论从热力学还是动力学上 *N*-磷酸化修饰稳定性都比较差，尤其在强酸性和高温条件下 [3]。

③ 磷酸化发生在其他氨基酸侧链，如半胱氨酸的巯基上，形成 P—S 键，称为 *S*-磷酸化(pCys)，pCys 最初被发现作为磷酸烯醇丙酮酸依赖性磷酸转移酶系统(PTS)的中间体，最近在病原体金黄色葡萄球菌中的一些转录调节因子(SarA 和 MgrA)中也发现了 pCys，它影响了细菌毒性和细菌对抗生素的抗性 [4]。

④ 磷酸化发生在天冬氨酸和谷氨酸的侧链羧基上(pAsn 和 pGlu)，形成 P—OCO 键，称为羧基磷酸化 [5]。有研究表明 pAsn 被发现作为双组分组氨酸激酶信号系统的中间体，将来自传感器组氨酸激酶的信号传递给 DNA，并与转录因子一起启动基因的转录。

随着蛋白质组学和生物技术的快速发展，*O*-磷酸化修饰鉴定和生物学功能得到深入的研究，这种磷酸化形式通常被称为典型性磷酸化；其余三类磷酸化在蛋白质组学鉴定方法和生物学功能研究中目前还处于起步阶段，被称为非典型性磷酸化。

蛋白质通过蛋白质磷酸化和去磷酸化修饰过程可改变蛋白质结构、活性及其相互间的作用，从而调节细胞信号转导、细胞分化、细胞生长、细胞凋亡等几乎所有的生命活动，因此，蛋白质的可逆磷酸化过程在生命活动中起着重要的调控作用[6-8]。一些重要的生命过程涉及正常的磷酸化过程，如精子的获能、超激活运动的维持等都受到蛋白质的酪氨酸磷酸化/去磷酸化的调控，这也是精子到达、结合、穿透，最终与卵细胞融合所必需的过程[9]。此外CDK2蛋白可磷酸化FOXO1的Ser249位点，导致磷酸化的FOXO1从细胞核穿梭至胞浆，从而抑制其对细胞凋亡的调节[10]。异常的磷酸化调节则是癌症、糖尿病和神经退行性疾病等众多疾病的诱因或与疾病的发生和发展过程密切相关[11]。研究表明Tau蛋白丝氨酸和苏氨酸的过度磷酸化会导致神经元细胞的缠结，进而导致神经元细胞凋亡，引起阿尔茨海默病症[12]，蛋白质磷酸化与神经退行性疾病密切相关。也有研究指出，PAK4或者SKA3可以直接磷酸化p53蛋白Ser215，从而抑制p53的转录活性和p53介导的抑制肝癌细胞侵袭的能力[13]。近期研究证明pHis磷酸酶LHPP蛋白是一种抑癌蛋白，其表达水平与肝癌的发展密切相关，其低表达会促进癌症的发展[14]，进一步研究表明其对多种癌症都具有抑癌因子的特性。pHis激酶NME2和磷酸酶PHPT1调控钙激活K^+通道蛋白KCa3.1磷酸化，实现K^+外排和Ca^{2+}内流，进而调节免疫细胞的免疫反应。总之，蛋白质可逆磷酸化与生命过程密切相关，而定性和定量分析磷酸化蛋白质组学是揭示生物学功能机制的关键。

1994年Wikins首先提出了蛋白质组学的概念，蛋白质组学是以蛋白质组为研究对象，研究细胞、组织或生物体蛋白质组成及其变化规律的科学。蛋白质组(proteome)一词，是蛋白质(protein)与基因组(genome)两个词的组合，意指“一种基因组所表达的全套蛋白质”，即包括一种细胞乃至一种生物所表达的全部蛋白质种类。蛋白质组学本质上指的是在规模化水平上研究蛋白质的特征，包括蛋白质的表达水平、翻译后修饰、蛋白与蛋白之间的相互作用等，由此获得蛋白质水平上的关于疾病发生、细胞代谢、信号转导等过程的整体而全面的认识[15]。鉴于磷酸化修饰在生命活动中具有非常重要的意义，磷酸化修饰过程对整个生命过程的影响无处不在，在蛋白质组水平研究蛋白质磷酸化即磷酸化蛋白质组学，已成为众多生物学家及蛋白质组学家的研究热点。磷酸化蛋白质组学是蛋白质组学研究的重要内容。广义上，包括磷酸化蛋白质的检测、磷酸化位点的鉴定、磷酸化的定量以及与磷酸化蛋白质相关的信号转导通路研究等[16]。更深层次的蛋白质磷酸化研究包括以下三个方面：①磷酸化蛋白质组研究内容，即对某一特定状态下细胞内蛋白质磷酸化的富集分离及磷酸化位点的氨基酸残基定性和定量分析。②鉴定与磷酸化过程相关的蛋白激酶/磷酸酯酶以及反应底物。③分析研究磷酸化蛋白质相互作用网络。总之，对蛋白质磷酸化进行系统研究，进而在分子水平上了解细胞的生理过程及功能调节网络，对于阐释生命活动的本质具有重要科学和指导意义。

蛋白质磷酸化的研究历史可追溯到20世纪。1906年，Levene和Alsberg首次发现了卵黄磷蛋白[17]。1932年，Lipman等在酪蛋白中检测到了磷酸丝氨酸[18]。1947年，Cori夫妇因发现糖代谢磷酸化酶而获得同年诺贝尔生理学或医学奖[19]。1955年，Fischer和Krebs对糖原磷酸化酶(glycogen phosphorylase)的鉴定从真正意义上确认了蛋白质磷酸化在细胞调控和信号转导中的作用，并因首次描述“可逆蛋白磷酸化过程”而荣获1992年诺贝尔生理学或医学奖[20]。随后蛋白质磷酸化的研究受到了更加广泛的重视。2002年，首次在啤酒酵母蛋白质组中实现了百余种磷酸化肽的鉴定，标志着磷酸化蛋白质组学研究步入了一个全新的阶段(下文中如果没有特殊说明，磷酸化富集研究都指的是*O*-磷酸化修饰)。在之后的十多年里，伴随着生物质谱及各种新型富集材料和新技术的快速发展，磷酸化蛋白质研究成为系统生物学的研究热点，磷酸化蛋白质组学得到了快速发展。Gygi等利用色谱分级技术分别在鼠肝和飞蝇胚胎中鉴定到5500～13000多个磷酸化位点[21-22]。近来Ye等利用SH2超亲体富集方法，在9种哺乳动物细胞中鉴定出20000个磷酸化肽段和大于10000个酪氨酸磷酸化位点，其中36%是新发现的位点[23]。与此同时该课题组通过多维色谱分离的方式，在肝癌组织中定量了1264个磷酸化蛋白质，对应于2307个磷酸化位点。与正常肝组织相比有648个蛋白质发生了3倍量的变化，一些重要肝癌磷酸化位点如pT185(ERK2)、pY204(ERK1)被鉴定[24]。Tao等首次在血浆微囊泡中鉴定到将近10000个磷酸化位点，通过与健康人群比较，发现在乳腺癌患者中有144个磷酸化蛋白质发生高表达，血浆微囊泡的磷酸化蛋白质可能成为癌症早期诊断的潜在标志物[25]。最近Zhang等采用离子液体辅助提取的方式在烟叶中鉴定出14441个磷酸化位点，对应于5153个磷酸化蛋白质，构建了烟叶中最大的磷酸化修饰数据库[26]。磷酸化蛋白质组学技术促进了磷酸化生物学功能的揭示和发现，Mann等通过磷酸化蛋白质组学技术揭示了帕激酶LRRK2调节帕金森病中Rab GTPases的一个亚基[27]。此外，蛋白质磷酸化失调也是Ⅱ型糖尿病中肌肉胰岛素抵抗的基础[28]。上述研究结果表明蛋白质磷酸化现象普遍存在于不同的生命过程中，通过蛋白质组学定性和定量技术可以规模化鉴定磷酸化修饰及其位点相关信息，进而分析蛋白质相互作用网络。

虽然随着各种新型功能化富集材料与富集新技术和新方法的发展，磷酸化蛋白质组学研究取得了突破性发展，目前鉴定的位点数大于10000，然而目前被鉴定到的磷酸化蛋白质及其磷酸化位点仍然十分有限。研究表明，在人类蛋白质组学数据库中，有50%以上的蛋白质是发生磷酸化的，相应的磷酸化位点数远大于1000000，但目前被鉴定到的磷酸化蛋白及其位点数远远小于预测数。这主要是因为磷酸化蛋白质的检测和位点鉴定仍然存在着巨大的挑战。磷酸化蛋白质的分析鉴定仍是蛋白质组学研究中的难点。

① 与非磷酸化蛋白质相比，磷酸化蛋白质在细胞或组织内的丰度相对较低，在质谱鉴定过程中信号非常容易受到高丰度的非磷酸蛋白质的抑制。

② 蛋白质磷酸化和去磷酸化是可逆的动态变化过程，同一个磷酸化蛋白质不同时刻的绝对数量在不断变化，甚至在富集时刻从磷酸化状态变成非磷酸化状态，导致难以精确地鉴定。

③ 细胞或组织内存在多种磷酸酶，在对蛋白质样品进行处理时，容易引起样品的去磷酸化反应，从而可能造成磷酸化样品损失。

④ 当前磷酸化研究主要在于典型性的磷酸化，对于*N*-磷酸化等非典型性磷酸化研究还处于起步阶段。就*N*-磷酸化而言，P—N酰胺键对酸和热较为敏感，极容易水解。当前用于传统*O*-磷酸化的富集方法通常需要强酸孵育条件，在这样的环境下容易导致P—N酰胺键发生水解，无

法获得 *N*- 磷酸化位点的鉴定信息。因此，磷酸化的复杂性进一步限制了磷酸化蛋白质组学的发展。

⑤ 磷酸化修饰对蛋白质而言具有非均一性，大多数磷酸化蛋白质都存在多个潜在的磷酸化位点；在质谱检测常用的正离子模式下，因磷酸化肽段带负电荷，难以离子化，其信号常被高丰度的非磷酸化肽段抑制和掩盖，导致磷酸化数目鉴定有限。

⑥ 通常情况下为保证液相色谱分离的效果，需要甲酸作为添加剂，强酸分离条件容易导致非典型性磷酸化水解。

⑦ 磷酸化位点可能存在气相转移，并且在使用软件进行数据检索时，需将磷酸化修饰设置为可变修饰，这极大地增加了假阳性数据的可能性，据统计，约有 25% 的位点信息不可靠。由此可见，进行大规模磷酸化蛋白质的鉴定仍然面临着巨大的挑战。

综上，磷酸化蛋白质组学研究具有相当重要的科学意义，尤其对于蛋白质的生物学功能的发现和解析，而其研究又备受磷酸化蛋白质丰度低、磷酸化样品复杂程度高以及磷酸化肽难以检测等难题的困扰。在上述磷酸化研究的难点中，首要任务是发展特异性的富集方法，对磷酸化样品进行高选择性和高效的分离纯化，实现大规模磷酸化蛋白质样品的分离、检测和鉴定。磷酸化选择性富集是磷酸化蛋白质组学以及后续生物学功能研究的前提。本章重点阐述磷酸化选择性富集方法研究进展。

7.2 蛋白质磷酸化选择性富集方法

磷酸化选择性富集是蛋白质组学鉴定的基础，磷酸化蛋白质组学研究的生物样品，组成成分较为复杂，需将磷酸化蛋白或肽段从大量的其他蛋白、小分子、组织等组分中提取出来，以减小样品的复杂程度，减少质谱分析时对磷酸化肽段的干扰和抑制，以提高对磷酸化肽段的检测灵敏度。目前主要是根据蛋白质发生磷酸化修饰后物理化学性质不同于非磷酸化的特点，开发基于生物和化学原理的富集方法。常用的富集策略如图 7-1 所示，本章将对不同富集方法的原理及其研究进展进行详细介绍。

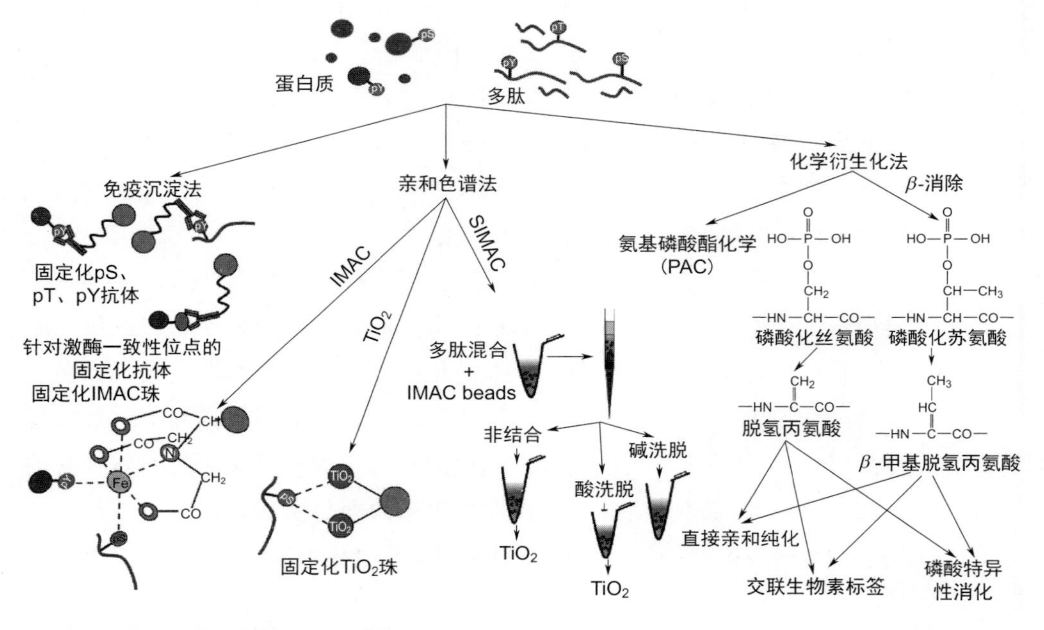

图 7-1 目前常用的磷酸化富集方法 [16]

7.2.1 亲和富集法

已有多种亲和富集形式用于磷酸化富集研究。经典的亲和富集法是利用磷酸化抗体与磷酸化修饰之间特异性亲和相互作用，生成沉淀或发生其他特异性反应，从而实现磷酸化蛋白或者肽段的分离和富集，称为免疫沉淀法。常见的是 pTyr 抗体的应用。由于 pTyr 抗体特异性远强于 pSer 和 pThr 抗体，免疫沉淀法在 pTyr 肽段的富集中得到较为系统的研究和应用。pThr 抗体首次由 Frackelton 等开发，该方法通常是将具有 pTyr 肽段结合能力的 4G10、PY100 等抗体修饰于琼脂糖凝胶微球上，待其识别并吸附酪氨酸磷酸化肽后，将其与样品混合物分离，再通过强酸或强碱破坏抗原 - 抗体相互作用，从而释放材料所吸附的酪氨酸磷酸化肽段 [29-30]。pTyr 作为较高级的进化形式和复杂的多细胞生命的特征表现得尤为突出和重要，是生物体内调节生物学进程和细胞活动的一个闸门。pTyr 及其激酶参与调控多个重要的生物过程，包括细胞增殖、细胞周期进程、细胞凋亡、血管生成、细胞迁移等。利用免疫沉淀对其进行规模化鉴定是解析生物学功能的前提。对 pTyr 蛋白质组学进行深度覆盖研究，揭示癌症发生发展过程中失调的激酶，将有助于深入理解癌症的发生发展过程。75% 的致癌基因是酪氨酸激酶基因，酪氨酸激酶抑制剂作为抗癌药物受到了越来越广泛的关注 [31]。应用酪氨酸磷酸化蛋白质组学技术，可以鉴定与癌症等重大疾病相关的酪氨酸激酶，从而有助于发现新的酪氨酸激酶抑制剂。

Rush 等首次利用酪氨酸磷酸化抗体在肽段水平选择性富集酪氨酸磷酸化肽段，共有 628 个磷酸化肽段被鉴定，其中酪氨酸磷酸化位点有 688 个。除此之外，在这 688 个位点中，将近有 70% 的磷酸化位点首次被鉴定到 [29]。Blagoev 等也利用酪氨酸磷酸化抗体结合胶内酶解和 LC-MS/MS 分析的方式，从 HeLa 细胞裂解产物中鉴定到 202 个蛋白质，其中 81 个蛋白质参与动态调节 EGF 刺激后的应答 [32]。免疫沉淀法具有专一性强、效率高、可用来研究生物体内的各种磷酸化途径等优点，但由于抗体昂贵且能够获得的特异性抗原 / 抗体的种类有限、所需样品量较大、操作烦琐等缺点，其在实际应用中尤其是在规模化 pTyr 的富集分离鉴定中受到了一定的限制。

酪氨酸磷酸化蛋白质在细胞内有分子开关的作用，其中原癌基因酪氨酸蛋白激酶（proto-oncogene tyrosine-protein kinase，Src）同源结构域 2（SH2）通过与这些蛋白质结合，在胞内转导信号，调控细胞行为 [33]。正常生理状态下的 SH2 只是较为温和地与磷酸化酪氨酸结合，以适应细胞中瞬息万变的环境。Shawn 等在 SH2 与磷酸化酪氨酸结合的区域引入了 3 个突变氨基酸，分别为：Lys15Leu，第 15 位的赖氨酸突变成亮氨酸；Cys10Ala，第 10 位的半胱氨酸突变成丙氨酸；Thr8Val，第 8 位的苏氨酸突变成缬氨酸。突变后的 SH2 与磷酸化酪氨酸的结合力比突变前增强了约 380 倍，被称作酪氨酸磷酸化的超亲体（SH2 superbinder）[34]。同 pTyr 抗体相比，制备 SH2 超亲体更加简单经济，而借助于对 SH2 结构域序列的突变改造，SH2 与 pTyr 残基之间的亲和作用可以得到显著增强，使其能够满足高效富集 pTyr 肽段的要求。利用 SH2 超亲体替代抗体的方法可以有效解决上述问题。叶明亮等采用 SH2 超亲体，对 9 种人体细胞样品中的 pTyr 肽段进行了规模化富集分析，并鉴定到共计 20000 条以上 pTyr 肽段和 10000 个以上 pTyr 位点 [23]。该方法还拓展到钒酸钠刺激的 Jurkat T 细胞，仅从 2mg 蛋白质样品中鉴定出了超过 1800 个 pTyr 位点 [35]。随后为解决肽段富集回收率低的问题，该课题组发展了基于固载 SH2 结构域的微球，实现了原位一步富集 pTyr 肽段，pTyr 位点数比两步富集法增加了 3 倍 [36]。结合定量蛋白质组学技术发现，在对曲妥珠单抗敏感的 BT474 细胞中，HER2 升高，相关的酪氨酸依赖性下游信号转导增强，而在曲妥珠单抗耐药的 HCC1954 细胞中鉴定到 PTPN11，这是一种与 RTK 临床耐药性发展相关的原癌基因，且是一个显著激活的信号分子。此外 SH2 超亲体可在工程菌中大量表达纯化，与酪氨酸磷酸化抗体相比成本低，富集效果好。

基于抗体的免疫沉淀法也是实现非典型性磷酸化富集的重要手段。研究表明抗 pTyr 抗体可以与 pHis 发生交叉反应。例如，Frackelton 等使用抗 pTyr 单克隆抗体从 3T3 小鼠成纤维细胞中免疫沉淀出 pHis 修饰的 ATP 柠檬酸裂解酶 [37]。可是该抗体不能区分 pHis 和 pTyr，限制了 pHis 规模化富集鉴定。根据咪唑环上磷酸化的位置不同，pHis 有两种异构体：1-pHis 和 3-pHis。pHis 的发现要早于 pTyr，20 世纪 60 年代初期 Boyer 等在大鼠肝脏线粒体中发现了 pHis 蛋白 [38]。尽管在真核细胞中 pHis 的丰度（6%）高于 pTyr（1%），但哺乳动物中有关 pHis 的报道较少，第一个哺乳动物的磷酸化组氨酸磷酸酶直到 2002 年才被鉴定。pHis 在细菌、真菌和植物中的双组分和多组分磷酸信号转导途径中起主要作用。随着生物化学和质谱技术的发展，发现 pHis 对哺乳动物很多细胞生命过程都有重要影响，如信号转导、染色质组装、免疫反应和离子转导等 [39]。

近期研究人员通过合成 *N*- 磷酸化氨基酸的稳定类似物，用其代替 *N*-磷酸化氨基酸注射到动物体内以实现免疫反应，用于获得 *N*-磷酸化抗体。如图 7-2 所示，Kee 等分别合成了三唑类化合物（图 7-2 中化合物 1 和 2）作为 3-pHis 和 1-pHis 类似物。密度泛函理论计算表明，1-pHis 与 3-pHis 的结构匹配，但 1-pHis 中额外的氮和孤对电子周围的表面电位与 3-pHis 存在差异。将两种类似物通过 SPPS 方法键合于肽段中，并与 KLH 蛋白结合后用于抗体的制备 [40]。受到单独使用半抗原产生 pTyr 抗体工作的启发，Kee 等通过使用连接头将三唑基乙胺（图 7-2 中化合物 3）与 KLH 结合来产生抗体；纯化的抗体可以用于检测各种已知的 pHis 肽段，但是通过 ELISA 和斑点印迹实验观察到，其与 pTyr 具有显著的交叉反应 [41]。将该多克隆抗体应用在 *E.coli* 裂解液中内源 pHis 蛋白质的富集，在甘油和甘露醇两种碳源培养条件下一共鉴定到 16 个内源性 pHis 位点，发现醛醇脱氢酶（AdhE）和丙酮酸激酶（PykF）2 个新的组氨酸磷酸化酶，并发现这些蛋白质在大肠杆菌的代谢和信号转导中发挥重要作用 [42]。然而，由于该抗体富集能力有限，pHis 肽段的鉴定数目仍然较少。随后，Kee 等报道了采用吡唑乙胺（图 7-2 中化合物 4）作为 3-pHis 类似物制备第二代 pHis 抗体。密度泛函计算表明，吡唑类似物不仅与 3-pHis 结构匹配，而且电子结构也匹配；纯化的多克隆抗体检测 pHis 的响应远远高于 pTyr[43]。他们将此多克隆抗体用于检测各种体外 pHis 蛋白质，包括 PGAM1、哺乳动物组蛋白 H4 和 Pts1。同时，Lilley 等报道了戊二醛连接臂与吡唑氨基酸（图 7-2 中化合物 5）结合的抗体，发现这种多克隆抗体对 pHis 的响应同样远远高于 pTyr[44]。2015 年，Fuhs 等制备出抗 pHis 的单克隆抗体，他们将（图 7-2 中化合物 6 和 7）分别添加进中性肽库中形成两类肽段抗原，并结合 KLH 蛋白来引起免疫反应。免疫印迹分析显示：这两种抗体能够分别特异性地识别 3-pHis 和 1-pHis 而不产生交叉反应。利用该抗体在哺乳动物中鉴定了 786 个潜在的 pHis 蛋白质，验证了 pHis 单克隆抗体具有优异的内源性 pHis 富集能力[45]。

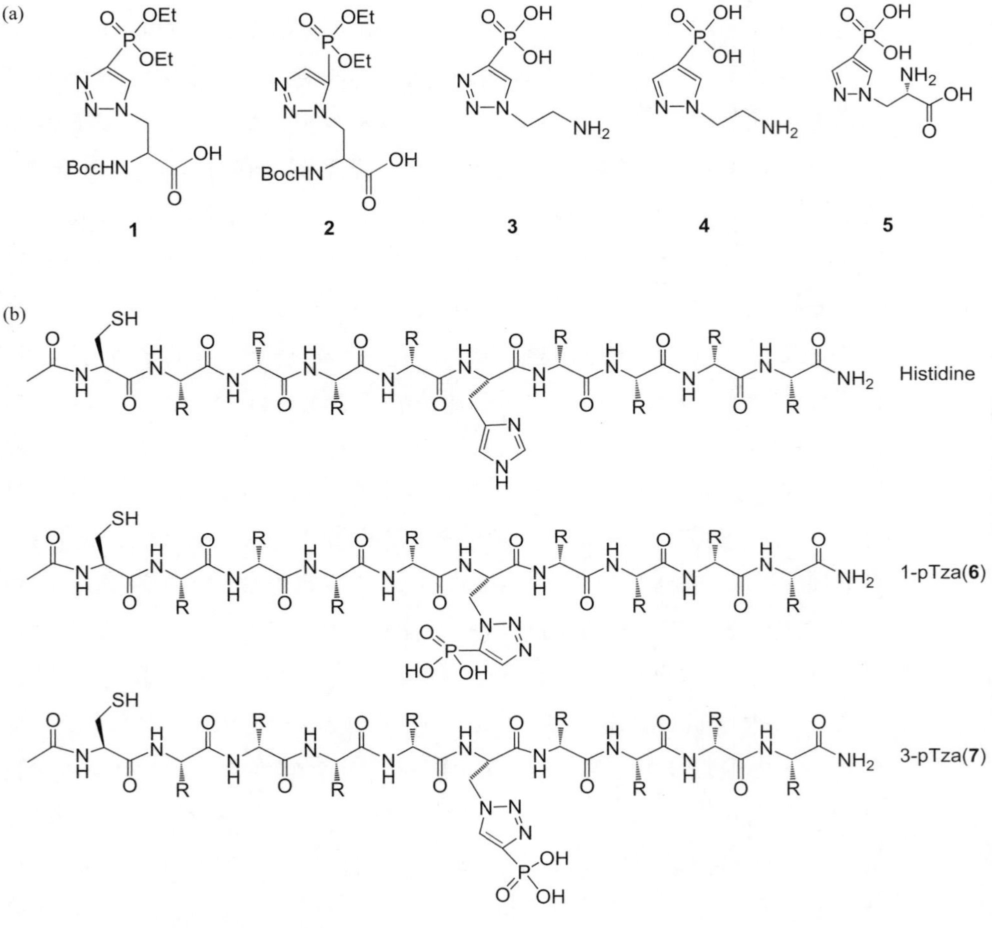

图 7-2　pHis 的类似物（a）与 3 种合成肽库（b）的结构

His或稳定的 pHis 类似物（6或7）被随机地插入中性氨基酸（丙氨酸和甘氨酸）中[50]

相对于抗 pHis 抗体的研究来说，针对抗 pArg 抗体的研究报道较少。与 pHis 类似，pArg 主要存在于细菌等原核生物中。1994 年对蛋白质精氨酸激酶 McsB 进行分离和鉴定后，Wakim 等首次证实了原核生物中 pArg 的存在。2009 年，Clausen 等发现精氨酸激酶(McsB)在转录调节中具有重要作用[46]。随后，最初被认为是 pTyr 磷酸酶的 YwlE 被鉴定具有 pArg 磷酸酶性质[47]，因此成为 McsB 激酶的对应物在细菌和黑腹果蝇 pArg 调节中发挥作用。Clausen 课题组又发现磷酸化精氨酸可以促进 ClpC-ClpC 蛋白酶对异常蛋白的鉴定，从而具有蛋白降解标签这一关键性的生物学功能[48]，这种生物学功能与真核生物体内的泛素 - 蛋白酶体系统类似。最近 Fuhrmann 等采用体外噬菌体展示方法产生靶向含 pArg 肽段的抗体。虽然这种抗体可用于重组蛋白的体外研究，但它对 pArg 的低亲和力阻碍了其在细胞研究中的应用[47]。为了解决这个问题并获得高亲和力的 pArg 特异性抗体，该团队合成了酸稳定的 pArg 类似物 PO_3^- 脒和 SO_3^- 脒，首次制备了不依赖序列的高亲和力 pArg 抗体，并使用这种抗体检测细胞裂解液中的两种 pArg 蛋白 ClpC 和 GroEL[49]。Zhao 等也合成了类似的分子用于 pArg 抗体的制备，显示出其在 pArg 抑制剂研究中具有潜在的意义。最近 Clausen 等开发了 YwlE 突变体，该突变体无法消除磷酸化修饰，但是保留了对磷酸化精氨酸的亲和性，可选择性地结合 pArg 蛋白。其他类型的非典型性磷酸化抗体研究仍处于空白状态，发展稳定类似物作为半抗原从原理上可行，期待有机合成技术的进步，以促进非典型性磷酸化抗体的制备。

7.2.2 固定化金属离子亲和色谱法

固定化金属离子亲和色谱(immobilized metal ion affinity chromatography, IMAC)最早由 Porath 等于 20 世纪 70 年代提出，最初用于纯化含组氨酸标签的蛋白质研究。1986 年 Andersson 等发现了其对磷酸化修饰的选择性富集能力，随后该技术成为磷酸化蛋白质组学研究中最常用的经典方法之一。其基本原理是基于磷酸根基团与 IMAC 材料所固载的金属离子间强相互作用，这些相互作用可能包括静电、配位以及亲疏水相互作用。在酸性条件下可选择性保留磷酸化肽段，非磷酸化修饰无法保留而洗去，而在碱性条件或磷酸盐存在时，相互作用被破坏解离，进而实现被保留的磷酸化肽段洗脱。IMAC 材料对磷酸化肽段的选择性受多种因素的影响，如 IMAC 的基质材料、螯合基团、间隔臂基团、金属离子、溶液 pH 值、离子强度、有机相比例等。IMAC 固定相主要由基质材料、螯合基团和金属离子三部分组成。理想的 IMAC 基质应该具备以下特性：①表面具有化学活性基团，便于与螯合基团偶联；②对非磷酸化修饰的非特异性吸附较低；③具有足够的物理、化学和机械稳定性；④具有比表面积大和富集容量高的特点；⑤金属离子易活化和再生；⑥具有优异的生物兼容性 [51]。

目前常用的基质材料种类繁多，按物理化学性质可分为无机、有机和有机 / 无机杂化材料等 [52-55]。其中无机材料主要为硅基质和无机纳米颗粒，它们的机械强度高，易于表面修饰，金属离子固载量高，但是耐酸碱性较差 [56-59]。Lan 等发展了基于介孔硅胶的 Ti^{4+}-IMAC，比表面积高达 $362m^2/g$，Ti^{4+} 固载量高达 75μg/mg，对磷酸化肽段的选择特异性大于 96%[60]。Zhang 等以 Fe_3O_4 纳米颗粒为基质材料，以具有高生物兼容性、亲水性和络合能力的三磷酸腺苷（ATP）为配基，通过固载 Ti^{4+} 和 Ga^{3+}，成功制备了对磷酸化肽具有高选择性的新型磁性 IMAC 纳米材料，可在 5000 倍非磷酸化肽干扰的情况下，实现对磷酸化肽的高选择性富集，对磷酸化肽的靶上检测限可达 3amol。结合二甲基化同位素标记技术，对小鼠腹水型肝癌高低转移细胞株进行了高通量的磷酸化蛋白质组学定量研究，筛选出与肿瘤淋巴道转移能力相关的 17 条差异磷酸化肽段和 2 条差异磷酸化蛋白质，为揭示肿瘤转移机制提供了技术支撑 [61]。采用有机材料可以提高基质对酸碱的耐受力，目前常用有机材料为高分子材料。天然高分子材料主要有纤维素、琼脂糖等，其生物兼容性和亲水性能优异，但机械强度不高；而合成高分子材料主要是化学合成制备的高分子聚合物等，其机械强度较天然高分子有了显著提高。Iliuk 等利用可溶性高分子聚合物作基质，采用磷酸基为配基固定 Ti^{4+}，制备了一种新型 IMAC 材料——PolyMAC-Ti，将以往的基于固液传质的富集过程转变为液液过程。富集了磷酸化肽的 PolyMAC-Ti 材料再利用其高特异性的生物亲和素基团实现高分子聚合物与溶液的分离，该方法传质效率高、选择性好、重现性好，对磷酸化肽的回收率可达 90% 以上。他们将该材料应用于乳腺癌细胞的磷酸化蛋白质组学研究，成功鉴定了794个唯一性磷酸化位点，其中514个与信号通路有关[62]。Zou等利用聚甲基丙烯酸缩水甘油酯作为基质固载Ti^{4+}，在实现磷酸化肽段选择性富集的同时，实现了*N*-糖基化肽段的选择性富集[63]。有机/无机杂化材料结合了无机和有机材质的优点，Hou等制备了磷酸根作为螯合基团的Ti^{4+}-IMAC，其富集容量高达1.4μmol/mL，在鼠肝线粒体中鉴定到224条磷酸化肽段，对应于148个磷酸化蛋白质[64]。随着材料科学的发展，新型固载基质的出现势必会提高磷酸化修饰的富集效果。固载基质应该具备金属离子固载量高、表面亲水性能好、肽段传质速度快的优点。

IMAC螯合基团的类型和性质也直接影响选择性能。次氮基三乙酸(nitrilotriacetic acid，NTA)和亚氨基二乙酸(iminodiacetic acid，IDA)是IMAC中最常用的金属离子螯合剂。NTA是四齿配体，IDA为三齿配体，以NTA作为螯合剂对磷酸化肽的选择性较IDA有显著提高[65]。但是一些带有酸性氨基酸残基的肽段，如含天冬氨酸和谷氨酸残基的肽段仍会与金属离子发生非特异性结合，因此Zhou等利用磷酸酯基作为螯合基团，进行金属离子固载，大幅提高了IMAC材料对磷酸化肽的选择性。他们将该配基应用于多孔硅表面、有机聚合物整体基质、磁性纳米颗粒、中孔有机硅材料、有机聚合物微球等[66]，其中Ti-IMAC材料已成功应用于癌症患者和健康人血清磷酸化蛋白质组的分析，显示出其在癌症治疗以及药物研发方面的巨大潜力。近年来，亲水羧基棉、聚多巴胺、三磷酸腺苷、植酸等螯合基团被发展用于不同金属离子的固载，新型螯合基团的出现显著提高了富集性能和材料的稳定性。

IMAC对磷酸化肽段的富集主要基于磷酸根上的氧原子与金属离子间的配位作用，所以目前固载的金属离子种类主要以硬金属离子为主。Posewitz等比较了Al^{3+}、Fe^{3+}、Ga^{3+}和Zr^{4+}等14种金属离子与磷酸根的亲和能力，发现Ga^{3+}对磷酸化肽段具有较好的富集效果，但Fe^{3+}更廉价易得，而且可再生性能优异[67]。Heck等在利用Fe^{3+}-IMAC富集磷酸化肽段之前通过蛋白质沉淀和核酸去除策略，去除大部分小分子和生物分子干扰，通过一次进样分析在HeLa细胞中鉴定到17000条磷酸化肽段，对应于 12500 个明确定位的磷酸化位点，该方法同样适用于 *E.coli* 等原核生物样品磷酸化富集。Fe^{3+}-IMAC 可再生和重复性能明显强于 Ti^{4+}-IMAC 和 TiO_2。Zhang 等首次将 Ce^{4+} 引入 IMAC 材料，取得了较好的效果[68]，随后 Sn^{4+}、Nb^{5+} 和 Hf^{4+} 等金属离子也被开发用于磷酸化肽段选择性富集分离。不同金属离子对磷酸化肽的富集选择性有所差异，如 Lai 等报道 Fe^{3+} 和 Ti^{4+} 富集到的磷酸化肽中仅有约 10% 的重叠[69]，而 Tsai 等报道 Fe^{3+} 和 Ga^{3+} 所富集到的磷酸化肽中仅有约 8% 的重叠[70]，因此，将固定不同金属离子的材料联合使用可以有效提高磷酸化肽的鉴定覆盖率，高的鉴定覆盖率是解析生物功能的关键。

IMAC 方法具有快速直接的特点，且对所有磷酸化肽段均具有普适性。但其主要缺点是特异性不强，一些含酸性残基的肽段也可被同时富集。有人采用将肽段中的酸性残基甲酯化的方法封闭氨基酸的酸性侧链，提高了 IMAC 的选择性，但该方法存在反应不完全、重复性欠佳、副产物增加了样品复杂程度、质谱解析困难等问题，难以在大规模组学研究中推广。Seeley 等利用 Glu-C 代替 Trypsin 进行酶切，降低了酶解产物中含酸性残基肽段的比例，将 IMAC 对磷酸化肽段的选择性由 30% 提高至 70%[71]。另一种思路是在强酸性条件下进行上样与洗涤来屏蔽羧基的干扰。上样缓冲液的 pH 应该介于酸性氨基酸和磷酸的解离常数(pK_a)之间，使得酸性氨基酸被质子化而不带电，无法与带正电的金属阳离子结合；而大部分磷酸基仍带负电，能够与金属阳离子结合。基于此原理的 IMAC 顺序洗脱的方式可提高富集选择性和覆盖率。IMAC 方法的另一缺点是固载的金属离子在使用和储存过程中会发生丢失，容易造成对磷酸化肽捕集能力的下降和样品污染。另外，IMAC 还对多磷酸化肽和单磷酸化肽有歧视效应，其更偏向于富集多磷酸化肽。对 IMAC 材料进行改性仍然是磷酸化蛋白质组学的研究热点，IMAC 材料的设计和制备以及富集条件优化都是值得关注的地方，评价的关键点还是在于富集选择性和效率。

近年来，研究人员开始尝试将金属有机骨架(metal-organic frameworks，MOFs)材料用于磷酸化肽富集。金属有机骨架材料可认为是一类特殊的

IMAC材料。在MOFs基材料中，制备材料基底的有机骨架单元也是用于固定金属离子的配体，有机配体分子与金属离子交替配位形成周期性骨架结构，材料表面配位不饱和的金属离子提供了吸附磷酸化肽的活性位点。该类材料具有大比表面积、超高孔隙率、多样化功能以及良好的化学稳定性等优点。Jia等通过后修饰的方式制备了Ga^{3+}磁性框架化合物材料，实现了*N*-糖基化肽段和磷酸化肽段同时富集分析[72]。目前，已有基于Er、Fe、Zr、Zn、Hf等多种金属元素的金属有机骨架材料应用于磷酸化肽的富集[73]。Gu等在验证三维MOFs的富集性能后[74]，以Hf作为金属簇，1,3,5-(4-羧基苯基)-苯(H_3BTB)作为有机配体，通过自下而上的方法成功合成了二维金属有机骨架框架化合物——二维Hf-BTB纳米片，发现通过调控有机配体的疏水作用及相邻金属簇之间的距离，能够显著提高对单磷酸化肽段的富集选择性[75]。新材料和新理论的不断出现会促进磷酸化选择性富集研究，最近COFs和MXene-Ti_3AlC_2/ MXene-Ti_3C_2[76]等新型功能材料已经成功用于磷酸化肽富集研究。

通过调节富集条件，IMAC也被尝试用于非典型性磷酸化富集研究。2003年Napper等通过优化离子类型和pH，证明Cu^{2+}-IMAC在弱酸条件下(pH=3.5)能够选择性富集pHis肽段，材料富集性能有限，只能用于简单的肽段混合物，无法用于复杂生物样品pHis规模化分析[77]。最近，Heck等发现大部分pHis肽段在弱酸条件下结构保持稳定，前期研究结果证明Fe^{3+}-IMAC在pH=2.3弱酸条件下对磷酸根具有优异的富集性能。如图7-3所示，通过结合这两点，他们将Fe^{3+}-IMAC用于*E.coli*中pHis规模化鉴定，结合蛋白质沉淀和核酸去除策略去除干扰，共鉴定出1447个*O*-磷酸化位点和135个pHis位点，组氨酸磷酸化位点约占总磷酸化位点数的10%，说明pHis在原核生物中含量较高，丰度也较高。不仅能够鉴定出高丰度的代谢酶(约15000copies/cell)，而且低丰度的组氨酸激酶传感器arcB和dcu也能够得到鉴定(10～100copies/cell)[78]。最近Qin等利用二硫化钼纳米片作为基质材料，通过静电相互作用键合Ti^{4+}制备功能二维材料MoS_2-Ti^{4+}。在弱酸性富集条件下(pH=3.0)实现了HeLa细胞pHis规模化分析，鉴定到159个pHis位点，同时鉴定到10345个*O*-

磷酸化位点[79]。研究结果表明在弱酸性条件下富集 pHis 的原理可行，但是这类弱酸富集建立在牺牲选择性的基础上，同时也会导致部分不稳定 pHis 的降解，不具备大规模应用的能力。发展新型用于非典型性磷酸化的富集材料和方法仍然具有重要的意义，而且也是一项极具挑战性的工作。

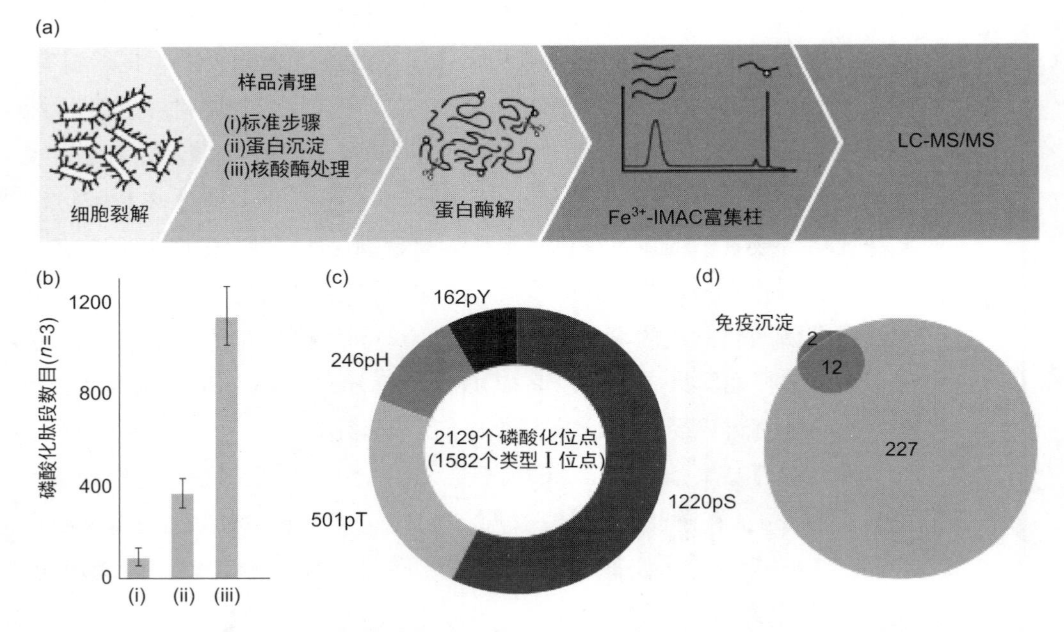

图 7-3　基于 Fe^{3+}-IMAC 的弱酸环境富集 pHis 的实验流程和鉴定结果（a）、不同蛋白质前处理下磷酸化位点鉴定数目（b）、磷酸化位点比例（c）和 pHis 鉴定位点与抗体法比较的韦恩图（d）

7.2.3　金属氧化物亲和色谱法

金属氧化物亲和色谱(metal oxide affinity chromatography，MOAC)的概念最早由 Weckwerth 等提出，但在此之前，Pinkse 等已于 2004 年将 TiO_2 应用于磷酸化肽富集和在线分析研究[80]。自此，掀起了金属氧化物应用于磷酸化蛋白质组学研究的热潮，各种金属氧化物相继被报道可实现磷酸化肽段高选择性富集，如 ZrO_2、SnO_2、Fe_2O_3、Ga_2O_3、Al_2O_3、Nb_2O_5、CeO_2、La_2O_3、MoO_3 等，甚至一些复合金属纳米氧化物 $NiFe_2O_4$、

$CuFeMnO_4$、$CaTiO_3$、$NiCoMnO_4$、$Bi_{0.15}Fe_{0.15}TiO_2$ 也被制备用于提高富集性能，这些复合金属氧化物整合了多种金属氧化物的特点，后续研究中可以通过优化富集条件实现高选择性富集。MOAC 中大部分金属氧化物是两性的(例如 TiO_2 的 $pK_{a1} = 4.4$ 和 $pK_{a2} = 7.7$)，在酸性条件下为路易斯酸，表面带正电荷，可与带阴离子的磷酸化肽结合；而在碱性条件下，则表现为路易斯碱，可与阳离子结合，实现磷酸化肽的洗脱。尽管多种金属氧化物可用于磷酸化肽的选择性富集，但最常用的主要有 TiO_2 和 ZrO_2 两种。Kweon 等详细比较了 TiO_2 和 ZrO_2 两种金属氧化物的富集效果，发现 TiO_2 偏向于富集单磷酸化肽，而 ZrO_2 偏向于富集多磷酸化肽 [81]。制备 TiO_2 和 ZrO_2 的复合纳米材料，在优化的富集洗脱条件下，对提高鉴定覆盖率或将有帮助。

随着材料科学的发展及磷酸化蛋白质组学研究需求的不断增加，用于磷酸化肽富集的金属氧化物不再仅仅是金属元素上的扩充，人们在材料形态上也做了很大改进。为了进一步增加材料的比表面积，从而提高对磷酸化肽的富集容量，人们制备了纳米形态的金属氧化物。但是纳米材料因其粒径太小，难以离心，给操作带来了不便，于是人们又将介孔金属氧化物材料引入磷酸化蛋白质组学研究。Zhang 等制备了 ZrO_2 气凝胶，与商品化的 ZrO_2 颗粒相比，可将对磷酸化肽的富集容量提高 20 倍以上 [82]。如图 7-4 所示，Wang 等以磁性 Fe_3O_4 胶体颗粒作为内核，采用溶胶凝胶法制备 TiO_2 壳层，进一步采用氨水刻蚀 TiO_2 层，形成介孔 TiO_2，制备得到核壳结构的 $Fe_3O_4/mTiO_2$，比表面积达到 $167.1m^2/g$，孔体积为 $0.45cm^3/g$。对磷酸化肽段的富集容量比扩孔前增加了 10 倍，达到 225mg/g。孔径在 8.6 ～ 16.4nm 之间有利于磷酸化肽段快速传质，在 5min 内完成富集过程，且回收率达到 93%[83]。金属氧化物形貌决定了材料的性质，从形貌出发改善富集性能理论上可行，接下来的研究中可以对表面亲水改性，以进一步减少材料的非特异性吸收。

除了改进富集材料，上样和洗脱条件对金属氧化物的富集效果也有显著影响。Larsen 等发现 2,5-二羟基苯甲酸(DHB)等取代芳香族羧酸与金属氧化物表面的作用力强于脂肪族羧酸而弱于磷酸基团，将该试剂添加到上样和淋洗溶液中可产生竞争结合，明显改善对磷酸化肽的选择性[84]。随后，Sugiyama 等将羟基脂肪酸［如乳酸(LA)和 β-羟基丙酸(HPA)等］作为添加剂改善了富集选择性[85]。针对金属氧化物对磷酸化肽回收率较低的问题，Ishihama 等详细优化了洗脱条件，发现碱的类型和碱的浓度都对磷酸化肽的回收率有很大影响。因此他们建议用不同浓度的碱溶液进行顺序洗脱，或用仲胺如哌啶或吡咯等进行洗脱更有利于磷酸化肽的高效回收[85]。pH 的调整进一步将 MOAC 应用拓展到非典型性磷酸化富集研究。Clausen 等利用 TiO_2 在弱酸性富集溶液系统下(pH=4.5)，在酯酶突变型、热刺激的枯草芽孢杆菌中鉴定到 134 个蛋白质上的 217 个 pArg 位点，并且通过标肽验证了 pArg 在弱酸条件下的稳定性[86]。Zhao 等利用相似的策略在 Jurkat 细胞中鉴定到了 143 个蛋白质对应于 152 个 pArg 位点。研究结果表明 pArg 在原核和真核生物中普遍存在。在弱酸富集条件下，金属氧化物和磷酸根之间结合力较弱，高丰度的非磷酸化肽严重干扰磷酸化肽的鉴定，因此鉴定到的 pArg 数目较少，而且对鉴定低拷贝数 pArg 无能为力[87]，原理同 IMAC 材料在弱酸条件下富集非典型性磷酸化类似，该方法的选择性和回收率都有待提高。

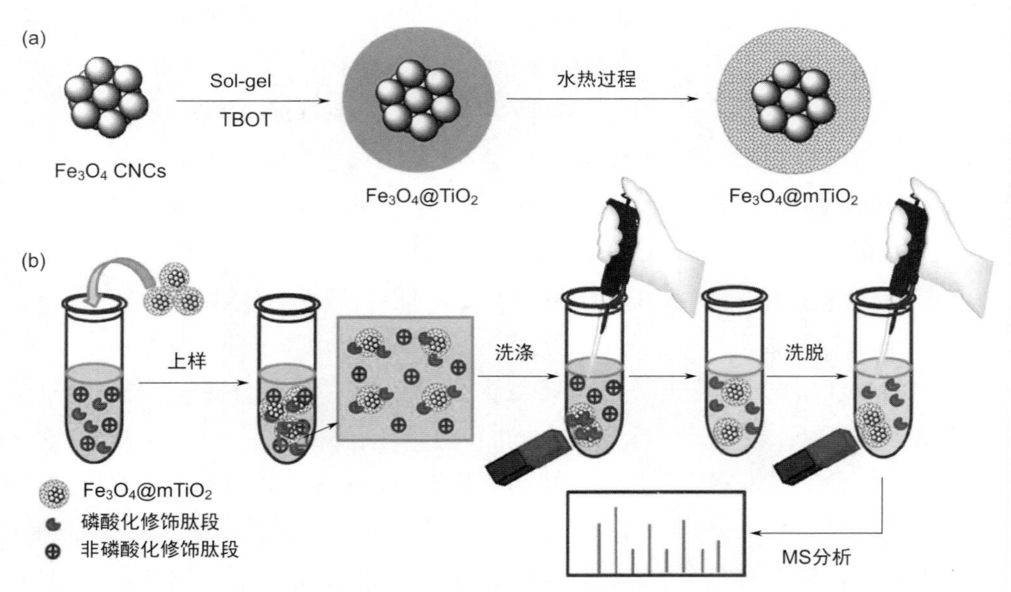

图 7-4　$Fe_3O_4/mTiO_2$ 制备示意图（a）和富集流程示意图（b）[83]

MOAC具有选择性高、对酸碱耐受性高、便于制备、与LC-MS兼容性好的优点。但其对单磷酸化肽的富集效率明显高于多磷酸化肽，这可能是因为多磷酸化肽更难于从金属氧化物上洗脱[88]。因此，MOAC与IMAC具有很好的互补性，有人将IMAC与MOAC联用，实现了单磷酸化肽和多磷酸化肽较为全面的鉴定，鉴定效果比单用MOAC好[89]。改变金属氧化物表面形貌是提高富集选择性和富集容量的重要手段之一。

7.2.4 智能聚合物

智能聚合物基材料通过外部物理、化学或生物刺激可逆地改变其结构和功能，可实现对磷酸化肽高度可控的吸附和脱附，实现高选择性富集[90-91]。一方面，智能聚合物基材料的响应变化包括材料疏水性的增加或减少、形状和形貌的改变、表面电荷的重新分布以及亲和配体的暴露或隐藏等特性。这些特性使得磷酸化肽段和智能聚合物基材料之间的亲和力可以通过简单改变外部条件(如温度、pH、溶剂极性和生物分子等)来改变，进而实现更可控和更智能的精细调节。另一方面，智能聚合物基材料为集成功能模块提供了便捷的可扩展平台，例如特定的识别组件可显著提高磷酸化肽段的分离选择性[92]。为解决多磷酸化肽的选择性富集问题，Qing等制备了基于氢键的智能共聚物，该共聚物包含一个高效的磷酸识别单体——对羧基苯基硫脲，以及一个柔性聚*N*-异丙基丙烯酰胺网络，如图7-5所示，他们将该聚合物与多孔硅胶基质进行复合。该材料与磷酸化肽通过动态可逆的多重氢键进行结合，对多磷酸化肽的吸附行为可以通过溶剂极性、pH和温度等环境参数进行动态调控。从人宫颈癌细胞裂解液中富集得到了1257条磷酸化肽，其中71%为多磷酸化肽，显著提高了多磷酸肽比例[93]。基于相似的策略，Lu等进一步开发了对磷酸化肽和唾液酸糖肽具有同步富集能力的智能聚合物基材料。他们发现对羧基苯基硫脲功能单体既可以通过氢键作用实现对磷酸化位点的精确识别，也可以选择性地结合唾液酸糖肽。聚合物链初始时处于紧缩状态，在结合多磷酸化肽或唾液酸糖肽之后发生了从紧缩向完全舒张的转变，显著提升了对磷酸化肽和唾液酸糖肽这些肽链的吸附。进一步提高溶液的酸性后，强质子的环境破坏了硫脲单元与磷酸化位点或唾液酸化位点之间的氢键作用，使得捕获的多磷酸化肽、唾液酸糖肽又从材料表面解离下来[94]。Luo 等通过原子转移自由基聚合技术合成了 Fe_3O_4/聚多巴胺/聚(2-氨基乙基甲基丙烯酸酯盐酸盐-精氨酸)(Fe_3O_4/PD/PAMA-Arg)纳米复合微球。核心的 PAMA-Arg 聚合物刷代替了传统的金属离子螯合体系，有效避免了材料在上样和洗脱过程中金属离子的流失。同时聚合物刷舒展的三维空间结构，显著促进了精氨酸胍基与磷酸化肽间的相互作用。借助多重氢键相互作用，以及聚合物链上丰富的结合位点，可以实现对磷酸化肽的选择性富集[95]。智能聚合物展现了对磷酸化肽段选择性富集的潜力，但是材料制备及其富集条件优化烦琐。此外，智能聚合物与磷酸化修饰之间相互作用力较弱，容易受到结构类似的非磷酸化干扰，造成选择性降低。此类方法难以在规模化的磷酸化深度覆盖鉴定中得到应用。

分子印迹技术是合成对某一特定分子具有形状、大小和功能特异性识别能力的聚合物的技术。模板分子与功能单体通过共价键、氢键、静电、配位相互作用等一种或多种作用力进行预聚合，在交联剂的作用下，功能单体与预聚合得到的复合物交联，洗去模板分子后，得到具有特异性识别和选择性吸附模板分子及其类似物的分子印迹聚合物[96]。分子印迹聚合物可被认为是一类智能聚合物材料。以磷酸化氨基酸残基为模板制备的印迹材料也可以利用识别作用实现对磷酸化肽的富集。Emgenbroich 等首次利用表位印迹技术制备了用于特异性识别酪氨酸磷酸肽(pTyr)的印迹聚合物。选择脲类衍生物作为宿主单体，这是因为它们可通过两个二芳基脲单体和一个磷酸基之间的四重氢键形成紧密的配合物，并且单体配体和酪氨酸苯基之间产生 π-π 相互作用[97]。最新的进展是利用 pHis 类似物作为模板分子制备了识别 pHis 肽段的分子印迹聚合物，在温和弱碱条件下从肽段混合物中选择性富集化学合成的 pHis 肽段[98]。此前已有报道通过脲基与磷酸基团之间的多重氢键，形成与磷酸

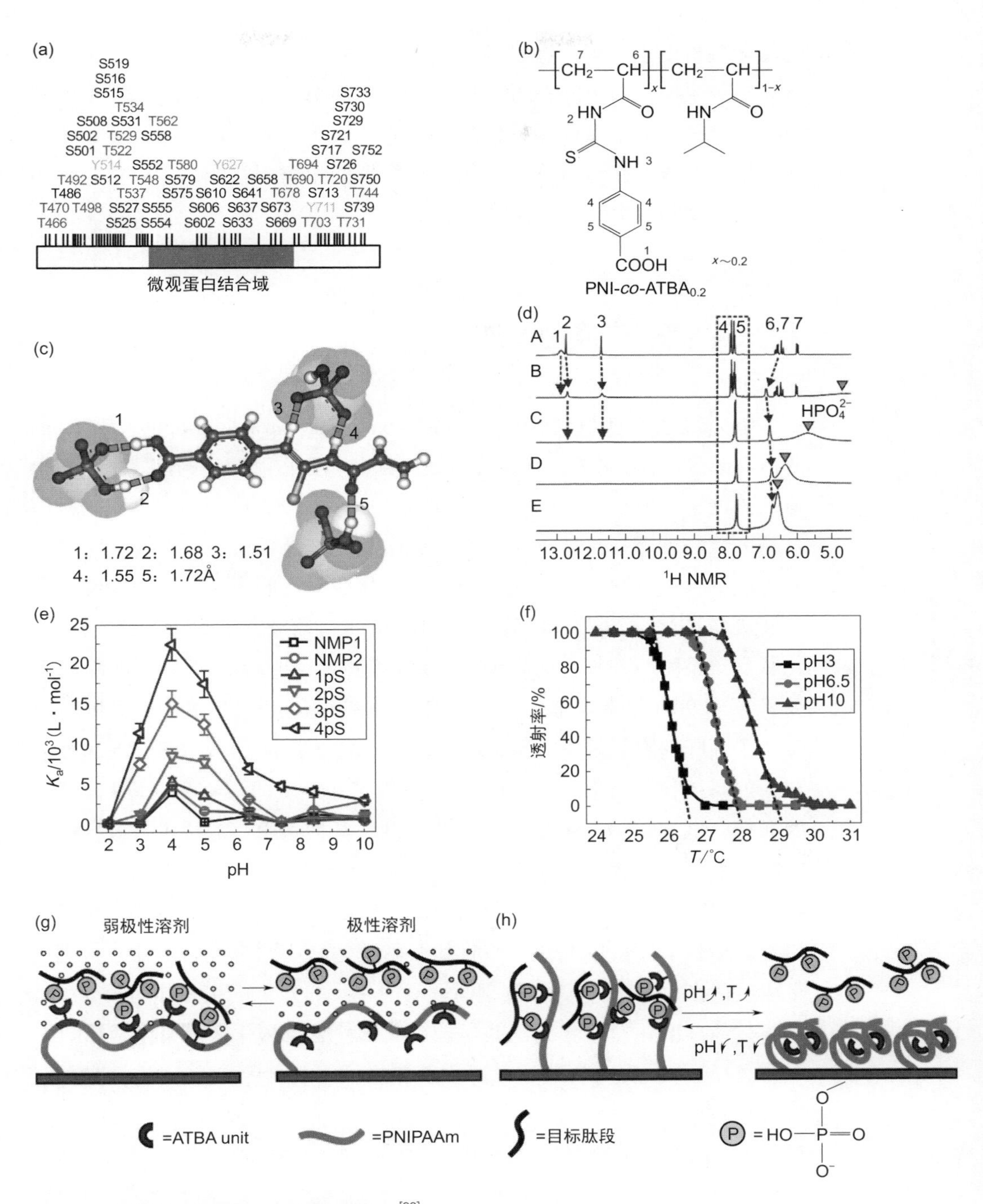

图 7-5 智能聚合物制备和结构富集原理图 [93]

化肽非共价的加合物，在模板分子存在的条件下将其聚合偶联，去除模板后制备用于 pSer 和 pTyr 肽段选择性富集的印迹材料，最近有报道利用双咪唑分子和末端肽作为模板分子制备分子印迹聚合物 [99-100]。分子印迹材料缺乏特异性识别基团，仅依靠结构匹配和弱相互作用，无法单独用于复杂生物样本中磷酸化的规模化分析。

7.2.5 离子交换色谱法

强阳离子交换色谱(strong cation-exchange chromatography，SCX)的分离基础是电荷。在低 pH 条件下，大部分胰蛋白酶酶解的肽段所带净电荷为 +2 价，而此时，磷酸化肽段所带净电荷为 +1 价。因此，利用酶解产物中肽段所带净电荷的不同，在强阳离子交换色谱中可实现大部分磷酸化肽的分离纯化，磷酸化肽较非磷酸化肽先洗脱下来，并在酸性溶液中实现磷酸化肽段相对富集 [8,101]。Beausoleil 等报道了基于 SCX 的磷酸化肽富集策略，并将其应用于 HeLa 细胞核蛋白的磷酸化蛋白组学研究，共鉴定到 967 个磷酸化蛋白，2002 个磷酸化位点 [102]。Sui 等利用 SCX 分析了人肝细胞蛋白质。实验结果证明，优化后的 SCX 分离系统可作为便捷的磷酸化肽富集方法。Heck 等发展了 Lys-N、Lys-C 和 Trypsin 多酶酶切结合低 pH 值的 SCX 富集方法，发现多种酶酶切方法可有效提高鉴定覆盖率 [103]。特别是针对复杂的生物样品分析，SCX 可在短时间内实现磷酸化肽的相对富集，便于后续的磷酸化肽检测 [104]。SCX 的缺点是只适用于胰蛋白酶酶解的肽段，并且如果磷酸化肽序列中含有组氨酸，则所带净电荷也为 +2 价，无法实现与非磷酸化肽的分离。SCX 作为预分级技术与其他磷酸化肽富集方法联用后可大幅提高磷酸化肽的鉴定数目 [105]。Trinidad 等将 SCX 与 IMAC 联用，用 IMAC 对 SCX 的各个馏分进行富集，该方法与单独使用 SCX 或 IMAC 相比，可将磷酸化肽的鉴定数目提高 3 倍 [106]。使用 SCX 和 IMAC 的组合，Wang 等对拟南芥进行了规模化磷酸化蛋白质组学研究，鉴定了 5348 条磷酸化肽段，2552 个磷酸化蛋白 [107]。

Urbaniak 等通过结合 SCX 和 TiO_2，在布氏锥虫的不同生命阶段共鉴定到 10096 个磷酸化位点，对应于 2551 个磷酸化蛋白，并对其中 8275 个磷酸化位点进行了定量分析 [108]。Olsen 等利用 SILAC 标记与 SCX-TiO_2 联用富集，研究了 HeLa 细胞磷酸化蛋白质，共鉴定了 2244 个磷酸化蛋白上的 6600 个磷酸化位点，并测定了这些磷酸化蛋白受 EGF 刺激后的时空变化 [109]。Carrera 等利用高强度聚焦超声破碎加速酶解，利用 TiO_2 对酶解产物富集后，通过 SCX 对富集后的样品分级。从 Jurkat T 细胞中鉴定到 13029 条磷酸化肽段，对于 15367 个磷酸化位点和 3163 个磷酸化蛋白质，从细胞处理到质谱鉴定，时间小于 15h，实现了快速深度的磷酸化鉴定分析 [110]，最近 Sun 等利用 SCX 结合 TiO_2 和 RP 分离的方式从结肠癌 HCT116 细胞系中鉴定了超过 11000 条磷酸化肽段。此外，SCX-RP[111]、SCX-IMAC-HILIC[112]、SCX-WAX-RP[113] 等多种串联分离富集方法被建立，作为磷酸化肽段深度鉴定的富集方法。利用 SCX 作为预分级工具，然后利用不同手段对分级样品进行处理，这种多维串联使用的方法能够最大限度提高覆盖率，但是此类方法对微量样品处理可能存在不足，因为多步处理会降低样品回收率。针对实验目的的不同，可以选用合适的实验方法。

强阴离子交换色谱法（strong anion-exchange chromatography，SAX）与强阳离子交换色谱法的基本原理非常相似，也是根据肽段带电荷的不同实现对磷酸化肽的分离富集，即利用磷酸化肽在阴离子交换色谱柱上的保留较非磷酸化肽强的特性，实现磷酸化肽的分离纯化 [114-115]。SAX 改善了多磷酸化肽在 SCX 中易发生丢失而影响鉴定的难题，因为多磷酸化肽段带多个负电荷，在 SAX 柱上保留较强。Trost 发现 SAX 填料的疏水性影响 SAX 与 RP 分离的正交程度，疏水性越强可得到较好的正交关系 [116]。Han 等采用 SAX 分析了人肝磷酸化蛋白质组，肝脏蛋白经 SAX 分离后直接进行质谱鉴定，可鉴定到 168 个磷酸化蛋白中的 274 个磷酸化位点 [114]。Dong 等则将强阴离子整体柱应用于磷酸化肽特异性富集，首次将磷酸化肽的绝对量检出限降低至 amol 级 [115]。同时，他们利用 SAX 去除酸性肽段，结合 SCX-RP 的方式从鼠肝中鉴定到 6944 个磷酸化位点。这是由于肽段样品复杂程度高，单纯依靠电荷分离难以满足磷酸化深度覆盖鉴定。最近 Fe^{3+}-IMAC 串联 SAX 的分级方法被构建，用于裂殖酵母磷酸化深覆盖的无标记定量分析，鉴定超过 8000 个磷酸化位点，其中 1274 个为新发现的位点 [117]。

SAX 另外一个优点是在中性条件下对磷酸根具有选择性识别能力。基于此，最近 Eyers 等发展了基于 SAX 方法的无偏磷酸肽富集策略，该策略可同时鉴定典型性和非典型性磷酸化。在考虑了错误的位点定位概率情况下，独特的非典型性磷酸位点的数量大约是观察到的典型性磷酸位点数量的 1/3（图 7-6）。该研究揭示了人体细胞中蛋白质磷酸化前所未有的多样性，并为所有生物中非典型性磷酸化的高通量探索开辟了道路 [118]。单一的阳离子或阴离子交换色谱法对磷酸化蛋白的鉴定是有限的。采用 SAX 与 SCX 联用的方式可显著提高磷酸化肽段的覆盖率。Dai 等利用阴阳多维液相色谱 - 质谱联用系统对 1mg 鼠肝样品进行分析，在 14105 条唯一性肽段中，共鉴定到 849 条磷酸化肽段和 809 个磷酸化位点 [119]。该方法操作简单，样品用量少，分辨率高。

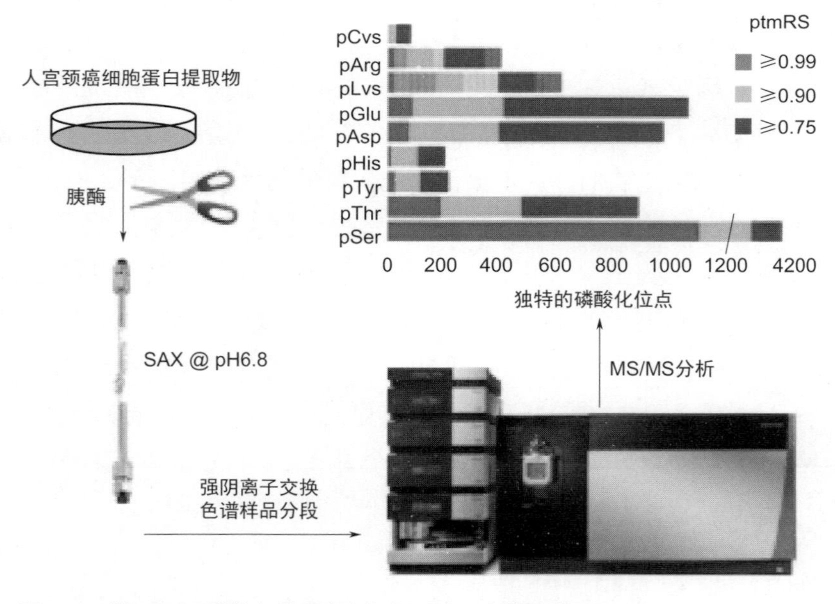

图 7-6　基于 SAX 中性条件下磷酸化肽段分级及其鉴定结果

7.2.6 亲水相互作用色谱法

亲水相互作用色谱（hydrophilic interaction chromatography，HILIC）于1990年提出，其固定相为强极性材料，流动相为高有机相。其原理主要是根据化合物的亲水性以及与固定相之间的氢键和离子键的作用力不同而实现分离，化合物的极性越强，则与固定相之间的作用力越强[120]。主要用于分离小分子化合物，如碳水化合物、皂苷、糖及药物代谢产物等[121]，也用于肽段和蛋白质的分离，但相对较少。磷酸化肽因带有磷酸基团，其亲水性及极性均强于非磷酸化肽，故可在HILIC中实现与非磷酸化肽的分离[120]。

McNulty等利用HILIC对HeLa细胞蛋白质胰蛋白酶解产物亲水富集后，再经RPLC分离，结合质谱分析，共鉴定到1000条唯一性磷酸化肽段，其中700多条为首次鉴定，该结果不仅进一步增加了HeLa细胞磷酸化蛋白数据库，而且还证明HILIC与RPLC具有很好的正交性，不相邻的两个组分中磷酸化肽段的重复性很小[122]。与SCX相比，基于HILIC的磷酸化肽富集方法操作简单，无除盐步骤，有效减少了样品损失，且鉴定到的磷酸化肽更多，灵敏度更高。Albuquerque等将IMAC、HILIC和RPLC联用构建了新的多维色谱富集策略，在DNA损伤的酿酒酵母磷酸化蛋白组学研究中，共鉴定到2278个磷酸化蛋白，8794条唯一性磷酸化肽段[123]。Zhou等发展了SCX-Ti^{4+}-IMAC-HILIC多维色谱分离策略，从HeLa和K562细胞系中分别鉴定到16000个和将近24000个磷酸化位点，该分析策略在规模化磷酸化蛋白组学研究中显示了其独特的优势[112]。最近有文献报道利用HILIC与IMAC结合实现了磷酸化和糖基化肽段的富集分离[124]。蛋白质这些多维富集分离系统耗时，而且样品起始量较大，不适合微量样品。

静电排斥亲水相互作用色谱（electrostatic repulsion hydrophilic interaction chromatography，ERLIC）的基本原理是在离子交换色谱中，如果流动相以有机溶剂为主（如70% ACN），那么即使分析物所带电荷与固定相相同，分析物也会通过与固定相间的亲水相互作用而保留[125]。ERLIC是近期用于磷酸化肽分离富集的新方法。在 ERLIC 中，当 pH 值≤ 2.0 时，非磷酸化肽段由于其羧基端处于质子化状态而带正电荷，在经过弱阴离子交换柱时，与色谱柱填料产生静电斥力；而磷酸化肽则因其磷酸基团而带负电荷，与色谱柱填料产生静电引力，由此可实现磷酸化肽与非磷酸化肽的分离[126]。在流动相中加入适量有机溶剂(约 70% 乙腈)可提高磷酸基团的亲水相互作用，增强色谱柱对磷酸化肽的保留。与其他富集方式不同，该方法可同时实现磷酸化肽的富集和分级分离。

Gan 等比较了 ERLIC 与 SCX-IMAC 联用两种富集策略对 A431 细胞中磷酸化蛋白质的富集效果，结果表明，ERLIC 可鉴定到 926 条唯一性磷酸化肽段，而 SCX-IMAC 联用可鉴定到 1315 条唯一性磷酸化肽段，且两种方法鉴定到的磷酸化肽段仅有 12% 的重叠。以上结果说明 ERLIC 与 SCX-IMAC 具有很好的互补性[125]。Zhang 等利用 ERLIC 同时富集了鼠脑膜蛋白中的磷酸化肽和糖肽，共鉴定到 337 个唯一性磷酸化蛋白上的 823 个磷酸化位点，同时鉴定到 519 个唯一性糖蛋白上的 942 个糖基化位点[127]。Zarei 等根据 SCX 和 ERLIC 对多磷酸化肽段保留能力差异，发展了 SCX 和 ERLIC 多维分离的策略，与单一 SCX 分离方法相比，磷酸化肽段鉴定数目提高 48%，多磷酸化肽段数目也得到提高。随后他们将该方法简化成快捷的 SPE 形式，发现多磷酸化位点大于 22%，利用该方法使多个磷酸化位点共同控制蛋白性质研究成为可能[125-126]。相信随着 ERLIC 方法的进一步优化，其在深度覆盖的磷酸化翻译后修饰蛋白组学研究中将发挥越来越重要的作用。

7.2.7 化学修饰法

化学修饰法(chemical modifications)是通过化学反应改变磷酸化肽段的性质，以便于后续的亲和富集纯化或定量。

Oda 等首次报道利用磷酸化肽在强碱性条件下发生 β-消除反应的性质，并用带有生物亲和素标签的二硫醇作为亲核试剂通过 Michael 加成反应，使磷酸化肽标记上生物素标签，再利用亲和素与生物素间的特异性作用实现磷酸化肽的选择性富集[128]。Thaler 等将上述方法做了进一步简化，即用同样的方法将磷酸化肽段标记上巯基，随后利用巯基与二硫吡啶树脂微球间的作用力将磷酸化肽段固定于微球表面，实现磷酸化肽段的选择性分离[129]。Tseng 等则基于同样的原理，利用巯基、碘乙酰胺以及固定相间的反应，通过固定相的 Michael 加成反应直接捕获磷酸化肽段到树脂上[130]。以上基于 β-消除和 Michael 加成反应的化学修饰方法简单易行，但易在半胱氨酸或甲硫氨酸上发生副反应，故需在反应前对半胱氨酸或甲硫氨酸残基进行氧化。该方法适用范围有限，仅限于丝氨酸和苏氨酸残基上的磷酸化修饰，并不适用于酪氨酸残基。此外，该方法还存在许多不足，如灵敏度低、对低丰度和小分子量的磷酸化蛋白有歧视等。利用化学消除与其他方法偶联的研究也有报道，如 β-消除与 IMAC 偶联，用于磷酸化肽段富集[131]。

Zhou 等通过多步衍生法对磷酸化肽段进行了富集，先用叔丁基二碳酸(tBoc)保护肽段的氨基端，然后将肽段的羧基端与磷酸基团在 EDC 催化下与乙醇胺反应生成酰胺和磷酰胺基团，再将磷酰胺基团在 10% 的三氟乙酸(TFA)溶液中水解为磷酸基团以实现羧基端的保护。最后磷酸基团在 EDC 催化下标记上胱氨，胱氨的巯基再在二硫代苏糖醇催化下键合在表面带有碘乙酰基的玻璃珠上，实现磷酸化肽段的分离[132]。Tao 等简化了上述方法，先用甲基酯化反应保护肽段羧基端，再在 EDC 催化下，磷酸基团直接与端氨基树枝状大分子化合物反应，实现磷酸化肽段的分离[133]。以上方法适用于常见的磷酸化丝氨酸、苏氨酸和酪氨酸，且反应最后仍保留了磷酸基团，便于磷酸化位点的鉴定，但实验中反应步骤较多，操作烦琐，不易操作，样品损失严重。在以上两种方法的基础上，人们又做了进一步的改进。Lansdell 等先用甲基酯化反应保护肽段羧基端，再利用磷酸化肽段与带有重氮基的固定相进行反应，实现了磷酸化肽段的分离[134]。Knight 等则利用 β-消除和 Michael 加成反应将磷酸化丝氨酸残基转化为氨乙基半胱氨酸，再利用特异的赖氨酸蛋白酶进行酶切，因酶切得到的磷酸化肽的磷酸化位点都在肽段的羧基端，所以可通过新的酶切位点间接实现原来的磷酸化位点鉴定。但是该方法在氨乙基半胱氨酸修饰过程中会生成异构体副产物，肽段转化效率较低(50%)[135]。

由于化学修饰方法普遍存在处理过程烦琐、样品复杂程度增加、有副反应、反应效率不高、对低丰度蛋白有歧视效应、实验中易造成样品损失等问题，极大地限制了其在规模化磷酸化蛋白质样品分析中的应用和推广。

多个赖氨酸磷酸酶的发现表明，赖氨酸磷酸化具有广泛的底物特异性和生物学重要性。已有文献报道利用磷酸化类似物作为半抗原制备组氨酸磷酸化和精氨酸磷酸化抗体[136]。由于缺乏赖氨酸磷酸化类似物的合成方法，无法获得赖氨酸磷酸化抗体。因此，目前尚无针对赖氨酸磷酸化肽段的分析方法。如图 7-7 所示，Zhang 等根据赖氨酸磷酸化在酸性条件下易水解的特点，利用赖氨酸磷酸化肽段与赖氨酸去磷酸化肽段在反相色谱柱上的保留差异，并结合二甲基化标记，来实现赖氨酸磷酸化肽段的特异性分析。首先利用轻标二甲基化封闭肽段混合物 N 端和赖氨酸侧链氨基；然后对肽段进行第一维高 pH 反相分级，将获得的级分进行酸化使赖氨酸磷酸化水解；最后对酸化后的级分进行第二维高 pH 反相分级，由于去磷酸化肽段疏水性增强，导致在反相色谱柱上保留增强，收集保留时间后移部分，对收集的去磷酸化肽段用二甲基重标，具有一个轻标和一个重标的赖氨酸位点即发生了磷酸化修饰。利用该方法实现了在 100000 倍干扰下赖氨酸磷酸化肽段的选择性富集和鉴定，从 *E.coli* 样品中鉴定到 11 条赖氨酸磷酸化肽段，对应于 10 个蛋白质[137]。采用疏水

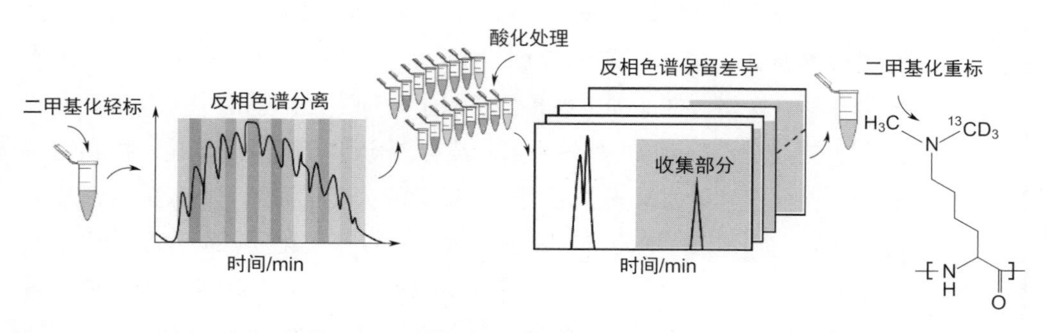

图 7-7　反相富集策略的流程图和 pLys 肽段发生的化学过程[137]

基团代替二甲基重标，将 *E.coli* 的赖氨酸磷酸化位点的鉴定数目提高到 39 个 [138]。上述研究为赖氨酸磷酸化肽段提供了一种新的分析方法，为进一步探索赖氨酸磷酸化蛋白质的生物学功能奠定了基础。

7.2.8 金属磷酸化盐沉淀

磷酸化蛋白的选择性沉淀始于 1971 年，当时 Manson 和 Annan 报道了用钡盐从牛奶中分离 β-casein[139]。Kuboki 及其同事介绍了用钙特异性沉淀牙本质磷蛋白的方法 [140]。1994 年，Reynolds 等利用钙离子和 50% 的乙醇从酪蛋白酶解产物中沉淀出多个含丝氨酸的磷酸化肽段，引入了磷酸盐沉淀富集法 [141]。随后，Zhang 等利用磷酸钙沉淀法从酪蛋白酶解产物中富集出磷酸化肽段，然后加入甲酸将沉淀物溶解，进行质谱分析，结果表明该方法与 IMAC 具有很好的互补性，作者将该方法与 Fe^{3+}-IMAC 结合，研究了水稻的磷酸化蛋白组学，共鉴定到 227 个唯一性磷酸化位点 [142]。Xia 等对上述方法改进后，将改进策略用于阿尔茨海默病死后脑的磷酸化蛋白质组学分析。该研究证明磷酸钙沉淀与 LC-MS/MS 成功结合，并在 185 种蛋白质上鉴定了 466 个磷酸化位点 [143]。Ruse 等利用丙酮与 Ba^{2+} 的组合发展了磷酸化肽段的 pH 依赖性沉淀方法，并结合多维分离技术从 250μg HeLa 细胞提取物中鉴定出 1037 条磷酸化肽段 [144]。Svec 等用原位聚合法将纳米羟基磷灰石包埋于有机聚合物整体柱中，制备了新型毛细管整体柱，可同时实现磷酸化蛋白的分离和磷酸化肽的富集 [145]。Pinto 等则利用羟基磷灰石实现了磷酸化蛋白和磷酸化肽的富集，并将其应用于磷酸化蛋白和磷酸化肽的靶上富集 [146]。Xu 等则将 α-磷酸锆纳米颗粒引入磷酸化蛋白质组学，该材料对磷酸化肽的检测限可达到 2fmol，且其可抗 2000 倍非磷酸化肽干扰，其性能较常规的 Fe^{3+}-IMAC 和 TiO_2 颗粒有了显著提高。他们将该富集方法应用于鼠肝和白血病细胞中磷酸化肽的富集，分别鉴定到 158 条和 78 条磷酸化肽段，对应 209 个和 104 个磷酸化位点 [54]。

Ca^{2+}、Ba^{2+}、Ln^{3+}、Ce^{4+} 等用于磷酸化肽段共沉淀的离子已经被证明实现了磷酸化肽段选择性分离，这种方法利用了金属离子与磷酸根结合产生沉淀的原理，但是在沉淀过程中难免会夹杂干扰肽段 / 蛋白，使得方法的选择性不高。同时，沉淀具有一定的解离平衡，会导致磷酸化肽段 / 蛋白的回收率低。

7.2.9 Phos-Tag 标签

Phos-Tag 是一类具有甲基吡啶胺 - 双锌离子（Ⅱ）复合物的金属有机分子，磷酸基团中氧原子的孤对电子，可以与 Phos-Tag 复合物中双 Zn^{2+} 的空轨道配位，除配位外两者之间还存在静电引力，因此 Phos-Tag 可以识别和捕获具有磷酸基团的分子。Phos-Tag 是在 2002 年由 Hamachi 等首次提出的，他们利用这个分子作为新型荧光化学传感器实现了水溶液中磷酸化肽段的检测。随后，该团队又将 Phos-Tag 应用于单磷酸化肽段、ATP 衍生物、磷酸化阳离子、核苷多磷酸盐等具有磷酸基团分子的荧光检测中 [147]。其实，Phos-Tag 本质上也是一种 IMAC 材料，但是它可以在 pH 为中性的缓冲液中实现具有磷酸基团分子的识别。此中性条件可以促进磷酸化蛋白质和肽段完全去质子化，因此灵敏度较高。通过增加乙腈浓度来减小疏水作用，可以减弱酸性氨基酸的非特异性结合。中性条件下富集的蛋白质活性不易被破坏，更有利于生物应用。

一些研究团队将 Phos-Tag 固定在 SDS-PAGE 凝胶上，实现了磷酸化蛋白在凝胶上的分离和检测 [148]，并在肽段水平进行富集 [149]。Hwang 等将 Phos-Tag 与功能化磁性纳米颗粒结合，实现了中性条件下 *O*- 磷酸化蛋白质选择性富集 [150]。Phos-Tag 结合 C18 的 On-Tip 富集方法被发展用于磷酸化肽段的选择性富集，通过与其他分离手段联用，增加了磷酸化肽段的鉴定深度 [151]。大连化物所江波等提出了在生理条件下采用双二甲基吡啶胺双锌分子识别 *N*- 磷酸化肽段的策略 [3]。由于 P—N 键比 P—O 键具有更强的给电子能力，等温量热结果显示双二甲基吡啶胺双锌分

子与 *N*-磷酸化肽段之间的结合常数达 μL • mol^{-1}，证明双二甲基吡啶胺双锌分子具备富集复杂生物样品中 *N*-磷酸化肽段的能力。此外，传统离线富集过程中，涡旋、振荡和离心时容易产生热量，导致 *N*-磷酸化肽段降解。制备双二甲基吡啶胺双锌离子修饰的亚二微米核壳硅球，构建了在线 On-Tip 富集系统(图 7-8)，该系统具有在中性条件下识别磷酸根以及快速富集的优点。利用该系统可实现 *N*-磷酸化肽段的上样、清洗和富集，处理时间较离线富集方式缩短了约 70%，回收率提高了 4 倍。富集机理研究表明，配位作用为材料与肽段之间的主要作用力，静电和亲水相互作用为次要作用力，机理研究为后续材料设计提供了理论指导。进一步，从 HeLa 细胞提取的蛋白质中鉴定到 3384 个高可信的 *N*-磷酸化位点(包括 611 个 pHis、1618 个 pLys 和 1155 个 pArg 位点)，对应于 2596 个 *N*-磷酸化蛋白质，构建了当前最大规模的哺乳动物 *N*-磷酸化位点数据库。而基于强阴离子色谱分离的方法仅能鉴定 781 个 *N*-磷酸化位点。研究结果显示 *N*-磷酸化蛋白质在哺乳动物细胞生物代谢、免疫反应等通路明显富集，与 ATP 结合、RNA 结合、核苷酸结合和蛋白激酶结合等功能密切相关。更重要的是发现了 *N*-磷酸化修饰位点周围亮氨酸高度富集的肽段序列特征，为 *N*-磷酸化蛋白质功能和激酶 / 酯酶的底物发现提供

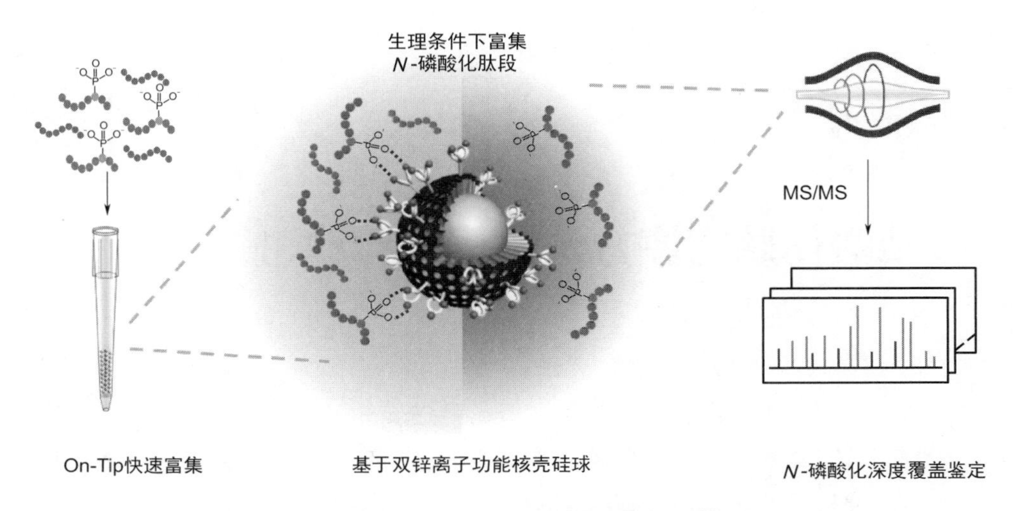

图 7-8　基于双二甲基吡啶胺双锌离子的 *N*-磷酸化修饰肽段富集研究 [3]

了新的线索。除了*N*-磷酸化修饰肽段，原理上 Phos-Tag 标签方式可以用于其他类型非典型性磷酸化肽段的富集研究。

7.2.10 其他富集方法

除了上述富集方法之外，目前也发展了其他富集方法，如利用胍基和酰肼基与磷酸根之间的静电相互作用实现磷酸化肽段富集研究[152]。Bai 等制备了胍基功能化石墨烯和酰肼基功能化硅胶微球等材料，并用于富集磷酸化肽。利用磷酸基解离程度随溶液酸度的变化，通过调节上样溶液和洗脱溶液组成，实现了对材料富集选择性的调控，并利用上述材料实现了对全部磷酸化肽的同时富集分析以及对单磷酸化肽和多磷酸化肽的分别富集分析[153-154]。Lian 等制备了胍基修饰的双金属 MOFs 材料，由于提高了材料的亲水性能，磷酸化肽回收率提高到 85%[155]。根据类似的原理，多氨基化合物也可以用于磷酸化肽的富集分离。富集原理决定了其选择性较低，难以用于磷酸化规模化和深度覆盖研究。

7.3 磷酸化肽富集方法的优化和改进

现有磷酸化肽富集方法已取得长足进展，在今后的研究中对富集材料设计、富集方式、富集特异性等方面进行系列探索和改进，可能会实现富集过程的简化和富集性能的提升。

7.3.1 富集材料设计的改进

富集材料设计的改进包含材料的组成和形貌两个方面。在材料组成方面，多组分复合富集材料是研究的热点方向。通过一定的方式将多种不同组成的材料组装在一起，每个组分都表现出各自的独特性质，从而为复合材料提供包括富集作用在内的多种功能。常用的复合磷酸化肽富集材料是磁性材料，包含能够响应外加磁场的 $\gamma\text{-}Fe_2O_3$、Fe_3O_4 等，其外表面可包覆用于富集的材料组分或修饰基团。当外加磁场存在时，材料发生聚集，在吸附 / 解吸完成后，可较方便地实现材料与溶液的快速分离。另外，将 IMAC 和 MOAC 的性质整合到一个材料中，如在 MOLs 材料表面原位生长金属氧化物，形成的这种复合材料同时具备 IMAC 和 MOAC 的功能，可用于提高富集选择性和回收率。在材料的形貌方面，减小材料的粒径有助于增大材料的比表面积，提高材料对磷酸化肽的吸附容量。例如，利用超顺磁 Fe_3O_4 颗粒（$<$ 10nm）作为固载基质制备 IMAC 材料。孔结构材料的开发和应用则是更为常用的增大材料比表面积和吸附容量的方式。在孔径各异的多孔材料中，介孔材料的应用最为广泛。介孔材料是孔径介于 2 ～ 50nm 之间的一类多孔材料，其孔道尺寸与肽段较为匹配，能够在保证孔道可以容纳磷酸化肽段的同时提供更大的孔道表面积。介孔材料对分子量较大的蛋白质还具有尺寸排阻效应，有利于内源性磷酸化肽段的富集分离[156]。还可以通过制备高级结构的材料如 Janus 材料，把两种或者多种金属氧化物整合到一种材料中。

7.3.2 富集方式的改进

现有富集方式大部分是离线方式，比如采用 TiO_2 富集时，现有材料以纳米尺寸为主，富集过程多为离线方式，在反复清洗和样品转移过程中样品损失严重。一方面可以制备成 Tip 性质，减少样品多次转移造成的损失。另外可以合成微米尺寸 TiO_2，对其表面孔径进行调控，在保证材料富集容量的情况下，装填成色谱柱实现在线富集，进一步减少样品富集过程中的损失。还可以通过设计全自动样品处理装置，把蛋白质样品变性、还原、烷基化、酶解、磷酸化肽段富集和鉴定集成在一套装置中，实现一站式磷酸化肽段富集和鉴定。

7.3.3 富集特异性的改进

肽段分子中酸性氨基酸与磷酸基的性质较为类似。在进行磷酸化肽富集时，由于富集材料对磷酸基和羧基的区分能力有限，常造成对包含多个羧基的非磷酸化肽的非特异性吸附。因此，研究者在改善磷酸化肽富集特异性方面进行了探索。直接的富集特异性改善方法主要是针对富集材料本身的改进，通过不断设计和制备新型富集材料，寻找具有更好富集特异性的富集材料，如前面提到的基于 Ti^{4+}、Zr^{4+} 等高价金属离子的固定金属离子亲和材料。而间接的富集特异性改善方法则包括选择性羧基衍生化和加入竞争结合试剂两类。选择性羧基衍生化是利用羧基与磷酸基团反应活性的差别，在保留磷酸化肽上磷酸基不变的前提下对羧基进行衍生化。目前，最常用的衍生方法是利用氯化亚砜或乙酰氯加入甲醇后生成的溶解有无水氯化氢的甲醇溶液将羧基甲酯化。甲醇溶液中溶解的氯化氢可以催化反应的进行，同时该试剂不会引起磷酸基的变化。然而，该方法反应难以进行完全，对多磷酸化肽进行衍生时在质谱中常形成不同程度衍生化的衍生物峰簇，导致质谱分析灵敏度下降，并使肽段的鉴定变得更为烦琐。同时，天冬酰胺和谷氨酰胺残基上的酰胺也会在该反应条件下转变为甲酯，导致在进行肽段鉴定时无法准确区分天冬氨酸 / 天冬酰胺以及谷氨酸 / 谷氨酰胺。此外，羧基的衍生会显著提高肽段的等电点，部分磷酸化肽带有净的正电荷，与材料表面产生静电排斥作用，从而降低材料对磷酸化肽的吸附效率。更为常用的方法则是加入小分子竞争结合试剂，材料对此类竞争结合试剂的吸附能力弱于磷酸化肽，而强于或与肽段分子上的羧基相当，因而此类竞争结合试剂以相对较高的浓度存在于样品溶液中，可以在不影响材料对磷酸化肽富集的同时抑制对肽段分子上羧基的非特异性吸附，从而提高材料对磷酸化肽的富集特异性。目前，DHB、乳酸、乙醇酸、谷氨酸等多种小分子有机酸已在金属氧化物富集磷酸化肽中得到了应用，而甲膦酸钠则可以有效提高阴离子交换材料对磷酸化肽的吸附特异性。对多磷酸化肽段和单磷酸化肽段的选择性富集也是磷酸化蛋白质组学研究的重点。MOFs 基材料可能是比较好的解决方案，通过调整金属离子、配体以及后修饰分子类型，调控材料与不同类型磷酸化肽之间的结合力，通过优化上样 / 洗脱实现多磷酸化肽段和单磷酸化肽段之间的分离。

7.3.4 时空分辨的磷酸化研究

真核细胞高度区室化，生物过程被分割在不同的区室进行，不同区室提供不同的化学环境、不同的潜在作用配体和底物，因此蛋白质功能与亚细胞定位密切相关，如线粒体蛋白质通常与能量产生或细胞凋亡密切相关。此外，大约 50% 的蛋白质在多个亚细胞器中被发现。更重要的是大多数细胞生物学过程涉及亚细胞蛋白质的动态变化。如细胞正常状态时，p53 位于胞浆，与 MDM2 形成复合体，处于非活性状态。当细胞处于应激状态时，p53 从 MDM2 上解离，易位至细胞核，作为转录因子诱导细胞凋亡。CDK2 可磷酸化 FOXO1 的 Ser249 位点，导致磷酸化的 FOXO1 从细胞核穿梭至胞浆，从而抑制其对细胞凋亡的调节。因此，全面了解蛋白质在亚细胞水平上的空间分布、翻译后修饰水平及动态变化，对于全面理解细胞生物学过程至关重要。

细胞器分离是获取蛋白质亚细胞定位信息的关键步骤，传统分离方法是基于细胞器之间的尺寸和密度的差异，采用密度梯度离心和差速离心法。然而由于质膜密度与滑面内质网、线粒体等接近，导致富集选择性较低，且长时间离心操作导致无法精准反映蛋白质的动态变化。近年来，基于工程酶催化的邻近标记方法能够实现细胞器蛋白质的高选择性富集，然而复杂的基因工程会扰动细胞器蛋白质的表达水平，而且有限的酶类型也限制了其广泛应用。因此，亟须发展高效高选择性的细胞器蛋白质组富集方法，再结合磷酸化富集材料，实现细胞器磷酸化蛋白质的鉴定和功能发现。

7.3.5 非典型性磷酸化肽段富集

非典型性磷酸化肽段富集方法的缺乏严重阻碍其生物学功能的发展，目前*N*-磷酸化肽段富集研究已经有了一定的成果，并且引起学术界的关注。而*S*-磷酸化肽段和羧基磷酸化肽段研究还处于空白状态。制备特异性更好的抗体，选择性地对某一类非典型性磷酸化肽段进行富集和分析，针对性会更强。另外，可以发展一些普适性的方式，合成新的磷酸根普适性亲和配基，实现生理条件下磷酸化肽段快速富集分离。非典型性磷酸化肽段富集研究非一朝一夕可以解决，需要化学家、生物学家和工程技术人员紧密配合。

7.4
总结和展望

对于磷酸化肽富集这一研究领域，新型富集材料和方法的开发仍然是重要的研究方向。近十年来，各类应用于磷酸化肽富集的材料和方法层出不穷，但也存在着不同材料之间同质性高、新开发的材料功能特点不明显、富集效果优势不突出等问题。因此，能够在特异性、覆盖率、灵敏度等方面相较于现有材料取得明显改进的新型磷酸化肽富集材料，以及能够针对特定类别或与特定生命过程相关的磷酸化肽段具有选择性富集能力的磷酸化肽富集材料，仍具有广阔的发展潜力和应用前景。相比于磷酸化肽的定性分析，定量磷酸化肽蛋白组学在实际问题研究中具有更大的应用价值。此外，对磷酸化蛋白质组的相互作用进行研究有助于生物功能的发现，如在大规模临床样品以及外泌体中进行定量磷酸化蛋白分析。另外，基于细胞器和细胞微环境的磷酸化修饰蛋白研究对蛋白质定位和功能研究具有重要的指导意义，在成熟的细胞器分离方法建立后，结合现有的磷酸化肽富集策略，可实现细胞器的磷酸化蛋白质组学研究。

对非典型性磷酸化修饰肽段的富集研究仍处于起步阶段，需要从原理出发，制备合适的抗体和功能材料，首先从 *N*- 磷酸化位点鉴定出发，在鉴定的基础上验证位点和方法的准确性。现有磷酸化肽富集的相关研究仍主要集中在方法开发上，而在磷酸化肽富集材料和富集方法逐渐丰富和完善的情况下，将所发展的富集材料和富集方法应用于解决其他技术不能解决的具体实际问题中，才是开发磷酸化肽富集方法更重要的目的。另外，磷酸化蛋白质组学方法的开发是以应用为导向的，选择合适的样品、合适的生物学过程，鉴定出起到关键调控作用的磷酸化蛋白质是关键。找出关键蛋白质对绘制相互作用网络、解析调控通路至关重要。未来的磷酸化蛋白质组学富集分离研究将是以解决生物学问题为导向的。

参考文献

[1] Huttlin E L, Jedrychowski M P, Elias J E, Goswami T, Rad R, Beausoleil S A, Villen J, Haas W, Sowa M E, Gygi S P. A tissue-specific atlas of mouse protein phosphorylation and expression. Cell, 2010, 143 (7): 1174-1189.

[2] Gondkar K, Sathe G, Joshi N, Nair B, Pandey A, Kumar P. Integrated proteomic and phosphoproteomics analysis of DKK3 signaling reveals activated kinase in the most aggressive gallbladder cancer. Cells, 2021, 10 (3): 511.

[3] Hu Y C, Jiang B, Weng Y J, Sui Z G, Zhao B F, Chen Y B, Liu L K, Wu Q, Liang Z, Zhang L H, Zhang Y K. Bis(zinc(Ⅱ)-dipicolylamine)-functionalized sub-2 μm core-shell microspheres for the analysis of

N-phosphoproteome. Nat Commun, 2020, 11 (1): 6226.
[4] Bertran-Vicente J, Penkert M, Nieto-Garcia O, Jeckelmann J M, Schmieder P, Krause E, Hackenberger C P R. Chemoselective synthesis and analysis of naturally occurring phosphorylated cysteine peptides. Nat Commun, 2016, 7: 12703.
[5] Scholz R, Imami K, Scott N E, Trimble W S, Foster L J, Finlay B B. Novel host proteins and signaling pathways in enteropathogenic E coli pathogenesis identified by global phosphoproteome analysis. Molecular & Cellular Proteomics, 2015, 14 (7): 1927-1945.
[6] Linding R, Jensen L J, Ostheimer G J, et al. Systematic discovery of in vivo phosphorylation networks. Cell, 2007, 129 (7): 1415-1426.
[7] Sweet S M M, Bailey C M, Cunningham D L, Heath J K, Cooper H J. Large scale localization of protein phosphorylation by use of electron capture dissociation mass spectrometry. Molecular & Cellular Proteomics, 2009, 8 (5): 904-912.
[8] Villen J, Gygi S P. The SCX/IMAC enrichment approach for global phosphorylation analysis by mass spectrometry. Nature Protocols, 2008, 3 (10): 1630-1638.
[9] Gastón B N, Yanel N S, et al. Tyrosine phosphorylation signaling regulates Ca^{2+} entry by affecting intracellular pH during human sperm capacitation. Journal of Cellular Physiology, 2019, 234 (4): 5276-5288.
[10] Huang H J, Regan K M, Lou Z K, Chen J J, Tindall D J. CDK2-dependent phosphorylation of FOXO1 as an apoptotic response to DNA damage. Science, 2006, 314 (5797): 294-297.
[11] Park J S, Lee J, Jung E S, Kim M H, Kim I B, Son H, Kim S, Kim S, Park Y M, Mook-Jung I, Yu S J, Lee J H. Brain somatic mutations observed in Alzheimer's disease associated with aging and dysregulation of tau phosphorylation. Nat Commun, 2019, 10: 3090.
[12] Ittner A, Chua S W, Bertz J, Volkerling A, van der Hoven J, Gladbach A, Przybyla M, Bi M, van Hummel A, Stevens C H, Ippati S, Suh L S, Macmillan A, Sutherland G, Kril J J, Silva A P G, Mackay J, Poljak A, Delerue F, Ke Y D, Ittner L M. Site-specific phosphorylation of tau inhibits amyloid-beta toxicity in Alzheimer's mice. Science, 2016, 354 (6314): 904-908.
[13] Hou Y C, Wang Z M, Huang S Z, Sun C J, Zhao J Y, Shi J Y, Li Z Q, Wang Z K, He X S, Tam N L, Wu L W. SKA3 Promotes tumor growth by regulating CDK2/P53 phosphorylation in hepatocellular carcinoma. Cell Death & Disease, 2019, 10: 929.
[14] Hindupur S K, Colombi M, Fuhs S R, Matter M S, Guri Y, Adam K, Cornu M, Piscuoglio S, Ng C K Y, Betz C, Liko D, Quagliata L, Moes S, Jenoe P, Terracciano L M, Heim M H, Hunter T, Hall M N. The protein histidine phosphatase LHPP is a tumour suppressor. Nature, 2018, 555 (7698): 678-682.
[15] Schwikowski B, Uetz P, Fields S. A network of protein-protein interactions in yeast. Nature Biotechnology, 2000, 18 (12): 1257-1261.
[16] Thingholm T E, Jensen O N, Larsen M R. Analytical strategies for phosphoproteomics. Proteomics, 2009, 9 (6): 1451-1468.
[17] Levene P A, Alsberg C L. The cleavage products of vitellin. Journal of Biological Chemistry, 1906, 2 (1): 127-133.
[18] Lipman F A, Levene P A. Serinephosphoric acid obtained on hydrolysis of vitellinic acid. Journal of Biological Chemistry, 1932, 98 (1): 109-114.
[19] Sutherland E W, Cori C F. Influence of insulin on glycogen synthesis and breakdown in liver slices. Federation Proceedings, 1947, 6 (1): 297.
[20] Fischer E H, Krebs E G. Conversion of phosphorylase-b to phosphorylase-a in muscle extracts. Journal of Biological Chemistry, 1955, 216 (1): 121-132.
[21] Villen J, Beausoleil S A, Gerber S A, Gygi S P. Large-scale phosphorylation analysis of mouse liver. Proceedings of the National Academy of Sciences of the United States of America, 2007, 104 (5): 1488-1493.

[22] Zhai B, Villen J, Beausoleil S A, Mintseris J, Gygi S P. Phosphoproteome analysis of drosophila metanogaster embryos. Journal of Proteome Research, 2008, 7 (4): 1675-1682.
[23] Bian Y Y, Li L, Dong M M, Liu X G, Kaneko T, Cheng K, Liu H D, Voss C, Cao X, Wang Y, Litchfield D, Ye M L, Li S S C, Zou H F. Ultra-deep tyrosine phosphoproteomics enabled by a phosphotyrosine superbinder. Nature Chemical Biology, 2016, 12 (11): 959-966.
[24] Xu B, Wang F J, Song C X, Sun Z, Cheng K, Tan Y X, Wang H Y, Zou H F. Large-scale proteome quantification of hepatocellular carcinoma tissues by a three-dimensional liquid chromatography strategy integrated with sample preparation. Journal of Proteome Research, 2014, 13 (8): 3645-3654.
[25] Chen I H, Xue L, Hsu C C, Paez J S P, Pan L, Andaluz H, Wendt M K, Iliuk A B, Zhu J K, Tao W A. Phosphoproteins in extracellular vesicles as candidate markers for breast cancer. Proceedings of the National Academy of Sciences of the United States of America, 2017, 114 (12): 3175-3180.
[26] Li Y, Fang F, Sun M W, Zhao Q, Hu Y C, Sui Z G, Liang Z, Zhang L H, Zhang Y K. Ionic liquid-assisted protein extraction method for plant phosphoproteome analysis. Talanta, 2020, 213: 120848.
[27] Steger M, Tonelli F, Ito G, Davies P, Trost M, Vetter M, Wachter S, Lorentzen E, Duddy G, Wilson S, Baptista M A S, Fiske B K, Fell M J, Morrow J A, Reith A D, Alessi D R, Mann M. Phosphoproteomics reveals that Parkinson's disease kinase LRRK2 regulates a subset of Rab GTPases. Elife, 2016, 5: e12813.
[28] Batista T M, Jayavelu A K, Albrechtsen N J W, Iovino S, Lebastchi J, Pan H, Dreyfuss J M, Krook A, Zierath J R, Mann M, Kahn C R. A cell-autonomous signature of dysregulated protein phosphorylation underlies muscle insulin resistance in type 2 diabetes. Cell Metab, 2020, 32 (5): 844-859.
[29] Rush J, Moritz A, Lee K A, Guo A, Goss V L, Spek E J, Zhang H, Zha X M, Polakiewicz R D, Comb M J. Immunoaffinity profiling of tyrosine phosphorylation in cancer cells. Nature Biotechnology, 2005, 23 (1): 94-101.
[30] Lind S B, Molin M, Savitski M M, Emilsson L, Astrom J, Hedberg L, Adams C, Nielsen M L, Engstrom A, Elfineh L, Andersson E, Zubarev R A, Pettersson U. Immunoaffinity enrichments followed by mass spectrometric detection for studying global protein tyrosine phosphorylation. Journal of Proteome Research, 2008, 7 (7): 2897-2910.
[31] Dengjel J, Kratchmarova I, Blagoev B. Receptor tyrosine kinase signaling: a view from quantitative proteomics. Molecular Biosystems, 2009, 5 (10): 1112-1121.
[32] Blagoev B, Ong S E, Kratchmarova I, Mann M. Temporal analysis of phosphotyrosine-dependent signaling networks by quantitative proteomics. Nature Biotechnology, 2004, 22 (9): 1139-1145.
[33] Machida K, Thompson C M, Dierck K, Jablonowski K, Karkkainen S, Liu B, Zhang H M, Nash P D, Newman D K, Nollau P, Pawson T, Herma Renkema G, Saksela K, Schiller M R, Shin D G, Mayer B J. High-throughput phosphotyrosine profiling using SH2 domains. Molecular Cell, 2007, 26 (6): 899-915.
[34] Kaneko T, Huang H M, Cao X, Li X, Li C J, Voss C, Sidhu S S, Li Shawn S C. Superbinder SH2 domains act as antagonists of cell signaling. Science Signaling, 2012, 5 (243): ra68.
[35] Dong M M, Bian Y Y, Wang Y, Dong J, Yao Y T, Deng Z Z, Qin H Q, Zou H F, Ye M L. Sensitive robust and cost-effective approach for tyrosine phosphoproteome analysis. Analytical Chemistry, 2017, 89 (17): 9307-9314.
[36] Yao Y T, Wang Y, Wang S, Liu X Y, Liu Z, Li Y A, Fang Z, Mao J W, Zheng Y, Ye M L. One-step SH2 superbinder-based approach for sensitive analysis of tyrosine phosphoproteome. Journal of Proteome Research, 2019, 18 (4): 1870-1879.
[37] Frackelton A R, Ross A H, Eisen H N. Characterization and use of monoclonal antibodies for isolation of phosphotyrosyl proteins from retrovirus-transformed cells and growth factor-stimulated cells. Mol Cell Biol, 1983, 3: 1343-1352.
[38] Deluca M, Boyer P D, Peter J B, Moyer R W, Ebner K E, Kreil G, Hultquist D E. Isolation and identification of phosphohistidine from mitochondrial protein. Biochemische Zeitschrift, 1963, 338:

512-525.
[39] Fuhs S R, Hunter T. pHisphorylation: the emergence of histidine phosphorylation as a reversible regulatory modification. Current Opinion in Cell Biology, 2017, 45: 8-16.
[40] Kee J M, Villani B, Carpenter L R, Muir T W. Development of stable phosphohistidine analogues. Journal of the American Chemical Society, 2010, 132 (41): 14327-14329.
[41] Kee J M, Oslund R C, Perlman D H, Muir T W. A pan-specific antibody for direct detection of protein histidine phosphorylation. Nat Chem Biol, 2013, 9 (7): 416-421.
[42] Oslund R C, Kee J M, Couvillon A D, Bhatia V N, Perlman D H, Muir T W. A phosphohistidine proteomics strategy based on elucidation of a unique gas-phase phosphopeptide fragmentation mechanism. J Am Chem Soc, 2014, 136 (37): 12899-12911.
[43] Kee J M, Oslund R C, Couvillon A D, Muir T W A. Second-generation phosphohistidine analog for production of phosphohistidine antibodies. Org Lett, 2015, 17 (2): 187-189.
[44] Lilley M, Mambwe B, Thompson M J, Jackson R F W, Muimo R. 4-Phosphopyrazol-2-yl alanine: a non-hydrolysable analogue of phosphohistidine. Chemical Communications, 2015, 51 (34): 7305-7308.
[45] Fuhs S R, Meisenhelder J, Aslanian A, Ma L, Zagorska A, Stankova M, Binnie A, Al-Obeidi F, Mauger J, Lemke G, Yates J R, Hunter T. Monoclonal 1-and 3-phosphohistidine antibodies: new tools to study histidine phosphorylation. Cell, 2015, 162 (1): 198-210.
[46] Fuhrmann J, Schmidt A, Spiess S, Lehner A, Turgay K, Mechtler K, Charpentier E, Clausen T. McsB is a protein arginine kinase that phosphorylates and inhibits the heat-shock regulator CtsR. Science, 2009, 324 (5932): 1323-1327.
[47] Fuhrmann J, Mierzwa B, Trentini D B, Spiess S, Lehner A, Charpentier E, Clausen T. Structural basis for recognizing phosphoarginine and evolving residue-specific protein phosphatases in gram-positive bacteria. Cell Reports, 2013, 3 (6): 1832-1839.
[48] Trentini D B, Suskiewicz M J, Heuck A, Kurzbauer R, Deszcz L, Mechtler K, Clausen T. Arginine phosphorylation marks proteins for degradation by a Clp protease. Nature, 2016, 539 (7627): 48-53.
[49] Fuhrmann J, Subramanian V, Thompson P R. Synthesis and use of a phosphonate amidine to generate an anti-phosphoarginine-specific antibody. Angewandte Chemie-International Edition, 2015, 54 (49): 14715-14718.
[50] 胡晔晨．*N*-磷酸化蛋白质/肽段富集新方法研究．北京：中国科学院，2019.
[51] 张丽媛．新型磷酸化肽富集材料的研制及其在磷酸化蛋白质组学中的应用．北京：中国科学院，2012.
[52] Li S, Wang L, Wang Y, Chen P. Research advances in separation and enrichment approaches for phosphopeptides. Journal of Instrumental Analysis, 2020, 39 (3): 416-422.
[53] Sparnacci K, Antonioli D, Gianotti V, Laus M, Lagana A, Piovesana S. Multishell hybrid magnetic nanoparticles for phosphopeptide enrichment. 9th International Conference on Times of Polymers and Composites: From Aerospace to Nanotechnology, 1981.
[54] Xu S Y, Whitin J C, Yu T T S, Zhou H J, Sun D Z, Sue H J, Zou H F, Cohen H J, Zare R N. Capture of phosphopeptides using alpha-zirconium phosphate nanoplatelets. Analytical Chemistry, 2008, 80 (14): 5542-5549.
[55] Hussain D, Najam-UL-Haq M, Jabeen F, Ashiq M N, Athar M, Rainer M, Huck C W, Bonn G K. Functionalized diamond nanopowder for phosphopeptides enrichment from complex biological fluids. Analytica Chimica Acta, 2013, 775: 75-84.
[56] Salimi K, Usta D D, Celikbicak O, Pinar A, Salih B, Tuncel A. Ti (Ⅳ) carrying polydopamine-coated monodisperse-porous SiO_2 microspheres with stable magnetic properties for highly selective enrichment of phosphopeptides. Colloids and Surfaces B-Biointerfaces, 2017, 153: 280-290.
[57] Xiong Z C, Zhang L Y, Fang C L, Zhang Q Q, Ji Y S, Zhang Z, Zhang W B, Zou H F. Ti^{4+}-immobilized multilayer polysaccharide coated magnetic nanoparticles for highly selective enrichment of

phosphopeptides. Journal of Materials Chemistry B, 2014, 2 (28): 4473-4480.
[58] Sun X N, Liu X D, Feng J A, Li Y, Deng C H, Duan G L. Hydrophilic Nb^{5+}-immobilized magnetic core-shell microsphere—A novel immobilized metal ion affinity chromatography material for highly selective enrichment of phosphopeptides. Analytica Chimica Acta, 2015, 880: 67-76.
[59] He X M, Chen X, Zhu G T, Wang Q, Yuan B F, Feng Y Q. Hydrophilic carboxyl cotton chelator for titanium (Ⅳ) immobilization and its application as novel fibrous sorbent for rapid enrichment of phosphopeptides. Acs Applied Materials & Interfaces, 2015, 7 (31): 17356-17362.
[60] Hong Y Y, Yao Y T, Zhao H L, Sheng Q Y, Ye M L, Yu C Z, Lan M B. Dendritic mesoporous silica nanoparticles with abundant Ti^{4+} for phosphopeptide enrichment from cancer cells with 96% specificity. Analytical Chemistry, 2018, 90 (12): 7617-7625.
[61] Zhang L Y, Zhao Q, Liang Z, Yang K G, Sun L L, Zhang L H, Zhang Y K. Synthesis of adenosine functionalized metal immobilized magnetic nanoparticles for highly selective and sensitive enrichment of phosphopeptides. Chemical Communications, 2012, 48 (50): 6274-6276.
[62] Iliuk A B, Martin V A, Alicie B M, Geahlen R L, Tao W A. In-depth analyses of kinase-dependent tyrosine phosphoproteomes based on metal ion-functionalized soluble nanopolymers. Molecular & Cellular Proteomics, 2010, 9 (10): 2162-2172.
[63] Zou X J, Jie J Z, Yang B. Single-step enrichment of N-glycopeptides and phosphopeptides with novel multifunctional Ti^{4+}-immobilized dendritic polyglycerol coated chitosan nanomaterials. Analytical Chemistry, 2017, 89 (14): 7520-7526.
[64] Hou C Y, Ma J F, Tao D Y, Shan Y C, Liang Z, Zhang L H, Zhang Y K. Organic-inorganic hybrid silica monolith based immobilized titanium ion affinity chromatography column for analysis of mitochondrial phosphoproteome. Journal of Proteome Research, 2010, 9 (8): 4093-4101.
[65] Thingholm T E, Jensen O N, Robinson P J, Larsen M R. SIMAC (sequential elution from IMAC) a phosphoproteomics strategy for the rapid separation of monophosphorylated from multiply phosphorylated peptides. Molecular & Cellular Proteomics, 2008, 7 (4): 661-671.
[66] Zhou H J, Ye M L, Dong J, Corradini E, Cristobal A, Heck A J R, Zou H F, Mohammed S. Robust phosphoproteome enrichment using monodisperse microsphere-based immobilized titanium (Ⅳ) ion affinity chromatography. Nature Protocols, 2013, 8 (3): 461-480.
[67] Posewitz M C, Tempst P. Immobilized gallium (Ⅲ) affinity chromatography of phosphopeptides. Analytical Chemistry, 1999, 71 (14): 2883-2892.
[68] Li Y, Qi D W, Deng C H, Yang P Y, Zhang X M. Cerium ion-chelated magnetic silica microspheres for enrichment and direct determination of phosphopeptides by matrix-assisted laser desorption ionization mass spectrometry. Journal of Proteome Research, 2008, 7 (4): 1767-1777.
[69] Lai A C Y, Tsai C F, Hsu C C, Sun Y N, Chen Y J. Complementary Fe^{3+}- and Ti^{4+}-immobilized metal ion affinity chromatography for purification of acidic and basic phosphopeptides. Rapid Communications in Mass Spectrometry, 2012, 26 (18): 2186-2194.
[70] Tsai C F, Hsu C C, Hung J N, Wang Y T, Choong W K, Zeng M Y, Lin P Y, Hong R W, Sung T Y, Chen Y J. Sequential phosphoproteomic enrichment through complementary metal-directed immobilized metal ion affinity chromatography. Analytical Chemistry, 2014, 86 (1): 685-693.
[71] Seeley E H, Riggs L D, Regnier F E. Reduction of non-specific binding in Ga (Ⅲ) immobilized metal affinity chromatography for phosphopeptides by using endoproteinase glu-C as the digestive enzyme. Journal of Chromatography B-Analytical Technologies in the Biomedical and Life Sciences, 2005, 817 (1): 81-88.
[72] Zheng H J, Jia J X, Li Z, Jia Q. Bifunctional magnetic supramolecular-organic framework: a nanoprobe for simultaneous enrichment of glycosylated and phosphorylated peptides. Analytical Chemistry, 2020, 92 (3): 2680-2689.
[73] Peng J X, Wu R A. Metal-organic frameworks in proteomics/peptidomics-A review. Analytica Chimica

Acta, 2018, 1027: 9-21.
[74] Yang S S, Chang Y J, Zhang H, Yu X Z, Shang W B, Chen G Q, Chen D D Y, Gu Z Y. Enrichment of phosphorylated peptides with metal-organic framework nanosheets for serum profiling of diabetes and phosphoproteomics analysis. Analytical Chemistry, 2018, 90 (22): 13796-13805.
[75] Xiao J, Yang S S, Wu J X, Wang H, Yu X, Shang W, Chen G Q, Gu Z Y. Highly selective capture of monophosphopeptides by two-dimensional metal-organic framework nanosheets. Analytical Chemistry, 2019, 91 (14): 9093-9101.
[76] Li X W, Zhang N, Tang R Z, Lyu J W, Liu Z, Ma S J, Ou J J, Ye M L. Comparative evaluation of MAX-Ti_3AlC_2 and MXene-Ti_3C_2 as affinity chromatographic materials for highly selective enrichment of phosphopeptides. Nanoscale, 2021, 13 (5): 2923-2930.
[77] Napper S, Kindrachuk J, Olson D J H, Ambrose S J, Dereniwsky C, Ross A R S. Selective extraction and characterization of a histidine-phosphorylated peptide using immobilized copper(Ⅱ) ion affinity chromatography and matrix-assisted laser desorption/ionization time-of-flight mass spectrometry. Analytical Chemistry, 2003, 75 (7): 1741-1747.
[78] Potel C M, Lin M H, Heck A J R, Lemeer S. Widespread bacterial protein histidine phosphorylation revealed by mass spectrometry-based proteomics. Nature Methods, 2018, 15 (3): 187-190.
[79] Liu Y Y, Xia C S, Fan Z Y, Jiao F L, Gao F Y, Xie Y P, He Z M, Zhang W J, Zhang Y J, Shen Y H, Qian X H, Qin W J. Novel Two-Dimensional MoS_2-Ti^{4+} Nanomaterial for efficient enrichment of phosphopeptides and large-scale identification of histidine phosphorylation by mass spectrometry. Analytical Chemistry, 2020, 92 (19): 12801-12808.
[80] Pinkse M W H, Uitto P M, Hilhorst M J, Ooms B, Heck A J R. Selective isolation at the femtomole level of phosphopeptides from proteolytic digests using 2D-nanoLC-ESI-MS/MS and titanium oxide precolumns. Analytical Chemistry, 2004, 76 (14): 3935-3943.
[81] Kweon H K, Hakansson K. Selective zirconium dioxide-based enrichment of phosphorylated peptides for mass spectrometric analysis. Analytical Chemistry, 2006, 78 (6): 1743-1749.
[82] Zhang L Y, Xu J, Sun L L, Ma J F, Yang K G, Liang Z, Zhang L H, Zhang Y K. Zirconium oxide aerogel for effective enrichment of phosphopeptides with high binding capacity. Analytical and Bioanalytical Chemistry, 2011, 399 (10): 3399-3405.
[83] Ma W F, Zhang Y, Li L L, You L J, Zhang P, Zhang Y T, Li J M, Yu M, Guo J, Lu H J, Wang C C. Tailor-made magnetic Fe_3O_4@mTiO(2) microspheres with a tunable mesoporous anatase shell for highly selective and effective enrichment of phosphopeptides. Acs Nano, 2012, 6 (4): 3179-3188.
[84] Larsen M R, Thingholm T E, Jensen O N, Roepstorff P, Jorgensen T J D. Highly selective enrichment of phosphorylated peptides from peptide mixtures using titanium dioxide microcolumns. Molecular & Cellular Proteomics, 2005, 4 (7): 873-886.
[85] Sugiyama N, Masuda T, Shinoda K, Nakamura A, Tomita M, Ishihama Y. Phosphopeptide enrichment by aliphatic hydroxy acid-modified metal oxide chromatography for nano-LC-MS/MS in proteomics applications. Molecular & Cellular Proteomics, 2007, 6 (6): 1103-1109.
[86] Schmidt A, Trentini D B, Spiess S, Fuhrmann J, Ammerer G, Mechtler K, Clausen T. Quantitative phosphoproteomics reveals the role of protein arginine phosphorylation in the bacterial stress response. Mol Cell Proteomics, 2014, 13 (2): 537-550.
[87] Fu S S, Fu C, Zhou Q, Lin R C, Ouyang H, Wang M N, Sun Y, Liu Y, Zhao Y F. Widespread arginine phosphorylation in human cells-a novel protein PTM revealed by mass spectrometry. Science China-Chemistry, 2020, 63 (3): 341-346.
[88] Yang D S, Ding X Y, Min H P, Li B, Su M X, Niu M M, Di B, Yan F. Design and synthesis of an immobilized metal affinity chromatography and metal oxide affinity chromatography hybrid material for improved phosphopeptide enrichment. Journal of Chromatography A, 2017, 1505: 56-62.
[89] Carrascal M, Ovefletro D, Casas V, Gay M, Ablan J. Phosphorylation analysis of primary human T

lymphocytes using sequential IMAC and titanium oxide enrichment. Journal of Proteome Research, 2008, 7 (12): 5167-5176.

[90] Zhang X F, Lu Q, Chen C, Li X L, Qing G Y, Sun T L, Liang X M. Smart polymers driven by multiple and tunable hydrogen bonds for intact phosphoprotein enrichment. Science and Technology of Advanced Materials, 2019, 20 (1): 858-869.

[91] 郑鑫彤，王雪，张福生，张旭阳，赵艳艳，卿光焱．智能聚合物基材料富集磷酸化肽和糖肽的研究进展．色谱，2021, 39 (1): 15-25.

[92] Jochum F D, Theato P. Temperature- and light-responsive smart polymer materials. Chemical Society Reviews, 2013, 42 (17): 7468-7483.

[93] Qing G Y, Lu Q, Li X L, Liu J, Ye M L, Liang X M, Sun T L. Hydrogen bond based smart polymer for highly selective and tunable capture of multiply phosphorylated peptides. Nature Communications, 2017, 8: 461.

[94] Lu Q, Chen C, Xiong Y T, Li G D, Zhang X F, Zhang Y H, Wang D D, Zhu Z C, Li X L, Qing G Y, Sun T L, Liang X M. High-Efficiency Phosphopeptide and glycopeptide simultaneous enrichment by hydrogen bond-based bifunctional smart polymer. Analytical Chemistry, 2020, 92 (9): 6269-6277.

[95] Luo B, Yu L Z, Li Z Y, He J, Li C J, Lan F, Wu Y. Complementary multiple hydrogen-bond-based magnetic composite microspheres for high coverage and efficient phosphopeptide enrichment in bio-samples. Journal of Materials Chemistry B, 2020, 8 (36): 8414-8421.

[96] Li Q S, Shen F, Zhang X, Hu Y F, Zhang Q X, Xu L, Ren X Q. One-pot synthesis of phenylphosphonic acid imprinted polymers for tyrosine phosphopeptides recognition in aqueous phase. Analytica Chimica Acta, 2013, 795: 82-87.

[97] Emgenbroich M, Borrelli C, Shinde S, Lazraq I, Vilela F, Hall A J, Oxelbark J, de Lorenzi E, Courtois J, Simanova A, Verhage J, Irgum K, Karim K, Sellergren B A. Phosphotyrosine-imprinted polymer receptor for the recognition of tyrosine phosphorylated peptides. Chemistry-A European Journal, 2008, 14 (31): 9516-9529.

[98] Incel A, Arribas Diez I, Wierzbicka C, Gajoch K, Jensen O N, Sellergren B. Selective enrichment of histidine phosphorylated peptides using molecularly imprinted polymers. Analytical Chemistry, 2021, 93 (8): 3857-3866.

[99] Liu M Q, Torsetnes S B, Wierzbicka C, Jensen O N, Sellergren B, Irgum K. Selective enrichment of phosphorylated peptides by monolithic polymers surface imprinted with bis-Imidazolium moieties by UV-initiated cryopolymerization. Analytical Chemistry, 2019, 91 (15): 10188-10196.

[100] Zhang G Y, Jiang L Y, Zhou J T, Hu L H, Feng S H. Epitope-imprinted mesoporous silica nanoparticles for specific recognition of tyrosine phosphorylation. Chemical Communications, 2019, 55 (67): 9927-30.

[101] Mohammed S, Heck A J R. Strong cation exchange (SCX) based analytical methods for the targeted analysis of protein post-translational modifications. Current Opinion in Biotechnology, 2011, 22 (1): 9-16.

[102] Beausoleil S A, Jedrychowski M, Schwartz D, Elias J E, Villen J, Li J X, Cohn M A, Cantley L C, Gygi S P. Large-scale characterization of HeLa cell nuclear phosphoproteins. Proceedings of the National Academy of Sciences of the United States of America, 2004, 101 (33): 12130-12135.

[103] Gauci S, Helbig A O, Slijper M, Krijgsveld J, Heck A J R, Mohammed S. Lys-N and trypsin cover complementary parts of the phosphoproteome in a refined SCX-based approach. Analytical Chemistry, 2009, 81 (11): 4493-4501.

[104] Sui S H, Wang J L, Yang B, Song L, Zhang J Y, Chen M, Liu J F, Lu Z, Cai Y, Chen S, Bi W, Zhu Y P, He F C, Qian X H. Phosphoproteome analysis of the human Chang liver cells using SCX and a complementary mass spectrometric strategy. Proteomics, 2008, 8 (10): 2024-2034.

[105] Li X L, Guo Z M, Sheng Q Y, Xue X Y, Liang X M. Sequential elution of multiply and singly

phosphorylated peptides with polar-copolymerized mixed-mode RP18/SCX material. Analyst, 2012, 137 (12): 2774-2776.

[106] Trinidad J C, Specht C G, Thalhammer A, Schoepfer R, Burlingame A L. Comprehensive identification of phosphorylation sites in postsynaptic density preparations. Molecular & Cellular Proteomics, 2006, 5 (5): 914-922.

[107] Wang X, Bian Y Y, Cheng K, et al. A large-scale protein phosphorylation analysis reveals novel phosphorylation motifs and phosphoregulatory networks in Arabidopsis. Journal of Proteomics, 2013, 78: 486-498.

[108] Urbaniak M D, Martin D M A, Ferguson M A J. Global quantitative SILAC phosphoproteomics reveals differential phosphorylation is widespread between the procyclic and bloodstream form lifecycle stages of trypanosoma brucei. Journal of Proteome Research, 2013, 12 (5): 2233-2244.

[109] Olsen J V, Blagoev B, Gnad F, Macek B, Kumar C, Mortensen P, Mann M. Global in vivo and site-specific phosphorylation dynamics in signaling networks. Cell, 2006, 127 (3): 635-648.

[110] Carrera M, Canas B, Lopez-Ferrer D. Fast global phosphoproteome profiling of jurkat T cells by HIFU-TiO_2-SCX-LC-MS/MS. Analytical Chemistry, 2017, 89 (17): 8853-8862.

[111] Lim K B, Kassel D B. Phosphopeptides enrichment using on-line two-dimensional strong cation exchange followed by reversed-phase liquid chromatography/mass spectrometry. Analytical Biochemistry, 2006, 354 (2): 213-219.

[112] Zhou H J, Di Palma S, Preisinger C, Peng M, Polat A N, Heck A J R, Mohammed S. Toward a comprehensive characterization of a human cancer cell phosphoproteome. Journal of Proteome Research, 2013, 12 (1): 260-271.

[113] Hennrich M L, Groenewold V, Kops G J P L, Heck A J R, Mohammed S. Improving depth in phosphoproteomics by using a strong cation exchange-weak anion exchange-reversed phase multidimensional separation approach. Analytical Chemistry, 2011 83 (18): 7137-7143.

[114] Han G H, Ye M L, Zhou H J, Jiang X N, Feng S, Jiang X G, Tian R J, Wan D F, Zou H F, Gu J R. Large-scale phosphoproteome analysis of human liver tissue by enrichment and fractionation of phosphopeptides with strong anion exchange chromatography. Proteomics, 2008, 8 (7): 1346-1361.

[115] Dong M M, Ye M L, Cheng K, Song C X, Pan Y B, Wang C L, Bian Y Y, Zou H F. Depletion of acidic phosphopeptides by SAX to improve the coverage for the detection of basophilic kinase substrates. Journal of Proteome Research, 2012, 11 (9): 4673-4681.

[116] Ritorto M S, Cook K, Tyagi K, Pedrioli P G A, Trost M. Hydrophilic strong anion exchange (hSAX) chromatography for highly orthogonal peptide separation of complex proteomes. Journal of Proteome Research, 2013, 12 (6): 2449-2457.

[117] Sivakova B, Jurcik J, Lukacova V, Selicky T, Cipakova I, Barath P, Cipak L. Label-free quantitative phosphoproteomics of the fission yeast schizosaccharomyces pombe using strong anion exchange- and porous graphitic carbon-based fractionation strategies. International Journal of Molecular Sciences, 2021, 22 (4): 1747.

[118] Hardman G, Perkins S, Brownridge P J, Clarke C J, Byrne D P, Campbell A E, Kalyuzhnyy A, Myall A, Eyers P A, Jones A R, Eyers C E. Strong anion exchange-mediated phosphoproteomics reveals extensive human non-canonical phosphorylation. Embo Journal, 2019, 38 (21): e100847.

[119] Dai J, Jin W H, Sheng Q H, Shieh C H, Wu J R, Zeng R. Protein phosphorylation and expression profiling by Yin-Yang multidimensional liquid chromatography (Yin-Yang MDLC) mass spectrometry. Journal of Proteome Research, 2007, 6 (1): 250-262.

[120] Wu C J, Chen Y W, Tai J H, Chen S H. Quantitative phosphoproteomics studies using stable isotope dimethyl labeling coupled with IMAC-HILIC-nanoLC-MS/MS for estrogen-induced transcriptional regulation. Journal of Proteome Research, 2011, 10 (3): 1088-1097.

[121] Buszewski B, Noga S. Hydrophilic interaction liquid chromatography (HILIC)-a powerful separation

technique. Analytical and Bioanalytical Chemistry, 2012, 402 (1): 231-247.
[122] McNulty D E, Annan R S. Hydrophilic interaction chromatography reduces the complexity of the phosphoproteome and improves global phosphopeptide isolation and detection. Molecular & Cellular Proteomics, 2008, 7 (5): 971-980.
[123] Albuquerque C P, Smolka M B, Payne S H, Bafna V, Eng J, Zhou H A. multidimensional chromatography technology for in-depth phosphoproteome analysis. Molecular & Cellular Proteomics, 2008, 7 (7): 1389-1396.
[124] Zhang Y, Li J Y, Yu Y H, Xie R, Liao H, Zhang B, Chen J Y. Coupling hydrophilic interaction chromatography materials with immobilized Fe(3+)for phosphopeptide and glycopeptide enrichment and separation. Rsc Advances, 2020, 10 (37): 22176-22182.
[125] Gan C S, Guo T N, Zhang H M, Lim S K, Sze S K A. Comparative study of electrostatic repulsion-hydrophilic interaction chromatography (ERLIC) versus SCX-IMAC-based methods for phosphopeptide isolation/enrichment. Journal of Proteome Research, 2008, 7 (11): 4869-4877.
[126] Zarei M, Sprenger A, Gretzmeier C, Dengjel J. Combinatorial use of electrostatic repulsion-hydrophilic interaction chromatography (ERLIC) and strong cation exchange (SCX) chromatography for in-depth phosphoproteome analysis. Journal of Proteome Research, 2012, 11 (8): 4269-4276.
[127] Zhang H M, Guo T N, Li X, Datta A, Park J E, Yang J, Lim S K, Tam J P, Sze S K. Simultaneous characterization of glyco- and phosphoproteomes of mouse brain membrane proteome with electrostatic repulsion hydrophilic interaction chromatography. Molecular & Cellular Proteomics, 2010, 9 (4): 635-647.
[128] Oda Y, Nagasu T, Chait B T. Enrichment analysis of phosphorylated proteins as a tool for probing the phosphoproteome. Nature Biotechnology, 2001, 19 (4): 379-382.
[129] Thaler F, Valsasina B, Baldi R, Jin X, Stewart A, Isacchi A, Kalisz H M, Rusconi L. A new approach to phosphoserine and phosphothreonine analysis in peptides and proteins: chemical modification enrichment via solid-phase reversible binding and analysis by mass spectrometry. Analytical and Bioanalytical Chemistry, 2003, 376 (3): 366-373.
[130] Tseng H C, Ovaa H, Wei N J C, Ploegh H, Tsai L H. Phosphoproteomic analysis with a solid-phase capture-release-tag approach. Chemistry & Biology, 2005, 12 (7): 769-777.
[131] Buncherd H, Roseboom W, Chokchaichamnankit D, Sawangareetrakul P, Phongdara A, Srisomsap C, de Jong L, Svasti J. beta-Elimination coupled with strong cation-exchange chromatography for phosphopeptide analysis. Rapid Communications in Mass Spectrometry, 2016, 30 (14): 1695-1704.
[132] Zhou H L, Watts J D, Aebersold R. A systematic approach to the analysis of protein phosphorylation. Nature Biotechnology, 2001, 19 (4): 375-378.
[133] Tao W A, Wollscheid B, O'Brien R, Eng J K, Li X J, Bodenmiller B, Watts J D, Hood L, Aebersold R. Quantitative phosphoproteome analysis using a dendrimer conjugation chemistry and tandem mass spectrometry. Nature Methods, 2005, 2 (8): 591-598.
[134] Lansdell T A, Tepe J J. Isolation of phosphopeptides using solid phase enrichment. Tetrahedron Letters, 2004, 45 (1): 91-93.
[135] Knight Z A, Schilling B, Row R H, Kenski D M, Gibson B W, Shokat K M. Phosphospecific proteolysis for mapping sites of protein phosphorylation. Nature Biotechnology, 2003, 21 (11): 1047-1054.
[136] Wong C, Faiola B, Wu W, Kennelly P J. Phosphohistidine and phospholysine phosphatase-activities in the rat- potential protein-lysine and protein-histidine phosphatases. Biochemical Journal, 1993, 296: 293-296.
[137] Hu Y C, Weng Y J, Jiang B, Li X, Zhang X D, Zhao B F, Wu Q, Liang Z, Zhang L H, Zhang Y K. Isolation and identification of phosphorylated lysine peptides by retention time difference combining dimethyl labeling strategy. Science China-Chemistry, 2019, 62 (6): 708-712.

[138] Hu Y C, Li Y, Gao H, Jiang B, Zhang X D, Li X, Wu Q, Liang Z, Zhang L H, Zhang Y K. Cleavable hydrophobic derivatization strategy for enrichment and identification of phosphorylated lysine peptides. Analytical and Bioanalytical Chemistry, 2019, 411 (18): 4159-4166.
[139] Manson W, Annan W D. The structure of a phosphopeptide derived from β-casein. Archives of Biochemistry and Biophysics, 1971, 145 (1): 16-26.
[140] Kuboki Y, Fujisawa R, Aoyama K, Sasaki S. Calcium-specific precipitation of dentin phosphoprotein-new method of purification and the significance for the mechanism of calcification. Journal of Dental Research, 1979, 58 (9): 1926-1932.
[141] Reynolds E C, Riley P F, Adamson N J. A selective precipitation purification procedure for multiple phosphoseryl-containing peptides and methods for their identification. Analytical Biochemistry, 1994, 217 (2): 277-284.
[142] Zhang X, Ye J Y, Jensen O N, Roepstorff P. Highly efficient phosphopeptide enrichment by calcium phosphate precipitation combined with subsequent IMAC enrichment. Molecular & Cellular Proteomics, 2007, 6 (11): 2032-2042.
[143] Xia Q W, Cheng D M, Duong D M, Gearing M, Lah J J, Levey A I, Peng J M. Phosphoproteomic analysis of human brain by calcium phosphate precipitation and mass spectrometry. Journal of Proteome Research, 2008, 7 (7): 2845-2851.
[144] Ruse C I, McClatchy D B, Lu B, Cociorva D, Motoyama A, Park S K, Yates J R. Motif-specific sampling of phosphoproteomes. Journal of Proteome Research, 2008, 7 (5): 2140-2150.
[145] Krenkova J, Lacher N A, Svec F. Control of selectivity via nanochemistry: monolithic capillary column containing hydroxyapatite nanoparticles for separation of proteins and enrichment of phosphopeptides. Analytical Chemistry, 2010, 82 (19): 8335-8341.
[146] Pinto G, Caira S, Cuollo M, Lilla S, Fierro O, Addeo F. Hydroxyapatite as a concentrating probe for phosphoproteomic analyses. Journal of Chromatography B-Analytical Technologies in the Biomedical and Life Sciences, 2010, 878 (28): 2669-2678.
[147] Ojida A, Mito-oka Y, Inoue M, Hamachi I. First artificial receptors and chemosensors toward phosphorylated peptide in aqueous solution. Journal of the American Chemical Society, 2002, 124 (22): 6256-6258.
[148] Kinoshita E, Yamada A, Takeda H, Kinoshita-Kikuta E, Koike T. Novel immobilized zinc(Ⅱ) affinity chromatography for phosphopeptides and phosphorylated proteins. Journal of Separation Science, 2005, 28 (2): 155-162.
[149] Yuan E T, Ino Y, Kawaguchi M, Kimura Y, Hirano H, Kinoshita-Kikuta E, Kinoshita E, Koike T A. Phos-tag-based micropipette-tip method for rapid and selective enrichment of phosphopeptides. Electrophoresis, 2017, 38 (19): 2447-2455.
[150] Hwang L, Ayaz-Guner S, Gregorich Z R, Cai W X, Valeja S G, Jin S, Ge Y. Specific enrichment of phosphoproteins using functionalized multivalent nanoparticles. Journal of the American Chemical Society, 2015, 137 (7): 2432-2435.
[151] Nabetani T, Kim Y J, Watanabe M, Ohashi Y, Kamiguchi H, Hirabayashi Y. Improved method of phosphopeptides enrichment using biphasic phosphate-binding tag/C18 tip for versatile analysis of phosphorylation dynamics. Proteomics, 2009, 9 (24): 5525-5533.
[152] Deng Q L, Wu J H, Chen Y, Zhang Z J, Wang Y, Fang G Z, Wang S, Zhang Y K. Guanidinium functionalized superparamagnetic silica spheres for selective enrichment of phosphopeptides and intact phosphoproteins from complex mixtures. Journal of Materials Chemistry B, 2014, 2 (8): 1048-1058.
[153] Xu L N, Ma W, Shen S S, Li L P, Bai Y, Liu H W. Hydrazide functionalized monodispersed silica microspheres: a novel probe with tunable selectivity for a versatile enrichment of phosphopeptides with different numbers of phosphorylation sites in MS analysis. Chemical Communications, 2016, 52

(6): 1162-1165.
[154] Xu L N, Li L P, Jin L, Bai Y, Liu H W. Guanidyl-functionalized graphene as a bifunctional adsorbent for selective enrichment of phosphopeptides. Chemical Communications, 2014, 50 (75): 10963-10966.
[155] Li J Y, Zhang S, Gao W, Hua Y, Lian H Z. Guanidyl-functionalized magnetic bimetallic MOF nanocomposites developed for selective enrichment of phosphopeptides. Acs Sustainable Chemistry & Engineering, 2020, 8 (44): 16422-16429.
[156] 刘虎威．徐白玉．磷酸化肽富集新方法研究进展．分析化学，2017, 45 (12): 1804-1812.

PHOSPHORUS 磷科学前沿与技术丛书
磷与生命科学

8

生命体中多聚磷酸盐代谢及其功能

田兵，戴商，华跃进

浙江大学生命科学学院

8.1

多聚磷酸盐概述

磷是组成核酸、ATP和多种酶功能必需的重要元素，在遗传、能量代谢、酶促调节和信号转导等细胞活动中起到重要作用。多聚磷酸盐(polyphosphate，PolyP)作为一种磷酸盐聚合物，是由几个至数百个正磷酸盐(phosphate，Pi)通过与ATP磷酸酐键相同的高能磷酸键聚合形成(图8-1)[1]。多聚磷酸盐带有大量负电荷，作为一种多聚阴离子可能在地球生命分子——核酸和蛋白质等形成过程中具有关键作用。多聚磷酸盐广泛存在于自然界环境和生命有机体中，并且其合成和降解酶也在许多细菌中发现，其独特之处在于其在生命起源、磷储存与代谢、生命体抗逆等多种生理功能中扮演重要角色。

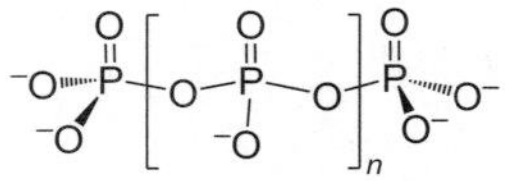

图8-1　多聚磷酸盐的结构[1]

8.2

多聚磷酸盐代谢

PolyP主要存在于生物体的细胞质内。尽管PolyP普遍存在于自然界所有生物中，但是它在细胞中的代谢机制和作用还没有完全研究清楚。Arthur Kornberg 等于 1990 年通过生化实验研究纯化并证明了大肠杆菌的 PolyP 合成酶 PPK[2]。自此，大量的研究发现，多种细菌的 *ppk* 突变株都表现出对环境压力更为敏感[3-5]。

8.2.1　多聚磷酸盐合成代谢和关键酶

（1）多聚磷酸激酶 PPK 的功能

PolyP 的合成由多聚磷酸激酶（PolyP kinase，PPK）催化，PPK 可以催化 PolyP 合成的可逆反应。细菌中主要存在两种结构各异的不同家族的 PPK，即 PPK1 和 PPK2。PPK1 主要负责 PolyP 的合成，而 PPK2 主要负责核苷酸的磷酸化[6]，PPK2 又分为三类[7-8]：Ⅰ型 PPK2 偏于催化 2-磷酸核苷酸的磷酸化；Ⅱ型 PPK2 催化单磷酸核苷酸磷酸化为 2-磷酸核苷酸；Ⅲ型 PPK2 能同时磷酸化单磷酸核苷酸和 2-磷酸核苷酸。PPK1 和 PPK2 催化的反应如下[9]。

PPK1：$n\mathrm{ATP} \rightleftharpoons \mathrm{PolyP}_n + n\mathrm{ADP}$

PPK2：$\mathrm{P}_n + \mathrm{GDP} \rightleftharpoons \mathrm{GTP} + \mathrm{PolyP}_{n-1}$

（2）多聚磷酸激酶 PPK 的结构和催化机制

2003 年 Xu 等尝试结晶解析大肠杆菌的 PolyP 合成酶 PPK，获得了晶体，遗憾的是当晶体暴露在同步辐射 X 射线中时，衍射迅速衰减，最终没有解析 PPK 的结构[10]。但是经过不懈的努力，Xu 课题组终于在 2005 年解析出大肠杆菌中的 PPK 结构，并且还得到 PPK 和 AMPPNP（β-γ-imidoadenosine 5-phosphate）的复合物结构，如图 8-2 所示，发现 PPK 形成一个向内锁状的二聚体，每个单体 80kDa，含有四个结构域。而 PPK 的活性位点是位于一个沟状的空间中，其中含有一个唯一的 ATP-binding 口袋，可能是 PolyP 的结合位置[6]。

Peter Roach 课题组解析和阐明了 PPK2 的结构和底物识别机制，解析了Ⅰ型 PPK2（ADP-phosphorylating）和Ⅲ型 PPK2（AMP-phosphorylating

和 ADP-phosphorylating）的结构和复合物结构，并发现 Mg^{2+} 是催化所需的金属离子，通过分析不同长度底物 PolyP 结合的复合物结构，揭示了 *Meiothermus ruber* 和 *Francisella tularensis* 两种细菌 PPK2（MrPPK2 和 FtPPK2）的催化机制［图 8-3（a）］；图 8-3（b）为 FtPPK2 点突变蛋白（Asp117Asn）和 PolyP 复合物的结构 [11]。

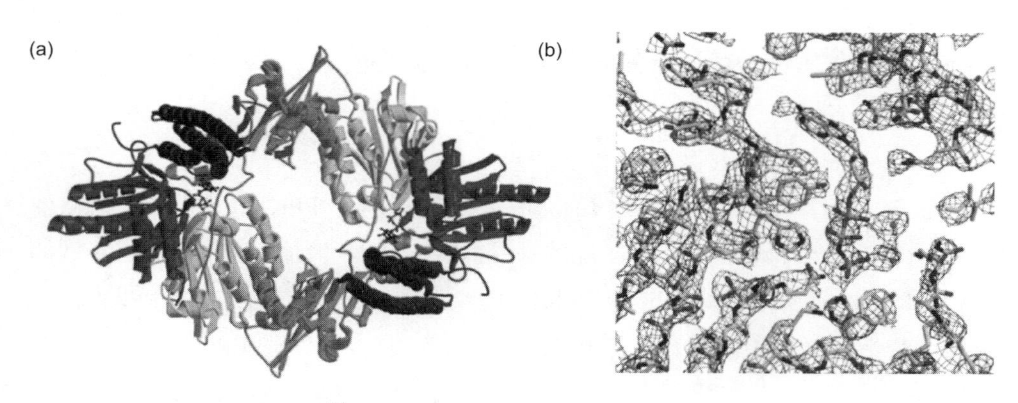

图 8-2　*E.coli* 中 PPK 的结构 [6]

（a）PPK二聚体的形态结构；（b）电子密度图显示的AMPPNP的结合位点

耐辐射奇球菌（*Deinococcus radiodurans*，简称 DR 菌）是归属于奇球菌属（*Deinococcus*）能忍受极端环境的微生物，对电离辐射、紫外线、干燥等环境压力有极强的抗性，耐辐射奇球菌已作为研究极端环境压力抗性的模式生物之一，对其极端环境生存机制的研究、对认识生物面对极端环境的压力胁迫响应和生命活动行为、早期地球环境的生命起源与进化规律等有着重要的科学意义。以耐辐射奇球菌为例，Tian 课题组研究了极端环境微生物中多聚磷酸盐合成代谢和关键酶 [12]，研究表明，耐辐射奇球菌的多聚磷酸盐合成代谢是利用多聚磷酸盐激酶（PPK_{Dr}）完成的。

PolyP 存在于所有生物中，虽然细菌中的 PPK 已做了大量研究，但是真核生物中并没有发现其同源物。2009 年 Andreas Mayer 研究组第一次成功地鉴定并解析了真核生物——酵母中的 PolyP 合成酶 Vtc4p[13]。酵母的 VTC（vacuolar transporter chaperone）是一个膜上的蛋白复合物，突变后，PolyP 急剧减少。VTC 蛋白复合物是一个异源寡聚复合物，由四

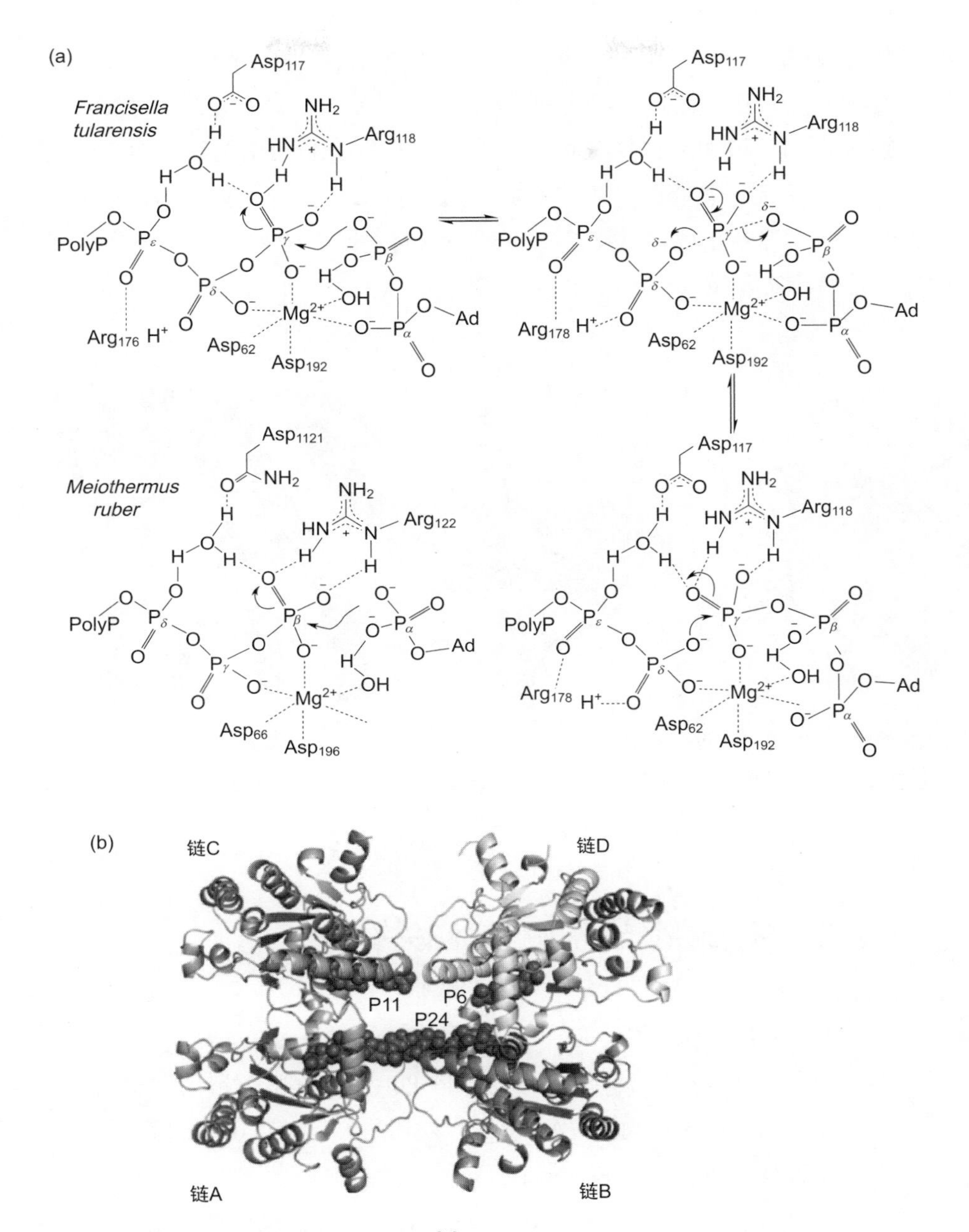

图 8-3 PPK2 与 PolyP 互作的分子机制 [11]

（a）FtPPK2和MrPPK2两个多聚磷酸盐激酶的结合催化机制；（b）FtPPK2的Asp117Asn突变体和PolyP复合物的结构

个蛋白构成：Vtc1p 是一个较小的膜蛋白；Vtc2p、Vtc3p 和 Vtc4p 含有跨膜结构域。通过截短去掉跨膜结构域，得到 Vtc4p*（$Vtc4p^{189\text{-}480}$）蛋白，并通过与 ATP 和 $MnCl_2$ 共结晶，得到分辨率 2.6Å 蛋白结构，如图 8-4。蛋白的中间有一个带正电荷的孔洞区域，负责结合、催化 PolyP 的合成。进一步发现带正电荷的结合 PolyP 区域的 β 折叠位置结合了一个 Mn^{2+}，并且酶活实验发现 Vtc4p* 的活性依赖金属离子，而且 Mn^{2+} 对酶活性的效率最高。

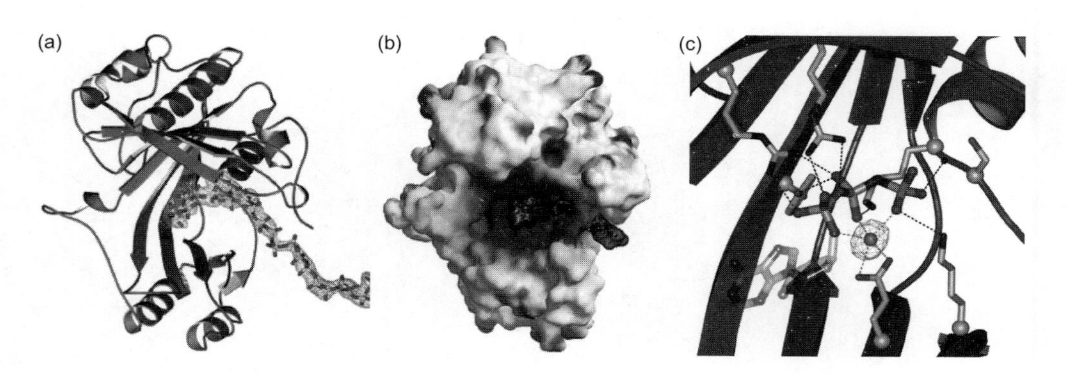

图 8-4　酿酒酵母中 Vtc4p* 蛋白的结构 [13]

（a）Vtc4p*的三维结构图；（b）Vtc4p*的表面电荷分布图；（c）Vtc4p*中活性中心结合的AppNHp和Mn^{2+}

8.2.2　多聚磷酸盐分解代谢和关键酶

（1）PolyP 降解酶的功能

相对应于 PolyP 的合成，生物体内 PolyP 降解由多聚磷酸盐降解酶催化完成。PolyP 的降解依赖于 PolyP 内切酶 PPN 或 PolyP 外切酶 PPX。内切酶 PPN（Endo-polyphosphatase）负责从 PolyP 内部将其切为更小的片段，而外切酶 PPX（Exo-polyphosphatase）能将 PolyP 彻底地酶切降解成最小单位，反应如下 [9]。

$$\text{PPX}: \text{PolyP}_n \longrightarrow \text{PolyP}_{n-1} + \text{Pi} \longrightarrow n\text{Pi}$$

$$\text{PPN}: \text{PolyP}_n \longrightarrow \text{PolyP}_x + \text{PolyP}_y$$

(2) PolyP 降解酶的结构和催化机制

目前有关 PolyP 外切酶 PPX 结构的研究较少，首次解出的 PPX 结构是风产液菌 *Aquifex aeolicus* 的 PPX (PDB 1T6C/1T6D)[14]。大肠杆菌的 PPX 有 513 个氨基酸残基，分子量为 58.1，在溶液中形成二聚体，能降解长度为 500 个 Pi 的 PolyP。序列上预测其蛋白结构主要有 2 个结构域，一个是主要负责催化反应的 N 端结构域，一个是主要负责底物结合的 C 端结构域。大肠杆菌的 PPX 还具有 GppA 结构域的活性，即能降解 pppGpp 为 ppGpp[15-16]，因此其可能在信号转导调控上也具有重要作用。

大肠杆菌的PPX结构是由 Allan Matte 和 Miriam S. Hasson 两个课题组几乎同时于 2006 年解出并发表的[17-18]，他们得到的晶体分辨率分别为 1.9Å 和 2.2Å，其中晶胞大小为 45Å×50Å×96Å，N 端和 C 端各有 10 个和 7 个氨基酸是无序的。大肠杆菌 PPX 是一个二聚体，含有四个结构域，如图 8-5(a)。结构域Ⅰ由 5 个 β 折叠形成↑β5-↑β4-↑β1-↓β2-↑β3，其 β1、β2 和 β3 形成一个双 β 发夹结构。β3 后面接着第一个 α 螺旋 α1，β4 后面接着 α3，这些 α 螺旋都在 β 折叠的侧边并靠向外侧接触溶液。结构域Ⅱ由 5 个 β 折叠形成↑β10-↑β9-↑β6-↓β7-↑β8。其中 α4 和 α5 ～ α10 这组 α 螺旋位于五个连续 β 折叠的两侧，并且 α5 ～ α10 暴露在蛋白表面。结构域Ⅲ由上下颠倒的 6 个 α 螺旋 α12 ～ α17 构成。连续的 α 螺旋反向平行并由小 loop 连接，除了最后两个 α 螺旋由一个大 loop 连接而成。结构域Ⅳ由 3 个 β 折叠↑β11-↓β12-↓β13 和一个交叉的 α 螺旋 α18 构成，如图 8-5(b)。

晶体内分子显示出大肠杆菌的 PPX 是二聚体，每个晶胞单元有两个这样的二聚体，二聚体中的单体以首尾相连的方式形成扁平的二聚体。二聚体形成了一个狭长且深的 S 形沟壑，沟壑中含有碱性和极性的氨基酸残基，这些氨基酸残基是潜在的 PolyP 结合位点。大肠杆菌的 PPX 最佳酶活反应条件需要 Mg^{2+} 和 KCl[15,19]。但是 Allan Matte 课题组在晶体中并没有发现结合有 Mg^{2+} 或其他金属离子，通过与风产液菌的 PPX 结构对比，猜测可能的结合位点是 N 端的 Asp143、Ser148、Glu150 和 Gly145 这四个氨基酸。通过比对，发现 N 端有一些保守的带正电荷或羟基的氨基酸，推测这些是 PolyP 结合位点。Hasson 课题组同样在晶体中

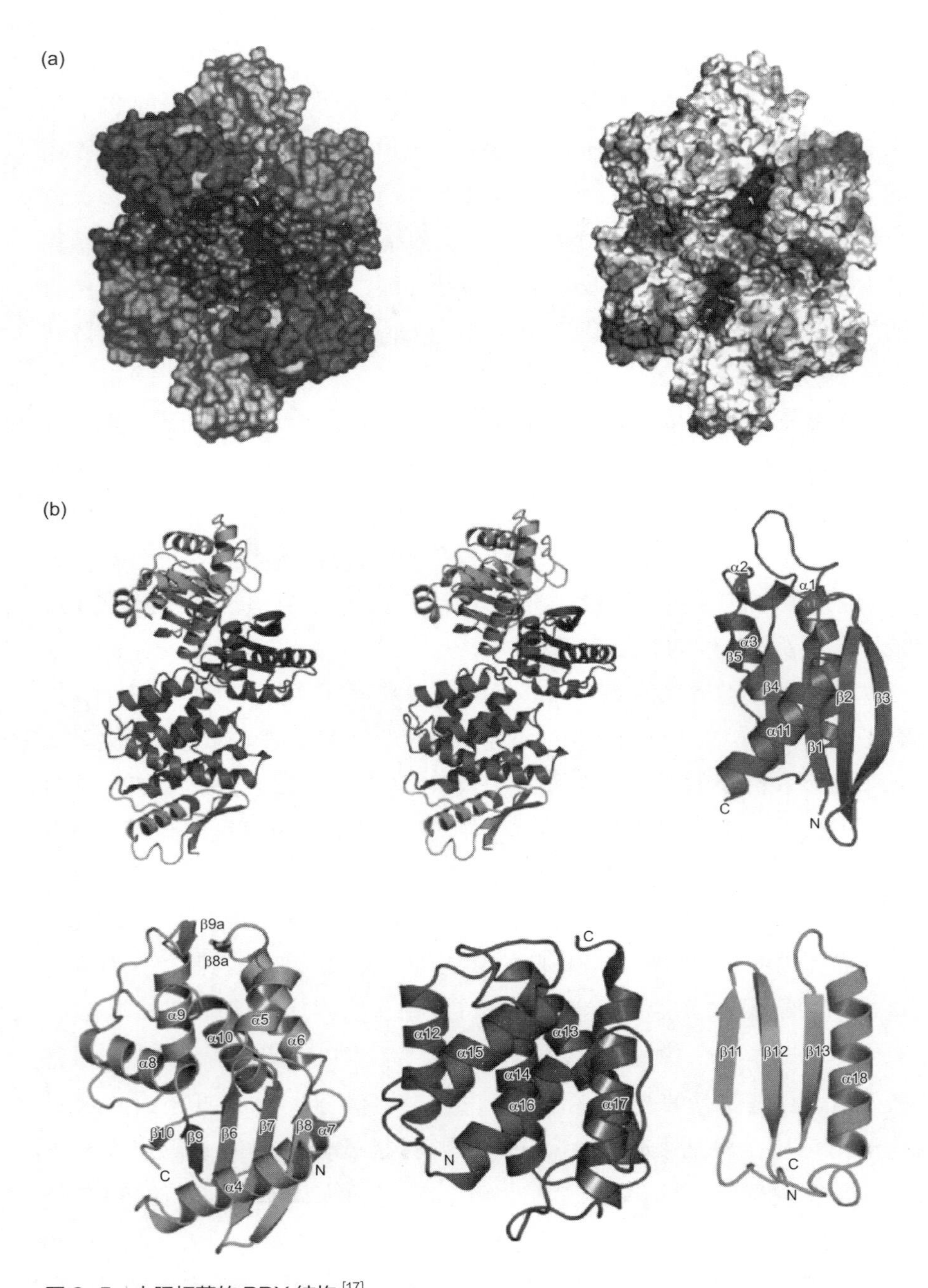

图 8-5 大肠杆菌的 PPX 结构 [17]

（a）PPX的二聚体结构和表面电荷分布图；（b）PPX的单体和四个结构域（Ⅰ～Ⅳ）

没有发现蛋白结合金属离子，蛋白表面有些位置结合了溶液中的 SO_4^{2-}，这些位置是潜在的 PolyP 结合位点。由于结构中形成这个界面的两个结构域靠得非常近，只能够容下几个水分子，没有 PolyP 结合的空间，因此推测晶体的结构是处于关闭的构象。在风产液菌 *A. aeolicus* 中，这两个结构域分开得较远，形成了一个张开的缺口。Allan Matte 等推测结构域Ⅰ和域Ⅲ能形成一个铰链的运动来张开缺口，从而给 PolyP 提供一个结合位点。

Hasson 等通过点突变和截短的方法对蛋白功能进行研究，发现保守的催化位点 E121 点突变成 Ala 后，活性基本丧失，C 端结构截短后活性也下降到了原来的 1/3，同时 C 端截短的蛋白不再是二聚体，变为了单体。他们推测 PolyP 结合到 PPX 蛋白表面，并从两个单体之间形成的小空洞里穿进去，形成一个环[18]，如图 8-6(a)。Paola R. Beassoni 等通过计算机分析模拟和生化试验，也提出了 PolyP 的动态处理过程[20]，如图 8-6(b)所示。

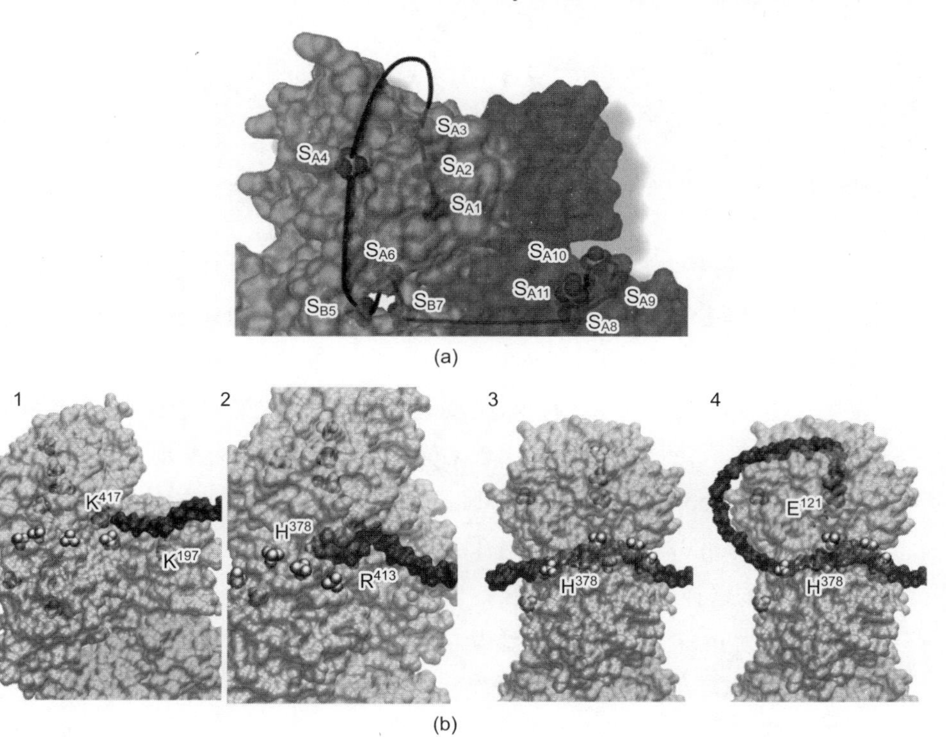

图 8-6　大肠杆菌 PPX 与 PolyP 可能的结合催化方式[18,20]

Ole Kristensen 等在解析风产液菌中 PPX/GPPA 和信号分子 ppGpp 的复合物中，得到的分辨率为 2.7Å[21]，如图 8-7 所示，并发现催化位点是 E119，而 R22 和 R267 这两个氨基酸位点是 PPX 对底物(p)ppGpp 的识别和结合关键位点。

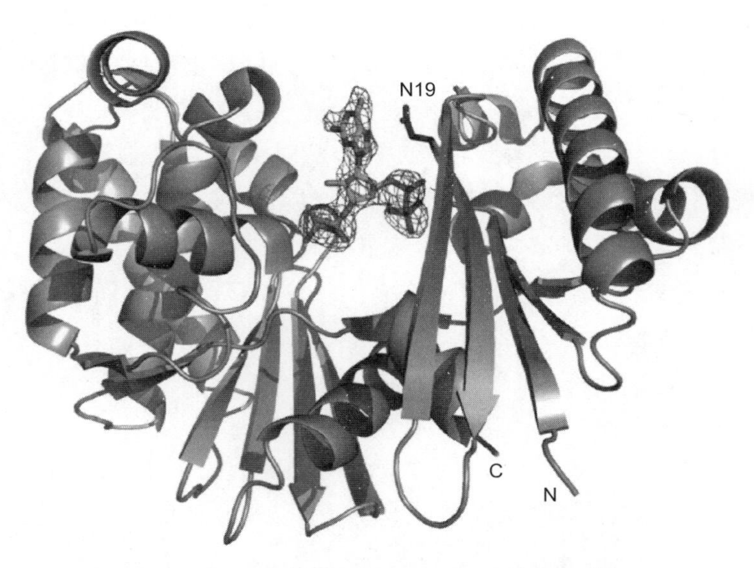

图 8-7　风产液菌中 PPX/GPPA 和 ppGpp 的复合物结构 [21]

Ji 等在解析幽门螺杆菌的 PPX 时，发现蛋白活性中心域存在一个 K^+ 和 Mg^{2+}，其中 K^+ 由 P2-Loop 固定，Mg^{2+} 和 5 个水分子及一个磷酸分子的氧原子形成 6 配位键(图 8-8)。其中 Glu115、Asp136、Asp9 和水分子作用，Glu143 结合 K^+，磷酸根主要通过与 Loop2 上的甘氨酸侧链的氢原子互作结合 [22]。同时，通过比较 GppA 和 PPX 的结构发现，GppA 的活性口袋中，Loop1 和 Loop3 的间距为 15 ～ 16Å，而 PPX 的活性口袋中 Loop1 和 Loop3 的间距为 10 ～ 11Å，明显小于 GppA。这表明口袋的大小对底物的选择性起重要作用。

耐辐射奇球菌的多聚磷酸盐的分解代谢依赖于胞内的多聚磷酸盐外切酶(PPX_{Dr})，通过解析耐辐射奇球菌 PPX_{Dr} 的结构发现，PPX_{Dr} 不同于大肠杆菌 PPX 的紧密结构，其结构相对较为松散并且活性中心更为开放，是一种新型二聚体形式，在 Mn^{2+} 存在下形成二聚体，从而激活其 PolyP 外切酶活性，降解产物以 Mn^{2+} 和 Pi 的配合物参与耐辐射奇球菌的氧化抗性等极端抗逆作用，且 E114 是 PPX_{Dr} 的关键催化活性位点。另外，首次解析了 PPX_{Dr}-PolyP 的复合物结构，其 N 端活性中心的 H14、K35、R37、R271 等带正电荷的氨基酸和 T10、S12、T82、S141、S212 等含羟基的氨基酸可能参与了底物 PolyP 的结合；C 端结构域则为 PPX_{Dr} 二聚化所必需，其缺失会导致酶活下降；C 末端的 4 个氨基酸参与了 Mn^{2+} 的结合，分别是 H340、H377、E378、D453，其中 D453 位点起决定性结合作用，突变后会形成不可二聚化的单体蛋白，且酶活下降。通过对 C 端截短的 PPX_{Dr} 蛋白结构分析可知，C 端可能是通过结合 Mn^{2+} 形成空间作用力于 N 端，促进形成二聚体，从而增强对 PolyP 的降解作用。

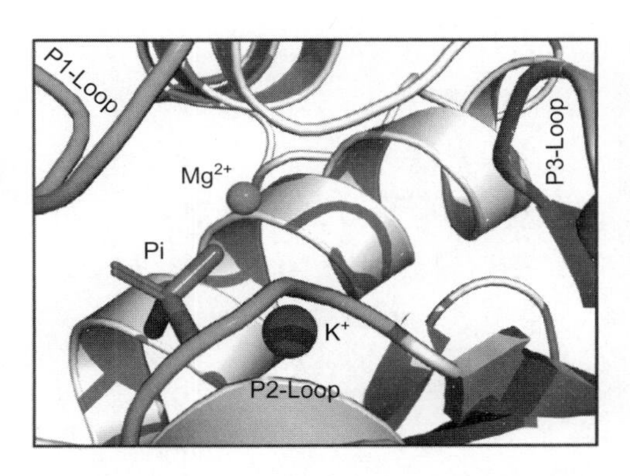

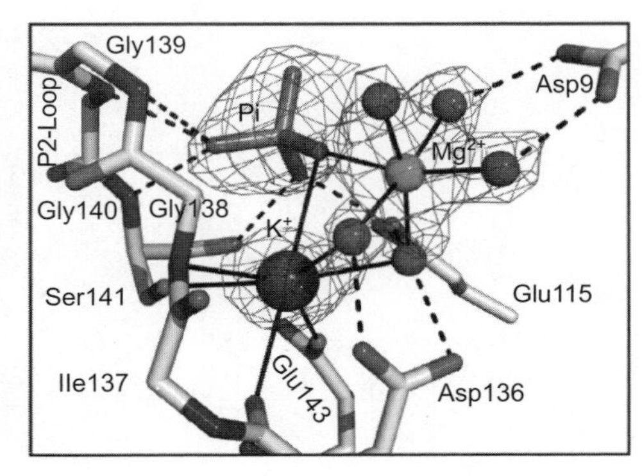

图 8-8　幽门螺杆菌 PPX 蛋白的活性中心和催化位点[22]

综上所述，关于 PolyP 在生物体内的代谢和关键酶已有一定程度的认识，而且 PPK 和 PPX 的蛋白解析和功能研究已取得了一定进展，如 PPK 中的 PPK1 和 PPK2 的单体结构及其与 PolyP 的复合物的结构解析，从分子水平阐明了 PPK 的功能和底物识别催化机制；而对于 PPX 的研究，目前还缺少 PPX 与底物 PolyP 或产物的复合物结构的深入研究，其底物识别和催化分子机制还有待阐明和解析。

8.3
多聚磷酸盐的生物学功能与进化意义

8.3.1 多聚磷酸盐的生物学功能

（1）分子伴侣

PolyP 可作为分子伴侣，能直接与未折叠的蛋白互作，保护蛋白结构。不论在体内还是体外，生理条件浓度下的 PolyP 能保护蛋白，而且 PolyP 是一种广谱性保护蛋白，以分子伴侣的方式使蛋白保持待折叠状态，并将被保护蛋白转移至 DnaK/DnaJ/GrpE 分子伴侣机器进行再次折叠。分子伴侣是蛋白的保护者，它们的首要作用是帮助蛋白质在不稳定的细胞内环境中，从头折叠这些刚被翻译出来的多肽，并防止环境压力导致错误折叠[23]。大部分分子伴侣是蛋白质，可分成几个相互独立的家族，结构和调控方式各不相同[24]。和传统的蛋白质分子伴侣类似，PolyP 能在氧化压力、高温等环境中防止蛋白聚集[25]，在高温环境压力下，尽管热休克蛋白的基因表达上升，*ppk* 的缺失突变仍然导致胞内蛋白聚集[26]，一些热敏感蛋白如荧光素酶和乳酸脱氢酶在和 PolyP 共存时，即使在 85℃高温条件下，蛋白也依然可溶。而且 PolyP 的有效浓度在毫摩尔级别，是其他化合物分子伴侣（如甘油和海藻糖，这两种化合物分子伴侣通过溶剂作用来保护蛋白的稳定性）有效浓度的千分之一[27-28]。PolyP 作为分子伴侣，它的活性和链长相关，即长链的 PolyP 活性更强，这表明长链 PolyP 的高活性并不是简单和电荷有关，而是和它的内部结构相关。热稳定的 PolyP 作为一种原始的分子伴侣，PolyP 与受体蛋白结合不仅能保持这些蛋白的可溶性，而且还可能参与帮助蛋白折叠成正确构象。解除压力后，在 DnaK 的作用下，PolyP- 受体蛋白复合物恢复蛋白的酶活功能；相反地，在无其他分子伴侣存在的情况下，水解 PolyP 则会导致受体蛋白大量聚集[25-26]。受体蛋白的释放是因为分子伴侣折叠酶的作用，还是因为 PolyP 直接影响或调控其他分子伴侣的活性，还需要更多的实验来验证。

长期以来一直存在的假说是分子伴侣通过疏水作用位点结合受体蛋白，从而隔离开受体蛋白之间表面聚集的位点，防止蛋白聚集[29]。这个机制显然不适用于 PolyP，因为 PolyP 是高度带负电荷的分子。这表明 PolyP- 受体蛋白之间相互作用的主要驱动力是电荷作用，然而 PolyP 如何识别和结合不同蛋白仍然未知。目前，还没有证据表明 PolyP 的结合偏好和受体蛋白质的等电点 PI 有关联，这需要复杂的模型分析。在大肠杆菌中，PolyP 对容易聚集的内源蛋白没有特异性，似乎都以一样的方式保护蛋白[25]。最近的研究显示，PolyP 稳定未折叠的蛋白是通过将受体蛋白转变为一种高度 β 折叠、类淀粉的可溶性构象来进行的[26]。由于 PolyP 并不影响受体蛋白最终的构象，所以未折叠受体蛋白的高度 β 折叠、类淀粉的可溶性构象只是暂时的一种状态。要阐明这些多聚阴离子如何稳定蛋白，需要高分辨率的结构解析。

作为无机分子伴侣，PolyP 有比传统蛋白类分子伴侣更强的优势，比如 PolyP 不易受 HClO 和活性氧(ROS)的损伤影响[30]；发挥作用时它不需要 ATP；一旦解除压力，PolyP 还能通过 PPK 有效地转换为 ATP[2]，从而给 ATP 依赖的蛋白类分子伴侣提供 ATP 来实现其辅助折叠功能。因此，PolyP 这一多聚物分子可能是自然界生物中最古老的分子伴侣之一。

(2)金属离子螯合作用

在体外 PolyP 能螯合稳定 Fe^{3+} 中间体，防止形成 Fenton 反应所需的亚铁离子 Fe^{2+}[31]，然而还需体内实验证明该观点。另外，研究发现 PolyP 能促进 Cu^{2+} 的外排，其具体机制在大肠杆菌中已被详细阐明，即铜离子抗性依赖于 PolyP 合成降解相关途径以及金属 - 磷酸转运蛋白 PitAB[32-33]（图 8-9）。这阐明了一个机制，即铜离子首先被 PolyP 螯合，然后 PolyP 被 PPX 切割成 PO_4^{3-}，最后通过转运系统，共同转运出 PO_4^{3-} 和 Cu^{2+}，这一机制和早期金属硫化叶菌 *Sulfolobus metallicus* 的 Cu^{2+} 抗性以及大肠杆菌中 Cd^{2+} 和 Hg^{2+} 的抗性实验结果一致[34-35]。这些实验表明 PolyP 参与金属离子螯合。

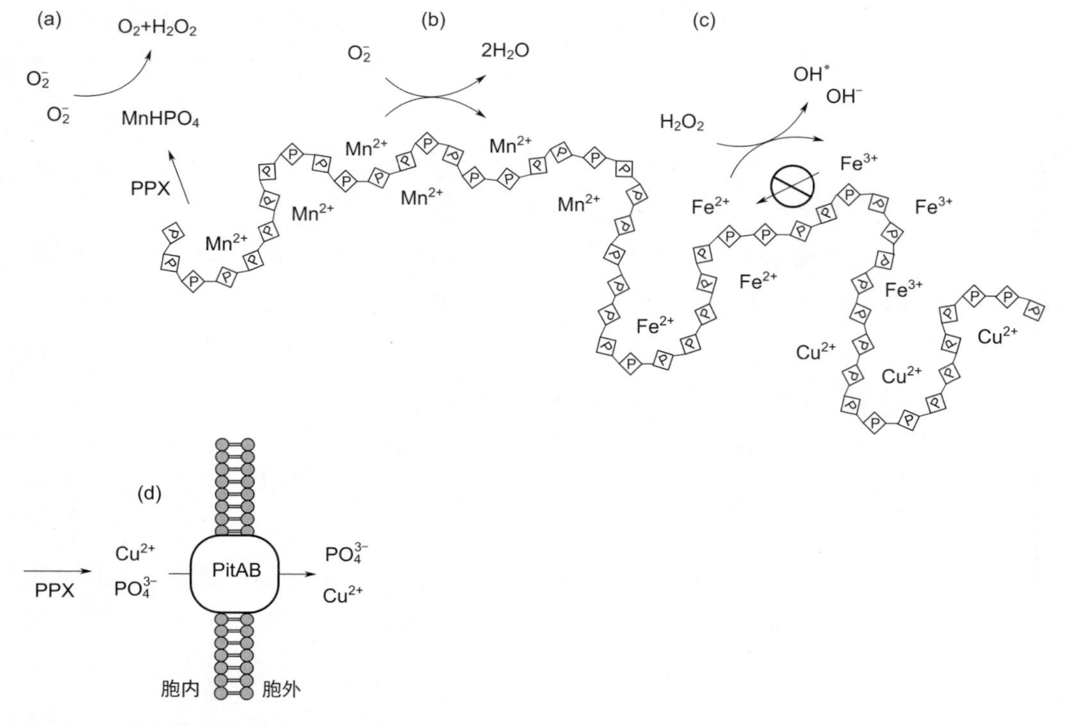

图 8-9　PolyP 螯合金属离子的多种作用[33]

在细菌中，PolyP 参与重金属毒性抗性有两种方式。一种方式是 PolyP 直接结合重金属，将其变为无毒性的复合物。比如在大肠杆菌[35-36]中，胞内高浓度的 PolyP 水平使得菌体更耐受 Cd^{2+}。另一种方式是在重金属存在的情况下，PolyP 外切酶通过切割 PolyP 形成磷酸盐，并与金属离子转运到胞外。研究发现，大肠杆菌 PolyP 外切酶 PPX 的缺失突变株显示出对 Cd^{2+} 的敏感性[35]，PolyP 可能的重金属毒性抗性机制是，首先 PolyP 捕获重金属离子，重金属离子同时激活 PPX 酶切 PolyP 释放磷酸，进而形成金属离子 - 磷酸盐，然后转运到细胞膜外。稳定期的大肠杆菌在高浓度磷酸盐培养基中要比在低浓度磷酸盐培养基中更加耐受铜离子，外加的铜离子能诱导 PPX 酶切 PolyP，释放磷酸到胞外[32]。在高浓度磷酸培养基中，*ppk*、*ppx* 或磷酸转运系统基因单突变都对铜离子十分敏感。恶臭假单胞菌的 *ppk* 缺失突变株同样也对 Cu^{2+} 及 Cd^{2+} 更加敏感[4]。双膦酸盐(bisphosphonate)是能抑制 PolyP 水解的化合物，用它处理变形链球菌 *Streptococcus mutans* 后，发现其对 Cu^{2+} 更为敏感[37]。一种嗜酸性细菌——氧化亚铁硫杆菌(*Acidithiobacillus ferrooxidans*)，能在 100mmol/L Cu^{2+} 浓度的条件下生长，在此条件下，细胞中 PPX 活性增强，同时激活磷酸外排系统，Cd^{2+} 和 Zn^{2+} 也呈现同样的现象[38]。

PolyP 一般存在于胞内，但是研究也发现细胞膜中的 PolyP 同样能捕获金属离子。通过荧光显微技术、电子显微镜以及能量色散 X 射线光谱仪(EDX)，在轮状鱼腥藻(*Anabaena torulosa*)的细胞表面发现了 PolyP 颗粒，这些 PolyP 颗粒中富集了培养基中的铀[39]。

使用转基因技术通过在细菌、植物中转入 PolyP 代谢相关基因提高 PolyP 含量，可以用于环境生物修复。例如在细菌中转入含金属硫蛋白和 *ppk* 的共表达载体，能高度耐受金属汞，并且能在 120μmol/L 的培养基中富集汞，直至胞内含有 100μmol/L 的汞[40]。转基因烟草中表达外源细菌 *ppk* 基因，使其能更加耐受镉和汞，并且胞内能富集这些重金属[41]，这种重金属耐受性的机制可能就是由 *ppk* 合成过量的 PolyP 来螯合重金属离子。

(3) 参与环境压力胁迫抗性

① PolyP 可以诱导形成潜伏状态细胞(persister cells)。persister cells 是细菌种群中随机出现的能进入一种对环境压力有着高度抗性的潜伏状态细胞[42]。这个现象在细菌抗生素抗性中已有大量的研究，而且 ROS 也能诱导形成 persister cells[43]。persister cells 的出现是由于在细菌亚种群中随机聚集的高浓度(p)ppGpp，由于(p)ppGpp 抑制外切酶 PPX 的活性，因此 PolyP 大量累积[44]。PolyP 也被认为能和 Lon 蛋白酶互作，激活 Lon 蛋白酶，降解一系列蛋白[45]，包括 Type Ⅱ型的毒素 - 抗毒素系统中的抗毒素蛋白，于是解除了抗毒素蛋白所抑制的活性毒素蛋白(HipA、RelE、MazF 等)的转录、翻译，从而在多个调控水平抑制细胞代谢，最后使得一部分细胞进入生长缓慢的 Persister 状态[42]。在恶臭假单胞菌(*Pseudomonas putida*)中，过表达 PPK 能使得细菌更加耐受环境压力，且对间二甲苯这种碳源有更强的催化分解效率[4]。

② PolyP 参与调控压力应答系统。在大肠杆菌 σ^{38} 因子依赖的一般压力应答系统中，PolyP 起到了重要的调控作用[46]，该结论基于在实验中检测到编码 σ^{38} 因子的 *rpoS* 基因的高效转录需要 PolyP，但是其具体机制还不清楚。在渗透压和饥饿的压力条件下，大肠杆菌 σ^{38} 的缺失突变株并不能积累 PolyP，表明在 PolyP 和 *rpoS* 的表达中存在一个反馈调节的环形通路。PolyP 参与调控 *rpoS* 表达的类似结论在恶臭假单胞菌中也得到实验证实[4]。在分枝杆菌(*Mycobacterium* spp.)中，PolyP 参与 σ^{E} 因子的表达调控，σ^{E} 因子能调控细胞毒力及氧化压力、磷缺乏压力等各种环境压力应答[47-48]，并且这个调控通路的蛋白和压力抗性表型在很多细菌中都是非常保守和类似的。进一步发现，准确地调控这个转录因子依赖于 PolyP 的合成和二组分系统 MprAB，而 MprAB 能响应环境中的 PolyP 来激活 σ^{E} 因子的表达[49]。RseA 是抗 σ 因子，能介导 ROS 依赖性激活的 σ^{E} 因子的活性，影响 *rel* ［编码(p)ppGpp 合成酶 RelA］、*ppk*、*mprAB* 等基因的表达，这些基因的产物能提高胞内 PolyP 的含量[49]，从而进行该通路的反馈调节。

③ 参与氧化胁迫抗性物质的形成。需氧的生物中含有多种超氧化物歧化酶，它们能有效地清除 $O_2^{\cdot -}$，防止蛋白氧化损伤，特别是含铁硫簇的蛋白[50]。然而有些耐氧的厌氧菌，比如胚芽乳杆菌 *Lactobacillus plantarum*，不含超氧化物歧化酶[51]，这些微生物通过胞内富集锰离子来补偿超氧化物歧化酶的缺失，Mn^{2+} 通过和一些有机物或无机代谢物形成配合物来清除 $O_2^{\cdot -}$。在真核的酿酒酵母(*Saccharomyces cerevisiae*)中，超氧化物歧化酶的缺失突变株能通过补充 Mn^{2+} 得到补偿，但是在超氧化物歧化酶和 PolyP 代谢合成酶 Vtc4 的双突变株中，补充 Mn^{2+} 却没有补偿效应[13,52]，这同样说明 PolyP 代谢和锰离子在抗氧化作用中存在联系。

近些年来，大量的实验证据表明 Mn^{2+} 和正磷酸盐(Pi)等无机代谢分子形成配合物能对抗氧化压力。胞内生理条件下锰离子复合物的具体形成机制还不是非常清楚，主要是因为 Mn^{2+} 在溶液中能改变它的配位体，而分析检测过程会破坏细胞从而改变 Mn^{2+} 的结合形态，所以难以检测 Mn^{2+} 在溶液中的状态。但是通过新的光谱技术，如电子核双共振(electron nuclear double resonance，ENDOR)和电子顺磁共振(electron paramagnetic resonance，EPR)，能够很好地分析研究胞内锰离子复合物的结构和功能[53]。例如，利用ENDOR光谱技术结合基因敲除，以酵母为研究对象，Brian M. Hoffman等发现Mn-Pi是体内关键的抗氧化物[53]。酵母体内有着微摩尔级的Mn和毫摩尔级的磷酸盐Pi，为了阐明它们是否能在体内相互作用形成稳定的复合物，Hoffman使用ENDOR光谱技术等检测酵母胞内锰离子形态，实验发现野生株酵母胞内75%的锰离子结合了磷酸盐形成Mn-Pi[53]；同时通过*pmr1*基因的突变，发现胞内的Mn-Pi含量升高；*smf2*基因突变缺失，胞内的Mn-Pi含量则降低。Mn-Pi的含量和抗氧化能力呈正相关。这个研究表明，Mn-Pi是主要的Mn^{2+}抗氧化物形态之一。然而，并不是所有研究都和这个结论完全一致。特别地，酵母*pho80*突变株表现出抗氧化能力和锰离子抗氧化物含量水平同时明显下降，但是突变株中Mn-Pi的含量相比于野生株只下降了1/3，Mn-Pi可能并不是唯一的Mn^{2+}抗氧化物形态，*pho80*突变株中其他Mn^{2+}抗氧化物均缺失，使得酵母细胞对氧化压力极度敏感。

2012年Valentine研究组发现$Mn\text{-}HPO_4$和$Mn\text{-}CO_3$能催化$O_2^{\cdot-}$歧化反应[54]，其中$Mn\text{-}HPO_4$对$O_2^{\cdot-}$有着很强的催化活性，如图8-10所示。哺乳动物中的碳酸盐含量很高，在酵母中碳酸盐含量对于有丝分裂等细胞行为十分重要。相反地，$MnP_2O_7^{2-}$化合物形式几乎不能催化$O_2^{\cdot-}$歧化反应。这能解释PolyP和锰离子清除$O_2^{\cdot-}$的作用机制，由于PolyP能高效地螯合二价金属Mn^{2+}，稳定胞内锰离子形成一个Mn^{2+}池。PPX能水解Mn^{2+}-PolyP，从而释放出Mn-Pi，迅速地清除胞内的$O_2^{\cdot-}$。有研究发现，在酵母中锰-卟啉也对$O_2^{\cdot-}$有着催化活性，能代替Cu/Zn SOD1酶的功能；活细胞消化吸收这种复合物还能有助于抗氧化[55]。

2017年，Daly等利用电子顺磁共振(EPR)技术，发现在对辐射抗性强的细菌中，胞内都含有高浓度的高对称性Mn^{2+}和代谢小分子形成的配合物，而这些代谢小分子多为正磷酸盐和多肽，并且这些高对称性的Mn^{2+}配合物有着很强的$O_2^{\cdot-}$歧化反应活性[56]。这些结果表明，Mn-Pi在细胞氧化抗性中起重要作用。

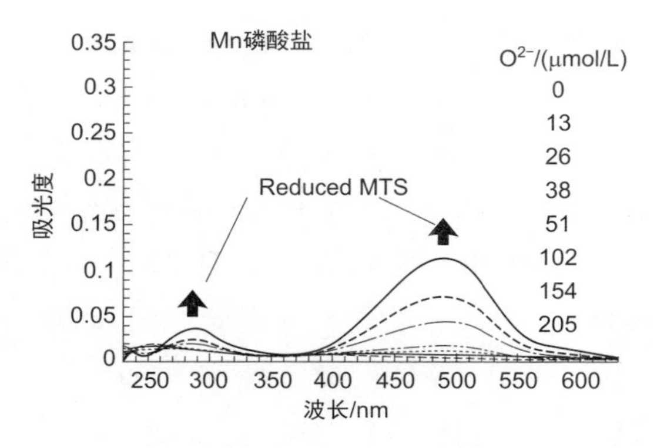

图 8-10 PolyP 降解产物形成的锰磷酸复合物（Mn-HPO_4）催化降解超氧阴离子自由基（O_2^-）[54]

耐辐射奇球菌在氧化压力(H_2O_2)胁迫下，PolyP 代谢的合成酶基因 ppk_{Dr} 和降解酶基因 ppx_{Dr} 的转录和翻译水平表现为动态表达上调；与野生型比较，ppk_{Dr} 的缺失则导致胞内基本无 PolyP 积累，同时对 H_2O_2 抗性更强；而 ppx_{Dr} 突变株则在氧化压力刺激后 PolyP 水平增加，对氧化压力比较敏感。通过 ICP-MS 检测发现，增加的 PolyP 螯合了胞内 Mn^{2+}，可能引起胞内具有抗氧化活性的 Mn^{2+} 配合物含量减少，从而导致菌体氧化抗性下降。结果表明，PPX_{Dr} 和 PPK_{Dr} 通过控制 PolyP 的合成与降解调控胞内 Mn^{2+} 抗氧化物的浓度，参与耐辐射奇球菌的氧化压力抗性 [12]。

(4) PolyP 影响生物膜形成及微生物的致病性

2000 年 Arthur Kornberg 课题组在条件致病病原菌——铜绿假单胞菌(*Pseudomonas aeruginosa*)中发现，PolyP 合成酶 PPK 的缺失突变株中，无法形成细薄、有区分度的生物膜，而且突变株的群体感应调控异常，无法响应调控生成大量致毒因子——弹性蛋白和鼠李糖脂，并且在小鼠动物实验中，发现突变株的毒性大为下降 [57]。之后 Arthur Kornberg 等在铜绿假单胞菌中发现 PolyP 合成酶的缺失突变株中，细菌运动性、群体感应、生物膜形成、致毒性都明显下降，而且胞内细胞核区严重压缩，细胞膜变得光滑(如图 8-11 所示)，并对青霉素等抗生素非常敏感 [58]。同时，PPK 缺失突变株鞭毛的浮游运动能力丧失，缺乏 Type Ⅳ pili 介导的震颤运动，由于运动性丧失，细菌的转移力减弱，从而导致致病性降低 [58]。在原生动物变形虫(*Dictyostelium discoideum*)和鼠伤寒沙门氏菌的寄生模型中发现，鼠伤寒沙门氏菌的PPK缺失突变株不能在变形虫体内生存，通过基因补偿后，鼠伤寒沙门氏菌能继续在变形虫体内共生生存[59]。

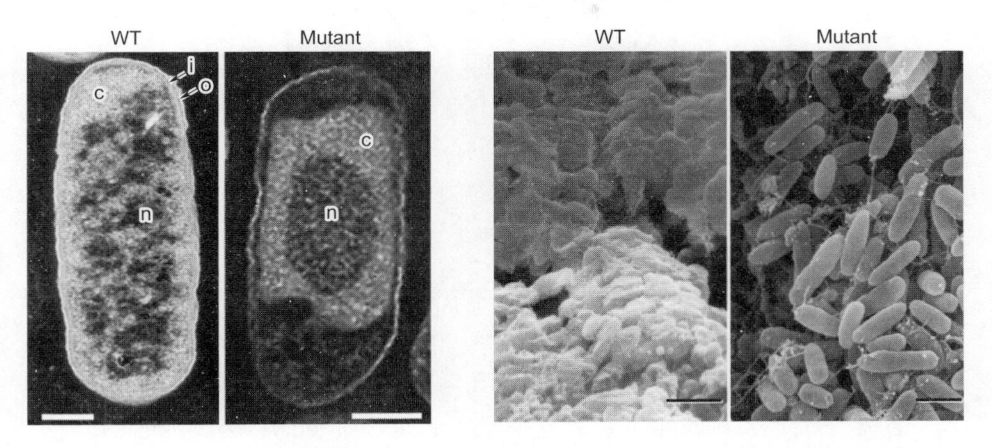

图 8-11　铜绿假单胞菌野生型菌株（WT）和 ppk 突变株（Mutant）的细胞及生物膜形态[58]

Ursula Jakob 等发现当使用一种治疗溃疡性结肠炎的药物 Mesalamine 治疗时，肠道菌群各种细菌胞内的 PolyP 水平都迅速下降[60]。处理后的这些细菌表现出转移能力和形成 persister cells 的能力减弱，褶皱的生物膜消失变为光滑的表面，并且致病性显著下降。

8.3.2　多聚磷酸盐与生命起源

原始地球火山活动水解磷灰石能够产生 PolyP，PolyP 作为一种多聚阴离子和磷酸盐聚合物，可能在地球生命分子形成过程中具有关键作用，被称为生命起源研究的“活化石”。在前生命起源时期，PolyP 可能作为原始细胞的生物大分子、分子组装骨架或类分子伴侣，并且作为磷元素的供体参与磷循环、能量 ATP 和核酸的合成。同时，海洋中存在一定含量的 PolyP。通过 X 射线荧光成像和荧光光谱分析方法，研究者发现 PolyP 不但以可溶的方式存在于海洋中，而且总量 7% 的 PolyP 存在于海底沉积物中［图 8-12(a)］[61]。海洋中的微生物如藻类，能利用富余的磷来合成 PolyP 作为磷储存。磷酸钙是海底磷矿的重要组分，而藻类胞内的 PolyP 多以结合钙离子的方式存在。通过菌体的代谢和裂解死亡，以及硅藻体内 PolyP 的酶解和释放过程，PolyP 对海底沉积物中的磷酸钙的形成起重要作用[61]。海绵是一种古老的生物，研究发现其组织中含有大量(约占总磷含量 40%)的 PolyP 颗粒，而这些 PolyP 来源于海洋微生物，特别是蓝细菌［图 8-12(b)］[62]。同样研究发现海底沉积物中的硫细菌能通过环境中的硫和氧气的水平，来调节水解体内的 PolyP 释放磷到沉积物中(图 8-13)[63]。综上，PolyP 在海洋磷循环中起重要作用，其对生命的进化可能起重要作用。PolyP 在自然界的非生物起源，使 PolyP 在原始地球自然条件下的合成只能在高温条件下进行。氨基酸、核糖、嘌呤甚至脂肪酸等生命基本分子元件，都能在紫外线或者闪电条件下，以氢、氨、甲烷、水蒸气等地球早期的简单分子合成。而 PolyP 这一古老的分子，能在高温条件如火山环境下，以磷酸这种单一的分子形成多聚物，可能在生命的起源和进化上起重要作用。

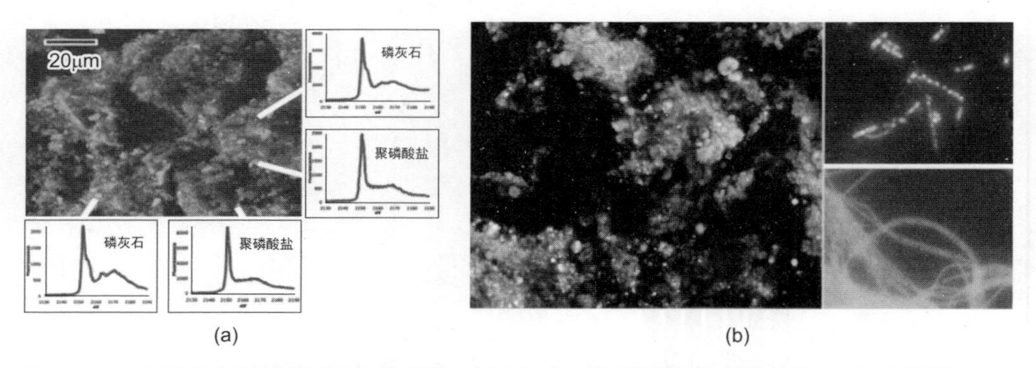

图 8-12　X 射线荧光法检测海底沉积物中的 PolyP（a）和海绵从蓝细菌中获取 PolyP（b）[61-62]

Bailey 等发现在新元古代(约 6 亿年前)的化石中含有一种巨大的原始硫细菌属 *Thiomargarita* 细菌，大小约为 0.1mm，其胞内含有大量的 PolyP 颗粒［图 8-14(a)］[64]，这表明 PolyP 在古老的生命系统演化中可能起重要作用。同样在硫细菌 *Beggiatoa* 属中，研究发现 PolyP 在胞内均形成大小不一的球形聚集物［图 8-14(b)］[65]，可能 PolyP 会在胞内形成独立的、类似无膜细胞器的空间，从而完成重要的生物功能。

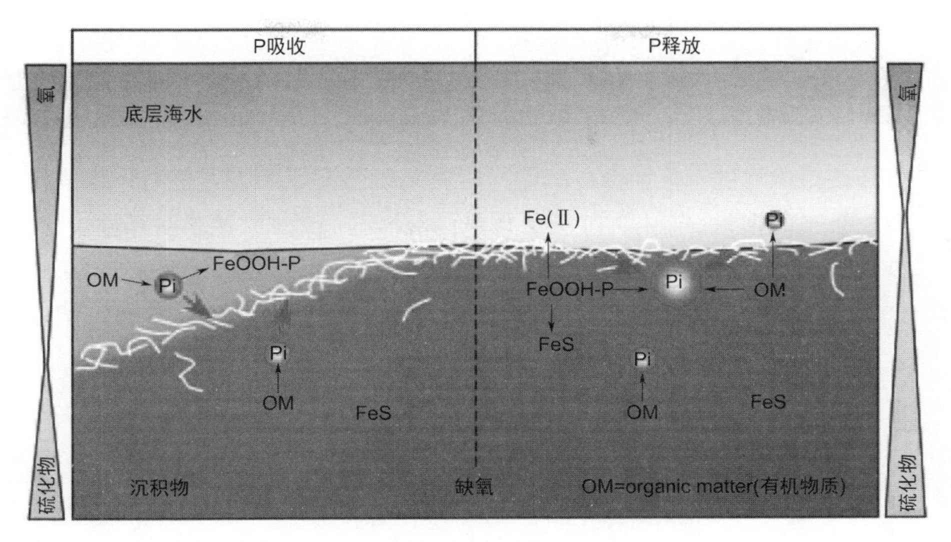

图 8-13 硫细菌对沿海海洋沉积物中磷循环的影响[63]

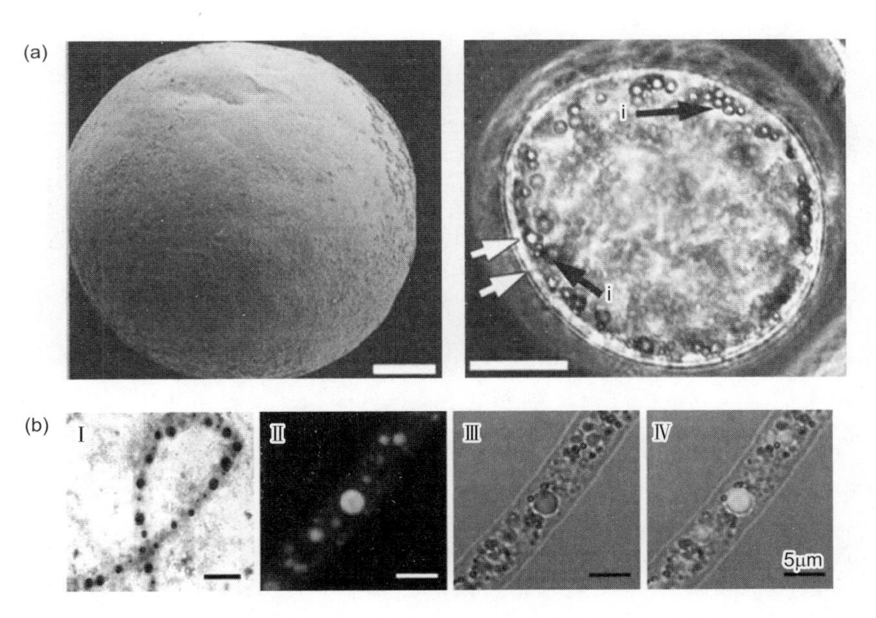

图 8-14 *Thiomargarita* 细菌中含有大量的 PolyP 球形内含物（a）和 *Beggiatoa* 中用甲苯胺蓝和 DAPI 分别染色后的胞内 PolyP 定位（b）[64-65]

PolyP 几乎存在于所有生命体中，是一种古老的多聚物分子，在细胞代谢和对环境压力抗性上起到重要的调节作用。PolyP 可能参与了核酸、多肽等生物分子起源和稳态调控，而且由于其独特的多聚物化学结构，PolyP与蛋白、DNA、RNA等生物大分子能相互作用，调节细胞代谢等生命活动。PolyP能通过修饰镁离子敏感的密码子/反密码子配对或通过修饰核糖体结构，保证蛋白翻译的准确性和保真度[66]，通过防止形成过多的错译的多肽，PolyP可能减轻蛋白翻译准确性保真系统的负担。而且，PolyP在蛋白质折叠和空间结构形成中可能具有重要作用，PolyP还可能通过维持胞内渗透压平衡来为蛋白正确折叠提供稳定的环境，例如极端微生物甲烷八叠球菌(*Methanosarcina Mazei*)在高盐条件下能通过上调PolyP浓度来维持其渗透压稳定[67]。

8.4

多聚磷酸盐的应用价值

PolyP在日常生活中可作为含磷肥料、食品添加剂等[68]。在磷浓度含量极低的马尾藻研究中发现，浮游生物里有含量丰富的PolyP，并且这些浮游生物中的PolyP代谢在整个海洋磷元素的循环中起重要作用[69]。

在环境治理和修复上，PolyP也有着广泛的应用。如将细菌中的*ppk*基因转到烟草中，使得烟草能极度地抗汞，并能大量富集汞，实现用基因改造的植物修复汞污染土壤[70]。聚磷细菌在污水处理中能高效地富集磷，可以用于除磷[71]，在重金属污染的水体中，加入PolyP或者聚磷细菌也可以改善水体。有研究人员通过紫外诱变筛选出高度聚集PolyP的恶臭假单胞菌突变株，能将水体中94%的总磷去除[72]。有意思的是，利用沼泽红假单胞菌(*Rhodopseudomonas palustris*)能在光照下富集PolyP，并在饥饿的条件下释放胞内的PolyP来捕获能量。通过构建光-微生物燃料电池（photo-microbial fuel cell，PMFC）可以有效处理污水[73]。因此，用基因工程技术构建磷高度富集菌，能处理污水中的磷、重金属，改善酸碱度等，并且 PolyP 高度聚集的细菌能耐受这些极端环境，有利于菌体不断繁殖来改善环境。

在生物医药方面，由于致病菌中的 PolyP 和其生物膜形成及致病性相关，通过研发药物以抑制致病菌 PPK 酶的活性，或增强 PPX 酶的活性来降低致病菌胞内的 PolyP 合成，从而降低致病菌的毒力。由于真核生物普遍缺少 PPK，可以通过设计针对 PPK 的靶向药物，用于治疗细菌性疾病。例如，Ursula Jakob 等使用美沙拉敏（Mesalamine）可以抑制大部分细菌的 PolyP 合成，从而降低致病菌的毒力来治疗溃疡性结肠炎[60]。Jia 等在铜绿假单胞杆菌中发现，茜素紫小分子能同时抑制 PPK1 和 PPK2 的活性，从而抑制 PolyP 的积累和生物膜的形成，最终使病菌的毒力下降[74]。在哺乳动物的骨骼与软骨的形成过程和神经递质传递中，PolyP 也起到了一定作用。另外，PolyP 能调节凝血级联反应，在炎症、纤维蛋白凝块、凝血等过程中起重要作用（图 8-15）。PolyP 的抑制剂也成了抗血栓的候选药物之一[75]。

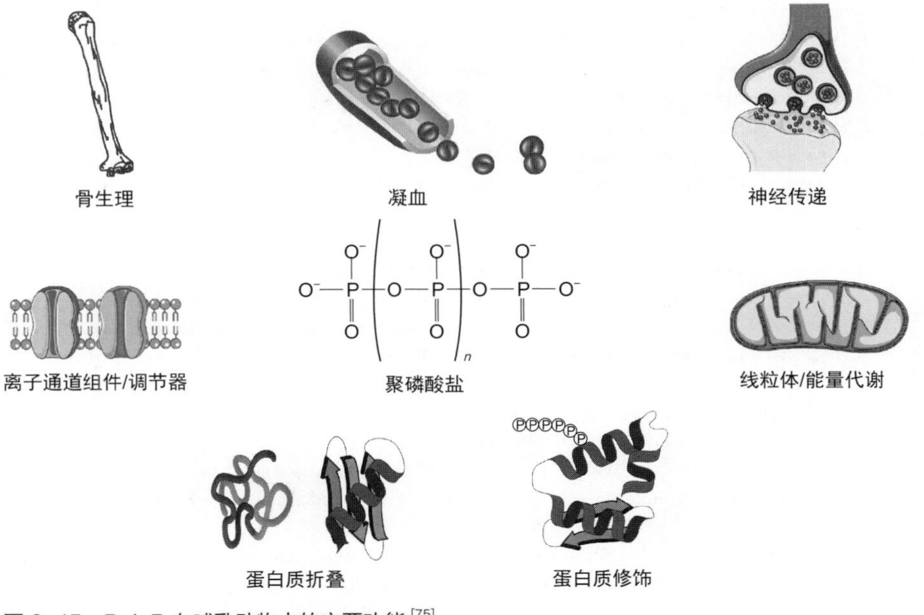

图 8-15　PolyP 在哺乳动物中的主要功能[75]

参考文献

[1] Brown M R, Kornberg A. Inorganic polyphosphate in the origin and survival of species. Proc Natl. Acad Sci USA, 2004, 101(46): 16085-16087.

[2] Ahn K, Kornberg A. Polyphosphate kinase from Escherichia coli. Purification and demonstration of a phosphoenzyme intermediate. The Journal of Biological Chemistry, 1990, 265(20): 11734-11739.

[3] Alcantara C, Blasco A, Zuniga M, et al. Accumulation of polyphosphate in Lactobacillus spp and its involvement in stress resistance. Applied and Environmental Microbiology, 2014, 80(5): 1650-1659.

[4] Nikel P I, Chavarria M, Martinez-Garcia E, et al. Accumulation of inorganic polyphosphate enables stress endurance and catalytic vigour in Pseudomonas putida KT2440. Microbial Cell Factories, 2013, 12: 50.

[5] Jahid I K, Silva A J, Benitez J A. Polyphosphate stores enhance the ability of Vibrio cholerae to overcome environmental stresses in a low-phosphate environment. Applied and Environmental Microbiology, 2006, 72(11): 7043-7049.

[6] Zhu Y, Huang W J, Lee S S K, et al. Crystal structure of a polyphosphate kinase and its implications for polyphosphate synthesis. EMBO Reports, 2005, 6(7): 681-687.

[7] Nocek B, Kochinyan S, Proudfoot M, et al. Polyphosphate-dependent synthesis of ATP and ADP by the family-2 polyphosphate kinases in bacteria. Proc Natl Acad Sci USA, 2008, 105(46): 17730-17735.

[8] Ishige K, Zhang H Y, Arthur K. Polyphosphate kinase (PPK2), a potent, polyphosphate-driven generator of GTP. Proc Natl Acad Sci USA, 2002, 99(26): 16684-16688.

[9] Brown M R, Kornberg A. The long and short of it - polyphosphate, PPK and bacterial survival. Trends Biochem Sci, 2008, 33(6): 284-290.

[10] Zhu Y, Lee S S K, Xu W Q. Crystallization and characterization of polyphosphate kinase from Escherichia coli. Biochemical and Biophysical Research Communications, 2003, 305(4): 997-1001.

[11] Parnell A E, Mordhorst S, Kemper F, et al. Substrate recognition and mechanism revealed by ligand-bound polyphosphate kinase 2 structures. Proc Natl Acad Sci USA, 2018, 115(13): 3350-3355.

[12] Dai S, Xie Z M, Wang B Q, et al. Dynamic polyphosphate metabolism coordinating with manganese ions defends against oxidative stress in the extreme bacterium Deinococcus radiodurans. Applied and Environmental Microbiology, 2021, 87(7): e02785-20.

[13] Hothorn M, Neumann H, Lenherr E D, et al. Catalytic core of a membrane-associated eukaryotic polyphosphate polymerase. Science, 2009, 324(5926): 513-516.

[14] Kristensen O, Laurberg M, Liljas A, et al. Structural characterization of the stringent response related exopolyphosphatase/guanosine pentaphosphate phosphohydrolase protein family. Biochemistry, 2004, 43(28): 8894-8900.

[15] Keasling J D, Bertsch L, Kornberg A. Guanosine pentaphosphate phosphohydrolase of Escherichia coli is a long-chain exopolyphosphatase. Proc Natl Acad Sci USA, 1993, 90(15): 7029-7033.

[16] Hara A, Sy J. Guanosine 5′-triphosphate, 3′-diphosphate 5′-phosphohydrolase. Purification and substrate specificity. The Journal of Biological Chemistry, 1983, 258(3): 1678-1683.

[17] Rangarajan E S, Nadeau G, Li Y G, et al. The structure of the exopolyphosphatase (PPX) from Escherichia coli O157: H7 suggests a binding mode for long polyphosphate chains. Journal of Molecular Biology, 2006, 359(5): 1249-1260.

[18] Alvarado J, Ghosh A, Janovitz T, et al. Origin of exopolyphosphatase processivity: Fusion of an ASKHA phosphotransferase and a cyclic nucleotide phosphodiesterase homolog. Structure, 2006, 14(8): 1263-1272.

[19] Bolesch D G, Keasling J D. Polyphosphate binding and chain length recognition of Escherichia coli exopolyphosphatase. The Journal of Biological Chemistry, 2000, 275(43): 33814-33819.

[20] Boetsch C, Aguayo-Villegas D R, Gonzalez-Nilo F D, et al. Putative binding mode of Escherichia coli

exopolyphosphatase and polyphosphates based on a hybrid in silico/biochemical approach. Archives of Biochemistry and Biophysics, 2016, 606: 64-72.
[21] Kristensen O, Ross B, Gajhede M. Structure of the PPX/GPPA phosphatase from Aquifex aeolicus in complex with the alarmone ppGpp. Journal of Molecular Biology, 2008, 375(5): 1469-1476.
[22] Song H, Dharmasena M N, Wang C, et al. Structure and activity of PPX/GppA homologs from Escherichia coli and Helicobacter pylori. The FEBS Journal, 2020, 287(9): 1865-1885.
[23] Shiba T, Nishimura D, Kawazoe Y, et al. Modulation of mitogenic activity of fibroblast growth factors by inorganic polyphosphate. The Journal of Biological Chemistry, 2003, 278(29): 26788-26792.
[24] Saibil H R. Chaperone machines in action. Current Opinion in Structural Biology, 2008, 18(1): 35-42.
[25] Gray M J, Wholey W Y, Wagner N O, et al. Polyphosphate is a primordial chaperone. Molecular Cell, 2014, 53(5): 689-699.
[26] Yoo N G, Dogra S, Meinen B A, et al. Polyphosphate stabilizes protein unfolding intermediates as soluble amyloid-like oligomers. Journal of Molecular Biology, 2018, 430(21): 4195-4208.
[27] Reddy A S, Izmitli A, de Pablo J J. Effect of trehalose on amyloid beta (29-40)-membrane interaction. The Journal of Chemical Physics, 2009, 131(8): 085101.
[28] Vagenende V, Yap M G, Trout B L. Mechanisms of protein stabilization and prevention of protein aggregation by glycerol. Biochemistry, 2009, 48(46): 11084-11096.
[29] Saio T, Guan X, Rossi P, et al. Structural basis for protein antiaggregation activity of the trigger factor chaperone. Science, 2014, 344(6184): 1250494.
[30] Deborde M, von Gunten U. Reactions of chlorine with inorganic and organic compounds during water treatment-Kinetics and mechanisms: a critical review. Water Research, 2008, 42(1-2): 13-51.
[31] Rachmilovich-Calis S, Masarwa A, Meyerstein N, et al. The effect of pyrophosphate, tripolyphosphate and ATP on the rate of the Fenton reaction. Journal of Inorganic Biochemistry, 2011, 105(5): 669-674.
[32] Grillo-Puertas M, Schurig-Briccio L A, Rodriguez-Montelongo L, et al. Copper tolerance mediated by polyphosphate degradation and low-affinity inorganic phosphate transport system in Escherichia coli. BMC Microbiology, 2014, 14: 72.
[33] Gray M J, Jakob U. Oxidative stress protection by polyphosphate——new roles for an old player. Current Opinion in Microbiology, 2015, 24: 1-6.
[34] Remonsellez F, Orell A, Jerez C A. Copper tolerance of the thermoacidophilic archaeon Sulfolobus metallicus: possible role of polyphosphate metabolism. Microbiology, 2006, 152(Pt 1): 59-66.
[35] Keasling J D, Hupf G A. Genetic manipulation of polyphosphate metabolism affects cadmium tolerance in Escherichia coli. Applied and Environmental Microbiology, 1996, 62(2): 743-746.
[36] Keasling J D, Van Dien S J, Trelstad P, et al. Application of polyphosphate metabolism to environmental and biotechnological problems. Biochemistry Biokhimiia, 2000, 65(3): 324-331.
[37] Muller W E G, Wang X H, Guo Y W, et al. Potentiation of the cytotoxic activity of copper by polyphosphate on biofilm-producing bacteria: a bioinspired approach. Marine Drugs, 2012, 10(11): 2369-2387.
[38] Alvarez S, Jerez C A. Copper ions stimulate polyphosphate degradation and phosphate efflux in Acidithiobacillus ferrooxidans. Applied and Environmental Microbiology, 2004, 70(9): 5177-5182.
[39] Acharya C, Apte S K. Novel surface associated polyphosphate bodies sequester uranium in the filamentous, marine cyanobacterium, Anabaena torulosa. Metallomics: Integrated Biometal Science, 2013, 5(12): 1595-1598.
[40] Ruiz O N, Alvarez D, Gonzalez-Ruiz G, et al. Characterization of mercury bioremediation by transgenic bacteria expressing metallothionein and polyphosphate kinase. BMC Biotechnology, 2011, 11: 82.
[41] Nagata T, Kimura T, Pan-Hou H. Engineering expression of polyphosphate confers cadmium resistance in tobacco. The Journal of Toxicological Sciences, 2008, 33(3): 371-373.

[42] Maisonneuve E, Gerdes K. Molecular mechanisms underlying bacterial persisters. Cell, 2014, 157(3): 539-548.

[43] Wu Y X, Vulic M, Keren I, et al. Role of oxidative stress in persister tolerance. Antimicrobial Agents and Chemotherapy, 2012, 56(9): 4922-4926.

[44] Kuroda A, Murphy H, Cashel M, et al. Guanosine tetra- and pentaphosphate promote accumulation of inorganic polyphosphate in Escherichia coli. The Journal of Biological Chemistry, 1997, 272(34): 21240-21243.

[45] Nomura K, Kato J, Takiguchi N, et al. Effects of inorganic polyphosphate on the proteolytic and DNA-binding activities of Lon in Escherichia coli. The Journal of Biological Chemistry, 2004, 279(33): 34406-34410.

[46] Shiba T, Tsutsumi K, Yano H, et al. Inorganic polyphosphate and the induction of rpoS expression. Proc Natl Acad Sci USA, 1997, 94(21): 11210-11215.

[47] Sanyal S, Banerjee S K, Banerjee R, et al. Polyphosphate kinase 1, a central node in the stress response network of Mycobacterium tuberculosis, connects the two-component systems MprAB and SenX3-RegX3 and the extracytoplasmic function sigma factor, sigma E. Microbiology, 2013, 159(Pt 10): 2074-2086.

[48] Manganelli R, Voskuil M I, Schoolnik G K, et al. The Mycobacterium tuberculosis ECF sigma factor sigmaE: role in global gene expression and survival in macrophages. Molecular Microbiology, 2001, 41(2): 423-437.

[49] Sureka K, Dey S, Datta P, et al. Polyphosphate kinase is involved in stress-induced mprAB-sigE-rel signalling in mycobacteria. Molecular Microbiology, 2007, 65(2): 261-276.

[50] Imlay J A. The molecular mechanisms and physiological consequences of oxidative stress: lessons from a model bacterium. Nature Reviews Microbiology, 2013, 11(7): 443-454.

[51] Archibald F S, Fridovich I. Investigations of the state of the manganese in Lactobacillus plantarum. Archives of Biochemistry and Biophysics, 1982, 215(2): 589-596.

[52] Reddi A R, Jensen L T, Naranuntarat A, et al. The overlapping roles of manganese and Cu/Zn SOD in oxidative stress protection. Free Radical Biology & Medicine, 2009, 46(2): 154-162.

[53] McNaughton R L, Reddi A R, Clement M H, et al. Probing in vivo Mn^{2+} speciation and oxidative stress resistance in yeast cells with electron-nuclear double resonance spectroscopy. Proc Natl Acad Sci USA, 2010, 107(35): 15335-15339.

[54] Barnese K, Gralla E B, Valentine J S, et al. Biologically relevant mechanism for catalytic superoxide removal by simple manganese compounds. Proc Natl Acad Sci USA, 2012, 109(18): 6892-6897.

[55] Munroe W, Kingsley C, Durazo A, et al. Only one of a wide assortment of manganese-containing SOD mimicking compounds rescues the slow aerobic growth phenotypes of both Escherichia coli and Saccharomyces cerevisiae strains lacking superoxide dismutase enzymes. Journal of Inorganic Biochemistry, 2007, 101(11-12): 1875-1882.

[56] Sharma A, Gaidamakova E K, Grichenko O, et al. Across the tree of life, radiation resistance is governed by antioxidant Mn(2+), gauged by paramagnetic resonance. Proc Natl Acad Sci USA, 2017, 114(44): E9253-E9260.

[57] Rashid M H, Rumbaugh K, Passador L, et al. Polyphosphate kinase is essential for biofilm development, quorum sensing, and virulence of Pseudomonas aeruginosa. Proc Natl Acad Sci USA, 2000, 97(17): 9636-9641.

[58] Fraley C D, Rashid M H, Lee S S, et al. A polyphosphate kinase 1 (ppk1) mutant of Pseudomonas aeruginosa exhibits multiple ultrastructural and functional defects. Proc Natl Acad Sci USA, 2007, 104(9): 3526-3531.

[59] Varas M A, Riquelme-Barrios S, Valenzuela C, et al. Inorganic Polyphosphate Is Essential for Salmonella Typhimurium Virulence and Survival in Dictyostelium discoideum. Frontiers in Cellular and Infection Microbiology, 2018, 8: 8.

[60] Dahl J U, Gray M J, Bazopoulou D, et al. The anti-inflammatory drug mesalamine targets bacterial polyphosphate accumulation. Nature Microbiology, 2017, 2: 16267.
[61] Diaz J, Ingall E, Benitez-Nelson C, et al. Marine polyphosphate: a key player in geologic phosphorus sequestration. Science, 2008, 320(5876): 652-655.
[62] Zhang F, Blasiak L C, Karolin J O, et al. Phosphorus sequestration in the form of polyphosphate by microbial symbionts in marine sponges. Proc Natl Acad Sci USA, 2015, 112(14): 4381-4386.
[63] Brock J, Schulz-Vogt H N. Sulfide induces phosphate release from polyphosphate in cultures of a marine Beggiatoa strain. ISME Journal, 2011, 5(3): 497-506.
[64] Bailey J V, Joye S B, Kalanetra K M, et al. Evidence of giant sulphur bacteria in Neoproterozoic phosphorites. Nature, 2007, 445(7124): 198-201.
[65] Brock J, Rhiel E, Beutler M, et al. Unusual polyphosphate inclusions observed in a marine Beggiatoa strain. Antonie van Leeuwenhoek, 2012, 101(2): 347-357.
[66] McInerney P, Mizutani T, Shiba T. Inorganic polyphosphate interacts with ribosomes and promotes translation fidelity in vitro and in vivo. Molecular Microbiology, 2006, 60(2): 438-447.
[67] Pfluger K, Ehrenreich A, Salmon K, et al. Identification of genes involved in salt adaptation in the archaeon Methanosarcina mazei Go1 using genome-wide gene expression profiling. FEMS Microbiology Letters, 2007, 277(1): 79-89.
[68] Cini N, Ball V. Polyphosphates as inorganic polyelectrolytes interacting with oppositely charged ions, polymers and deposited on surfaces: fundamentals and applications. Advances in Colloid and Interface Science, 2014, 209: 84-97.
[69] Martin P, Dyhrman S T, Lomas M W, et al. Accumulation and enhanced cycling of polyphosphate by Sargasso Sea plankton in response to low phosphorus. Proc Natl Acad Sci USA, 2014, 111(22): 8089-8094.
[70] Nagata T, Kiyono M, Pan-Hou H. Engineering expression of bacterial polyphosphate kinase in tobacco for mercury remediation. Applied Microbiology and Biotechnology, 2006, 72(4): 777-782.
[71] Mesquita D P, Amaral A L, Leal C, et al. Monitoring intracellular polyphosphate accumulation in enhanced biological phosphorus removal systems by quantitative image analysis. Water Science and Technology, 2014, 69(11): 2315-2323.
[72] Tian J, Yu C L, Liu J F, et al. Performance of an ultraviolet mutagenetic polyphosphate-accumulating bacterium PZ2 and its application for wastewater treatment in a newly designed constructed wetland. Applied Biochemistry and Biotechnology, 2017, 181(2): 735-747.
[73] Lai Y C, Liang C M, Hsu S C, et al. Polyphosphate metabolism by purple non-sulfur bacteria and its possible application on photo-microbial fuel cell. Journal of Bioscience and Bioengineering, 2017, 123(6): 722-730.
[74] Neville N, Roberge N, Ji X, et al. A dual-specificity inhibitor targets polyphosphate kinase 1 and 2 enzymes to attenuate virulence of pseudomonas aeruginosa. mBio, 2021, 12(3): e0059221.
[75] Desfougères Y, Saiardi A, Azevedo C. Inorganic polyphosphate in mammals: where's Wally? Biochemical Society Transactions, 2020, 48(1): 95-101.

PHOSPHORUS 磷科学前沿与技术丛书
磷与生命科学

9

信号转导系统与含磷第二信使

王婧[1,2]，孙汉寅[2]

[1] 中国科学院上海有机化学研究所

[2] 国科大杭州高等研究院

细胞处于一个复杂的生理环境中，时刻受到外界环境变化影响。应激能力(或适应能力)是生命最基本的特征之一[1]。胞外信号向胞内信号的转化，以及胞内信号发挥作用是生命具有应激能力的基础。对细胞信号传递和转化分子机理的研究是一个十分基本并且重要的课题[2]。

第二信使系统(second messenger system)是细胞响应胞外信号的重要方式[1]。当胞外信号(即第一信使，first messenger)，如荷尔蒙、神经递质等，作用在细胞表面受体时，细胞内部会产生非蛋白类的信号小分子(即第二信使，second messenger)[1,3]。第二信使通过浓度变化应答胞外信号，调节胞内酶的活性和非酶蛋白的活性，起始或者放大信号转导通路，调节细胞的生理活动和物质代谢，控制细胞增殖、分化、迁移和凋亡等多种生理现象(图 9-1)。信号转导研究中的突破性进展，集中在第二信使的发现、第二信使在生理病理中调控通路的研究、第二信使的合成和降解机制的研究、第二信使对靶向蛋白的分子调控机制。第二信使作为细胞感知和传递信息及细胞响应应激反应的核心调控因子，参与决定各种细胞功能及命运的过程。

1965 年，Earl Wilbur Sutherland 等发现了肾上腺素通过上调细胞内环腺苷酸(cAMP)浓度，促进细胞内的糖原分解为葡萄糖，由此定义第二信使系统并获得 1971 年的诺贝尔生理学或医学奖[4-5]。半个世纪以来，因为第二信使对于揭示生命现象本质以及开发人类疾病治疗方法具有重要意义，关于第二信使和转导机理的研究取得了重要进展，包括 Martin Rodbell 和 Alfred G. Gilman 关于 G-protein-coupled receptors 调控 cAMP 形成的分子机理研究[6]，Ferid Murad、Louis J. Ignarro 和 Robert F. Furchgott 关于第二信使 cGMP 的研究[7]，Arvid Carlsson、Paul Greengard 和 Eric R. Kandel 关于第二信使 cAMP 和 cGMP 在神经系统信号转导中的研究[8]，以及 Brian Kobilka 和 Robert Lefkowitz 关于 GPCR 结构生物学的研究[9]。近期，David Julius 和 Ardem Patapoutian 因关于人类感知疼痛和温度的机制研究获得了 2021 年诺贝尔生理学或医学奖。第二信使转导机制的研究和生物学功能研究影响到遗传学、生理学、免疫学、细胞生物学和神经生物学等各个领域。

值得注意的是，含磷化合物是构筑第二信使系统的关键组分，是信号转导实现的关键效应分子。重要的第二信使化合物如环化核苷酸

(cAMP、cGMP)、二环化的核苷酸(c-di-GMP、c-di-AMP，cGAMP)、1,4,5-三磷酸肌醇($InsP_3$)、ppGpp、Ap_nA 等均为含磷化合物(图 9-1)。这些含磷的第二信使分子是生命响应外界环境的重要方式，参与了细胞分化、代谢、动植物胚胎发育、干细胞维持、免疫应答、神经生长、癌症发生和衰老等生理和病理过程。

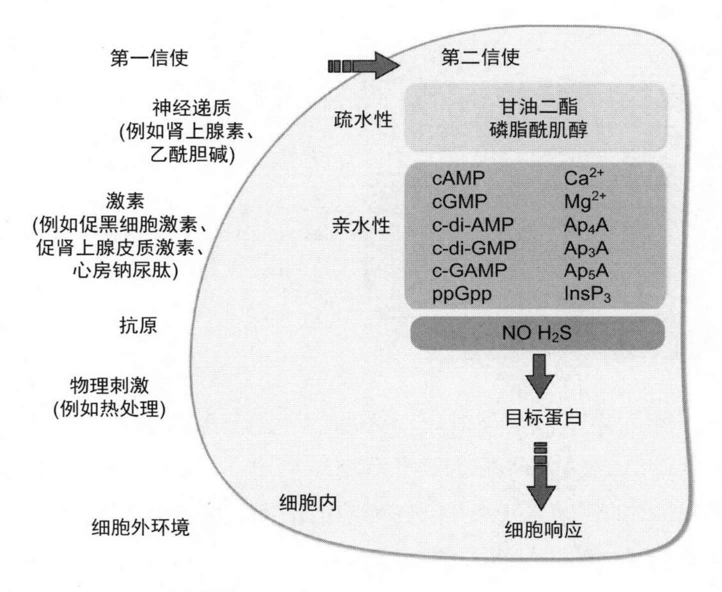

图 9-1　第二信使系统

9.1

环化核苷酸

环磷酸腺苷［3′,5′ cyclic AMP，cAMP，图 9-2(a)］，是人们最早

认识的发挥第二信使功能的小分子。当细胞膜上的 G 蛋白偶联受体(G protein-coupled receptors，GPCRs)识别胞外信号(第一信使)时，激活下游腺苷酸环化酶(adenylate cyclase，AC)活性，催化 ATP 脱去一个焦磷酸而生成 cAMP。第二信使 cAMP 的重要下游靶点蛋白包括蛋白激酶 A(protein kinase A，PKA)和转录因子 CREB(cAMP-response-element-binding protein)。

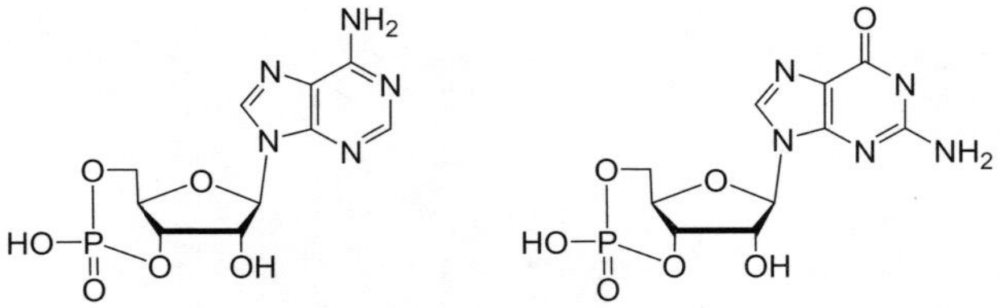

(a) 3′,5′ cyclic AMP (cAMP)

(b) 3′,5′ cyclic GMP (cGMP)

图 9-2　环化核苷酸 cAMP 和 cGMP

PKA 作为最早被发现的蛋白激酶之一，通过磷酸化下游蛋白调节其活性，参与广泛的生理活动，包括糖原代谢、细胞增殖、分化、神经递质传递等。PKA 含有两个调节亚基和两个催化亚基，每个调节亚基含有四个结构域，包括: DD 结构域(dimerization and docking domain)、抑制位点(inhibitor site linker)、CNBA 结构域(c-AMP nucleotide binding domain A)、CNBB 结构域(c-AMP nucleotide binding domain B)；每个催化亚基均含有保守的 N 端区域(N-lobe)和 C 端区域(C-lobe)。当 cAMP 缺乏时，PKA 调节亚基结合在催化亚基上，抑制其激酶活性，形成没有功能的全酶；当 cAMP 存在时，催化亚基被释放，显示出激酶活性，磷酸化下游蛋白，级联放大信号。

2007 年，研究报道了 PKA 调节亚基和催化亚基的全酶晶体结构[10]。通过与 1995 年报道的 PKA 调节结构域和 cAMP 复合物晶体结构的比较[11]，发现 cAMP 结合 PKA 调节结构域 CNBA 和 CNBB，使 CNBA 中的 B/C helix 发生弯曲，产生剧烈的构象变化，破坏和催化亚基的结合面，解离催化亚基，进而释放 PKA 酶活。这篇报道最终从分子机理上解释了为什么没有结合 cAMP 的 PKA 全酶没有活性，以及 cAMP 是如何释放 PKA 的催化亚基这两个关键问题。该研究距 cAMP 作为第二信使被发现时隔 50 年。

环磷酸鸟苷［3′,5′ cyclic GMP，cGMP，图 9-2(b)］，是可溶性鸟苷酸环化酶(soluble guanylyl cyclase，sGC)或颗粒状鸟苷酸环化酶(particulate guanylyl cyclase，pGC)，分别在 NO 或者钠尿肽(natriuretic peptides，NPs)的激活作用下，催化三磷酸鸟苷(GTP)发生环化反应而形成的 [12-13]。cGMP 进一步结合下游靶点蛋白如 cGMP 调节蛋白激酶(cGMP-regulated protein kinases，cGKs)、磷酸二酯酶和离子通道，调节细胞中的多种生理过程 [13]。

NO/sGC 和 NPs/pGC 途径调节心血管系统、肾、肺、肝和脑功能，参与纤维化、炎症、神经退行性变的发病机制，在疟疾等感染性疾病中也发挥作用，是重要的药物干预位点 [14]，例如人源可溶性鸟苷酸环化酶 sGC 的基因突变与冠状动脉 [15]、高血压相关 [16-17]，是治疗肺动脉高压和慢性心力衰竭的有效药物靶点 [18]。NO 的供体药物——硝酸甘油已被广泛用于缓解心绞痛，sGC 刺激剂利奥西呱(Riociguat)近期被批准用于治疗肺动脉高压 [18]。

sGC 是由一个 α 亚基和一个 β 亚基组成的异二聚体蛋白复合物。α 亚基和 β 亚基具有序列同源性，均含有 N 端 H-NOX 结构域、per-arnt-sim(PAS) 结构域、coile-coil(CC) 结构域和 C 端催化结构域。PAS 和 CC 结构域介导蛋白质 - 蛋白质相互作用，C 端催化结构域负责酶的活性，β 亚基的 H-NOX 结构域包含一个亚铁血红素辅基以提高和 NO 结合的亲和力 [13,19]。在病理或氧化应激条件下，亚铁血红蛋白被氧化为铁血红蛋白，鸟苷酸环化酶 GC 的催化活性降低 [20]。2019 年，研究报道了人源可溶性鸟苷酸环化酶 sGC $\alpha1\beta1$ 异质二聚体在不同功能状态下的冷冻电镜结构，这些结构表明 H-NOX 和 PAS 构成一氧化氮传感器模块(sensor module)，CC 结构域连接该传感器模块和催化结构域，一氧化氮与 H-NOX 结构域结合诱导传感器模块发生结构重排，进一步激活催化活性 [21]。

磷酸二酯酶(phosphodiesterases，PDEs)负责环核苷酸的分解。在哺乳动物中，已鉴定出21个PDEs基因，它们至少可分为11个家族(PDE1～PDE11)，每个家族都具有不同的底物特异性、调控特性和组织分布。根据对环核苷酸的偏好，cGMP特异PDEs(PDE5、PDE6和PDE9)和cAMP特异PDEs(PDE4、PDE7和PDE8)，分别对cGMP和cAMP表现底物特异性，而双特异性的PDEs(PDE1、PDE2、PDE3、PDE10和PDE11)可以水解两个环核苷酸[22]。2019年，报道了PDE6 $\alpha\beta2\gamma$ 全长3.4Å的电镜结构，揭示了PDE6γ亚基与PDE6$\alpha\beta$异质二聚体的界面，以及卷曲的N端结构域[23]。

9.2

环化双核苷酸

上述典型的环化核苷酸第二信使作用已经研究了50多年，除此之外，人们还发现在细菌中普遍存在很多功能未知的小分子化合物。随着近十年来质谱技术、蛋白质组学技术、X射线蛋白质晶体学技术的提高，发现这些化合物参与重要的生理活动，相关作用机制研究也成为当下研究的热点，其中，尤其以二环化的双核苷酸(cyclic dinucleotides，CDNs)为代表。1987年，Moshe Benziman等报道发现了一种“不同寻常的环状核苷酸激活物”，能够刺激葡糖杆菌 *G. xylinus* 的纤维素合成酶，并确定该化合物为环二鸟苷酸(c-di-GMP)，这也是第一次发现的环化双核苷酸[24]。20多年后，环二腺苷酸(c-di-AMP)作为一种参与枯草芽孢杆菌DNA修复因子被发现[25]。2012年，在霍乱弧菌 *V. cholerae* 中发现双核苷酸环化酶(di-nucleotide cyclase)DncV 催化 GTP 和 ATP 形成新型环化双核苷酸分子：环 - 鸟苷酸 - 腺苷酸(cyclic-GMP-AMP，cGAMP)[26]。

尽管上述环化双核苷酸分子 c-di-GMP、c-di-AMP 和 cGAMP 在化学结构上具有相似性，但是参与其合成和分解的酶在结构上是不相关的，表明这些不同的环化双核苷酸分子具有不同的进化起源[27]。不同的环化双核苷酸分子平行进化，并且都构筑了细胞信息的关键载体，说明环化双核苷酸分子这种具有两个嘌呤基团大环的信号分子具有多功能性和强大的调控潜力。环化双核苷酸分子的发现为生物过程和细胞行为的研究提供了新的切入点，环化双核苷酸分子作为一类广泛且通用的信号分子，和磷酸化网络调控以及与其他小信号分子(包括 cGMP、cAMP 和 ppGpp)协同作用，从多层面调控细胞对外界环境的响应[27]。

9.2.1 环二鸟苷酸

环二鸟苷酸(cyclic-di-GMP，c-di-GMP，图 9-3)，是由两个 GMP 基团通过 5′-3′磷酸二酯键融合构筑而成的环状对称结构，是一种普遍存在于各种细菌中的小分子。通过分析 c-di-GMP 与效应蛋白复合物的高分辨率晶体结构，发现 c-di-GMP 既可以以延伸的单体形式存在，也可以以交叠的形式形成二聚体[26,28]。值得注意的是，在生理浓度下，c-di-GMP 在溶液中呈单体状态[29]，因此交叠形式的二聚体可能是由特定效应蛋白的结合而诱导形成的。

c-di-GMP 由鸟苷环化酶(diguanylate cyclase，DGCs)催化两个 GTP 分子缩合形成，通过磷酸二酯酶(phosphodiesterases，PDEs)降解。这两个酶根据内外环境灵敏控制细胞内 c-di-GMP 的浓度[30]。DGCs 和 PDEs 存在于所有主要的细菌门成员中，也代表了细菌界中已知的两个最大的信号蛋白家族。大量研究表明，多种环境影响因素，如光[31]、氧气[32]、营养缺失[33]、抗生素[34]及还原性环境[35]，通过影响鸟苷环化酶和磷酸二酯酶的活性影响 c-di-GMP 的浓度，从而影响细胞对环境变化产生的应答。

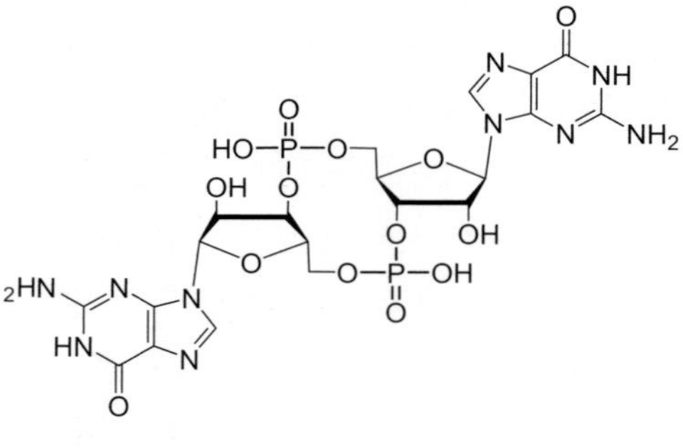

图 9-3　环二鸟苷酸

在水生细菌新月柄杆菌 *C. crescentus* 中，信使分子 c-di-GMP 参与控制细菌动态 - 静息状态的改变。一般来说，低水平的 c-di-GMP 与单个细胞的运动有关，而高浓度的 c-di-GMP 促进表面附着和生物膜的形成[27]。新月柄杆菌在分裂周期中单个细胞形成两种不同类型的细胞——游动细胞和叶柄状细胞。分裂中的新月柄杆菌细胞高度极化，在细胞的一端形成黏附柄，在另一端形成鞭毛和趋化器。叶柄状细胞后代会立即重新启动染色体复制（S 期）和细胞分裂（G2 期），而游动细胞则停留在时间延长的 G1 期[36]。c-di-GMP 是新月柄杆菌极化形态发生和细胞周期控制的主要驱动因素[37]。不能合成 c-di-GMP 的突变体使新月柄杆菌失去了所有极性黏附成分，并表现出明显的细胞形态畸变[38]。c-di-GMP 水平在新月柄杆菌的细胞周期中振荡变化，在游动 - 叶柄状细胞分化期间最高，其间鸟苷环化酶 PleD 在细胞进入染色体复制 S 期时被磷酸化激活，由此生成大量 c-di-GMP。PleD 的活性被分别位于分化为游动细胞极的 PleC 磷酸酶和分化为叶柄状细胞极的 DivJ 激酶调控，使得 c-di-GMP 的含量在叶柄状细胞极含量较高，而在游动细胞极含量较低[38-40]。此外，位于游动细胞极鞭毛附近的磷酯酶 PdeA 也通过降解 c-di-GMP 参与调节[37]。

c-di-GMP 可以参与调控细菌鞭毛的活性，包括鞭毛基因表达的调控[41-42]、鞭毛马达的组装和活性调控[43-45]等，例如在大肠杆菌 *E. coli* 和肠炎沙门氏菌亚种中，c-di-GMP 水平的增加导致 c-di-GMP 效应蛋白 YcgR 作用于鞭毛马达 - 定子界面（flagellar motor-stator interface），阻碍鞭毛运动功能[45-46]。在细菌黏附宿主表面的过程中，c-di-GMP 调节表面黏附和运动细胞器Ⅳ型菌毛（T4P）以及生物膜的形成[27]。c-di-GMP 在细胞分裂过程中的不对称分布也在其他细菌中观察到，例如在铜绿假单胞杆菌 *P. aeruginosa* 的细胞周期中，由于磷酯酶 Pch 不对称分布定位于鞭毛细胞极，c-di-GMP 水平在含有极性鞭毛的子代细胞中短时间降低，促进游动行为，有助于铜绿假单胞杆菌适应新环境[47]，表明这可能是一种通用的调控方式[39]。

此外，c-di-GMP 还参与调控染色体复制和细胞周期进程[48]。在新月柄杆菌游动细胞 G1 期，细胞周期转录调节因子 A（CtrA）被磷酸化激活，与复制起始点（*Cori*）结合，阻断复制起始[36]。在向叶柄状细胞分化的过程中，高浓度的 c-di-GMP 调控 CtrA 的去磷酸化和降解，促进 G1-S 细胞周期的进程[27]。链霉菌经历两种不同的丝状细胞形式，发芽孢子发育成营养菌丝以吸收营养物质，当养分耗尽后，形成气生菌丝，最终分化为孢子[49]。研究发现，c-di-GMP 在营养菌丝向气生菌丝的转变中起关键作用[50]。c-di-GMP 代谢过程中关键蛋白的基因缺失对菌落的形态和发育有显著影响[49]。链霉菌细胞内 c-di-GMP 增加阻碍孢子发育，而 c-di-GMP 降低则可以避免气生菌丝的形成，过早产生孢子[50]。BldD 是链霉菌发育的主要调控因子，抑制约 170 个孢子产生基因的表达，在缺乏 BldD 的突变体中也可以观察到过早产生的孢子。近期的研究发现链霉菌的主要发育调控蛋白 BldD 是一个与 c-di-GMP 直接效应蛋白，以依赖于 c-di-GMP 结合的方式抑制其靶基因，细胞质 c-di-GMP 水平的降低可能导致 BldD 二聚体的解体和失活，从而诱导产孢基因的表达[50]。此外，对黄色黏球菌 *M. xanthus*[51-52]、噬菌蛭弧菌 *B. bacteriovorus*[53] 和蓝藻细菌[54]的研究也表明，c-di-GMP 对细菌发育和形态产生影响可能是一种普遍现象。除了参与对宿主细胞黏附，c-di-GMP 还调控了包括 T2SSs、T3SSs 和 T6SSs 在内的毒力因子分泌，抗氧化应激和宿主免疫反应，是动物和植物病原体毒性的关键调节信号分子[55]。在细菌感染人体宿主细胞过程中，细菌的 c-di-GMP 自身与宿主干扰素基因刺激因子(stimulator of interferon genes，STING)相互作用并激活先天性免疫应答反应。2012 年，报道了环二鸟苷酸(c-di-GMP)和 STING 复合物的晶体结构，这些结果显示，c-di-GMP 会利用自身的对称性质结合同样对称的 STING 二聚体[56-58]。

9.2.2 环二腺苷酸

2008 年，在研究嗜热菌 *T. maritima* 的 DNA 损伤过程中，首次发现细胞周期蛋白 DisA 具备环化酶的活性，缩合两个腺苷酸形成小分子化合物 c-di-AMP(图 9-4)[25]。进一步研究发现 c-di-AMP 是在多种细菌和部分古细菌中广泛存在的第二信使小分子化合物，调控细胞壁稳态、抗生素敏感性、DNA 完整性和 DNA 修复、钾和渗透稳态、代谢、毒力、遗传能力、孢子生成和生物膜形成[59-60]。

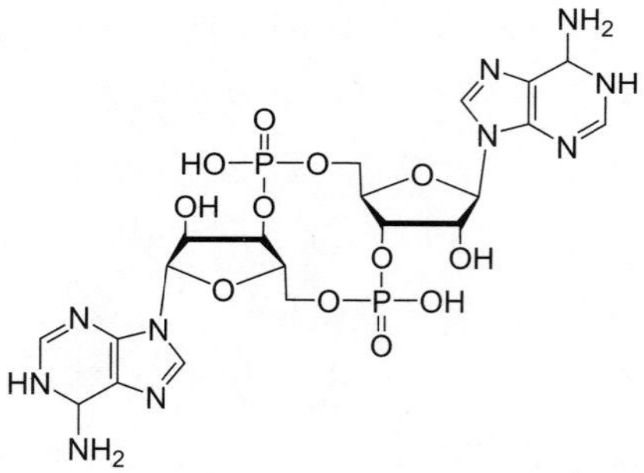

图 9-4 环二腺苷酸

细胞内 c-di-AMP 由二腺苷酸环化酶(diadenylate cyclase，DAC)合成，这一过程中两个 ATP 分子合成 c-di-AMP，并释放两个焦磷酸盐分子[25]。二腺苷酸环化酶在厚壁菌门、放线菌门和蓝藻门细菌中普遍存在，同时也存在于衣原体、三角洲变形菌纲和螺旋体纲，以及古菌的广古菌门中，表明c-di-AMP的功能在进化上的重要性[60]。c-di-AMP的降解由包含DHH-DHHA1（天冬氨酸-组氨酸-组氨酸）结构域或HD（组氨酸-天冬氨酸）结构域的磷酸二酯酶完成[60-63]。c-di-AMP对多种细菌的存活是必需的[60]。然而积累c-di-AMP也会导致严重问题，例如在枯草芽孢杆菌*B. subtilis*中，过量表达DAC可以导致细胞分裂受损[64-65]。此外，在许多细菌中，c-di-AMP的积累导致应激敏感性增加，特别是盐浓度增加[60]。由于c-di-AMP兼具必要性和毒性，c-di-AMP也被称为“必需毒物”（essential poison）[64,66-67]。

在枯草芽孢杆菌*B. subtilis*中，钾离子浓度和氮源变化可以调节细胞内c-di-AMP水平。当高钾浓度和以谷氨酸为氮源时，c-di-AMP的含量最高[64,68-69]；在肺炎链球菌*S. pneumoniae*中，转运蛋白亚基CabP失活导致钾运输受损，也会导致c-di-AMP水平降低[70]；在乳酸乳球菌*L. lactis*中，钾吸收可以导致c-di-AMP的积累。这些研究表明钾在调节c-di-AMP浓度中具有重要作用。由于钾离子浓度调节是防止细胞渗透压上升的重要保护方式，大量钾的快速积累是许多细菌对高渗透胁迫的初始反应，因此c-di-AMP可能与钾离子协同参与渗透压变化调节[71]。大量c-di-AMP的靶标蛋白参与钾稳态的调控，其中，c-di-AMP直接结合并抑制钾转运蛋白KimA和KtrAB。枯草芽孢杆菌*B. subtilis*中，c-di-AMP可以通过核糖开关调节上述钾离子转运蛋白基因的表达[72]。在这一过程中，*ktrAB*操纵子和*kimA*（原名*ydaO*）基因的调控区含有c-di-AMP核糖开关。c-di-AMP与核糖开关结合，防止转录超出核糖开关并导致转录终止[68,72]。

c-di-AMP的下游靶向蛋白还包括TetR家族转录因子DarR[73]、组氨酸激酶KdpD[74]等，调节多种细胞活动。丙酮酸羧化酶是c-di-AMP的一个直接靶点，c-di-AMP与该酶的结合导致丙酮酸羧化酶活性的变构抑制，抑制进入三羧酸（TCA）循环的碳通量[75-76]，参与碳、氮代谢的控制。此外，2010年，人们发现宿主细胞通过识别致病细菌（*L. monocytogenes*）合成的c-di-AMP，激活先天性免疫应答反应[77]。在细菌感染人体宿主细胞过程中，细菌的 c-di-AMP 也可以与宿主的干扰素基因刺激因子（STING）相互作用而激活免疫反应[77-78]。

9.2.3 环 - 鸟苷酸 - 腺苷酸

2012 年，Mekalanos 和同事在研究霍乱弧菌 *V. cholerae* 毒力相关的信号分子时，发现了一种名为 cGAMP 的新型环化双核苷酸[26]。在细菌中，cGAMP 是由双核苷酸环化酶 DncV 催化，由 GMP 基团和 AMP 基团通过 3′,5′磷酸二酯键融合构筑而成的环状结构［图 9-5（a）］[26,79-80]。DncV 除了可以合成 cGAMP 外，还可以合成 c-di-AMP 和 c-di-GMP。过表达 DncV 可抑制霍乱弧菌 *V. cholerae* 的趋化反应，而过量表达 c-di-GMP 合成酶不会改变趋化性，表明不同的环化双核苷酸可以对细胞内不同的复杂网络进行调控[81-82]。

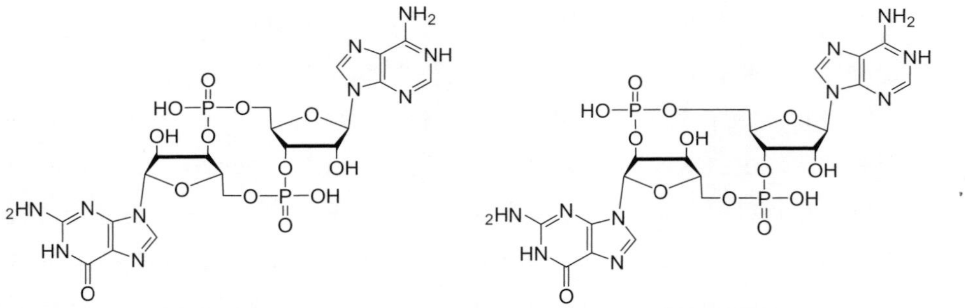

(a) 3′,3′-cGAMP
(cyclic[G(3′,5′)pA(3′,5′)p])

(b) 2′,3′-cGAMP
(cyclic[G(2′,5′)pA(3′,5′)p])

图 9-5 环 - 鸟苷酸 - 腺苷酸

当人体细胞受到病毒感染时，病毒外源 DNA 会被宿主环 - 鸟苷酸 - 腺苷酸合成酶（cyclic GMP-AMP synthase，cGAS）识别，cGAS 蛋白的分子量约为 60000，由保守性低的 N 端结构域和保守的 NTase C 端结构域组成。cGAS 的二核苷酸合成酶活性依赖于 dsDNA、Mg^{2+} 或 Mn^{2+}、

ATP 和 GTP。cGAS 沿着 DNA 的小沟与糖 - 磷酸骨架相互作用，因此不依赖 dsDNA 的序列特异性 [83]。尽管 cGAS 与细菌 DncV 属于相同的核苷基转移酶(NTase)家族，但 DncV 仅合成 3′,5′磷酸二酯键，由此融合构筑而成 3′,3′-cGAMP，而 cGAS 既可以合成 3′,5′磷酸二酯键，又能催化合成 2′,5′磷酸二酯键，最终形成 2′,3′-cGAMP(cyclic [G(2′,5′)-pA(3′,5′)p])，见图 9-5(b) [79,84-85]。两种 cGAMP 均可以直接结合并激活干扰素基因刺激蛋白 STING，进一步激活 STING-TBK1(TANK-binding kinase 1)通路和下游的 IRF3 (interferon regulatory factor 3)-NF-κB (nuclear factor-κB)通路，促进先天性免疫反应的发生 [86]。STING 偏向结合 cGAS 产生的 2′,3′-cGAMP，还是细菌产生的 c-di-GMP、c-di-AMP、3′,3′-cGAMP，一直存在争议。等温滴定量热法(ITC)实验表明，2′,3′-cGAMP 与人源 STING 结合反应是吸热的，而与 c-di-GMP 结合反应是放热的，表明 STING 可能仅在与 2′,3′-cGAMP 结合时发生结构重排 [85]。cGAS 合成出自然界少有的 2′,5′磷酸二酯键构筑的环化双核苷酸，可能是因为 2′,5′磷酸二酯键增强了 cGAMP 产物的稳定性，可以形成更强、更长的信号放大 [84]。此外，细菌可能无法降解 2′,5′磷酸二酯连接，因此可以作为一种防御机制避免细菌破坏免疫反应。

STING 是定位于内质网(endoplasmic-reticulum，ER)的跨膜蛋白，包含四次跨膜螺旋、和细胞质配体结合、信号转导结构域 [57-58,85,87]。STING 激活需要配体诱导的低聚化，从内质网转移到后高尔基囊泡 [88]。STING 的胞质结构域形成蝴蝶状二聚体，与 cGAMP 结合后发生构象变化，向内旋转并形成“four-stranded β-sheet” [85,89]。2019 年，报道了人源(homo sapiens)和鸡源(gallus gallus)全长 STING 的非活性二聚体状态(分子量大约 800000)，以及 cGAMP 结合的鸡源 STING 在二聚体和四聚体状态下的冷冻电镜结构，发现 cGAMP 诱导配体结合结构域闭合，导致配体结合结构域相对于跨膜结构域旋转了 180°，促使 STING 形成“side-by-side”多聚体 [90]。环化双核苷酸分子结合 STING 激活免疫反应，也表明其具有疫苗佐剂的潜力 [91-92]。

9.3 ppGpp

ppGpp 是高度磷酸化的鸟苷酸分子（图 9-6），RelA 合成酶蛋白催化 GTP 和 ATP 生成 pppGpp，然后再转化为 ppGpp。双功能合成酶 - 水解酶 SpoT/Rel 既可以催化 ppGpp 的合成，同时也具有水解酶的活性，催化 ppGpp 水解为 GDP 和焦磷酸（PPi）[93]。

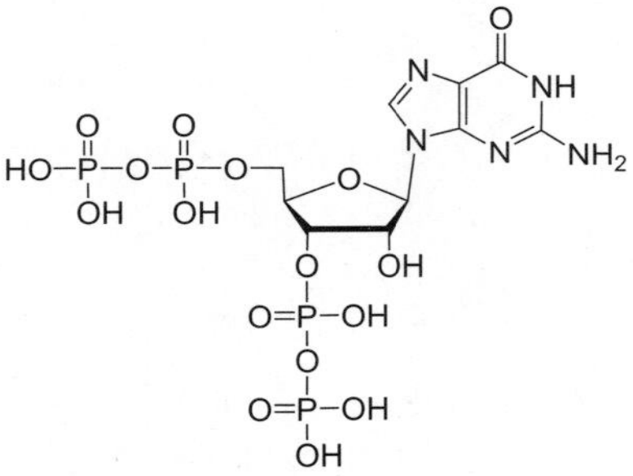

图 9-6　ppGpp 的化学结构

ppGpp 是原核生物应对不同环境胁迫压力、启动相关适应性基因表达调控的信号分子。当营养物质缺失时，细菌通过停止合成 DNA 和 RNA、核糖体蛋白和膜成分，重新分配细胞资源[94]。在大肠杆菌 *E. coli* 中，ppGpp 直接调控 RNA 聚合酶（RNAP）活性，同时调控 RNAP σ 因子活性竞争间接调控转录，以协调应对营养缺失条件[94-95]。在细菌的对数生长期，σ^{70}（也称为 RpoD）指导 RNAP 启动操纵子的转录，促进蛋白质、脂类和 DNA 合成。在营养缺失条件下，高浓度的 ppGpp 抑制 RNAP 与 σ^{70} 依赖性强启动子（如核糖体 RNA 和 tRNA 基因的启动子）结合，因此更多的 RNAP 结合在替代 σ 因子上，表达应对压力条件的基因[95-96]。

ppGpp 除了通过 RNAP 调控启动子选择外，还能对细菌细胞产生广泛的影响。例如通过调控核糖体的合成调节大肠杆菌细胞生长速度[97-98]，积累的 ppGpp 抑制枯草芽孢杆菌 DNA 复制[99]，ppGpp 还可以调节细菌毒性因子的表达，使细菌病原体能够适应环境和代谢改变[100]。

9.4

1,4,5-三磷酸肌醇

1,4,5-三磷酸肌醇（$InsP_3$，图 9-7）是磷脂酰肌醇二磷酸［PIP_2, phosphatidylinositol-4,5-bisphosphate PtdIns(4,5)P_2，位于细胞膜的磷脂］被磷脂酶 C（PLC）水解而成的含磷小分子。外部刺激，如神经递质、激素和生长因子，激活 G 蛋白偶联受体（G protein-coupled receptors，GPCRs）或者蛋白酪氨酸激酶偶联受体（protein tyrosine kinase-linked receptors，PTKRs），进一步激活偶联其上的磷脂酶 C，其中，GPCR 偶联 PLC-α 亚型，RTKR 偶联 PLC-γ 亚型[101]。被激活的磷脂酶水解前体 PtdIns(4, 5)P_2，形成 1,4,5-三磷酸肌醇（$InsP_3$）和二酰基甘油（di-acylglycerol，DAG）两个第二信使，将胞外信号转换为胞内信号。$InsP_3$ 被 $InsP_3$ 3-激酶或 $InsP_3$ 5-磷酸酶分别代谢生成 $InsP_4$、$InsP_2$，终止信号分子功能[102-103]。这些途径的两种产物随后被一些肌醇磷酸酶去磷酸化，形成游离肌醇，再次用于合成 PtdIns 的信号通路的前体。

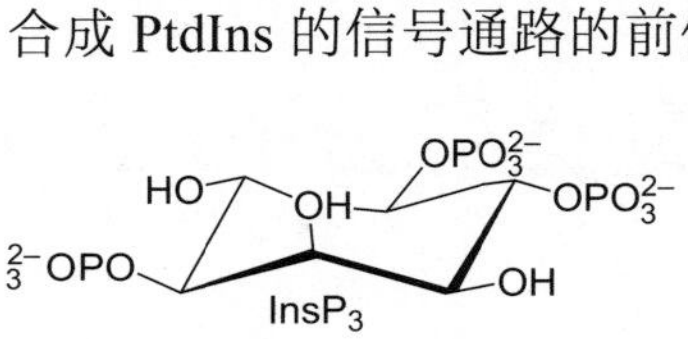

图 9-7　1,4,5- 三磷酸肌醇

$InsP_3$ 可以作为第二信使扩散到整个细胞中参与信号调节，它的主要作用靶点是1,4,5-三磷酸肌醇受体(inositol-1,4,5-trisphosphate receptors，$InsP_3R$)。$InsP_3R$ 是四聚的钙离子通道，分布在内质网和核膜上，当它结合第二信使1,4,5-三磷酸肌醇时，促进钙离子(Ca^{2+})从内质网释放到细胞质，增加细胞质中钙离子浓度。同时，钙离子会进一步促进1,4,5-三磷酸肌醇受体的表达，级联放大 $InsP_3$- 钙离子信号 [104]。$InsP_3$- 钙离子信号转导途径调控众多细胞过程，例如代谢、分泌、受精、增殖和平滑肌收缩等各种过程。信号通路的失调与多种疾病如阿尔茨海默病、肌萎缩性侧索硬化症、哮喘、心房心律失常、自闭症谱系障碍、糖尿病和肿瘤等密切相关 [105]。

2011 年研究报道了1,4,5-三磷酸肌醇受体($InsP_3R$)的 NT 结构域(amino-terminal region) apo 晶体结构(PDB 3UJ4)，以及与1,4,5-三磷酸肌醇的复合物的晶体结构 [106-107]。$InsP_3R$ 的 NT 结构域由三个亚基构成，即 SD 亚基、IBC-α 亚基、IBC-亚基。通过结构比对分析，1,4,5-三磷酸肌醇($InsP_3$)的结合会促使 IBC-α 亚基、IBC- 亚基发生构象变化，并像蟹夹一样收缩，SD Loop 向 IBC-α 方向滑动。2015 年，报道了 $InsP_3R$ 全长的电镜结构，表明 $InsP_3$ 诱导的构象变化可以诱导螺旋连接结构域(helical linker domain)的变化，促进跨膜区开放 Ca^{2+} 通道 [108]。2018 年，报道了人源全长 $InsP_3R$ 与配体的复合物，以及 apo 的电镜结构，为深入理解 $InsP_3$ 和 Ca^{2+} 调节 $InsP_3R$ 的亚基间相互作用网络、调节近膜域(juxtamembrane domain，JD)和跨膜域(transmembrane domain，TMD)的构象变化提供了分子基础 [109]。

9.5

“线型+对称”结构的信号分子 Ap_nA

另一类新型含磷信号分子——Ap_nA 小分子家族，由 2 ～ 6 个磷酸二酯通过 5′-5′键连接两个腺苷酸形成（图 9-8，其中 n 表示磷酯键的个数），是在细菌和人体中广泛存在的小分子[110]。Ap_nA 具有独有的“线型 + 对称”结构：它们像环二鸟苷酸（cyclic di-GMP）或者环二腺苷酸（cyclic di-AMP）一样具有对称的性质，同时保持着独特的线型结构，而在已知的第二信使中，只有脂类第二信使 DAG 具有这种线型结构，但 DAG 却不具有 Ap_nA 的极性和绝对的分子内对称性。

Ap_nA 的发现是在 20 世纪 60 年代伴随氨酰 tRNA 合成酶的研究展开的。在合成氨酰 tRNA 的过程中，氨酰 tRNA 合成酶首先利用 ATP 氨酰化氨基酸，形成 AA-AMP，然后催化 AA-AMP 和相应的 tRNA 形成氨酰 tRNA（AA-tRNA）。在应激条件下，中间产物 AA-AMP 会和 ATP、AMP、ADP 等反应，形成 Ap_nA 作为信号分子参与应激调节。Ap_nA 作为一类广泛存在的“alarmone”小分子，通过浓度变化快速、强烈地响应外界信号。比如大鼠胰腺细胞在葡萄糖处理后 Ap_3A 和 Ap_4A 含量提高 30 ～ 70 倍；鸡红细胞在热休克处理后 Ap_4A 的浓度迅速提高 10 倍；哺乳动物肥大细胞在受到过敏抗原激活后细胞内 Ap_4A 浓度快速提高 5 ～ 10 倍等[110]。

Ap_nA 家族通过调节多种靶向蛋白的活性，包括 P2X 受体（一类 ATP 激活的 Na^+、K^+、Ca^{2+} 离子通道）、DNA 聚合酶-α 亚基、热休克蛋白 ClpB、抑癌因子 HINT1 和 FHIT 等，参与调节免疫应答、热休克应激反应、DNA 复制、抗凝血作用、神经递质传递和抗血管收缩等多种重要的生理活动[110-140]。比如，1978 年 Grument 首先发现 Ap_4A 会诱导 G1-arrest 的 BHK 细胞进行 DNA 复制。S 期即 DNA 发生复制期，细胞含有大量的 Ap_4A，而 G1 期细胞的 Ap_4A 含量则大为减少。尽管 Ap_4A 的浓度随外界影响而变化，但是 ATP 的含量却基本维持不变，说明在 DNA 复制期，Ap_4A 含量上调不是由于总核苷酸增加而是非特异导致的。同时，Ap_4A 的酶解产物 AMP 或者腺苷酸都不具备诱导 DNA 复制的能力。这说明 Ap_4A 促进 DNA 合成的功能是靶向特异的。有文献报道 Ap_4A 可以和 DNA 聚合酶-α 亚基结合，Ap_4A 可能作为 DNA 复制起始的引物。然而，其中具体的靶向调节机理却并不清楚。

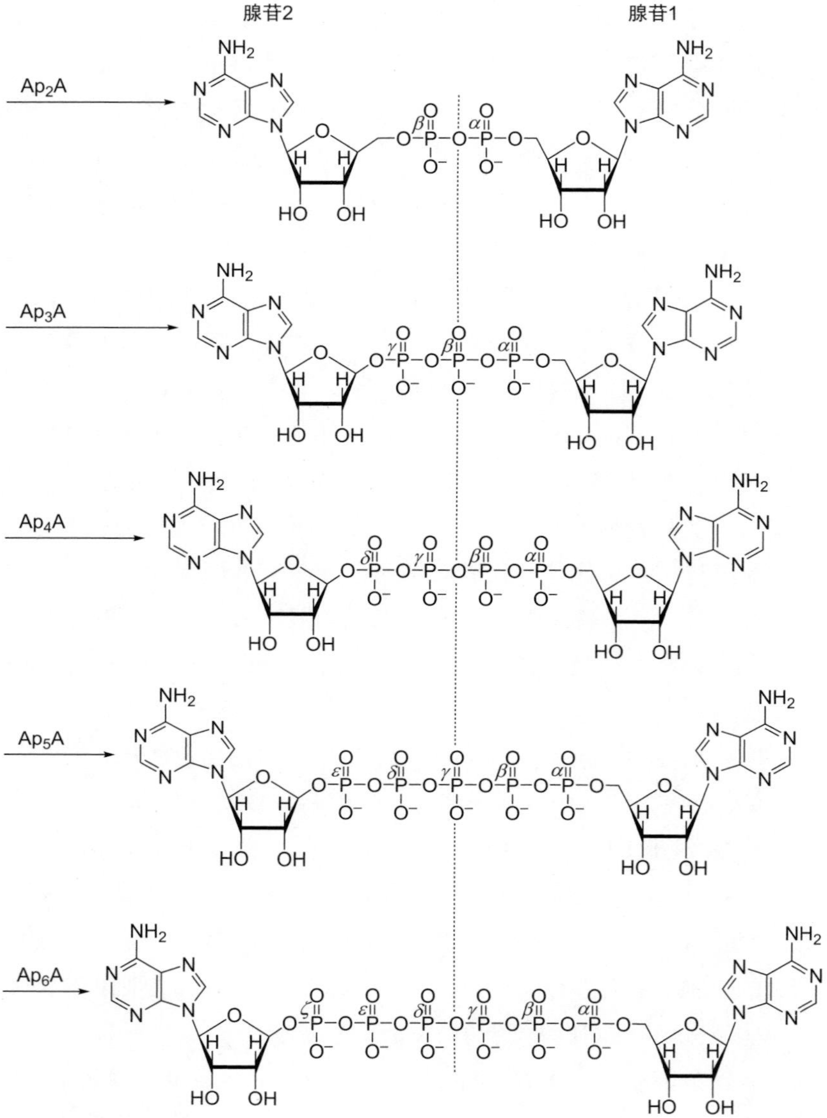

图 9-8　Ap$_n$A 家族分子的分子结构

此外，Ap_4A 也被报道在神经递质传递和调节血管收缩中起作用。Ap_4A 和 Ap_5A 在脑细胞中的分泌小体中大量存在，Ap_4A 的释放会促进儿茶酚胺(重要的神经递质，包括多巴胺、去甲肾上腺素和肾上腺素，促进心脏、肾脏、皮肤黏膜血管收缩)的释放，其具体调控机制尚不清楚。同时，Ap_4A 和 Ap_5A 会抑制神经细胞内的囊泡运输。Ap_3A 和 Ap_4A 都可以促进血管收缩、血压增高。Ap_4A 在嗜铬细胞和红细胞中显著存在，并可以被分泌至细胞外部。在嗜铬细胞中 Ap_4A 可以作为"antagonist"作用在嘌呤受体 P_{2Y} 上，抑制腺嘌呤的胞内运输。Ap_4A 通过结合嘌呤受体 P_{2Y}，抑制 ADP 诱导的血小板聚集，起到抗凝血的作用。这些研究表明 Ap_nA 参与广泛的生理活动，然而实验研究还是局限在单一诱因促进细胞内 / 外 Ap_nA 浓度发生剧烈变化，或者 Ap_nA 诱导某一现象的发生。Ap_nA 具体靶向调节机制并没有清晰地阐明。

2004 ～ 2012 年，研究发现了 Ap_4A(Ap_nA 家族中丰度最高、最具有代表性的成员)参与哺乳动物免疫应答过程的信号通路，当肥大细胞和嗜碱性粒细胞被抗原(DNP)激活时，细胞内 Ap_4A 的浓度上调 5 ～ 10 倍。上调的 Ap_4A 结合下游靶向蛋白 HINT1，解除 HINT1 对转录因子 MITF 的抑制作用，释放 MITF 并激活免疫调节因子的转录和产生[141-142]。2019 年，研究发现在过敏反应中，第二信使小分子 Ap_4A 通过自身对称的腺苷基团聚合靶向蛋白 HINT1，释放 MITF 转录活性并促进过敏反应发生。这种"链型多聚"的作用方式，突破了第二信使小分子依赖"构象变化"对靶向蛋白调节的传统观念[143]。

此外，近期研究发现，Ap_4A 参与抑制 STING 激活，削弱炎症反应[144]。赖氨酰 tRNA 合成酶 LysRS 通过与 RNA:DNA 杂合分子相互作用，延迟 cGAS 识别 RNA:DNA 并阻碍 cGAMP 产生。另外，RNA:DNA 杂合分子促进赖氨酰 tRNA 合成酶 LysRS 大量生成 Ap_4A，减弱 STING 依赖的信号转导，这也表明在体外或体内调节 LysRS-Ap_4A 通路可干扰炎症反应。2019 年，研究报道氨基糖苷类抗生素可以诱导 Ap_4A 产生，并促进这类抗生素杀死细菌细胞[145]。用氨基糖苷抗生素卡那霉素处理大肠杆菌 *E. coli*，赖氨酸 -tRNA 合成酶(LysU)活性增加，生成大量 Ap_4A。通过敲除 Ap_4A 磷酸酶(二腺苷四磷酸酶，ApaH)和过表达 LysU 增强细胞内的 Ap_4A 浓度，可以使抗生素对细菌的杀灭增加 5000 倍以上。这项研究成果表明抑制 Ap_4A 磷酸酶的活性或者促进赖氨酸-tRNA 合成酶，可能成为提高氨基糖苷类抗生素效率的方法。

综上，Ap_nA 作为蛋白质翻译过程中的必然产物，是细胞内分布最为广泛的小分子，并以快速、剧烈的浓度变化响应外界环境变化，参与广泛的生理活动，其独有的“线型 + 对称”结构对其功能具有重要意义。

9.6

第二信使的作用机制和药物研发

第二信使是天然存在的、广泛调节生命活动的小分子。在分子水平理解第二信使的行为方式，不仅可以帮助理解复杂细胞活动发生的本质，也可以为药物设计提供结构基础和平台，有着非常重要的意义。发现新的调节通路，了解其发挥调节作用的分子机理，将深化对细胞活动复杂性的认识，还将有助于设计研发特异靶向药物。例如，通过对含磷信号分子 cAMP 调控通路的研究，发现在感觉神经元细胞中，cAMP 的上调释放蛋白激酶 A(PKA)的催化亚基，进一步磷酸化细胞核内的转录调节因子 cAMP 响应结合蛋白(CREB)，和细胞膜上的多种离子通道，是传递并且放大疼痛信号的主要通路。目前，止痛剂类型 NSAIDs 和 Opioids 均是针对这一通路，通过不同方式下调 cAMP 浓度来达到止痛效果的。而在哮喘的治疗中，提高 cAMP 的浓度，可以有效提高蛋白激酶肌球蛋白轻链激酶(MLCK)，调控钙钾离子通道的磷酸化，缓解哮喘症状。哮喘治疗药物，如 Albuterol 和 Fenoterol，均通过上调 cAMP 发挥作用。

NO/sGC 和 NP/pGC 是重要的药物干预位点[14]，激活可溶性鸟苷酸环化酶 sGC 的药物在多种疾病中具有重要的治疗潜力。有机硝酸盐和其他 NO 供体，如硝酸甘油、硝普钠或摩尔西多明，通过酶促或非酶促释放 NO，可促进 cGMP 的生成，广泛应用于治疗或预防冠心病，以及其他需要血管平滑肌细胞(SMC)快速舒张的急症患者的急性心绞痛。2013 年，选择性 sGC 激动剂利奥西呱(Riociguat)获批用于肺动脉高压(PAH)和慢性血栓栓塞性肺动脉高压(CTEPH)的治疗。中性内肽酶(neprilysin, NEP)的抑制剂 Sacubitril，通过保护利钠肽 NP 不被降解，与血管紧张素 AT1 受体拮抗剂缬沙坦联合用药，已被引入慢性心力衰竭患者的治疗中。选择性靶向 cGMP 水解酶 PDE5 的抑制剂西地那非、伐地那非和他达拉非被用于治疗勃起功能障碍。随后，西地那非和他达拉非也被批准用于治疗肺动脉高压，他达拉非被批准用于治疗良性前列腺增生。

Ap_4A，作为具有药物活性的小分子，直接生理效应包括抗血栓形成、调节血管收缩等 [110-111,113]。特别值得提到的一点是，Ap_4A 比 ATP 和 ADP 有更长的体内半衰期 [111,113]。通过 P—C—P 键替换 P—O—P 键，可以使 Ap_4A 不会被水解酶水解，同时保留药物活性。由于这些显著的性质，Ap_4A 已经作为一类眼药水的辅助剂应用于临床 [146-147]。

综上，上述药物的发现建立在对信使分子作用机理的基础研究之上，含磷化合物作为信使分子发挥重要生命调控作用的化学生物学研究，对于揭示生命现象本质以及开发人类疾病治疗方法具有重要的科学意义。

参考文献

[1] Lodish H, Berk A, Zipursky S L, et al. Molecular Cell Biology. 4th ed. New York: Freeman&Co, 2000.

[2] Mayer B J. The discovery of modular binding domains: building blocks of cell signalling. Nature Reviews Molecular Cell Biology, 16: 691-698, doi:10.1038/nrm4068 (2015).

[3] Meyer T. Cell signaling by second messenger waves. Cell 1991, 64: 675-678.

[4] Beavo J A, Brunton L L. Cyclic nucleotide research——still expanding after half a century. Nature Reviews Molecular Cell Biology, 2002, 3: 710-718. doi:10.1038/nrm911.

[5] Pastan I H. The 1971 nobel prize for physiology or medicine. Science, 1971, 174: 392-393. doi:10.1126/science.174.4007.392.

[6] Marx J. Nobel Prizes. Medicine: a signal award for discovering G proteins. Science, 1994, 266: 368-369.

[7] Furchgott R F, Zawadzki J V. The obligatory role of endothelial cells in the relaxation of arterial smooth muscle by acetylcholine. Nature, 1980, 288: 373-376.

[8] Hucho F. The 2000 Nobel Prize in physiology or medicine. Chembiochem : a European Journal of Chemical Biology, 2001, 2: 85-86.

[9] Baker E N, Dauter Z. Nobel Prize for Chemistry 2012: GPCRs seen through a crystal ball. Acta Crystallographica. Section D: Biological Crystallography, 2012, 68: 1439-1440. doi:10.1107/S0907444912043107.

[10] Kim C, Cheng C Y, Saldanha S A, Taylor S S. PKA-I holoenzyme structure reveals a mechanism for cAMP-dependent activation. Cell, 2007, 130: 1032-1043. doi:10.1016/j.cell.2007.07.018.

[11] Su Y, et al. Regulatory subunit of protein kinase A: Structure of deletion mutant with cAMP binding domains. Science, 1995, 269: 807-813.

[12] Friebe A, Sandner P, Schmidtko A. cGMP: A unique 2nd messenger molecule- recent developments in cGMP research and development. Naunyn-Schmiedeberg's Archives of Pharmacology, 2020, 393: 287-302. doi:10.1007/s00210-019-01779-z.

[13] Derbyshire E R, Marletta M A. Structure and regulation of soluble guanylate cyclase. Annual Review of Biochemistry, 2012, 81: 533-559. doi:10.1146/annurev-biochem-050410-100030.

[14] Sandner P. From molecules to patients: Exploring the therapeutic role of soluble guanylate cyclase stimulators. Biological Chemistry, 2018, 399: 679-690. doi:10.1515/hsz-2018-0155.

[15] Consortium C A D, et al. Large-scale association analysis identifies new risk loci for coronary artery disease. Nat Genet, 2013, 45: 25-33. doi:10.1038/ng.2480.

[16] Herve D, et al. Loss of alpha1beta1 soluble guanylate cyclase, the major nitric oxide receptor, leads to moyamoya and achalasia. American Journal of Human Genetics, 2014, 94: 385-394. doi:10.1016/j.ajhg.2014.01.018.

[17] Wallace S, et al. Disrupted nitric oxide signaling due to GUCY1A3 mutations increases risk for moyamoya disease, achalasia and hypertension. Clin Genet, 2016, 90: 351-360. doi:10.1111/cge.12739.

[18] Farah C, Michel L Y M, Balligand J L. Nitric oxide signalling in cardiovascular health and disease. Nature Reviews Cardiology, 2018, 15: 292-316. doi:10.1038/nrcardio.2017.224.

[19] Montfort W R, Wales J A, Weichsel A. Structure and activation of soluble guanylyl cyclase, the nitric oxide sensor. Antioxidants & Redox Signaling, 2017, 26: 107-121. doi:10.1089/ars.2016.6693.

[20] Dasgupta A, Bowman L, D'Arsigny C L, Archer S L. Soluble guanylate cyclase: A new therapeutic target for pulmonary arterial hypertension and chronic thromboembolic pulmonary hypertension. Clinical Pharmacology and Therapeutics, 2015, 97: 88-102. doi:10.1002/cpt.10.

[21] Kang Y, Liu R, Wu J. X, Chen L, et al. Structural insights into the mechanism of human soluble guanylate cyclase. Nature, 2019, 574: 206-210. doi:10.1038/s41586-019-1584-6.

[22] Baillie G S, Tejeda G S, Kelly M P. Therapeutic targeting of 3′, 5′-cyclic nucleotide phosphodiesterases: inhibition and beyond. Nature Reviews Drug Discovery, 2019, 18: 770-796. doi:10.1038/s41573-019-0033-4.

[23] Gulati S, Palczewski K, Engel A, Stahlberg H, Kovacik L. Cryo-EM structure of phosphodiesterase 6 reveals insights into the allosteric regulation of type Ⅰ phosphodiesterases. Science Advances, 2019, 5: eaav4322. doi:10.1126/sciadv.aav4322.

[24] Ross P, et al. Regulation of cellulose synthesis in acetobacter xylinum by cyclic diguanylic acid. Nature, 1987, 325: 279-281. doi:10.1038/325279a0.

[25] Witte G, Hartung S, Buttner K, Hopfner K P. Structural biochemistry of a bacterial checkpoint protein reveals diadenylate cyclase activity regulated by DNA recombination intermediates. Molecular Cell, 2008, 30: 167-178. doi:10.1016/j.molcel.2008.02.020.

[26] Davies B W, Bogard R W, Young T S, Mekalanos J J. Coordinated regulation of accessory genetic elements produces cyclic di-nucleotides for V. cholerae virulence. Cell, 2012, 149: 358-370. doi:10.1016/j.cell.2012.01.053.

[27] Jenal U, Reinders A, Lori C. Cyclic di-GMP: second messenger extraordinaire. Nat Rev Microbiol, 2017, 15: 271-284. doi:10.1038/nrmicro.2016.190.

[28] Schirmer T. C-di-GMP synthesis: structural aspects of evolution, catalysis and regulation. J Mol Biol, 2016, 428: 3683-3701. doi:10.1016/j.jmb.2016.07.023.

[29] Gentner M, Allan M G, Zaehringer F, Schirmer T, Grzesiek S. Oligomer formation of the bacterial second messenger c-di-GMP: reaction rates and equilibrium constants indicate a monomeric state

at physiological concentrations. Journal of the American Chemical Society, 2012, 134: 1019-1029. doi:10.1021/ja207742q.
[30] Schirmer T, Jenal U. Structural and mechanistic determinants of c-di-GMP signalling. Nature Reviews Microbiology, 2009, 7: 724-735. doi:10.1038/nrmicro2203.
[31] Barends T R, et al. Structure and mechanism of a bacterial light-regulated cyclic nucleotide phosphodiesterase. Nature, 2009, 459: 1015-1018. doi:10.1038/nature07966.
[32] Tuckerman J R, et al. An oxygen-sensing diguanylate cyclase and phosphodiesterase couple for c-di-GMP control. Biochemistry, 2009, 48: 9764-9774. doi:10.1021/bi901409g.
[33] Gjermansen M, Ragas P, Sternberg C, Molin S, Tolker-Nielsen T. Characterization of starvation-induced dispersion in Pseudomonas putida biofilms. Environmental Microbiology, 2005, 7: 894-906. doi:10.1111/j.1462-2920.2005.00775.x.
[34] Hoffman L R, et al. Aminoglycoside antibiotics induce bacterial biofilm formation. Nature, 2005, 436: 1171-1175. doi:10.1038/nature03912.
[35] Qi Y, Rao F, Luo Z, Liang Z X. A flavin cofactor-binding PAS domain regulates c-di-GMP synthesis in AxDGC2 from Acetobacter xylinum. Biochemistry, 2009, 48: 10275-10285. doi:10.1021/bi901121w.
[36] Kirkpatrick C L, Viollier P H. Decoding caulobacter development. FEMS Microbiology Reviews, 2012, 36: 193-205. doi:10.1111/j.1574-6976.2011.00309.x.
[37] Abel S, et al. Regulatory cohesion of cell cycle and cell differentiation through interlinked phosphorylation and second messenger networks. Molecular Cell, 2011, 43: 550-560. doi:10.1016/j.molcel.2011.07.018.
[38] Abel S, et al. Bi-modal distribution of the second messenger c-di-GMP controls cell fate and asymmetry during the caulobacter cell cycle. PLoS Genetics, 2013, 9: e1003744. doi:10.1371/journal.pgen.1003744.
[39] Christen M, et al. Asymmetrical distribution of the second messenger c-di-GMP upon bacterial cell division. Science, 2010, 328: 1295-1297. doi:10.1126/science.1188658.
[40] Paul R, et al. Allosteric regulation of histidine kinases by their cognate response regulator determines cell fate. Cell, 2008, 133: 452-461. doi:10.1016/j.cell.2008.02.045.
[41] Krasteva P V, et al. Vibrio cholerae VpsT regulates matrix production and motility by directly sensing cyclic di-GMP. Science, 2010, 327: 866-868. doi:10.1126/science.1181185.
[42] Baraquet C, Harwood C S. Cyclic diguanosine monophosphate represses bacterial flagella synthesis by interacting with the Walker A motif of the enhancer-binding protein FleQ. Proc Natl Acad Sci USA, 2013, 110: 18478-18483. doi:10.1073/pnas.1318972110.
[43] Trampari E, et al. Bacterial rotary export ATPases are allosterically regulated by the nucleotide second messenger cyclic-di-GMP. The Journal of Biological Chemistry, 2015, 290: 24470-24483. doi:10.1074/jbc.M115.661439.
[44] Davis N J, et al. De- and repolarization mechanism of flagellar morphogenesis during a bacterial cell cycle. Genes & Development, 2013, 27: 2049-2062. doi:10.1101/gad.222679.113.
[45] Boehm A, et al. Second messenger-mediated adjustment of bacterial swimming velocity. Cell, 2010, 141: 107-116. doi:10.1016/j.cell.2010.01.018.
[46] Paul K, Nieto V, Carlquist W C, Blair D F, Harshey R M. The c-di-GMP binding protein YcgR controls flagellar motor direction and speed to affect chemotaxis by a “backstop brake” mechanism. Molecular Cell, 2010, 38: 128-139. doi:10.1016/j.molcel.2010.03.001.
[47] Kulasekara B R, et al. c-di-GMP heterogeneity is generated by the chemotaxis machinery to regulate flagellar motility. eLife, 2013, 2: e01402. doi:10.7554/eLife.01402.
[48] Lori C, et al. Cyclic di-GMP acts as a cell cycle oscillator to drive chromosome replication. Nature, 2015, 523: 236-239. doi:10.1038/nature14473.
[49] Bush M J, Tschowri N, Schlimpert S, Flardh K, Buttner M J. c-di-GMP signalling and the regulation

of developmental transitions in streptomycetes. Nat Rev Microbiol, 2015, 13: 749-760. doi:10.1038/nrmicro3546.

[50] Tschowri N, et al. Tetrameric c-di-GMP mediates effective transcription factor dimerization to control Streptomyces development. Cell, 2014, 158: 1136-1147. doi:10.1016/j.cell.2014.07.022.

[51] Skotnicka D, et al. A minimal threshold of c-di-GMP is essential for fruiting body formation and sporulation in myxococcus xanthus. PLoS Genetics, 2016 12: e1006080. doi:10.1371/journal.pgen.1006080.

[52] Petters T, et al. The orphan histidine protein kinase SgmT is a c-di-GMP receptor and regulates composition of the extracellular matrix together with the orphan DNA binding response regulator DigR in Myxococcus xanthus. Molecular Microbiology, 2012, 84: 147-165. doi:10.1111/j.1365-2958.2012.08015.x.

[53] Hobley L, et al. Discrete cyclic di-GMP-dependent control of bacterial predation versus axenic growth in Bdellovibrio bacteriovorus. PLoS Pathogens, 2012, 8: e1002493. doi:10.1371/journal.ppat.1002493.

[54] Enomoto G, Ni W, Narikawa R, Ikeuchi M. Three cyanobacteriochromes work together to form a light color-sensitive input system for c-di-GMP signaling of cell aggregation. Proc Natl Acad Sci USA, 2015, 112: 8082-8087. doi:10.1073/pnas.1504228112.

[55] Romling U, Galperin M Y, Gomelsky M. Cyclic di-GMP: the first 25 years of a universal bacterial second messenger. Microbiology and Molecular Biology Reviews: MMBR, 2013, 77: 1-52. doi:10.1128/MMBR.00043-12.

[56] Huang Y H, Liu X Y, Du X X, Jiang Z F, Su X D. The structural basis for the sensing and binding of cyclic di-GMP by STING. Nature Structural & Molecular Biology, 2012, 19: 728-730. doi:10.1038/nsmb.2333.

[57] Shang G, et al. Crystal structures of STING protein reveal basis for recognition of cyclic di-GMP. Nature Structural & Molecular Biology, 2012, 19: 725-727. doi:10.1038/nsmb.2332.

[58] Shu C, Yi G, Watts T, Kao C C, Li P. Structure of STING bound to cyclic di-GMP reveals the mechanism of cyclic dinucleotide recognition by the immune system. Nature Structural & Molecular Biology, 2012 19: 722-724. doi:10.1038/nsmb.2331.

[59] Bejerano-Sagie M, et al. A checkpoint protein that scans the chromosome for damage at the start of sporulation in Bacillus subtilis. Cell, 2006, 125: 679-690. doi:10.1016/j.cell.2006.03.039.

[60] Stulke J, Kruger L. Cyclic di-AMP signaling in bacteria. Annual Review of Microbiology, 2020, 74: 159-179. doi:10.1146/annurev-micro-020518-115943.

[61] Bai Y, et al. Two DHH subfamily 1 proteins in Streptococcus pneumoniae possess cyclic di-AMP phosphodiesterase activity and affect bacterial growth and virulence. Journal of Bacteriology, 2013, 195: 5123-5132. doi:10.1128/JB.00769-13.

[62] Blotz C, et al. Identification of the components involved in cyclic Di-AMP signaling in mycoplasma pneumoniae. Frontiers in Microbiology, 2017, 8: 1328. doi:10.3389/fmicb.2017.01328.

[63] Tang Q, et al. Functional analysis of a c-di-AMP-specific Phosphodiesterase MsPDE from Mycobacterium smegmatis. International Journal of Biological Sciences, 2015, 11: 813-824. doi:10.7150/ijbs.11797.

[64] Gundlach J, et al. An Essential Poison: Synthesis and degradation of cyclic Di-AMP in bacillus subtilis. Journal of Bacteriology, 2015, 197: 3265-3274. doi:10.1128/JB.00564-15.

[65] Mehne F M, et al. Cyclic di-AMP homeostasis in bacillus subtilis: Both lack and high level accumulation of the nucleotide are detrimental for cell growth. The Journal of Biological Chemistry, 2013, 288: 2004-2017. doi:10.1074/jbc.M112.395491.

[66] Commichau F M, Gibhardt J, Halbedel S, Gundlach J, Stulke J. A delicate connection: c-di-AMP affects cell integrity by controlling osmolyte transport. Trends in Microbiology, 2018, 26: 175-185. doi:10.1016/j.tim.2017.09.003.

[67] Huynh T N, Woodward J J. Too much of a good thing: regulated depletion of c-di-AMP in the bacterial cytoplasm. Current Opinion in Microbiology, 2016, 30: 22-29. doi:10.1016/j.mib.2015.12.007.
[68] Gundlach J, et al. Control of potassium homeostasis is an essential function of the second messenger cyclic di-AMP in Bacillus subtilis. Sci Signal, 2017, 10: eaal3011. doi:10.1126/scisignal.aal3011.
[69] Zeden M S, et al. Identification of the main glutamine and glutamate transporters in Staphylococcus aureus and their impact on c-di-AMP production. Molecular Microbiology, 2020, 113: 1085-1100. doi:10.1111/mmi.14479.
[70] Zarrella T M, Metzger D W, Bai G. Stress suppressor screening leads to detection of regulation of cyclic di-AMP homeostasis by a Trk family effector protein in streptococcus pneumoniae. Journal of Bacteriology, 2018, 200: (12): e00045-18. doi:10.1128/JB.00045-18.
[71] Pham H T, et al. Enhanced uptake of potassium or glycine betaine or export of cyclic-di-AMP restores osmoresistance in a high cyclic-di-AMP Lactococcus lactis mutant. PLoS Genetics, 2018, 14: e1007574. doi:10.1371/journal.pgen.1007574.
[72] Nelson J W, et al. Riboswitches in eubacteria sense the second messenger c-di-AMP. Nature Chemical Biology, 2013, 9: 834-839. doi:10.1038/nchembio.1363.
[73] Zhang L, Li W, He Z G. DarR, a TetR-like transcriptional factor, is a cyclic di-AMP-responsive repressor in Mycobacterium smegmatis. The Journal of Biological Chemistry, 2013, 288: 3085-3096. doi:10.1074/jbc.M112.428110.
[74] Corrigan R M, et al. Systematic identification of conserved bacterial c-di-AMP receptor proteins. Proc Natl Acad Sci USA, 2013, 110: 9084-9089. doi:10.1073/pnas.1300595110.
[75] Sureka K, et al. The cyclic dinucleotide c-di-AMP is an allosteric regulator of metabolic enzyme function. Cell, 2014, 158: 1389-1401. doi:10.1016/j.cell.2014.07.046.
[76] Whiteley A T, Pollock A J, Portnoy D A. The PAMP c-di-AMP is essential for listeria monocytogenes growth in rich but not minimal media due to a toxic increase in (p)ppGpp. [corrected]. Cell Host & Microbe, 2015, 17: 788-798. doi:10.1016/j.chom.2015.05.006.
[77] Woodward J J, Iavarone A T, Portnoy D A. c-di-AMP secreted by intracellular Listeria monocytogenes activates a host type Ⅰ interferon response. Science, 2010, 328: 1703-1705. doi:10.1126/science.1189801.
[78] Devaux L, Kaminski P A, Trieu-Cuot P, Firon A. Cyclic di-AMP in host-pathogen interactions. Current Opinion in Microbiology, 2018, 41: 21-28. doi:10.1016/j.mib.2017.11.007.
[79] Ablasser A, et al. cGAS produces a 2′-5′-linked cyclic dinucleotide second messenger that activates STING. Nature, 2013, 498: 380-384. doi:10.1038/nature12306.
[80] Diner E J, et al. The innate immune DNA sensor cGAS produces a noncanonical cyclic dinucleotide that activates human STING. Cell Reports, 2013, 3: 1355-1361. doi:10.1016/j.celrep.2013.05.009.
[81] Butler S M, et al. Cholera stool bacteria repress chemotaxis to increase infectivity. Molecular Microbiology, 2006, 60: 417-426. doi:10.1111/j.1365-2958.2006.05096.x.
[82] Lindenberg S, Klauck G, Pesavento C, Klauck E, Hengge R. The EAL domain protein YciR acts as a trigger enzyme in a c-di-GMP signalling cascade in E. coli biofilm control. EMBO J, 2013, 32: 2001-2014. doi:10.1038/emboj.2013.120.
[83] Danilchanka O, Mekalanos J J. Cyclic dinucleotides and the innate immune response. Cell, 2013, 154: 962-970. doi:10.1016/j.cell.2013.08.014.
[84] Gao P, et al. Cyclic [G(2′,5′)pA(3’,5’)p] is the metazoan second messenger produced by DNA-activated cyclic GMP-AMP synthase. Cell, 2013, 153: 1094-1107. doi:10.1016/j.cell.2013.04.046.
[85] Zhang X, et al. Cyclic GMP-AMP containing mixed phosphodiester linkages is an endogenous high-affinity ligand for STING. Molecular Cell, 2013, 51: 226-235. doi:10.1016/j.molcel.2013.05.022.
[86] Barber G N. STING: infection, inflammation and cancer. Nature Reviews Immunology, 2015, 15: 760-770. doi:10.1038/nri3921.

[87] Ouyang S, et al. Structural analysis of the STING adaptor protein reveals a hydrophobic dimer interface and mode of cyclic di-GMP binding. Immunity, 2012, 36: 1073-1086. doi:10.1016/j.immuni.2012.03.019.

[88] Chen Q, Sun L, Chen Z J. Regulation and function of the cGAS-STING pathway of cytosolic DNA sensing. Nat Immunol, 2016, 17: 1142-1149. doi:10.1038/ni.3558.

[89] Gao P, et al. Structure-function analysis of STING activation by c[G(2′,5′)pA(3′,5′)p] and targeting by antiviral DMXAA. Cell, 2013, 154: 748-762. doi:10.1016/j.cell.2013.07.023.

[90] Shang G, Zhang C, Chen Z J, Bai X C, Zhang X. Cryo-EM structures of STING reveal its mechanism of activation by cyclic GMP-AMP. Nature, 2019, 567: 389-393. doi:10.1038/s41586-019-0998-5.

[91] Quintana I, et al. Genetic Engineering of Lactococcus lactis Co-producing Antigen and the Mucosal Adjuvant 3′, 5′- cyclic di Adenosine Monophosphate (c-di-AMP) as a Design Strategy to Develop a Mucosal Vaccine Prototype. Frontiers in Microbiology, 2018, 9: 2100. doi:10.3389/fmicb.2018.02100.

[92] Volckmar J, et al. The STING activator c-di-AMP exerts superior adjuvant properties than the formulation poly(I:C)/CpG after subcutaneous vaccination with soluble protein antigen or DEC-205-mediated antigen targeting to dendritic cells. Vaccine, 2019, 37: 4963-4974. doi:10.1016/j.vaccine.2019.07.019.

[93] Dalebroux Z D, Swanson M S. ppGpp: magic beyond RNA polymerase. Nat Rev Microbiol, 2012, 10: 203-212. doi:10.1038/nrmicro2720.

[94] Potrykus K, Cashel M. (p)ppGpp: still magical? Annual Review of Microbiology, 2008, 62: 35-51. doi:10.1146/annurev.micro.62.081307.162903.

[95] Jishage M, Kvint K, Shingler V, Nystrom T. Regulation of sigma factor competition by the alarmone ppGpp. Genes & Development, 2002, 16: 1260-1270. doi:10.1101/gad.227902.

[96] Osterberg S, del Peso-Santos T, Shingler V. Regulation of alternative sigma factor use. Annual Review of Microbiology, 2011, 65: 37-55. doi:10.1146/annurev.micro.112408.134219.

[97] Murray H D, Schneider D A, Gourse R L. Control of rRNA expression by small molecules is dynamic and nonredundant. Molecular Cell, 2003, 12: 125-134. doi:10.1016/s1097-2765(03)00266-1.

[98] Potrykus K, Murphy H, Philippe N, Cashel M. ppGpp is the major source of growth rate control in E. coli. Environmental Microbiology, 2011, 13: 563-575. doi:10.1111/j.1462-2920.2010.02357.x.

[99] Wang J D, Sanders G M, Grossman A D. Nutritional control of elongation of DNA replication by (p)ppGpp. Cell, 2007, 128: 865-875. doi:10.1016/j.cell.2006.12.043.

[100] Dalebroux Z D, Svensson S L, Gaynor E C, Swanson M S. ppGpp conjures bacterial virulence. Microbiology and Molecular Biology Reviews: MMBR, 2010, 74: 171-199. doi:10.1128/MMBR.00046-09.

[101] Cocco L, Follo M Y, Manzoli L, Suh P G. Phosphoinositide-specific phospholipase C in health and disease. Journal of Lipid Research, 2015, 56: 1853-1860. doi:10.1194/jlr.R057984.

[102] Connolly T M, Bansal V S, Bross T E, Irvine R F, Majerus P W. The metabolism of tris- and tetraphosphates of inositol by 5-phosphomonoesterase and 3-kinase enzymes. The Journal of Biological Chemistry, 1987, 262: 2146-2149.

[103] Irvine R F, Lloyd-Burton S M, Yu J C, Letcher A J, Schell M J. The regulation and function of inositol 1,4,5-trisphosphate 3-kinases. Advances in Enzyme Regulation, 2006, 46: 314-323. doi:10.1016/j.advenzreg.2006.01.009.

[104] Berridge M J, Bootman M D, Roderick H L. Calcium signalling: dynamics, homeostasis and remodelling. Nature Reviews Molecular Cell biology, 2003, 4: 517-529. doi:10.1038/nrm1155.

[105] Berridge M J. The Inositol Trisphosphate/Calcium Signaling Pathway in Health and Disease. Physiological Reviews, 2016, 96: 1261-1296. doi:10.1152/physrev.00006.2016.

[106] Seo M D, et al. Structural and functional conservation of key domains in InsP3 and ryanodine receptors. Nature, 2012, 483: 108-112. doi:10.1038/nature10751.

[107] Lin C C, Baek K, Lu Z. Apo and InsP(3)-bound crystal structures of the ligand-binding domain of an

InsP(3) receptor. Nature Structural & Molecular Biology, 2011, 18: 1172-1174. doi:10.1038/nsmb.2112.
[108] Fan G, et al. Gating machinery of InsP3R channels revealed by electron cryomicroscopy. Nature, 2015, 527: 336-341. doi:10.1038/nature15249.
[109] Paknejad N, Hite R K. Structural basis for the regulation of inositol trisphosphate receptors by Ca(2+) and IP3. Nature Structural & Molecular Biology, 2018, 25: 660-668. doi:10.1038/s41594-018-0089-6.
[110] Kisselev L L, Justesen J, Wolfson A D, Frolova L Y. Diadenosine oligophosphates (Ap(n)A), a novel class of signalling molecules? FEBS Letters, 1998, 427: 157-163.
[111] Varshavsky A. Diadenosine 5′, 5‴-P1, P4-tetraphosphate: a pleiotropically acting alarmone? Cell, 1983, 34: 711-712.
[112] Plateau P, Blanquet S. Dinucleoside oligophosphates in micro-organisms. Adv Microb Physiol, 1994, 36: 81-109.
[113] Zamecnik P. Diadenosine 5′, 5‴-P1,P4-tetraphosphate (Ap4A): its role in cellular metabolism. Analytical Biochemistry, 1983, 134: 1-10.
[114] Guranowski A, Galbas M, Hartmann R, Justesen J. Selective degradation of 2′-adenylated diadenosine tri- and tetraphosphates, Ap(3)A and Ap(4)A, by two specific human dinucleoside polyphosphate hydrolases. Arch Biochem Biophys, 2000, 373: 218-224. doi:10.1006/abbi.1999.1556.
[115] Robinson A K, Barnes L D. Three diadenosine 5′, 5″ -P1,P4-tetraphosphate hydrolytic enzymes from Physarum polycephalum with differential effects by calcium: a specific dinucleoside polyphosphate pyrophosphohydrolase, a nucleotide pyrophosphatase, and a phosphodiesterase. Arch Biochem Biophys, 1986, 248: 502-515.
[116] Jankowski J, et al. Identification and quantification of diadenosine polyphosphate concentrations in human plasma. Arterioscler Thromb Vasc Biol, 2003, 23: 1231-1238. doi:10.1161/01.ATV.0000075913.00428.FD.
[117] Edgecombe M, Craddock H S, Smith D C, McLennan A G, Fisher M J. Diadenosine polyphosphate-stimulated gluconeogenesis in isolated rat proximal tubules. Biochem J, 1997, 323 (Pt 2): 451-456.
[118] Gabriels G, Rahn K H, Schlatter E, Steinmetz M. Mesenteric and renal vascular effects of diadenosine polyphosphates (APnA). Cardiovasc Res, 2002, 56: 22-32.
[119] Bochner B R, Lee P C, Wilson S W, Cutler C W, Ames B N. AppppA and related adenylylated nucleotides are synthesized as a consequence of oxidation stress. Cell, 1984, 37: 225-232.
[120] Ripoll C, et al. Diadenosine polyphosphates. A novel class of glucose-induced intracellular messengers in the pancreatic beta-cell. Diabetes, 1996, 45: 1431-1434.
[121] Marriott A S, et al. Diadenosine 5′, 5‴-P(1),P(4)-tetraphosphate (Ap4A) is synthesized in response to DNA damage and inhibits the initiation of DNA replication. DNA Repair (Amst), 2015, 33: 90-100. doi:10.1016/j.dnarep.2015.06.008.
[122] Gualix J, et al. Characterization of diadenosine polyphosphate transport into chromaffin granules from adrenal medulla. FASEB J, 1997, 11: 981-990.
[123] Guranowski A, Starzynska E, Pietrowska-Borek M, Rejman D, Blackburn G M. Novel diadenosine polyphosphate analogs with oxymethylene bridges replacing oxygen in the polyphosphate chain: potential substrates and/or inhibitors of Ap4A hydrolases. FEBS, J, 2009, 276: 1546-1553. doi:10.1111/j.1742-4658.2009.06882.x.
[124] Kisselev L L, Justesen J, Wolfson A D, Frolova L Y. Diadenosine oligophosphates (Ap(n)A), a novel class of signalling molecules? FEBS Lett, 1998, 427: 157-163. doi:10.1016/s0014-5793(98)00420-7.
[125] Miras-Portugal M T, Gualix J, Pintor, J. The neurotransmitter role of diadenosine polyphosphates. FEBS Letters, 1998, 430: 78-82.
[126] Rotllan P, Rodriguez-Ferrer C R, Asensio A C, Oaknin S. Potent inhibition of specific diadenosine polyphosphate hydrolases by suramin. FEBS Letters, 1998, 429: 143-146.

[127] Vartanian A, Alexandrov I, Prudowski I, McLennan A, Kisselev L. Ap4A induces apoptosis in human cultured cells. FEBS Letters, 1999, 456: 175-180.

[128] Pietrowska-Borek M, Nuc K, Zielezinska M, Guranowski A. Diadenosine polyphosphates (Ap3A and Ap4A) behave as alarmones triggering the synthesis of enzymes of the phenylpropanoid pathway in Arabidopsis thaliana. FEBS Open Bio, 2011, 1: 1-6. doi:10.1016/j.fob.2011.10.002.

[129] Lee Y N, Nechushtan H, Figov N, Razin E. The function of lysyl-tRNA synthetase and Ap4A as signaling regulators of MITF activity in FcepsilonRI-activated mast cells. Immunity, 2004, 20: 145-151.

[130] Andersson M. Diadenosine tetraphosphate (Ap4A): its presence and functions in biological systems. Int J Biochem, 1989, 21: 707-714.

[131] Hankin S, Wintero A K, McLennan A G. Molecular cloning of diadenosine tetraphosphatase from pig small intestinal mucosa and identification of sequence blocks common to diadenosine polyphosphate hydrolases and phosphorylases. Int J Biochem Cell Biol, 1997, 29: 317-323.

[132] Bonaventura C, Cashon R, Colacino J M, Hilderman R H. Alteration of hemoglobin function by diadenosine 5′,5‴-P1,P4-tetraphosphate and other alarmones. The Journal of Biological Chemistry, 1992, 267: 4652-4657.

[133] Booth J W, Guidotti G. An alleged yeast polyphosphate kinase is actually diadenosine-5′, 5‴-P1,P4-tetraphosphate alpha,beta-phosphorylase. The Journal of Biological Chemistry, 1995, 270: 19377-19382.

[134] Jiang Y L, et al. Structural and enzymatic characterization of the streptococcal ATP/diadenosine polyphosphate and phosphodiester hydrolase Spr1479/SapH. The Journal of Biological Chemistry, 2011, 286: 35906-35914. doi:10.1074/jbc.M111.228585.

[135] Rapaport E, Zamecnik P C, Baril E F. Association of diadenosine 5′, 5‴-P1,P4-tetraphosphate binding protein with HeLa cell DNA polymerase alpha. The Journal of Biological Chemistry, 1986, 256: 12148-12151.

[136] Tepel M, Bachmann J, Schluter H, Zidek W. Diadenosine polyphosphate-induced increase in cytosolic free calcium in vascular smooth muscle cells. J Hypertens, 1995, 13: 1686-1688.

[137] Melnik S, et al. Diadenosine polyphosphate analog controls postsynaptic excitation in CA3-CA1 synapses via a nitric oxide-dependent mechanism. J Pharmacol Exp Ther, 2006, 318: 579-588. doi:10.1124/jpet.105.097642.

[138] Pintor J, King B F, Ziganshin A U, Miras-Portugal M T, Burnstock G Diadenosine polyphosphate-activated inward and outward currents in follicular oocytes of Xenopus laevis. Life Sci, 1996, 59: PL179-PL184.

[139] Carmi-Levy I, Yannay-Cohen N, Kay G, Razin E, Nechushtan H. Diadenosine tetraphosphate hydrolase is part of the transcriptional regulation network in immunologically activated mast cells. Molecular and Cellular Biology, 2008, 28: 5777-5784. doi:10.1128/MCB.00106-08.

[140] Pintor J, Gualix J, Miras-Portugal M T. Diinosine polyphosphates, a group of dinucleotides with antagonistic effects on diadenosine polyphosphate receptor. Mol Pharmacol, 1997, 51: 277-284.

[141] Kyriacou S V, Deutscher M P. An important role for the multienzyme aminoacyl-tRNA synthetase complex in mammalian translation and cell growth. Molecular Cell, 2008, 29: 419-427. doi:10.1016/j.molcel.2007.11.038.

[142] Ofir-Birin Y, et al. Structural switch of lysyl-tRNA synthetase between translation and transcription. Molecular Cell, 2013, 49: 30-42. doi:10.1016/j.molcel.2012.10.010.

[143] Yu J, et al. Second messenger Ap4A polymerizes target protein HINT1 to transduce signals in FcepsilonRI-activated mast cells. Nature Communications, 2019, 10: 4664. doi:10.1038/s41467-019-12710-8.

[144] Guerra J, et al. Lysyl-tRNA synthetase produces diadenosine tetraphosphate to curb STING-dependent inflammation. Science Advances, 2020, 6: eaax3333. doi:10.1126/sciadv.aax3333.

[145] Ji X, et al. Alarmone Ap4A is elevated by aminoglycoside antibiotics and enhances their bactericidal activity. Proc Natl Acad Sci USA, 2019, 116: 9578-9585. doi:10.1073/pnas.1822026116.
[146] Carracedo G, et al. The role of dinucleoside polyphosphates on the ocular surface and other eye structures. Progress in Retinal and Eye Research, 2016, 55: 182-205. doi:10.1016/j.preteyeres.2016.07.001.
[147] Guzman-Aranguez A, Crooke A, Peral A, Hoyle C H, Pintor J. Dinucleoside polyphosphates in the eye: from physiology to therapeutics. Progress in Retinal and Eye Research, 2007, 26: 674-687. doi:10.1016/j.preteyeres.2007.09.001.

PHOSPHORUS 磷科学前沿与技术丛书
磷与生命科学

10

微生物中的含磷天然产物

林挺
厦门大学药学院

10.1
引言

含磷分子对于生命体而言是极其重要的组成部分，除了核苷酸、蛋白质和磷脂等生命体所必需的成分含有磷元素(主要是形成磷氧键)外，大量的天然产物也含有磷元素。自然界中存在 P—C 键、P—S 键和 P—N 键。虽然这些含磷化合物在自然界中的丰度并不大，但是在各种形式的生命体中，它们都发挥着至关重要的作用[1]。在天然产物中，磷碳键较为常见，含有磷氮键的化合物如磷酸酰胺类化合物(phosphoramidate)不多见，含有磷氮键的化合物一般分为两类：Ⅰ类和Ⅱ类[2-3]。Ⅰ类化合物在结构末端有 P—OH 基团，Ⅱ类结构末端有 P—NH_2 基团。截至 2019 年，已知报道的天然产物含有 P—N 键的只有大约 55 个[1]。

本章所论及的含磷化合物不包括 DNA、RNA、蛋白质和磷脂等生物大分子。磷酸酰胺天然产物的结构和细胞内磷酸化的生物小分子，以及某些羧酸小分子的结构非常相似。因为结构的相似性，磷酸酰胺天然产物容易被细胞内某些酶错误地识别、结合，但是不能被有效地催化[4]。

微生物代谢产物分为初级代谢产物和次级代谢产物，初级代谢产物是指微生物通过代谢活动所产生的、自身生长和繁殖所必需的物质，例如核苷酸、氨基酸、多糖、脂类等，这些产物合成一旦发生错误或者障碍将会威胁到微生物的生存。次级代谢产物对微生物自身的正常生长不是必需的化合物，很多次级代谢产物在医药、化工等领域都发挥着重要的作用。

这些含磷天然产物在微生物次级代谢产物中所占比例很小，但它们表现出了非常丰富的生物活性，其中一部分已经成为药物。

本章将根据微生物分类、化合物报道的时间顺序和成键方式种类，以及含磷天然产物的活性、生物合成途径和相关酶，对这些含磷天然产物进行介绍。其中，将微生物分为古菌、细菌、放线菌、真菌以及肠道微生物，从几个维度分别介绍它们所产生的含磷次级代谢产物。

10.2

微生物中的含磷化合物

10.2.1 古菌产生的含磷化合物

Pastac 等 [5] 在 1954 年从一株海洋氨氧化古菌（*Nitrosopumilus maritimus*）中分离得到一个很简单的含 P—C 的甲基膦酸（**1**），化学结构如图 10-1 所示，其含有不同于磷酸酯键结构的 P—C 键特征结构，P—C 结构具有更高的稳定性。

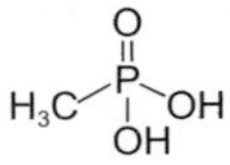

H_3C—P(=O)(OH)—OH

1

图 10-1 古菌产生的含磷化合物

10.2.2 细菌产生的含磷化合物

从各种形式的生命体中（如哺乳动物、原生动物、植物、真菌、古菌和细菌等）都能分离得到各式各样的磷酸酯 [6-7]。磷酸酯在全球磷元素循环系统中是一个被忽视的重要磷来源 [8]。尤其在海洋环境中，磷元素是一个主要的限制性营养源。海洋环境磷循环中溶解性含磷有机化合物是海洋生命的重要替代来源。25% 溶解在海水中的含磷化合物具有 P—C 键[9-10]。

蓝细菌(*Trichodesmium erythraeum*)化学元素组成中接近 10% 的磷元素是以含有 P—C 键形式的化合物(如磷酸酯)存在[11]。鉴于蓝细菌在海洋环境中无处不在，不难想象在海洋环境中的磷很可能主要以磷酸酯形式存在，而磷酸酯可以作为海洋生物圈中磷的主要来源。含有 P—C 键的化合物尤其是磷酸酯类化合物在全球磷循环中是至关重要的，全球海洋调查中关于 P—C 键生物合成和代谢的宏基因组分析结果证明了这个观点[12]。海洋微生物基因组(大约 10% 的细菌基因组)中含有大量磷酸盐的生物合成基因簇，以及编码水解含有 P—C 键化合物酶的基因簇(30% 细菌基因组)[12]。

Nauze 等[13]在 1968 年发现假炭疽杆菌 *Bacillus cereus* 的发酵上清液可以裂解 2-aminoethylphosphonate(AEP)，从而产生 phosphonacetylaldehyde(**2**)，见图 10-2。

Heip 等[14]在 1975 年从澳大利亚放射形土壤杆菌(*Agrobacterium radiobacter*)中分离得到含 P—N 键化合物土壤杆菌素(agrocin，**3**)，该化合物可以通过抑制 tRNA 合成酶而选择性抑制许多植物病菌，例如根癌农杆菌(*Agrobacterium tumefaciens*)和根瘤土壤杆菌(*Agrobacterium rhizogenes*)[15-17]。脱氧核苷与 C5 位为甲基取代的戊酰胺的去氧核糖，是该化合物的毒性基团[18-20]。该系统已经被广泛应用于农业领域中抑制根癌农杆菌的生物防治[21]。1979 年，Tate 等[19]在 *Nature* 上报道了由放射形土壤杆菌产生的含有磷氮键的土壤杆菌素。Reader 等[15]在 2005 年的 *Science* 上报道了将由生防菌非植物病原菌 *Agrobacterium radiobacter* K84 产生的 agrocin 描述为特洛伊木马，并阐述了该化合物作用机制，该毒素活性核心 TM84 是亮氨酰单磷酸腺苷(leucyl-adenosine-5′-monophosphate，Leu-AMP)的类似物，由 agrocin 水解产生。TM84 能够特异性抑制亮氨酰 tRNA 合成酶(leucyl-tRNA synthetases，LeuRSs)，从而抑制或者杀死农作物中的根癌农杆菌。

1976年，Mitchell等[22]从栖菜豆假单胞菌(*Pseudomonas phaseolicola*)的液体发酵培养液中分离得到一个含P—N键的化合物菜豆毒素(phaseolotoxin)(**4**)，属于磷酰胺硫酸类(phosphosulfamates)。该化合物是一种植物毒素，可以抑制精氨酸和聚酰胺的生物合成，在生物除草剂的应用方面非常有前景[23]。Mitchell等[24-25]又在1977年报道了新西兰的一株丁香假单胞菌(*Pseudomonas syringae* pv. *Phaseolicola*)中phaseolotoxin的一个新的天然衍生物2-serinephaseolotoxin(**5**)，该化合物在总毒素中所占比例很小，只有大约6%。自从2-serinephaseolotoxin被报道以来，还没有关于它的新的文章发表。目前已知的天然产物中有四个磷酰胺硫酸类化合物，包括菜豆毒素和它的同系物2-serinephaseolotoxin，以及菜豆毒素经植物肽酶水解后形成的活性产物Octicidin(**6**)(又名PSOrn，该活性产物是在被感染植物组织中起主要作用的毒素[26])，还有一个是sulphostin(由放线菌产生)，这类化合物都包含在不常见的硫酸基团中，含有一个N—S键。

“microcins”这一概念最早是由Asensio等[27]在1976年提出的，主要是为了与传统的抗生素进行区分。传统抗生素可以分为两类：一类由链霉菌产生，常表现出广谱的抗菌活性；而另一类则由杆菌产生。而microcins是由不产孢细菌(从人体肠道中分离的细菌)产生分泌到培养基中，并且作用于相关微生物的一类抗生素，除了大肠杆菌素(不归类于传统抗生素范畴)外，microcins的抗菌活性还未被阐述。

microcins是由肠杆菌(*Enterobacteriaceae*)产生并分泌到胞外的一类分子量小于1000的一族化合物，该类化合物对热稳定，可以溶解在甲醇与水的混合溶液中，对蛋白酶和枯草溶菌素不敏感[28]。到目前为止，microcin族的磷酰胺肽类抗生素是由核糖体合成的多肽，并且目前在许多细菌中都有发现，包括青蓝菌(cynobacteria)，陆地和海洋都有报道[29-31]。

几乎所有microcin C的类似物都含有一个七肽结构以及连在C端的一个腺苷磷酰胺结构(**7**)。其中也有一个例外，是从*Bacillus amyloiquefaciens*和*Yersinia pseudotuberculosis*中分离得到的包含羧甲基胞嘧啶的结构(**8**)，该化合物包含更长的肽段，以无活性形式存在，当进入细胞体内时需要胞内保守的水解酶 TldD/E 水解才会释放活性成分，形成 11 个氨基酸以及 C 末端包含修饰的胞嘧啶残基，然后该多肽以活性形式被分泌到细胞外[32-33]。其作用机制与传统的 microcin C 一致。microcin 族抗生素可以特异性靶向天冬氨酰基 tRNA 合成酶，从而终止蛋白合成，被称为特洛伊木马抑制剂，磷酰胺的连接键对水解反应相比于不稳定的天冬氨酰腺苷酸更加牢固[34]。磷酰天冬氨 - 核苷(**9**)和(**10**)是在细菌中起作用的活性基团。

1986 年，Yamato 等[35]从一株孢囊菌 *Astrosporangium hypotensionis* 中分离得到磷酸小肽分子，其中包含磷碳键，命名为 K26(**11**)，该化合物由 *N*- 乙酰化的异亮氨酸 - 酪氨酸 -AHEP 组成，它能抑制血管紧张素转换酶(ACE)活性，有治疗高血压的潜力。

Katayama 等[36]在 1990 年从一株绿黄假单胞菌(*Pseudomonas viridiflava* PK-5)中分离得到新核苷类抗生素 fosfadecin(**12**)，而从另一株荧光假单胞菌(*Pseudomonas fluorescens* PK-52)中分离得到另一种核苷类抗生素 fosfocytocin(**13**)。fosfadecin(**12**)可以降解为 fosfomycin(**14**)和相应核苷，fosfocytocin(**13**)可以降解为一个新的抗生素 fosfoxacin(**15**)和核苷。

Kugler 等[37]在 1990 年从一株枯草杆菌 *Bacillus subtilis* ATCC6633 中分离得到磷酸寡肽类化合物 rhizocticin A(**16**)和 B(**17**)，它们表现出较强的抗真菌活性。

1995 年，Guijarro 等[38]利用 ^{1}H 核磁共振谱，^{1}H 与 ^{13}C、^{15}N、^{31}P 异核核磁共振谱以及质谱技术鉴定了 microcin C7(**18**)的结构，该化合物具有七肽 Met-Arg-Thr-Gly-Asn-Ala-Asp 分子结构，在 N 端形成甲酰基，而在 C 端由 P—N 键连接形成磷酰胺，microcin C7 可以抑制蛋白翻译，是金属蛋白酶抑制剂。

空肠弯曲杆菌(*Campylobacter jejuni*)是一种致病菌，是引起细菌性肠胃炎的主要原因，由它所产生的细菌荚膜多糖(capsular polysaccharides，CPS)是一种含有磷氮键的复杂多糖结构，CPS 中的多糖分子包围着细菌细胞外表面，CPS 在感染宿主与定殖方面发挥重要作用，同时在对抗噬菌体和宿主免疫系统方面也至关重要[39-43]。不同空肠弯曲杆菌所产生的CPS(**19**)有很大的结构差异[44-45]。2008年，日本研究团队报道了从水华蓝束丝蓝细菌(*Aphanizomenon flosaquae*)中分离得到4个含P—C键的磷酸类化合物(**20**～**23**)。Bycroft和Payne[46]在2013年报道了从一株芽孢杆菌*Bacillus* sp.Hc-62中分离得到的磷酰胺嘧啶类抗生素HC 62(**24**)，与放线菌中EM2487和1100-50结构类似。

磷酸原(phosphagen)是一种含有高能P—N键的化合物，如肌酸磷酸和精氨酸磷酸等，在代谢过程中作为能量储存形式存在。在长达一百年的探索磷酸原在生物中的种种作用的过程中，目前比较明确的是含有P—N键的胍基化合物有着丰富而古老的进化史，它们在所有需要消耗高能量的生命体(单细胞或多细胞生物)的生理和生化过程中都起着中心作用[1]。

磷酸原最早是在动物中被鉴定出来的。动物肌肉组织需要消耗高水平的能量，这种情况下ATP的产生无法满足肌肉组织的消耗。磷酸原系统也在一些单细胞生物中被鉴定出来，例如真核纤毛虫和鞭毛虫，甚至在细菌中也存在[47-48]。磷酸原在细胞中的主要作用，是当细胞对能量的需求大于细胞ATP产生的能力时用于缓解能量危机。磷酸原在组织中积累的浓度远高于ATP[49]。当磷酸原分子在能量需求大的组织中释放出磷酸分子时，对基本代谢过程如糖酵解和糖异生具有间接调节作用[49-50]。

精氨酸是截至目前已知的磷酸原的最初前体，在不同生物体中磷酸原的生物合成途径不同[49]。但是，磷酸原生物合成途径的最后一步是相同的。磷酸原前体(proto-phosphagens)是含有胍基的磷酸受体化合物。最后一步磷酸基团从ATP分子转移到磷酸原前体上的反应是由磷酸原激酶(phosphagen kinases)催化的。

研究最多的磷酸原激酶是肌酸激酶creatine kinase(EC 2.7.3.2)，该酶是脊椎动物中唯一的磷酸原激酶[51-52]。精氨酸激酶分布很广，包括无脊椎动物和许多单细胞生物[53-54]。变形菌门的一些细菌例如*Desulfotalea psychrophila*、*Myxococcus xanthus*、*Moritella* sp. PE36和*Sulfurovum* sp. NBC37-1等，目前有假说认为细菌中的精氨酸激酶是从真核生物垂直传递而来的，但是由于目前鉴定的细菌种类还较少，所以该说法还存有一定争议[47-48]。

精氨酸激酶(EC 2.7.3.3)负责精氨酸的磷酸化，这种现象也发生在单细胞生物如原生动物甚至细菌中。*N*-磷酸精氨酸(*N*-phosphoarginine)的磷酸原系统可能是地球上最早进化出来的生物化学机制。例如细菌变形杆菌门(Proteobacteria)中的德耳塔变形杆菌纲(Deltaproteobacteria)中的*Desulfotalea psychrophila*、*Myxococcus xanthush*[47,55-56]，艾普西隆变形杆菌纲(Epsilonproteobacteria)中的*Sulfurovum lithotrophicum*[48]等都能产生*N*-磷酸精氨酸(**25**)。

假菌界(Chromista)不等鞭毛门(Heterokontophyta)卵菌亚纲(Oomycota)马铃薯晚疫病菌(*Phytophthora infestans*)和大豆疫霉根腐病菌(*Phytophthora sojae*)可以产生*N*-phospho-taurocyamine(**26**)[57-59]，而假菌界褐藻门(Ochrophyta)金藻纲(Chrysophyceae)*Ochromonas danica*可以产生*N*-phospho-agmatine(**27**)[60]。

关于天然来源的含P—N键的磷酰胺核苷酸(phosphoramidate nucleotides)的研究并不多，最著名的是Ⅱ类磷酰胺adenosine 5′-phosphoramidate(AMPN)(**28**)，AMPN被认为是所有生物体中最核心的代谢物[61]。该化合物在体外由腺苷酰基转移酶催化一分子腺苷酰硫酸(adenosine 5′-phosphosulphate，APS，**29**)与一分子氨(ammonia)形成，催化该反应的酶分布很广，包括细菌、藻类、真菌和高等植物[62-63]。

AMPN最早是从绿藻*Auxenochlorella pyrenoidosa*中分离得到的[63]，随后在大肠杆菌(*Escherichia coli*)、盘基网柄菌(*Dictyostelium discoideum*)、眼虫、纤细眼虫、裸藻(*Euglena gracilis*)、菠菜(*Spinacia oleracea*)中都有分离得到[62]，但是该化合物的功能还不是很清楚。

除了磷酰化核苷酸，部分早期的研究还发现了*N*-腺苷化的蛋白质(**30**)，很可能*N*-腺苷化的蛋白质在机体中很普遍[64]。在之前的研究中发现在许多物种中都存在这种现象，比如在盘基网柄菌的膜蛋白中就发现*N*-腺苷化的蛋白质[65-66]。

上述细菌产生的含磷化合物结构见图10-2。

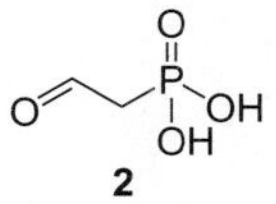

图 10-2

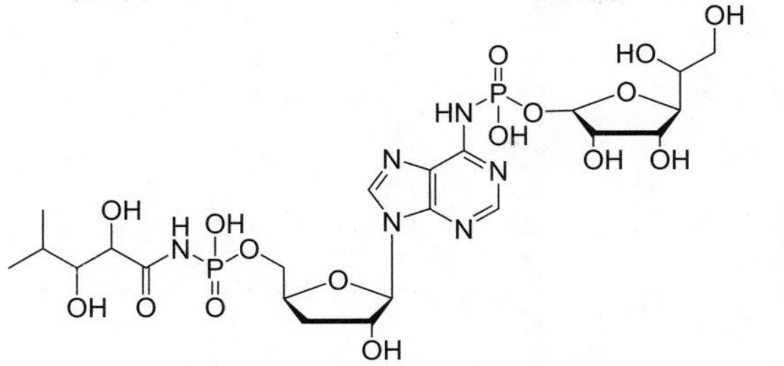

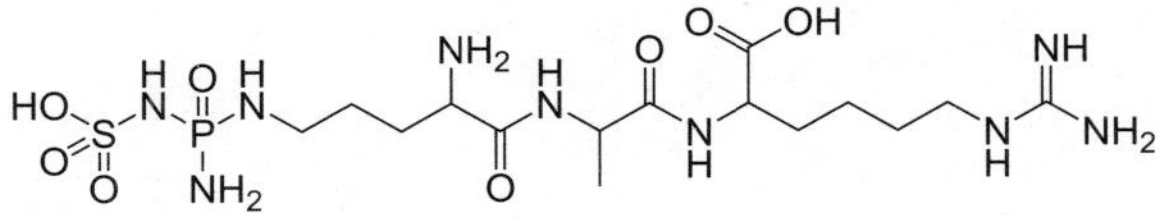

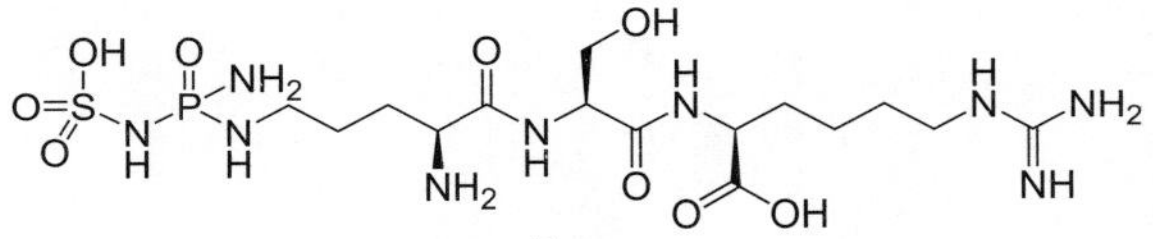

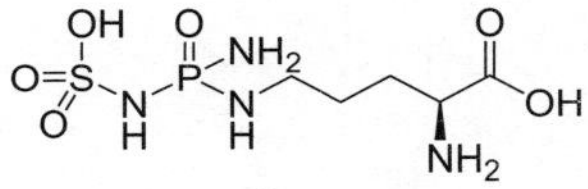

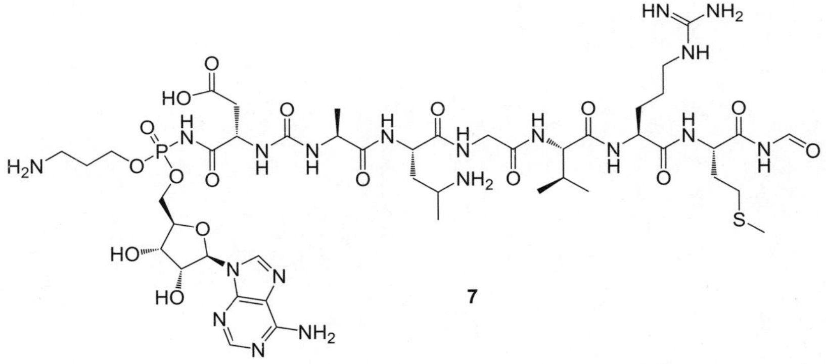

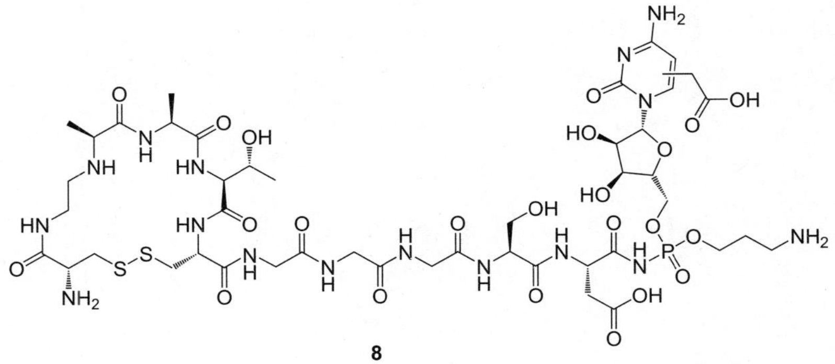

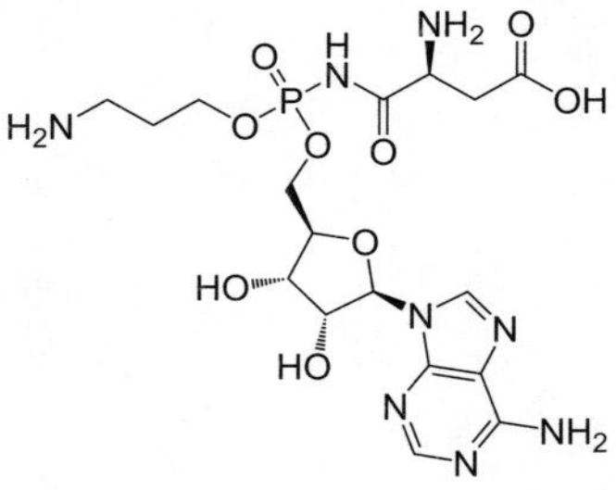

9

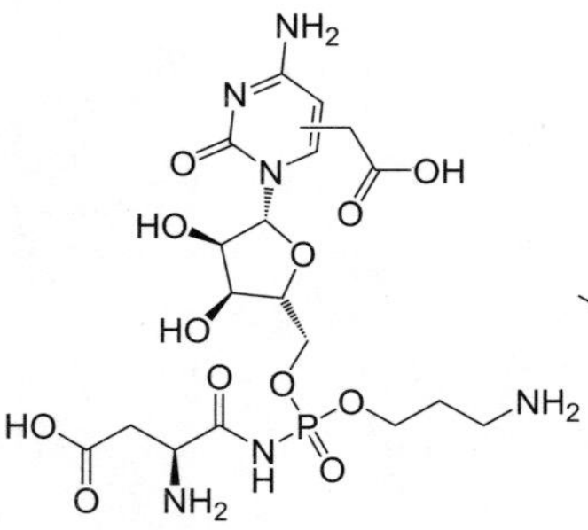

10

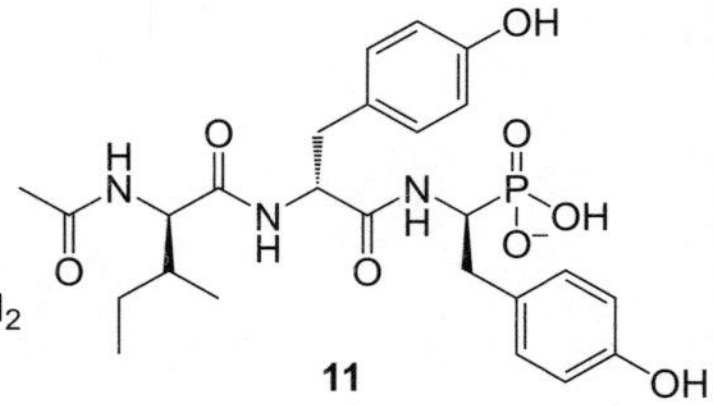

11

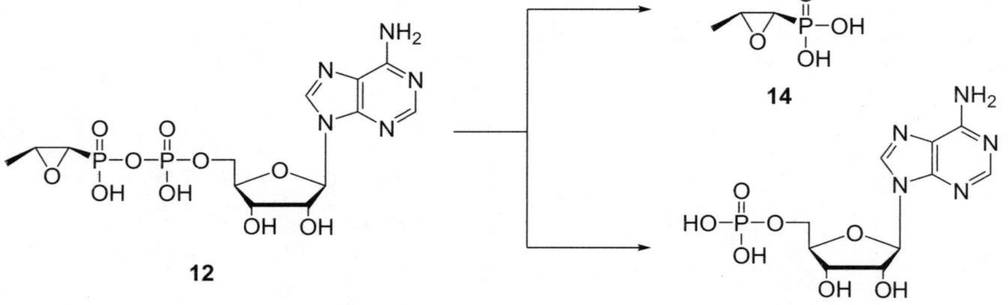

12

14

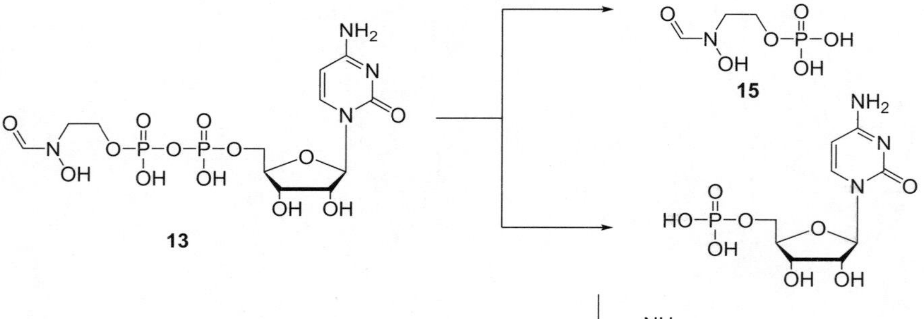

13

15

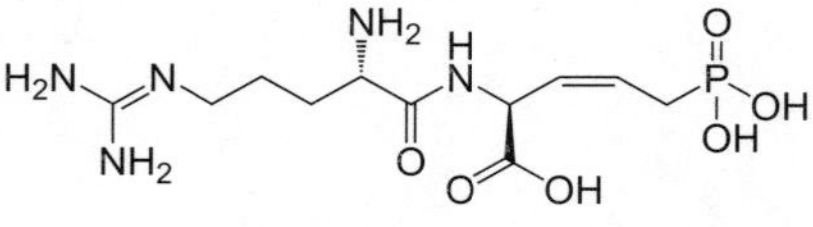

16

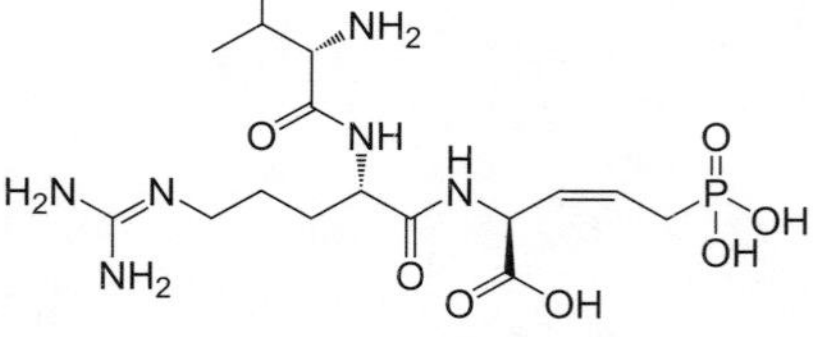

17

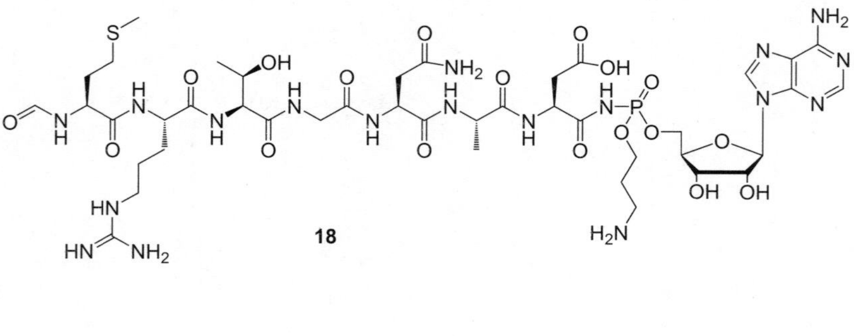

18

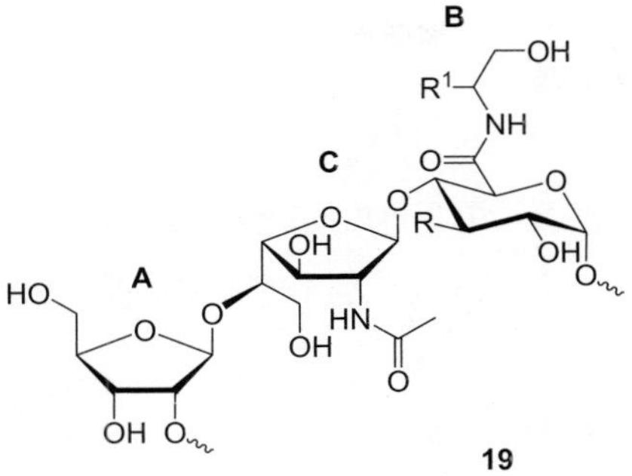

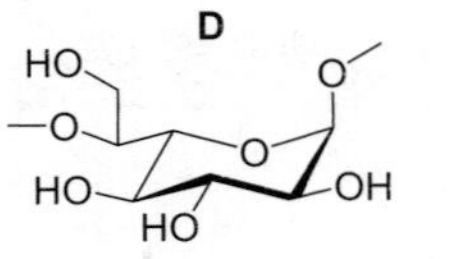

~— 蛋白质聚合物链

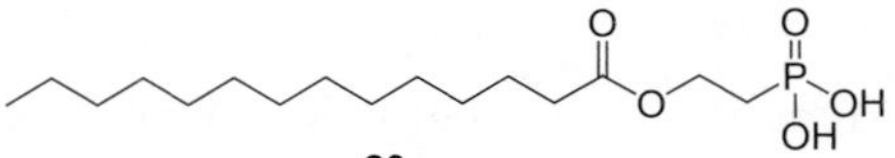

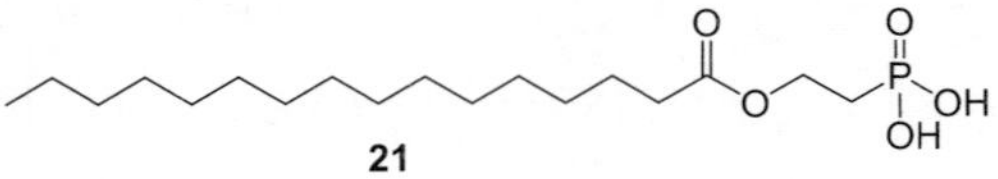

图 10-2 细菌产生的含磷化合物

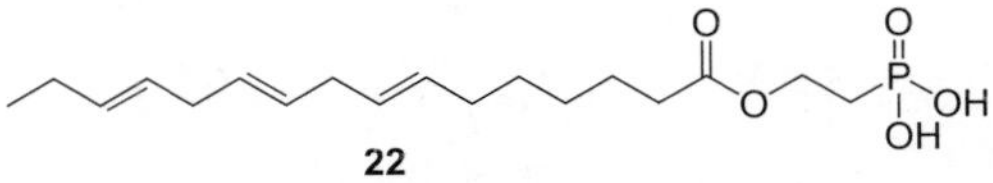

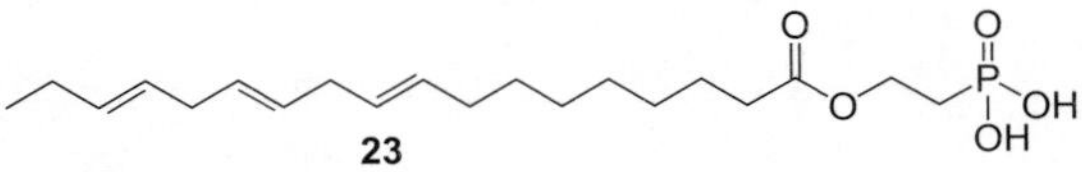

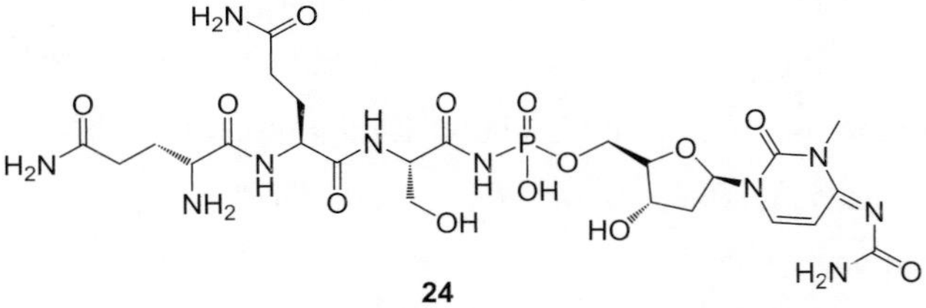

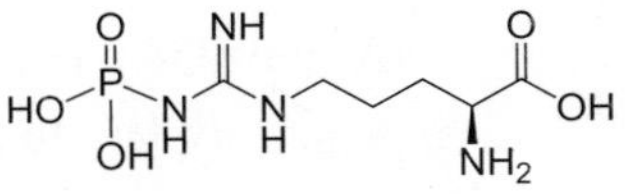

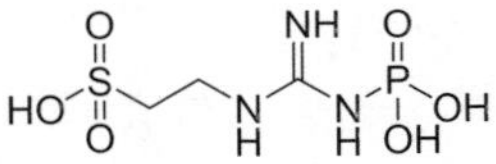

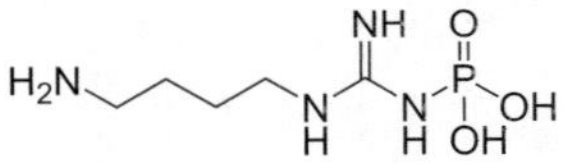

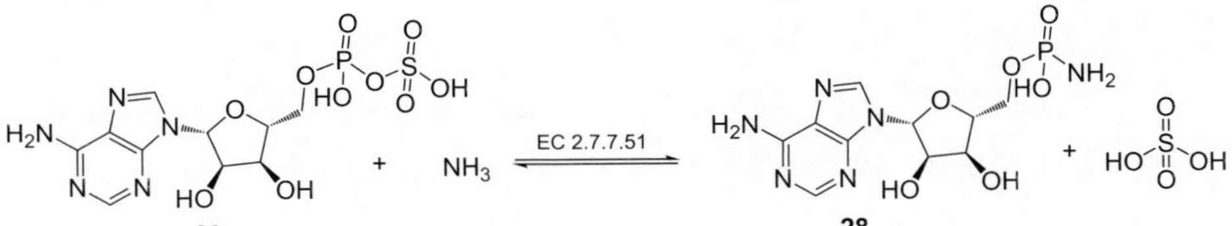

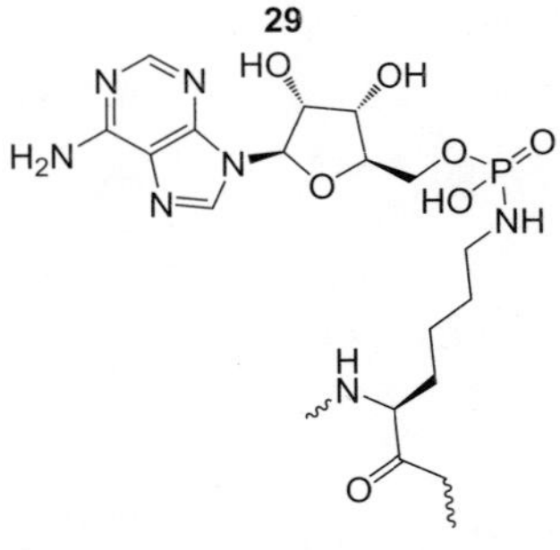

10.2.3 放线菌产生的含磷化合物

放线菌产生的第一个含磷化合物是1969年报道的1,2-epoxipropanephosphonic acid（**31**，即后来的磷霉素，具体在微生物产生的含磷药物中介绍）。

1972 年，Umezawa 等[67]从一株链霉菌 *Streptomyces tanashiensis* 中分离并鉴定了一个含磷氮键的化合物磷酸阿米酮 phosphoramidon（**32**），而它的立体异构体 talopeptin（**33**）由 Murao 等[68]在 1980 年从一株链霉菌 *Streptomyces mozunensis* MK-23 中分离得到，二者之间只有一个立体中心的异构化，phosphoramidon 是 6 位脱氧甘露糖，而 talopeptin 是 6 位脱氧塔罗糖。两个化合物都可以抑制嗜热菌蛋白酶和基质金属蛋白酶[69-71]。

1973 年，Pruess 等[72]从一株链霉菌中分离得到磷酰胺类化合物 L-(*N*-phosphonyl) methionine-*S*-sulfoximinyl-L-alanyl-L-alanine（**34**），该化合物可以抑制枯草芽孢杆菌（*Bacillus subtilis*），而该抑制活性可以被 L-methionine 或者 L-leucine 逆转。

该化合物也可以归类于磷酸亚砜亚胺类化合物，该类型化合物目前报道得非常少，它们是亚砜亚胺含 P—N 键的衍生物。另一个也含有类似结构的化合物 L-(*N*5-phosphono)-methionine-*S*-sulfoximinyl-alanyl-alanine（**35**），也是从一株链霉菌中分离得到的[73]。

Kondo 等[74]在 1973 年从一株吸水链霉菌（*Streptomyces hygroscopicus* SF-1293）中分离得到含有 P—C 键的 phosphonopyruvic acid（**36**）。

Park 等[75]在 1976 年从一株链霉菌 *Streptomyces plumbeus* 中鉴定出两个新的抗代谢物 plumbemycin A（**37**）和 B（**38**），它们都是 L-苏氨酸的拮抗剂，但是这两个化合物构型的确定是错误的，直到 Fredenhagen 等[76]在 1995 年重新修订了这两个化合物的绝对构型。Kuroda 等[77]从 *Streptomyces lavendulae* 中分离得到 fosmidomycin（**39**），这三个化合物都有很好的抗菌活性。

1980 年，Kuroda 等[77]从一株链霉菌 *Streptomyces unzenensis* sp. nov. 中分离鉴定了一个含磷氮键的化合物 FR-900137（**40**），该化合物具有广

谱抑制革兰氏阳性和阴性菌（除了铜绿假单胞菌）的活性。

Okuhara 等[78] 与 Kuroda 等[77] 在 1980 年报道了分别从三株链霉菌中分离得到含 P—C 键的抗生素 FR-31564（**41**）、FR-32863（**42**）、FR-33289（**43**）、FR900098（**44**）以及化合物 117（**45**）。

Kasai 等[79-80] 在 1982 年报道了从链霉菌 *Streptomyces rishiriensis* NK-122 中分离得到一个新的磷酰胺类化合物 phosphophenylalanylarginine（FMPI）（**46**），该化合物在体外可以抑制金属蛋白酶，IC_{50} 达到 nmol/L 级别，有很好的活性。

1983 年，Ogita 等[81] 报道了磷氮霉素 fosfazinomycins A（**47**）和 B（**48**）的结构，这两个化合物是从薰衣草链霉菌 *Streptomyces lavendofoliae* 中分离纯化得到的，磷氮霉素具有抗真菌活性，同时可以选择性抑制蛋白磷酸化酶 2A，从而可以抗肿瘤，有望成为抗肿瘤或者抗真菌药物。

Antibiotic A 53868A 是 Johnson 等[82] 在 1984 年从链霉菌中分离得到的，但是其结构的确定却是一波三折，最早报道的结构是 **49**，1988 年 Hunt 等[83] 对其结构修正为 **50**，最后在 2007 年 Whitteck 等[84] 才最终确定了其正确结构为 **51**。

继 bilanaphos（**52**）被发现之后，1984 年 Omura 等[85] 从 *Kitasatoporia phosalacinea* 的液体培养液中分离得到另一个三肽 phosalacine（**53**）。

Kido 等[86] 在 1984 年从一株马杜拉放线菌属 *Actinomadura* sp. No. 937ZE-1 液体培养发酵液中分离得到 antibiotic I5B1（**54**）和 B2（**55**），B2 是新的血管紧张素转化酶抑制剂。

Ohuchio 等[87] 在 1988 年从链孢囊菌属 *Streptosporangium nondiastaticum* 中分离得到新的血管紧张素转化酶 antibiotic SF 2513B（**56**）和 antibiotic SF 2513C（**57**）。

Kato 等[88] 在 1991 年从一株 *Streptomyces hygroscopicus* sp. KSB-1285 中分离得到 trialaphos（**58**），该化合物在 500μg/mL 时具有较好的除草活性，trialaphos 后来被证实是广谱和高效的杀虫剂，但是 trialaphos 会残留在环境中从而污染环境[89]。

Uramoto 等[90] 在 1991 年和 Phillips 等[91] 在 1993 年先后从一株链霉

菌 *Streptomyces durhamensis* 的次级代谢产物中分离得到含有脯氨酸的磷酸酰胺类化合物 phosmidosine(**59**)、phosmidosine B(**60**)、phosmidosine C(**61**)和另外两个 *N*-methylphosmidosine 的衍生物(**62**，**63**)，该系列化合物在浓度为 0.25μg/mL 时具有抗致病真菌灰霉菌 *Botrytis cinerea* 的活性，致病真菌灰霉菌能够致使许多重要水果和蔬菜经济作物得灰霉病，且该类化合物在体外测试时具有较好的抗肿瘤活性 [92-94]。

Kimura 等 [95] 在 1995 年从糖丝菌属(*Saccharothrix* sp.)中分离得到一个新的具有除草活性的含 P—C 键的 phosphonothrixin(**64**)，该结构中还含有一个异戊烯基。

1999 年，Takeuchi 等 [96] 从 10000 株微生物发酵产物中发现放线菌 *Streptomyces* sp. Mer-2487 的发酵上清液能抑制 Tat 诱导的 HIV-1 报告基因的表达，这种抑制作用发生在 HIV-1 DNA 整合到宿主后成为潜伏性病毒的阶段。从中分离得到含磷化合物 EM2487(**65**)。2003 年，Takatsu 等 [97] 从一株薰衣草链霉菌 *Streptomyces lavendulae* SANK 64297 中分离出一个磷酰胺类化合物 1100-50(**66**)。二者区别就在于它们所包含的核苷结构不同。EM2487 含有一个尿嘧啶环，而 1100-50 含有一个胞嘧啶环。EM2487 含有一个 *N*-甲基化的羟胺基团，而 1100-50 中的羟胺不是 *N*-甲基化。对二者都检测了抗 HIV 活性和杀线虫活性。

2001 年，Akiyama 等 [98] 在筛选二肽酰肽酶Ⅳ(dipeptidyl peptidase Ⅳ, DPP Ⅳ)时发现链霉菌 *Streptomyces* sp. MK251-43F3 发酵液有很好的抑制活性，从中分离鉴定了磷酰胺类化合物 sulphostin(**67**)，而 DPP Ⅳ的抑制剂可以用于免疫紊乱相关疾病的治疗。

2001 年，Datta 等 [99] 从一株具有抗真菌活性的卡那链霉菌 *Streptomyces kanamyceticus* M8 中分离得到一个磷酰胺类化合物 JU-2(**68**)，该化合物对不同的致病和非致病真菌都有很强的抑制活性，但是对细菌和酵母没有抑制作用。

Quitschau 等 [100] 在 2008 年从澳大利亚大堡礁的一株海鞘共附生链霉菌 *Streptomyces* sp. JP90 的液体发酵产物中分离并鉴定了一个新的含磷氮键化合物 cinnamoylphosphoramide(**69**)，该化合物在体外对乙酰胆碱酯酶

(AChE)有微弱的抑制活性。

Evans等[101]在2013年利用新的质谱技术从一株金色链霉菌*Streptomyces aureus* NRRL B-2808中鉴定出了新的抗生素phosacetamycin(**70**)，该化合物具有较好的抗菌活性。

2014年，Cioni等[102]从一株分离自拉潘帕省的链霉菌*Streptomyces regensis* WC-3744中分离得到5个含P—C键的膦酸类化合物(**71**～**75**)，其中化合物**71**、**73**、**74**为新化合物，分别为(2-acetamidoethyl)phosphonic acid(**71**)、(2-acetamido-1-hydroxyethyl)phosphonic(**73**)、[cyano(hydroxy)methyl]phosphonic acid(**74**)。化合物**74**和**75**含有罕见的氰醇基团。

Ju等[103]在2015年从链霉菌*Streptomyces durhamensis* NRRL B-3309中分离得到含P—C键化合物valinophos(**76**)，同年Ju等从链霉菌*Streptomyces monomycini* B-24309中分离鉴定出含P—C键和胍基的化合物argolaphos A(**77**)和B(**78**)，这两个化合物属于广谱抗生素。

Ju等在同一篇文献中还报道了从链霉菌*Streptomyces* sp. NRRLS-481中分离得到phosphonocystoximic acid(**79**)以及其羟基衍生物hydroxyphosphonocystoximic acid(**80**)，后者(**80**)在2014年就被Cioni等[102]从链霉菌*Streptomyces regensis* NRRL WC-3744中分离得到。

Leonard等在2016年从一株小单孢菌(*Micromonospora*)的次级代谢产物中分离得到磷酸丙酮酸水合酶的新型抑制剂antibiotic SF 2312(**81**)[104]。

次膦酸盐(phosphinates)在天然产物中非常稀少，这类化合物常常含有次膦酸氨基酸phosphinothricin(**82**)。Bialaphos(**83**)(除草剂；双丙氨膦)是从链霉菌*Streptomyces hygroscopis*的发酵培养物中获得的一种三肽类化合物，它是一种除草剂的前体物质，可以代谢为活性的除草剂L-phosphinothricin[105]。phosphinothricin可以制备为外消旋混合物L-phosphinothricin和D-phosphinothricin作为商业化除草剂glufosinate(草铵膦；草丁膦)(商品名Basta，Liberty)[106]。bialaphos和phosphinothricin抑制谷氨酰胺合成酶，该酶是负责氨的解毒和谷氨酰胺的生成，对植物的伤害是致命的。用草铵膦处理植物将会减少植物体内谷氨酰胺的量并累积氨从而抑制光合作用导致植物死亡[107]。

研究者从一株链霉菌 *Streptomyces hygroscopicus* SF-1293 中分离得到多个含有 P—C 键结构的化合物，如 2-aminoethylphosphonous acid（**84**）、desmethylphosphinothricin（**85**）、2-amino-3-(hydroxyphosphinyl)propanoic acid（**86**）、2-phosphinomethylmalic acid（**87**）、*N*-acetyldemethylphosphinothricin（**88**），以及 phosphinothricin 的氨基酸衍生物 phosphinothricyl alanyl glycine、phosphinothricyl alanyl valine 和 phosphinothricyl glycyl alanine，并对它们的生物合成途径进行了研究 [108-114]。

上述放线菌产生的含磷化合物见图 10-3。

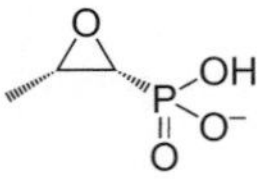
31

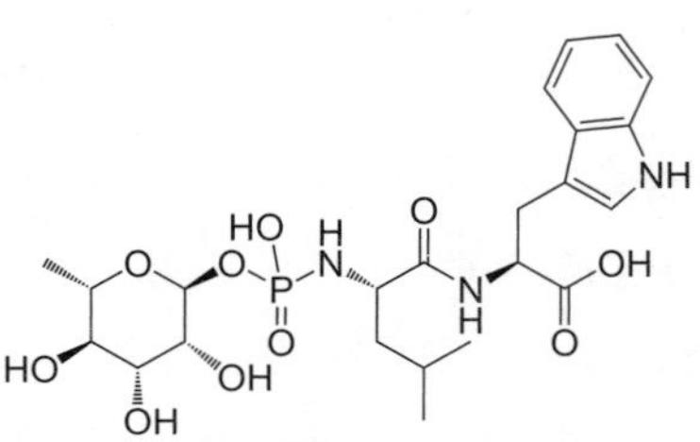
32

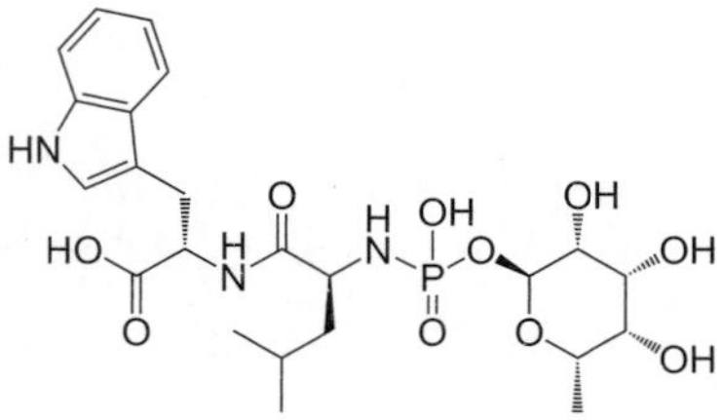
33

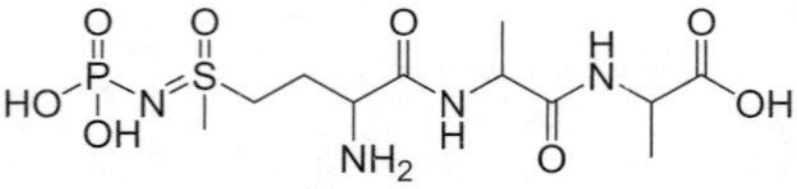
34

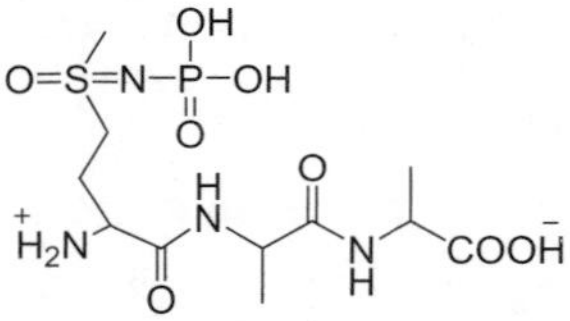
35

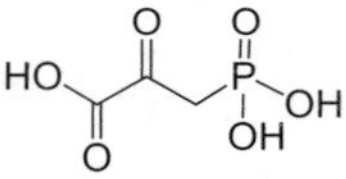
36

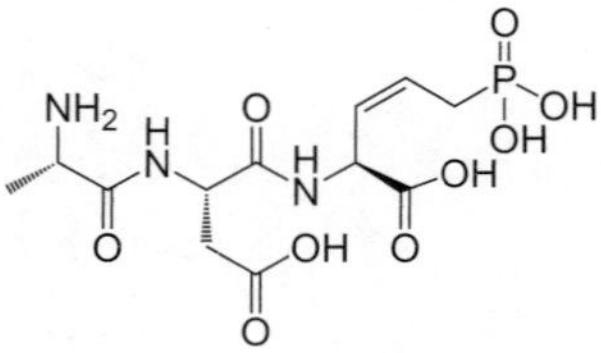
37

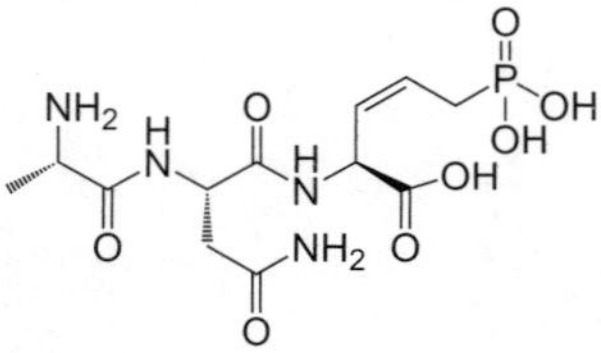
38

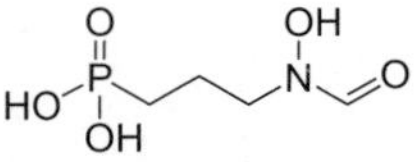
39

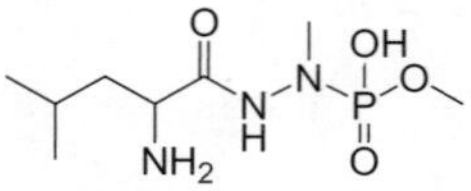
40

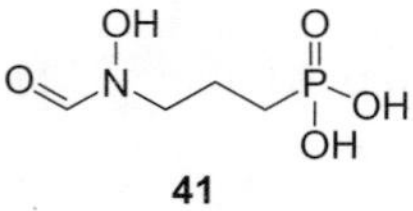
41

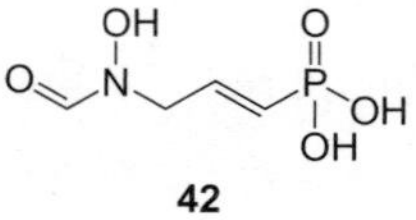
42

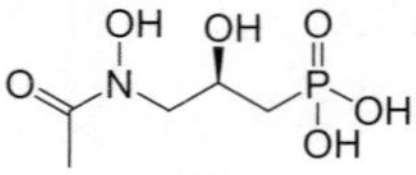
43

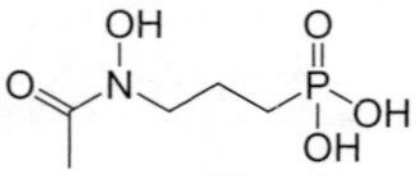
44

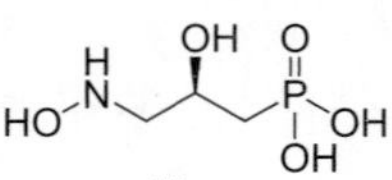
45

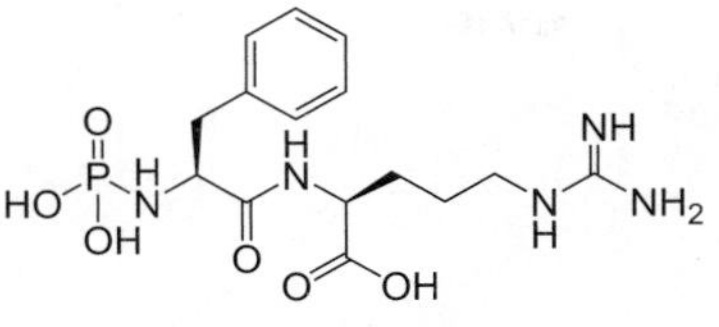

46

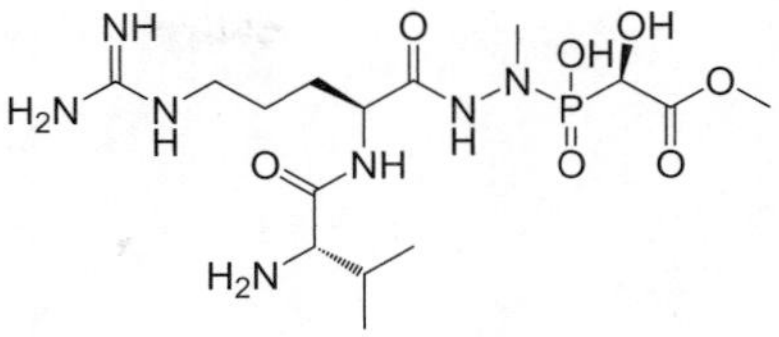

47

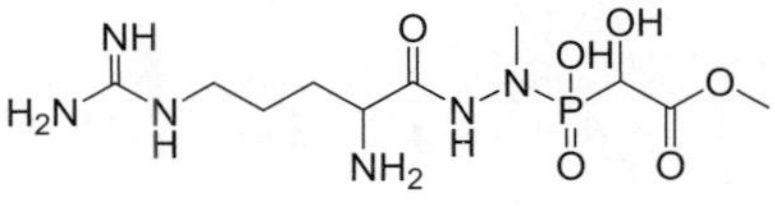

48

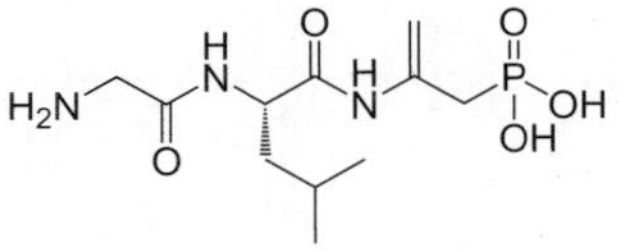

49

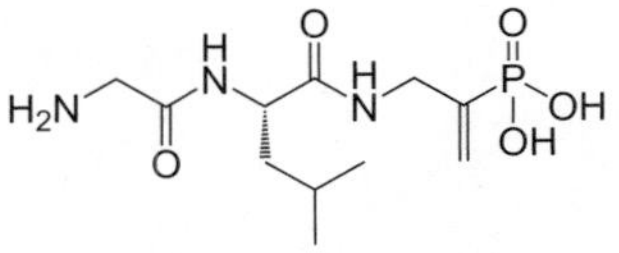

50

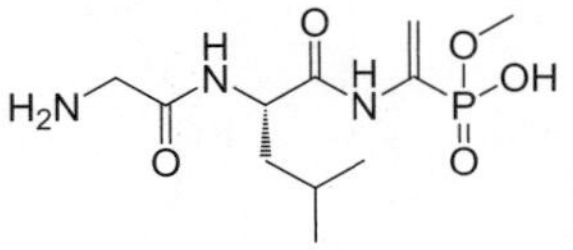

51

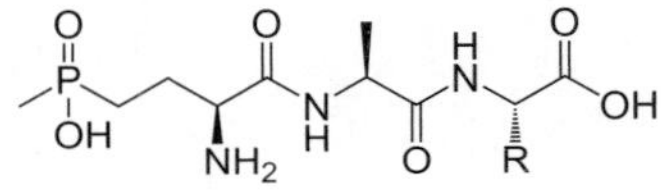

R = CH_3: L-phosphinothricyl-L-alanyl-L-alanine (bilanaphos = bialaphos, **52**);
R = CH-$CH(CH_3)_2$: L-phosphinothricyl-L-alanyl-L-leucine (phosalacine, **53**).

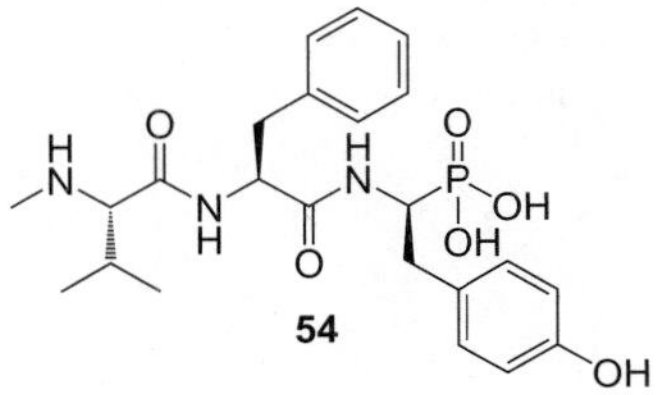

54

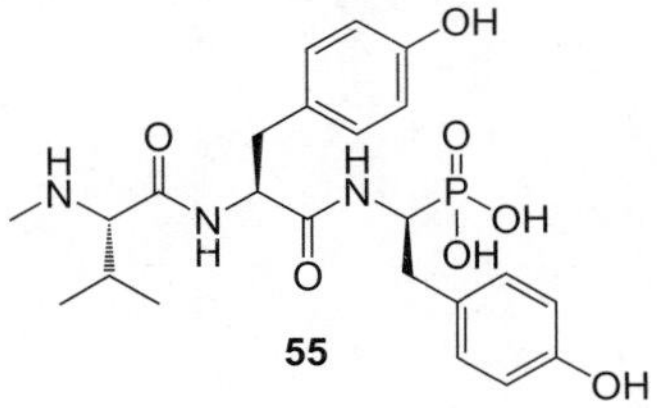

55

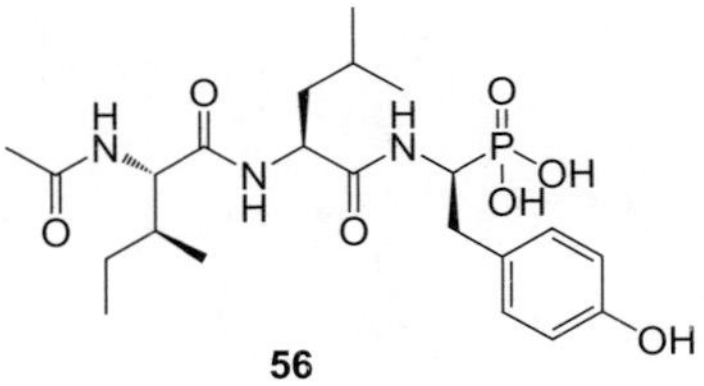

56

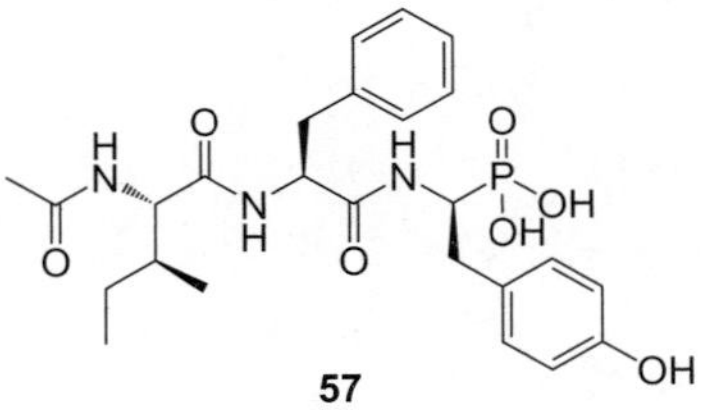

57

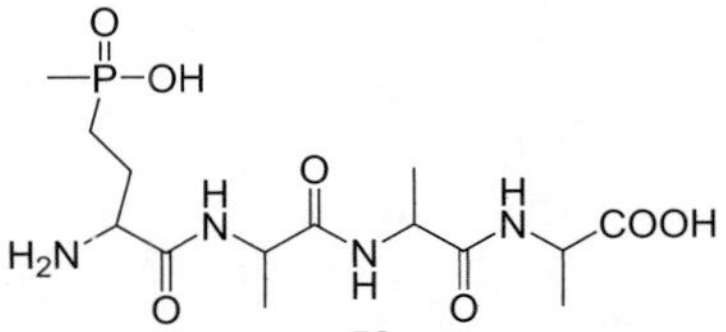

58

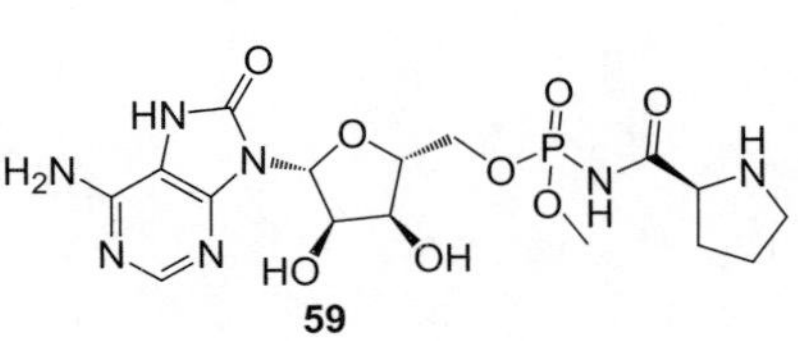

59

图 10-3

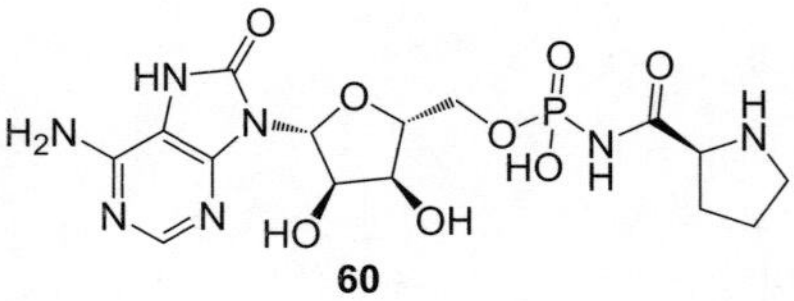

60

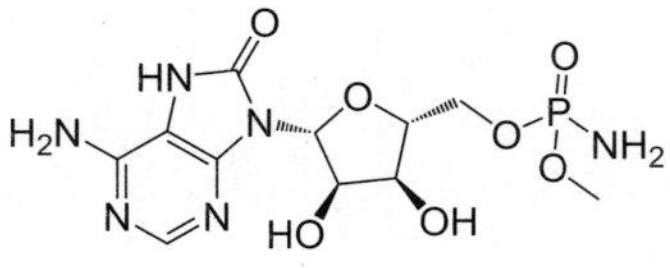

61

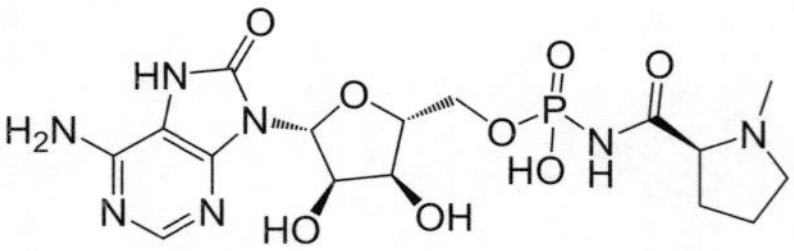

62

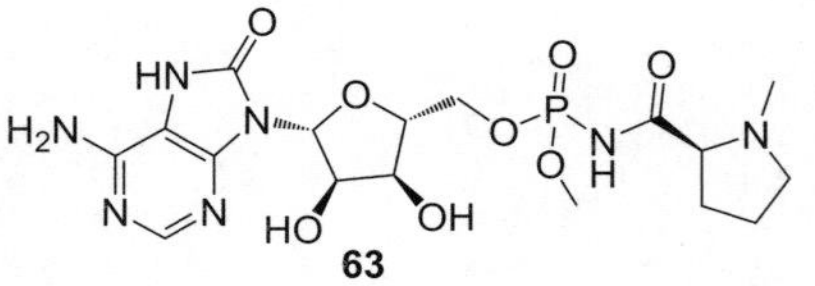

63

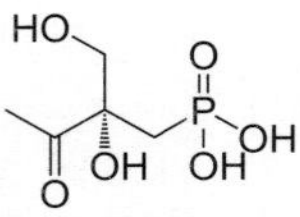

64

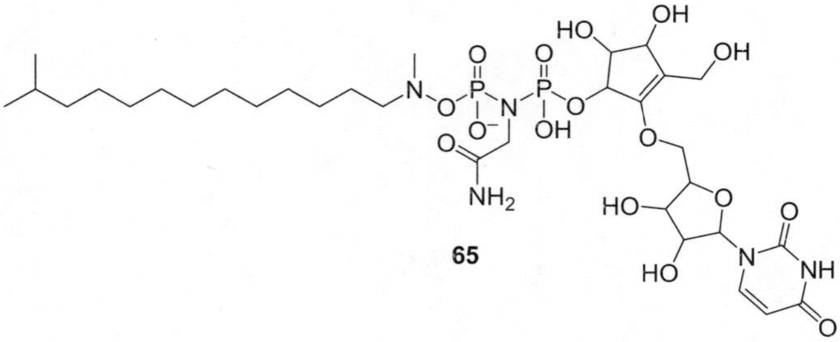

65

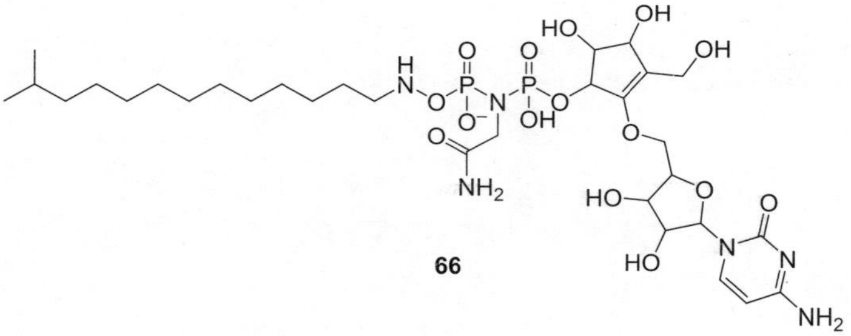

66

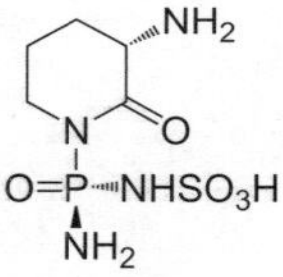

67

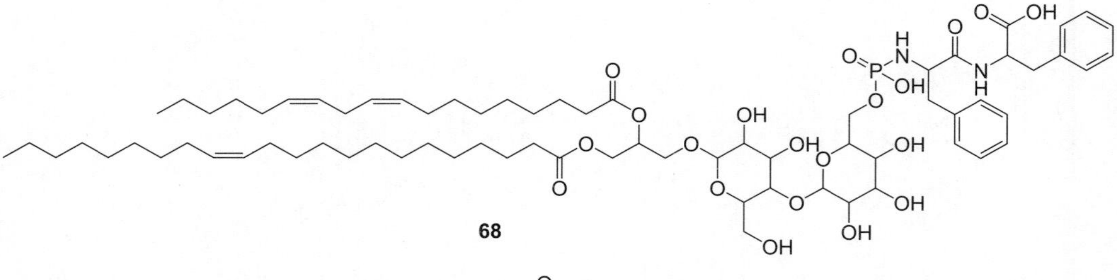

68

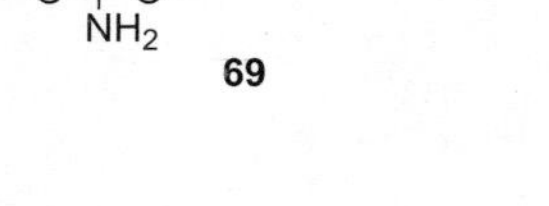

69

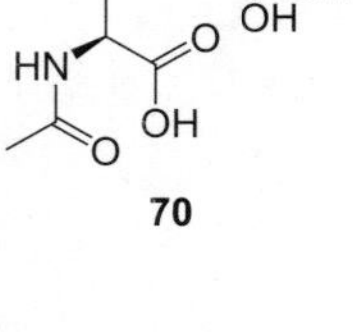

70

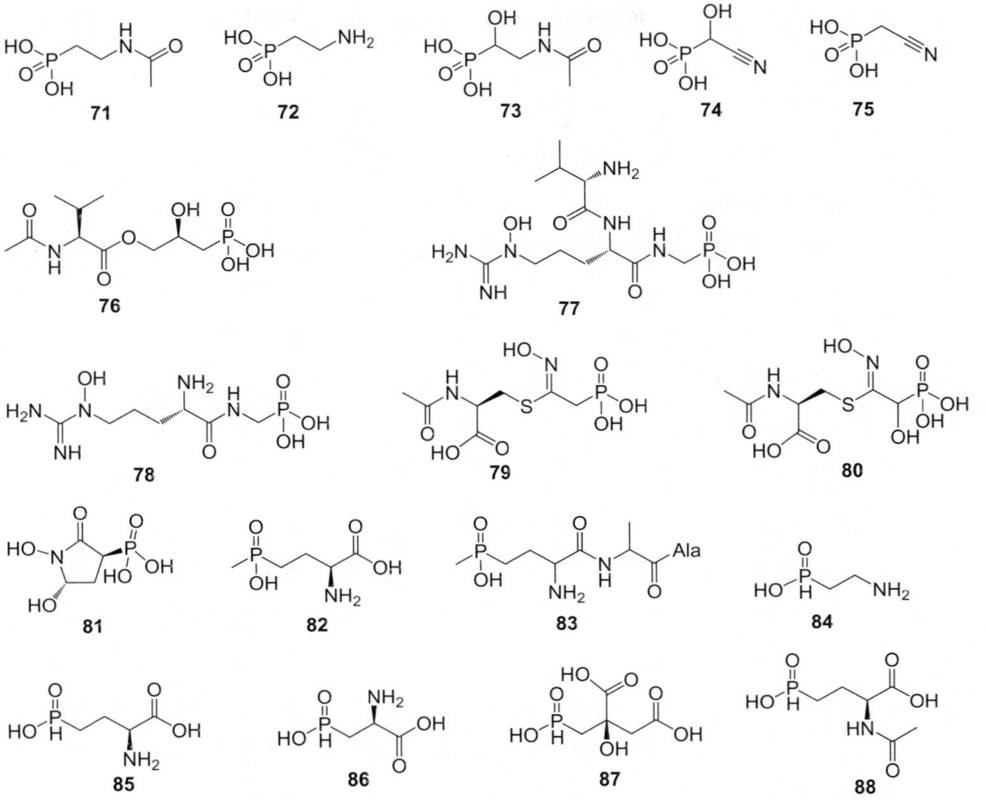

图 10-3 放线菌产生的含磷化合物

10.2.4 真菌产生的含磷化合物

Takeuchi 等[115]在镰刀霉(*Fusarium* sp.)中分离得到含氯磷酸类化合物 chloroacetylphosphonic acid(fosfonochlorin，**89**)，该化合物在真菌蓝黄状菌(*Talaromyces flavus*)中也有分离得到。

含有 P—S 双键和单键的天然产物在生化中非常罕见，P—S 不能被生命体所利用，而含 P—S 键的化合物在人类工业中却被广泛应用。硫逐磷酸酯和硫代磷酸盐(或酯)被广泛用于杀虫剂和除草剂。农业中所使用的化合物里普遍含有 P—S 单键或者双键，仅仅在农业上，硫逐磷酸酯和硫代磷酸盐(或酯)就有上百种[116]。

截至目前，只有两个含有 P—S 的天然产物的报道。第一个是含有 P—S 的腙类化合物 *O*, *O*-dipropyl(*E*)-2-(1-methyl-2-oxopropylidene) phosphorohydrazidothioate(*E*)-oxime(**90**)，是 Alam 等在 1982 年发现的，该化合物是从美国佛罗里达州海岸线附近产生赤潮的甲藻类腰鞭毛藻(*Karenia brevis*)中分离得到的，并且被鉴定为鱼毒素[117]，该化合物对啮齿类动物表现出急毒活性[118-119]。第二个天然产物 **91** 是化合物 **90** 的二聚体，化合物 **91** 是 Abraham 等从一株海洋真菌 *Lignincola laevis* 中分离得到的，并且具有细胞毒活性[120]。

然而，微生物中 P—N 键形成的生物机制还有待揭示。1985 年有两篇文献报道[121-122]了圆弧青霉菌 *Penicillium cyclopium* 在合成生物碱类化合物 cyclopeptin(**92**)过程中存在一种苯丙氨酸腺苷酰转移酶 phenylalanine adenylyltransferase(EC 2.7.7.54)，能够催化 L-苯丙氨酸与 ATP 反应生成 *N*-腺苷酰-L-苯丙氨酸(*N*-adenylyl-L-phenylalanine)与焦磷酸酯(pyrophosphate)。但是，该酶的活性一直被质疑，目前 BRENDA 酶信息系统指出 EC 2.7.7.54 酶活性只是酶 EC 6.3.2.40 的一部分，该酶不合成任何含有 P—N 键的产物和中间体[123]。Simonetti 等[124]在 2016 年的综述中详细阐述了 cyclopeptin 的生物合成途径，其中并未涉及 P—N 键形成的中间产物。

上述真菌产生的含磷化合物(**89-91**)或生物合成途径可能涉及 P—N 结构的代谢物(**92**)见图 10-4。

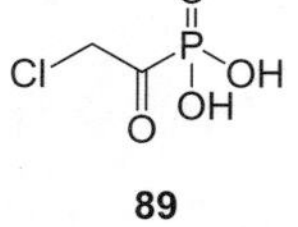

89 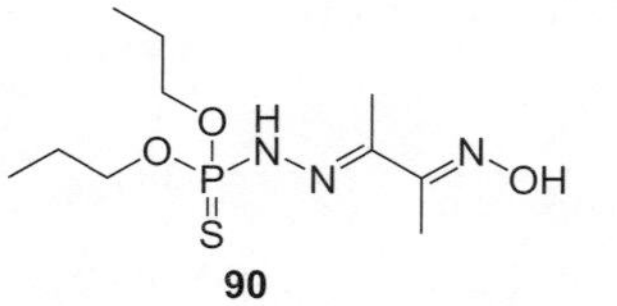　　90 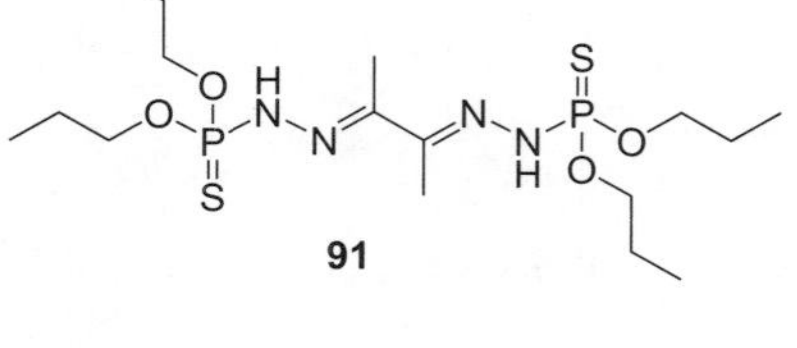　　91

92

图 10-4　真菌产生的含磷化合物

10.2.5 肠道微生物产生的含磷化合物

在生命过程中几乎找不到含有三价磷的有机化合物。研究最多的与生物相关的含三价磷化合物就是磷化氢（phosphine，PH_3）。磷化氢是简单的挥发性化合物，地球大气层的微量物质[125]。它的产生与无氧环境的生物活性相关[126]。

肠道通常具有无氧或缺氧环境，厌氧细菌的数量远多于需氧细菌[127-128]，即使在蚯蚓[129]和白蚁[130]等小型动物的肠道中也是如此。其详细的生物合成途径目前还不是很清楚。

动物肠道中含有大量的厌氧细菌，能产生磷化氢（phosphine，**93**）和亚磷酸盐（phosphite，**94**）。到目前为止，在生命体系中发现的含三价磷的化合物除了磷化氢之外，只有环烷基膦（cyclic alkyl phosphine，**95**）一个化合物的报道，来自欧洲獾（*Meles meles*）的粪便[131]。磷化氢的存在被仔细证实过，该化合物很可能是獾肠道微生物转化产生的，而非人为污染。

上述肠道微生物产生的含磷化合物见图 10-5。

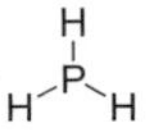

H
H–P–H
MO–P(=O)(H)–OM
HP（五元环）
93 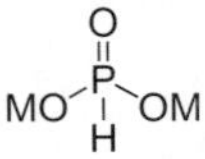 **94** 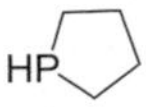 **95**

图 10-5 肠道微生物产生的含磷化合物

10.2.6 利用基因组挖掘技术发现的含磷化合物

2020 年，Kayrouz 等[132]利用基因组挖掘技术，从磷酸合成途径中定向发现了未知的生物合成基因簇，通过异源表达的方式，从 12L 细菌 B-2790 发酵液中，利用 ^{31}P NMR 检测手段，分离并鉴定了四个新的磷酸肽类化合物，这四个化合物都是以 L-磷酸丙氨酸为共同基团，并且都具有较好的抗菌活性（图 10-6）。

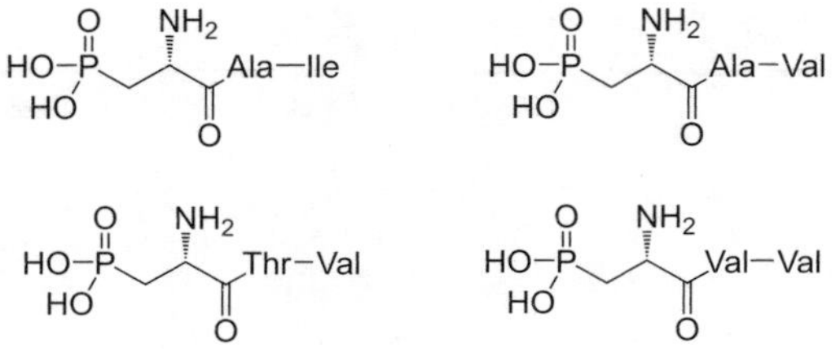

图 10-6　基因组挖掘获得的含磷化合物 phosphonoalamides A~D

10.3 微生物合成含磷化合物相关的酶类

在微生物产生的含磷天然产物中，最为常见的是 P—C 键和 P—N 键结构，目前对与合成这两类化合物相关的酶也进行了深入的研究。

10.3.1 P—C 键生物合成相关的酶类

该类酶研究比较多的是关于磷酸类天然产物碳磷键的合成，主要可以分为：*S*-2- 羟基丙基磷酸环化酶（HppE）、磷酸烯醇式丙酮酸变位酶（PepM）以及磷甲基转移酶（PhpK）。

HppE 酶能够利用非血基质铁辅因子还原 H_2O_2 从而在抗生素磷霉素上形成环氧乙烷[131]。该酶不依赖 *α*-酮戊二酸与卟啉铁，其催化形成环氧环的氧原子直接来自 (*S*)-2-HPP 中 C2 位羟基氧原子，所以催化的是脱氢反应[133-134]。

PepM 蛋白由 *PepM* 基因编码，该酶可以催化磷酸烯醇式丙酮酸发生分子内重排从而形成磷酰基丙酮酸，该反应是生成所有磷酸类天然产物的生物合成第一步反应 [135]。1988 年 Barry 等鉴定了 *PepM* 基因，并且首次报道了 C—P 键合成反应 [136]。Kayrouz 等 [132] 利用基因组挖掘技术首次从细菌中发现了磷酸丙氨酸基团，并且发现了一个新的合成途径：天冬氨酸基转移酶与 *PepM* 基因协同催化，PnpY 作为一个新的转氨酶被报道。

PhpK 催化形成含 C—P—C 键结构的天然产物，含有 C—P—C 键的化合物常用于神经递质抑制剂和酶抑制剂 [137]。目前在自然界中，双丙氨膦及其衍生物是唯一具有这种结构的化合物。该化合物的结构与 L-谷氨酸很相似，双丙氨膦是细菌和植物谷氨酰胺合酶的抑制剂 [138]。其中，维生素 B_{12} 的衍生物 methylcobalamin 是甲基供体，而甲基的受体是 *N*-acetyldemethylphosphinothricin 或者 2-acetylamino-4-hydroxyphosphinylbutanoate（NAcDMPT），PhpK 催化了第二个 P—C 键的形成 [139]。

10.3.2 P—N 键生物合成相关的酶类

目前已知的催化 P—N 键生物合成的酶可以分为三类：MccB、APS 腺苷酰基转移酶（adenylyl sulphate-ammonia adenylyltransferase，APSAT）、丙酮酸磷酸二激酶（pyruvate phosphate dikinase，PPDK）。

2008 年，Roush 等报道了由大肠杆菌产生的一种特洛伊木马式的抗生素 microcin C7（MccC7），该化合物的 P—N 键由该菌中 MccB 酶催化完成，MccB 可催化腺苷酰化反应 [140]。

Fankhauser 等在 1981 年从小球藻中分离纯化得到 APS 腺苷酰基转移酶，该酶可以催化氨和 adenosine 5′ -phosphosulphate 形成含 P—N 键的化合物 [141]。

PPDK 酶在镁离子、钠离子或钾离子等存在条件下，可以催化 ATP、磷酸盐（Pi）、丙酮酸与 AMP、焦磷酸（PPi）、磷酸烯醇丙酮酸之间进行可逆反应 [142]。

10.3.3 微生物转化而来的含磷化合物

草甘膦(glyphosate，**96**)是广泛使用的许多除草剂中的有效活性化学成分，它在欧盟的使用受到了严格的监管。氨甲基磷酸(aminomethylphosphonic acid，AMPA，**97**)是草甘膦初级降解产物[143]。草甘膦在环境或者动物体内可以被微生物转化为AMPA(**97**)[144]。在动物模型毒性研究中，AMPA在急毒、亚急毒和慢毒的测试中均没有显示出毒性，同时也没有遗传毒性、致畸性或致癌性[145]。上述微生物转化而来的含磷化合物见图10-7。

96 **97**

图10-7 微生物转化而来的含磷化合物

10.3.4 含磷天然产物与药物研发

微生物来源的含磷天然化合物结构新颖，活性多样，是新药物研发的宝库。1969年，Hendlin等[146]首次报道了磷霉素(phosphonomycin，fosfomycin，**14**)，该化合物由链霉菌产生，它的产生菌有*Streptomyces fradiae* ATCC 21096、*Streptomyces viridochromogenes* ATCC 21240以及*Streptomyces wedmorensis* ATCC 21239，可以通过抑制细菌细胞壁的合成来治疗革兰氏阴性菌和阳性菌感染的小鼠。此外，磷霉素可以用于治疗耐头孢霉素和青霉素的肺炎链球菌和耐万古霉素的金黄色葡萄球菌引起的感染[147]。

1971年，有两个课题组分别分离了一个全新的三肽类化合物双丙氨膦(phosphinothricin tripeptide，PTT；Bialaphos，**83**)。Bayer等[148]在1972年报道了从蒂宾根(*Tiibingen*)的一株链霉菌*Streptomyces viridochromogenes*

中分离得到该化合物并且命名为 phosphinothricin；另一个课题组 Kondo 等从日本农场的一株链霉菌 *Streptomyces hygroscopicus* 中分离得到该化合物，bilanaphos（双丙氨酰膦）具有广谱的抗细菌和抗真菌活性，但是该化合物在抗菌上没有成为药物，反而在农业上作为除草剂广泛使用。

最早推测化合物 bilanaphos 的抗菌活性来自 amino acid L-phosphinothricin（L-PPT），为了证明该推测，人们合成了几个化合物，其中 D,L-PPT-ammonium 具有很好的除草效果，这便是著名的除草剂草铵膦（glufosinate ammonium，GLA），并以多种商品名在世界范围内得到广泛应用[149]。

10.4
总结与展望

微生物产生的含磷化合物结构新颖且具有重要的生物活性，然而与其他类型的天然产物相比，其丰度较低，发现含磷天然产物具有一定挑战。一方面由于含磷天然产物的极性往往很大，大部分是水溶性的，且具有不稳定性，而以往科研工作者关注的重点绝大多数都是低极性或者中等极性的天然产物，忽略了这部分高极性天然产物。同时，高灵敏和高通量的含磷天然产物的发现和鉴定技术十分缺乏，例如天然产物的结构鉴定大部分依靠核磁共振来确定结构，而含磷化合物中磷元素的耦合裂缝效应使其核磁共振谱较为复杂，其结构鉴定与常见天然产物所用的手段具有一定的差异，导致在微生物次级代谢产物中发现的含磷天然产物比较少。另外，由于技术的限制，科学家对微生物中的含磷化合物重视程度不够，天然产物中成药的含磷化合物很少，因此医药界和科研机构对含磷天然产物的关注度不高。微生物产生的含磷化合物一旦有应用前景，相比于合成的含磷化合物，将具有更大的优势。这类含磷化合物都是在微生物体内经过酶催化而形成的，随着含磷天然产物生物合成途径的逐渐清晰，以及相关合成酶的结构解析与基因的注释，通过异源表达含磷化合物合成酶，可以方便快速地在体外构建含磷化合物的快速生物合成，与化学合成含磷化合物相比具有条件温和、环境友好以及酶的立体选择性和专一性高等优点，可以极大提升含磷化合物的合成效率，尤其是那些具有独特手性中心的含磷化合物。同时，基于合成酶的基因信息，还可以通过组合生物合成的方式，添加不同的前体物质，从而合成结构丰富和数量庞大的含磷天然产物的衍生物库。在提高产量方面，可以通过扩大微生物培养量或者对生物合成途径中关键酶进行遗传操作实现，尤其是那些结构复杂的含磷天然产物，从头合成的成本高、难度大，用发酵提取的方式可以大大缩减成本和时间。

微生物来源的天然产物在医学、药学、农业等方面都扮演了重要的角色，但是作为次级代谢产物，并不是微生物繁衍生息所必需的，不像初级代谢产物那样对微生物生存发挥着举足轻重的作用。含磷天然产物，如含P—C、P—N及P—H等独特结构的化合物在微生物次级代谢产物中普遍存在，与研究其他次级代谢产物一样，它们的生物合成、代谢与生物功能是什么？微生物为什么需要进化出合成这些含磷代谢物的基因？这些基本科学问题的回答都将为我们理解生命的本质提供重要的依据。磷碳键化合物目前在高等动植物中较为稀少，而在微生物中存在较多。磷碳键的生物合成基因簇是非常古老的基因，在长期的进化过程中，也许许多高等动植物逐渐地丢失了这套基因，而微生物作为最为古老的物种，仍然保存着这套基因。从生命进化的角度看，磷碳键生物合成基因簇的存在有利于微生物自身的生存与繁衍，比如含磷碳类的抗生素可以为宿主微生物提供一种对付外来入侵微生物的武器，同时一些有毒性的磷碳类化合物可以为微生物提供抵御草食类动物吞食的生化武器。尤其对于那些特殊生境中的微生物，如海洋微生物、植物内生菌、动物共生菌等，磷碳类化合物可能为微生物生存本能提供一个更好的防御机制。随着人们对微生物中含磷化合物发现数量的增多以及含磷药物应用的增加，在不久的将来，微生物含磷化合物必将引起新的研究热潮。

参考文献

[1] Petkowski J J, Bains W, Seager S. Natural products containing 'Rare' organophosphorus functional groups. Molecules, 2019, 24: 866.

[2] Masako K T O, Hitoshi O, Akira K. Nucleoside monophosphoramidate hydrolase from rat liver: Purification and characterization. Int J Biochem, 1994, 26: 235-245.

[3] Rossomando E F, Hadjimichael J. Characterization and cAMP inhibition of a lysyl-(N-epsilon-5′-phospho) adenosyl phosphoamidase in Dictyostelium discoideum. Int J Biochem, 1986, 18 (5): 481-484.

[4] Deng Q, Zhao C M. Progress of nitrogen-phosphorus bond biosynthesis study of naturally occurring phosphoramidates (in Chinese). Chin Sci Bull, 2017, 62: 3525-3532.

[5] Pastac I, Craniades P. A new group of cytoactive substances: arylated derivatives of methanephosphonic acid. Bull Soc Chim Biol (Paris), 1954, 36 (4-5): 675-680.

[6] Horsman G P, Zechel D L. Phosphonate Biochemistry. Chem Rev, 2017, 117 (8): 5704-5783.

[7] Metcalf W W, van der Donk W A. Biosynthesis of phosphonic and phosphinic acid natural products. Annu Rev Biochem, 2009, 78: 65-94.

[8] McGrath J W, Chin J P, Quinn J P. Organophosphonates revealed: new insights into the microbial metabolism of ancient molecules. Nat Rev Microbiol, 2013, 11 (6): 412-419.

[9] Clark L L, Ingal E D, Benner R. Marine phosphorus is selectively remineralized. Nature, 1998, 393: 426.

[10] Kolowith L C, Ingal E D, Benner R. Composition and cycling of marine organic phosphorus. Limnol Oceanogr, 2001, 46: 309-320.

[11] Dyhrman S T, Benitez-Nelson C R, Orchard E D, Haley S T, Pellechia P J. A microbial source of phosphonates in oligotrophic marine systems. Nat Geosci, 2009, 2: 696.

[12] Villarreal-Chiu J F, Quinn J P, McGrath J W. The genes and enzymes of phosphonate metabolism by bacteria, and their distribution in the marine environment. Front Microbiol, 2012, 3: 19.

[13] Nauze L, Julia M, Rosenberg H. The identification of 2-phosphonoacetaldehyde as an intermediate in the degradation of 2-aminoethylphosphonate by *Bacillus cereus*. Biochim Biophys Acta, 1968, 165 (3): 438-447.

[14] Heip J, Chatterjee G C, Vandekerckhove J, van Montagu M, Schell J. Purification of the *Agrobacterium radiobacter* 84 agrocin. Arch Int Physiol Biochim, 1975, 83 (5): 974-975.

[15] Reader J S, Ordoukhanian P T, Kim J G, de Crecy-Lagard V, Hwang I, Farrand S, Schimmel P. Major biocontrol of plant tumors targets tRNA synthetase. Science, 2005, 309 (5740): 1533.

[16] Chopra S, Palencia A, Virus C, Schulwitz S, Temple B R, Cusack S, Reader J. Structural characterization of antibiotic self-immunity tRNA synthetase in plant tumour biocontrol agent. Nat Commun, 2016, 7: 12928.

[17] Chopra S, Palencia A, Virus C, Tripathy A, Temple B R, Velazquez-Campoy A, Cusack S, Reader J S. Plant tumour biocontrol agent employs a tRNA-dependent mechanism to inhibit leucyl-tRNA synthetase. Nat Commun, 2013, 4: 1417.

[18] Roberts W P, Tate M E, Kerr A. Agrocin 84 is a 6-N-phosphoramidate of an adenine nucleotide

analogue. Nature, 1977, 265: 379.

[19] Tate M E, Murphy P J, Roberts W P, Keer A. Adenine N6-substituent of agrocin 84 determines its bacteriocin-like specificity. Nature, 1979, 280 (5724): 697-699.

[20] Murphy P J, Tate M E, Kerr A. Substituents at N6 and C-5' control selective uptake and toxicity of the adenine-nucleotide bacteriocin, agrocin 84, in Agrobacteria. Eur J Biochem, 1981, 115: 539-543.

[21] Kim J G, Park B K, Kim S U, Choi D, Nahm B H, Moon J S, Reader J S, Farrand S K, Hwang I. Bases of biocontrol: sequence predicts synthesis and mode of action of agrocin 84, the Trojan horse antibiotic that controls crown gall. Proc Natl Acad Sci USA, 2006, 103 (23): 8846-8851.

[22] Mitchell R E. Isolation and structure of a chlorosis-inducing toxin of *Pseudomonas phaseolicola*. Phytochemistry, 1976, 15: 1941-1947.

[23] Langley D B, Templeton M D, Fields B A, Mitchell R E, Collyer C A. Mechanism of inactivation of ornithine transcarbamoylase by Ndelta-(N'-Sulfodiaminophosphinyl)-L-ornithine, a true transition state analogue? Crystal structure and implications for catalytic mechanism. J Biol Chem, 2000, 275 (26): 20012-20019.

[24] Mitchell R E, Parsons E A. A naturally-occurring analogue of phaseolotoxin (bean haloblight toxin). Phytochemistry, 1977, 16 (2): 280-281.

[25] Mitchell R E, Bieleski R L. Involvement of phaseolotoxin in halo blight of beans: Transport and conversion to functional toxin. Plant Physiol, 1977, 60 (5): 723-729.

[26] Petkowski J J, Bains W, Seager S. Natural Products Containing a Nitrogen-Sulfur Bond. J Nat Prod, 2018, 81 (2): 423-446.

[27] Asensio C, Perez-Diaz J C. A new family of low molecular weight antibiotics from enterobacteria. Biochem Biophys Res Commun, 1976, 69 (1): 7-14.

[28] Baquero F, Bouanchaud D, Martinez-Perez M C, Fernandez C. Microcin plasmids: a group of extrachromosomal elements coding for low-molecular-weight antibiotics in *Escherichia coli*. J Bacteriol, 1978, 135 (2): 342-347.

[29] Bantysh O, Serebryakova M, Makarova K S, Dubiley S, Datsenko K A, Severinov K. Enzymatic synthesis of bioinformatically predicted microcin C-like compounds encoded by diverse bacteria. mBio, 2014, 5 (3): e01059-14.

[30] Paz-Yepes J, Brahamsha B, Palenik B. Role of a microcin-C-like biosynthetic gene cluster in allelopathic interactions in marine *Synechococcus*. Proc Natl Acad Sci USA, 2013, 110 (29): 12030-12035.

[31] Severinov K, Semenova E, Kazakov A, Kazakov T, Gelfand M S. Low-molecular-weight post-translationally modified microcins. Mol Microbiol, 2007, 65 (6): 1380-1394.

[32] Serebryakova M, Tsibulskaya D, Mokina O, Kulikovsky,A, Nautiyal M, van Aerschot A, Severinov K, Dubiley S. A trojan-horse peptide-carboxymethyl-cytidine antibiotic from *Bacillus amyloliquefaciens*. J Am Chem Soc, 2016, 138 (48): 15690-15698.

[33] Tsibulskaya D, Mokina O, Kulikovsky A, Piskunova J, Severinov K, Serebryakova M, Dubiley S. The product of *Yersinia pseudotuberculosis mcc* operon is a peptide-cytidine antibiotic activated inside producing cells by the TldD/E protease. J Am Chem Soc, 2017, 139 (45): 16178-16187.

[34] Vondenhoff G H, van Aerschot A. Microcin C: biosynthesis, mode of action, and potential as a lead in antibiotics development. Nucleosides Nucleotides Nucleic Acids, 2011, 30 (7-8): 465-474.

[35] Yamato M, Koguchi T, Okachi R, Yamada K, Nakayama K, Kase H, Karasawa A, Shuto K. K-26, a novel inhibitor of angiotensin I converting enzyme produced by an actinomycete K-26. J Antibiot (Tokyo), 1986, 39 (1): 44-52.

[36] Katayama N, Tsubotani S, Nozaki Y, Harada S, Ono H. Fosfadecin and fosfocytocin, new nucleotide antibiotics produced by bacteria. J Antibiot (Tokyo), 1990, 43 (3): 238-246.

[37] Kugler M, Loeffler W, Rapp C, Kern A, Jung G. Rhizocticin A, An antifungal phosphono-oligopeptide of *Bacillus subtilis* ATCC 6633: biological properties. Arch Microbiol, 1990, 153 (3): 276-281.

[38] Guijarro J I, Gonzalez-Pastor J E, Baleux F, San Millan J L, Castilla M A, Rico M, Moreno F, Delepierre M. Chemical structure and translation inhibition studies of the antibiotic microcin C7. J Biol Chem, 1995, 270 (40): 23520-23532.

[39] Guerry P, Poly F, Riddle M, Maue A C, Chen Y H, Monteiro M A. Campylobacter polysaccharide capsules: virulence and vaccines. Front Cell Infect Microbiol, 2012, 2 (7): 1-11.

[40] Sorensen M C, van Alphen L B, Harboe A, Li J, Christensen B B, Szymanski C M, Brondsted L. Bacteriophage F336 recognizes the capsular phosphoramidate modification of *Campylobacter jejuni* NCTC11168. J Bacteriol, 2011, 193 (23): 6742-6749.

[41] van Alphen L B, Wenzel C Q, Richards M R, Fodor C, Ashmus R A, Stahl M, Karlyshev A V, Wren B W, Stintzi A, Miller W G, Lowary T L, Szymanski C M. Biological roles of the O-methyl phosphoramidate capsule modification in *Campylobacter jejuni*. PLoS One, 2014, 9 (1): e87051.

[42] Pequegnat B, Laird R M, Ewing C P, Hill C L, Omari E, Poly F, Monteiro M A, Guerry P. Phase-variable changes in the position of O-methyl phosphoramidate modifications on the polysaccharide capsule of *Campylobacter jejuni* modulate serum resistance. J Bacteriol, 2017, 199 (14): e00027-17.

[43] Holst Sorensen M C, van Alphen L B, Fodor C, Crowley S M, Christensen B B, Szymanski C M, Brondsted L. Phase variable expression of capsular polysaccharide modifications allows *Campylobacter jejuni* to avoid bacteriophage infection in chickens. Front Cell Infect Microbiol, 2012, 2: 11.

[44] Karlyshev A V, Champion O L, Churcher C, et al. Analysis of *Campylobacter jejuni* capsular loci reveals multiple mechanisms for the generation of structural diversity and the ability to form complex heptoses. Mol Microbiol, 2005, 55 (1): 90-103.

[45] St Michael F, Szymanski C M, Li J, Chan K H, Khieu N H, Larocque S, Wakarchuk W W, Brisson J R, Monteiro M A. The structures of the lipooligosaccharide and capsule polysaccharide of *Campylobacter jejuni* genome sequenced strain NCTC 11168. Eur J Biochem, 2002, 269 (21): 5119-5136.

[46] Bycroft B W, Payne D J. Dictionary of Antibiotics and Related Substances: With CD-ROM. CRC Press: Boca Rato, FL, USA, 2013.

[47] Andrews L D, Graham J, Snider M J, Fraga D. Characterization of a novel bacterial arginine kinase from *Desulfotalea psychrophila*. Comp Biochem Physiol B: Biochem Mol Biol, 2008, 150 (3): 312-319.

[48] Suzuki T, Soga S, Inoue M, Uda K. Characterization and origin of bacterial arginine kinases. Int J Biol Macromol, 2013, 57: 273-277.

[49] Ellington W R. Evolution and physiological roles of phosphagen systems. Annu Rev Physiol, 2001, 63: 289-325.

[50] Jarilla B R, Agatsuma T. Phosphagen kinases of parasites: Unexplored chemotherapeutic targets. Korean J Parasitol, 2010, 48 (4): 281-284.

[51] Uda K, Kuwasaki A, Shima K, Matsumoto T, Suzuki T. The role of Arg-96 in Danio rerio creatine kinase in substrate recognition and active center configuration. Int J Biol Macromol, 2009, 44 (5): 413-418.

[52] Ennor A H, Rosenberg H, Armstrong M D. Specificity of creatine phosphokinase. Nature, 1955, 175 (4446): 120.

[53] Michibata J, Okazaki N, Motomura S, Uda K, Fujiwara S, Suzuki T. Two arginine kinases of *Tetrahymena pyriformis*: characterization and localization. Comp Biochem Physiol B Biochem Mol Biol, 2014, 171: 34-41.

[54] Yano D, Suzuki T, Hirokawa S, Fuke K, Suzuki T. Characterization of four arginine kinases in the ciliate *Paramecium tetraurelia*: Investigation on the substrate inhibition mechanism. Int J Biol

Macromol, 2017, 101: 653-659.
[55] Fannin L, Aryal M, Stock K, Snider M, Fraga D. Characterization of bacterial arginine kinases in species from the order *Myxococcales*. FASEB J, 2018, 32: 610-655.
[56] Bragg J, Rajkovic A, Anderson C, Curtis R, van Houten J, Begres B, Naples C, Snider M, Fraga D, Singer M. Identification and characterization of a putative arginine kinase homolog from Myxococcus xanthus required for fruiting body formation and cell differentiation. J Bacteriol, 2012, 194 (10): 2668-2676.
[57] Kagda M S, Vu A L, Ah-Fong A M V, Judelson H S. Phosphagen kinase function in flagellated spores of the oomycete *Phytophthora infestans* integrates transcriptional regulation, metabolic dynamics and protein retargeting. Mol Microbiol, 2018, 110 (2): 296-308.
[58] Uda K, Hoshijima M, Suzuki T. A novel taurocyamine kinase found in the protist *Phytophthora infestans*. Comp Biochem Physiol B Biochem Mol Biol, 2013, 165 (1): 42-48.
[59] Palmer A, Begres B N, van Houten J M, Snider M J, Fraga D. Characterization of a putative oomycete taurocyamine kinase: Implications for the evolution of the phosphagen kinase family. Comp Biochem Physiol B Biochem Mol Biol, 2013, 166 (3-4): 173-181.
[60] Piccinni E C O. Phosphagens in protozoa—Ⅱ. Presence of phosphagen kinase in *Ochromonas danica*. Comp. Biochem Physiol Part B Comp Biochem, 1979, 62: 287-289.
[61] Bretes E, Wojdyla-Mamon A M, Kowalska J, Jemielity J, Kaczmarek R, Baraniak J, Guranowski A. Hint2, the mitochondrial nucleoside 5′-phosphoramidate hydrolase; properties of the homogeneous protein from sheep (Ovis aries) liver. Acta Biochim Pol, 2013, 60 (2): 249-254.
[62] Fankhauser H, Schiff J A, Garber L J. Purification and properties of adenylyl sulphate:ammonia adenylyltransferase from Chlorella catalysing the formation of adenosine 5′-phosphoramidate from adenosine 5′-phosphosulphate and ammonia. Biochem J, 1981, 195 (3): 545-560.
[63] Fankhauser H, Berkowitz G A, Schiff J A. A nucleotide with the properties of adenosine 5′ phosphoramidate from chlorella cells. Biochem Biophys Res Commun, 1981, 101 (2): 524-532.
[64] Kuba M, Okizaki T, Ohmori H, Kumon A. Nucleoside monophosphoramidate hydrolase from rat liver: Purification and characterization. Int J Biochem, 1994, 26 (2): 235-245.
[65] Rossomando E F, Crean E V, Kestler D P. Isolation and characterization of an adenylyl-protein complex formed during the incubation of membranes from *Dictyostelium discoideum* with ATP. Biochim Biophys Acta, 1981, 675 (3-4): 386-391.
[66] Hadjimichael J, Rossomando E F. Isolation and characterization of the protein phosphoamidates formed by a membrane bound adenylyl transferase reaction in *dictyostelium discoideum*. Int J Biochem, 1991, 23 (5-6): 535-539.
[67] Umezawa S T K, Izawa O, et al. A new metabolite phosphoramidon (isolation and structure). Tetrahedron Lett, 1972, 1: 97-100.
[68] Kitagishi K, Hiromi K, Oda K, Murao S. Equilibrium study on the binding between thermolysin and *Streptomyces* metalloprotease inhibitor, talopeptin (MKI). J Biochem, 1983, 93: 47-53.
[69] Kitagishi K H K. Binding between thermolysin and its specific inhibitor, phosphoramidon. J Biochem, 1984, 95: 529-534.
[70] Fukuhara K M S, Nozawa T, Hatano M. Structural elucidation of talopeptin (MK-I), a novel metalloproteinase inhibitor produced by *streptomyces mozunensis* MK-23. Tetrahedron Lett, 1982, 23: 2319-2322.
[71] Wu-Wong J R, Chiou W J, Opgenorth T J. Phosphoramidon modulates the number of endothelin receptors in cultured Swiss 3T3 fibroblasts. Mol Pharmacol, 1993, 44: 422-429.
[72] Pruess D L, Scannell J P, Blout J F, et al. Antimetabolites produced by microorganisms. Ⅶ. L-(*N* 5-phosphono) methionine-*S*-sulfoximinyl-L-alanyl-L-alanine. J Antibiot, 1973, 26: 261-266.
[73] Diddens H, Dorgerloh M, Zahner H. Metabolic products of microorganisms. 176. On the transport of

small peptide antibiotics in bacteria. J Antibiot (Tokyo), 1979, 32 (1): 87-90.

[74] Kondo Y, Shomura T, Ogawa Y, Tsuruoka T. Studies on a new antibiotic SF-1293. I. Isolation and physicochemical and biological characterization of SF-1293 substance. Sci. Reports of Meiji Seika Kaisha, 1973, 13: 3441.

[75] Park B K, Hirota A, Sakai H. Structure of plumbemycin A and B, antagonists of L-threonine from *Streptomyces plumbeus*. Agric BioI Chem, 1976, 41 (3): 573-579.

[76] Fredenhagen A, Angst C, Peter H H. Digestion of rhizocticins to (Z)-L-2-amino-5-phosphono-3-pentenoic acid: revision of the absolute configuration of plumbemycins A and B. J Antibiot (Tokyo), 1995, 48 (9): 1043-1045.

[77] Kuroda Y, Goto T, Okamoto M, Yamashita M, Iguchi E, Kohsaka M, Aoki H, Imanaka H. FR-900137, a new antibiotic. I. Taxonomy and fermentation of the organism, and isolation and characterization of the antibiotic. J Antibiot (Tokyo), 1980, 33 (3): 272-279.

[78] Okuhara M, Kuroda Y, Goto T, Okamoto M, Terano H, Kohsaka M, Aoki H, Imanaka H. Studies on new phosphonic acid antibiotics. Ⅰ. FR-900098, isolation and characterization. J Antibiot (Tokyo), 1980, 33 (1): 7-13.

[79] Kasai N, Fukuhara K, Murao S. Purification and some properties of FMPI, a novel metallo-proteinase inhibitor produced by *Streptomyces rishiriensis* NK-122. Agric Biol Chem, 1982, 46: 2979-2985.

[80] Kasai N, Fukuhara K, Oda K, Murao S. Inhibition of angiotensin I converting enzyme and carboxypeptidase A by FMPI, talopeptin, and their derivatives. Agric Biol Chem, 1983, 47: 2915-2916.

[81] Ogita T, Gunji S, Fukazawa Y, Terahara A, Beppu T. The structures of Fosfazinomycins A and B. Tetrahedron Lett, 1983, 24: 2283-2286.

[82] Johnson R G R. Kastner R, Larsen S, Ose E. Antibiotic A53868 and process for production thereof: US 4482488A. 1984-11-13.

[83] Hunt A H, Elzey T K. Revised structure of A53868A. J Antibiot (Tokyo), 1988, 41 (6): 802.

[84] Whitteck J T, Ni W, Griffin B M, Eliot A C, Thomas P M, Kelleher N L, Metcalf W W, van der Donk W A. Reassignment of the structure of the antibiotic A53868 reveals an unusual amino dehydrophosphonic acid. Angew Chem Int Ed Engl, 2007, 46 (47): 9089-9092.

[85] Omura S, Murata M, Hanaki H, Hinotozawa K, Oiwa R, Tanaka H. Phosalacine, a new herbicidal antibiotic containing phosphinothricin. Fermentation, isolation, biological activity and mechanism of action. J Antibiot (Tokyo), 1984, 37 (8): 829-835.

[86] Kido Y, Hamakado T, Anno M, Miyagawa E, Motoki Y, Wakamiya T, Shiba T. Isolation and characterization of I5B2, a new phosphorus containing inhibitor of angiotensin I converting enzyme produced by Actinomadura sp. J Antibiot (Tokyo), 1984, 37 (9): 965-969.

[87] Ohuchio S K K, Shinohara A, Takei T, Yoshida J, Amano S, Miyadoh S, Matsushida Y, Somura T, Sezaki M. Studies on new angiotensin converting enzyme inhibitors, SF2513 A, B, C produced by *Streptosporangium nondiastaticum*. Sci Rep Meiji Seika Kaisha, 1988, 27: 46-54.

[88] Kato H, Nagayama K, Abe H, Kobayashi R, Ishihara E. Isolation, Structure and Biological-Activity of Trialaphos. Agr Biol Chem Tokyo, 1991, 55 (4): 1133-1134.

[89] Zhang H, Li Q, Guo S H, Cheng M G, Zhao M J, Hong Q, Huang X. Cloning, expression and mutation of a triazophos hydrolase gene from *Burkholderia* sp SZL-1. Fems Microbiol Lett, 2016, 363 (11): 1-7.

[90] Uramoto M, Kim C J, Shin Y K, Kusakabe H, Isono K, Phillips D R, McCloskey J A. Isolation and characterization of phosmidosine a new antifungal nucleotide antibiotic. J Antibiot (Tokyo), 1991, 44: 375-381.

[91] Phillips D R, Uramoto M, Isono K, Mccloskey J A. Structure of the antifungal nucleotide antibiotic phosmidosine. J Org Chem, 1993, 58: 854-859.

[92] Moriguchi T, Asai N, Okada K, Seio K, Sasaki T, Sekine M. First synthesis and anticancer activity of phosmidosine and its related compounds. J Org Chem, 2002, 67 (10): 3290-3300.

[93] Sekine M, Okada K, Seio K, Kakeya H, Osada H, Obata T, Sasaki, T. Synthesis of chemically stabilized phosmidosine analogues and the structure—activity relationship of phosmidosine. J Org Chem, 2004, 69 (2): 314-326.

[94] Matsuura N, Onose R, Osada H. Morphology reversion activity of phosmidosine and phosmidosine B, a newly isolated derivative, on src transformed NRK cells. J Antibiot (Tokyo), 1996, 49 (4): 361-365.

[95] Kimura T, Nakamura K, Takahashi E. Phosphonothrixin, a novel herbicidal antibiotic produced by *Saccharothrix* sp. ST-888. Ⅱ . Structure determination. J Antibiot (Tokyo), 1995, 48 (10): 1130-1133.

[96] Takeuchi H, Asai N. Tanabe K, et al. EM2487, a novel anti-HIV-1 antibiotic, produced by *Streptomyces* sp. Mer-2487: Taxonomy, fer-mentation, biological properties, isolation and structure elucidation. J Antibiot, 1999, 52: 971-982.

[97] Takatsu T, Horiuchi N, Ishikawa M, et al. 1100-50, a novel nematocide from *Streptomyces lavendulae* SANK 64297. J Antibiot, 2003, 56: 306-309.

[98] Akiyama T, Abe M. Harada S, et al. Sulphostin, a potent inhibitor for dipeptidyl peptidase Ⅳ from *Streptomyces* sp. MK251-43F3. J Antibiot, 2001, 54: 744-746.

[99] Datta I, Banerjee M, Mukherjee S K, Majumdar S K. JU-2, a novel phosphorous-containing antifungal antibiotic from *Streptomyces kanamyceticus* M8. Indian J Exp Biol, 2001, 39 (6): 604-606.

[100] Quitschau M S T, Piel J, von Zezschwitz P, Grond S. The new metabolite (*S*)-cinnamoylphosphoramide from *Streptomyces* sp. and its total synthesis. European J Org Chem, 2008, 30: 5117-5124.

[101] Evans B S, Zhao C, Gao J, Evans C M, Ju K S, Doroghazi J R, van der Donk W A, Kelleher N L, Metcalf W W. Discovery of the antibiotic phosacetamycin via a new mass spectrometry-based method for phosphonic acid detection. ACS Chem Biol, 2013, 8 (5): 908-913.

[102] Cioni J P, Doroghazi J R, Ju K S, Yu X, Evans B S, Lee J, Metcalf W W. Cyanohydrin phosphonate natural product from *Streptomyces regensis*. J Nat Prod, 2014, 77 (2): 243-249.

[103] Ju K S, Gao J, Doroghazi J R, Wang K K, Thibodeaux C J, Li S, Metzger E, Fudala J, Su J, Zhang J K, Lee J, Cioni J P, Evans B S, Hirota R, Labeda D P, van der Donk W A, Metcalf W W. Discovery of phosphonic acid natural products by mining the genomes of 10,000 actinomycetes. Proc Natl Acad Sci USA, 2015, 112 (39): 12175-12180.

[104] Leonard P G, Satani N, Maxwell D, Lin Y H, Hammoudi N, Peng Z H, Pisaneschi F, Link T M, Lee G R, Sun D L, Prasad B A B, di Francesco M E, Czako B, Asara J M, Wang Y A, Bornmann W, DePinho R A, Muller F L. SF2312 is a natural phosphonate inhibitor of enolase. Nat Chem Biol, 2016, 12 (12): 1053.

[105] Singh B K. Plant amino acids. New York: Marcel Dekker, 1999: 445-464.

[106] Dayan F E, Cantrell C L, Duke S O. Natural products in crop protection. Bioorg Med Chem, 2009, 17 (12): 4022-4034.

[107] Duke S O. Taking stock of herbicide-resistant crops ten years after introduction. Pest Manag Sci, 2005, 61 (3): 211-218.

[108] Seto H, Imai S, Sasaki T, Shimotohno K, Tsuruoka T, Ogawa H, Satoh A, Inouye S, Niida T, Otake N. Studies on the biosynthesis of bialaphos (Sf-1293) .5. Production of 2-phosphinomethylmalic acid, an analog of citric-acid by *Streptomyces-Hygroscopicus* Sf-1293 and its involvement in the biosynthesis of bialaphos. Journal of Antibiotics, 1984, 37 (11): 1509-1511.

[109] Seto H, Imai S, Tsuruoka T, Ogawa H, Satoh A, Sasaki T, Otake N. Studies on the biosynthesis of bialaphos (Sf-1293) .3. Production of phosphinic acid-derivatives, Mp-103, Mp-104 and Mp-105, by a blocked mutant of *Streptomyces-Hygroscopicus* Sf-1293 and their roles in the biosynthesis of bialaphos. Biochem Bioph Res Co, 1983, 111 (3): 1008-1014.

[110] Seto H, Imai S, Tsuruoka T, Satoh A, Kojima M. Studies on the biosynthesis of bialaphos (Sf-1293). 1. Incorporation of C-13-labeled and H-2-labeled precursors into bialaphos. Journal of Antibiotics, 1982, 35 (12): 1719-1721.

[111] Seto H, Sasaki T, Imai S, Tsuruoka T, Ogawa H, Satoh A, Inouye S, Niida T, Otake N. Studies on the biosynthesis of bialaphos (Sf-1293) .2. Isolation of the 1st natural-Products with a C—P—H bond and their involvement in the C—P—C bond formation. Journal of Antibiotics, 1983, 36 (1): 96-98.

[112] Shimotohno K, Seto H, Otake N, Imai S, Satoh A. Studies on the biosynthesis of bialaphos (Sf-1293) .7. The absolute-configuration of 2-phosphinomethylmalic acid, a biosynthetic intermediate of bialaphos. Journal of Antibiotics, 1986, 39 (9): 1356-1359.

[113] Shimotohno K W, Imai S, Murakami T, Seto H. Studies on the biosynthesis of bialaphos (Sf-1293). 10. Purification and characterization of citrate synthase from streptomyces-hygroscopicus Sf-1293 and comparison of its properties with those of 2-phosphinomethylmalic acid synthase. Agr Biol Chem Tokyo, 1990, 54 (2): 463-470.

[114] Shimotohno K W, Seto H, Otake N, Imai S, Murakami T. Studies on the biosynthesis of bialaphos (Sf-1293). 8. Purification and characterization of 2-Phosphinomethylmalic acid synthase from *Streptomyces-Hygroscopicus* Sf-1293. Journal of Antibiotics, 1988, 41 (8): 1057-1065.

[115] Takeuchi M, Nakajima M, Ogita T, Inukai M, Kodama K, Furuya K, Nagaki H, Haneishi T. Fosfonochlorin, a new antibiotic with spheroplast forming activity. J Antibiot (Tokyo), 1989, 42 (2): 198-205.

[116] Kegley S H B, Orme S, Choi A. PAN Pesticide Database. San Francisco, CA, USA, Pesticide Action Network, 2016.

[117] Alam M S R, Hossain M B, van der Helm D. Gymnodinium breve toxins. 1. Isolation and X-ray structure of O,O-dipropyl (E)-2-(1-methyl-2-oxopropylidene)phosphorohydrazidothioate (E)-oxime from the red tide dinoflagellate *Gymnodinium breve*. J Am Chem Soc, 1982, 104: 5232-5234.

[118] Husain K, Singh R, Kaushik M P, Gupta A K. Acute toxicity of synthetic *Gymnodinium breve* toxin metabolite and its analogues in mice. Ecotoxicol Environ Saf, 1996, 35 (1): 77-80.

[119] Singh J N, das Gupta S, Gupta A K, Dube S N, Deshpande S B. Relative potency of synthetic analogs of *Ptychodiscus brevis* toxin in depressing synaptic transmission evoked in neonatal rat spinal cord *in vitro*. Toxicol Lett, 2002, 128 (1-3): 177-183.

[120] Abraham S, Hoang T, Alam M, Jones E. Chemistry of the cytotoxic principles of the marine fungus *Lignincola laevis*. Pure Appl Chem, 1994, 66: 2391-2394.

[121] Lerbs W, Luckner M. Cyclopeptine synthetase activity in surface cultures of *Penicillium cyclopium*. J Basic Microbiol, 1985, 25 (6): 387-391.

[122] Gerlach M, Schwelle N, Lerbs W, Luckner M. Enzymatic-synthesis of cyclopeptine intermediates in *Penicillium cyclopium*. Phytochemistry, 1985, 24 (9): 1935-1939.

[123] Schomburg I, Jeske L, Ulbrich M, Placzek S, Chang A, Schomburg D. The BRENDA enzyme information system-From a database to an expert system. J Biotechnol, 2017, 261: 194-206.

[124] Simonetti S O, Larghi E L, Kaufman T S. The 3,4-dioxygenated 5-hydroxy-4-aryl-quinolin-2(1H)-one alkaloids. Results of 20 years of research, uncovering a new family of natural products. Nat Prod Rep, 2016, 33 (12): 1425-1446.

[125] Ruth J H. Odor thresholds and irritation levels of several chemical substances: a review. Am Ind Hyg Assoc J, 1986, 47 (3): A142-A151.

[126] Glindemann D, Stottmeister U, Bergmann A. Free phosphine from the anaerobic biosphere. Environ Sci Pollut Res Int, 1996, 3 (1): 17-19.

[127] Cahill M M. Bacterial flora of fishes: A review. Microb Ecol, 1990, 19 (1): 21-41.

[128] Guarner F, Malagelada J R. Gut flora in health and disease. Lancet, 2003, 361 (9356): 512-519.

[129] Schmidt O, Wust P K, Hellmuth S, Borst K, Horn M A, Drake H L. Novel [NiFe]- and [FeFe]-hydrogenase gene transcripts indicative of active facultative aerobes and obligate anaerobes in earthworm gut contents. Appl Environ Microbiol, 2011, 77 (17): 5842-5850.

[130] Brune A, Emerson D, Breznak J A. The termite gut microflora as an oxygen sink: microelectrode

determination of oxygen and pH gradients in guts of lower and higher termites. Appl Environ Microbiol, 1995, 61 (7): 2681-2687.

[131] Zhou S, Pan J, Davis K M, Schaperdoth I, Wang B, Boal A K, Krebs C, Bollinger J M. Jr. Steric enforcement of cis-epoxide formation in the radical C-O-coupling reaction by which (*S*)-2-hydroxypropylphosphonate epoxidase (HppE) produces fosfomycin. J Am Chem Soc, 2019, 141 (51): 20397-20406.

[132] Kayrouz C M, Zhang Y Y, Pham T M, Ju K S. Genome mining reveals the phosphonoalamide natural products and a new route in phosphonic acid biosynthesis. Acs Chem Biol, 2020, 15 (7): 1921-1929.

[133] Liu P, Liu A, Yan F, Wolfe M D, Lipscomb J D, Liu H W. Biochemical and spectroscopic studies on (S)-2-hydroxypropylphosphonic acid epoxidase: a novel mononuclear non-heme iron enzyme. Biochemistry, 2003, 42 (40): 11577-11586.

[134] Higgins L J, Yan F, Liu P H, Liu H W, Drennan C L. Structural insight into antibiotic fosfomycin biosynthesis by a mononuclear iron enzyme. Nature, 2005, 437 (7060): 838-844.

[135] Asselin J A E, Bonasera J M, Beer S V. Center rot of onion (*Allium cepa*) caused by *pantoea ananatis* requires pepM, a predicted phosphonate-related gene. Mol Plant Microbe In, 2018, 31 (12): 1291-1300.

[136] Barry R J, Bowman E, Mcqueney M, Dunawaymariano D. Elucidation of the 2-aminoethylphosphonate biosynthetic-pathway in *Tetrahymena-Pyriformis*. Biochem Bioph Res Co, 1988, 153 (1): 177-182.

[137] Collinsova M, Jiracek J. Phosphinic acid compounds in biochemistry, biology and medicine. Curr Med Chem, 2000, 7 (6): 629-647.

[138] Hoerlein G. Glufosinate (Phosphinothricin), a natural amino-acid with unexpected herbicidal properties. Rev Environ Contam T, 1994, 138: 73-145.

[139] Kamigiri K, Hidaka T, Imai S, Murakami T, Seto H. Studies on the biosynthesis of bialaphos (Sf-1293). 12. C-P bond formation mechanism of bialaphos- discovery of a P-methylation enzyme. J Antibiot, 1992, 45 (5): 781-787.

[140] Roush R F, Nolan E M, Lohr F, Walsh C T. Maturation of an *Escherichia coli* ribosomal peptide antibiotic by ATP-consuming N-P bond formation in microcin C7. Journal of the American Chemical Society, 2008, 130 (11): 3603-3609.

[141] Fankhauser H, Schiff J A, Garber L J. Purification and properties of adenylyl sulfate- ammonia adenylyltransferase from chlorella catalyzing the formation of adenosine 5′-phosphoramidate from adenosine 5′-phosphosulfate and ammonia. Biochem J, 1981, 195 (3): 545-560.

[142] Evans H J, Wood H G. The mechanism of the pyruvate, phosphate dikinase reaction. Proc Natl Acad Sci USA, 1968, 61 (4): 1448-1453.

[143] Kudzin Z H, Gralak D K, Drabowicz J, Luczak J. Novel approach for the simultaneous analysis of glyphosate and its metabolites. J Chromatogr A, 2002, 947 (1): 129-141.

[144] Vereecken H. Mobility and leaching of glyphosate: a review. Pest Manag Sci, 2005, 61 (12): 1139-1151.

[145] Williams G M, Kroes R, Munro I C. Safety evaluation and risk assessment of the herbicide Roundup and its active ingredient, glyphosate, for humans. Regul Toxicol Pharmacol, 2000, 31 (2): 117-165.

[146] Hendlin D, Stapley E O, Jackson M, Wallick H, Miller A K, Wolf F J, Miller T W, Chaiet L, Kahan F M, Foltz E L, Woodruff H B, Mata J M, Hernandez S, Mochales S. Phosphonomycin, a new antibiotic produced by strains of *streptomyces*. Science, 1969, 166 (3901): 122-123.

[147] Seto H, Kuzuyama T. Bioactive natural products with carbon-phosphorus bonds and their biosynthesis. Nat Prod Rep, 1999, 16 (5): 589-596.

[148] Bayer E, Gugel K H, Hagele K, Hagenmaier H, Jessipow S, Konig W A, Zahner H. Metabolic

products of microorganisms. 98. Phosphinothricin and phosphinothricyl-alanyl-analine. Helv Chim Acta, 1972, 55 (1): 224-239.
[149] Hoerlein G. Glufosinate (phosphinothricin), a natural amino acid with unexpected herbicidal properties. Rev Environ Contam Toxicol, 1994, 138: 73-145.

P
PHOSPHORUS 磷科学前沿与技术丛书
磷与生命科学

11

生命过程中的高配位磷

张于锰[1]，高祥[2]，赵玉芬[1,2]

[1] 厦门大学化学化工学院

[2] 厦门大学药学院

11.1

引言

生命体系存在着极其复杂的化学反应过程，完成结构和功能多样的生命基本物质的合成与代谢，维持生命体系的平衡。人类希望通过化学合成去理解物质并创造新物质。1828 年德国科学家弗里德里希 • 维勒合成了尿素，开启了人工合成有机物的合成化学序幕，今天人类已经能够合成结构复杂的天然产物、核酸及蛋白质等生物分子。2010 年，科学家合成了由 108 万个碱基组成的丝状支原体丝状亚种，通过植入另一种支原体获得了能够生长和繁殖的“人造生命”——Synthia[1]。生命过程往往采用大量的含磷分子，如含磷酸二酯键结构的核酸、三磷酸腺苷(ATP)、烟酰胺腺嘌呤二核苷酸(NAD^+)及乙酰辅酶 A 等，这些含磷生物分子在生命过程中发挥着能量转换、代谢及信号转导等关键作用，生命本质的理解离不开对含磷生物分子物理化学性质的系统揭示。例如三磷酸腺苷的人工合成，极大推进了对 ATP 生物功能的理解[2]。在化学合成领域磷试剂同样得到广泛使用，其反应过程中大多涉及五配位磷的化学过程。例如，1979 年诺贝尔化学奖获得者维蒂希发明了维蒂希反应(Wittig reaction，如图 11-1)，该反应通过磷叶立德实现醛和酮结构到烯烃的高效转化[3]。维生素 A 便是通过维蒂希反应完成了全合成[3]。如图 11-1 所示，维蒂希反应经过关键的五配位磷中间体完成羰基向 C═C 双键的转化。反应过程中，三苯基膦首先与卤代烃反应形成季鏻盐结构，随后季鏻盐中 P═C 双键的碳原子带负电，可以与羰基化合物中带正电的碳原子相互靠近，形成高活性的四元环状五配位磷中间体结构[4-6]。反应过程中五配位磷中间体晶体结构的获得[7]，进一步验证了反应机理。

生命过程中的合成反应与化学合成有所不同，往往需要酶参与，在温和条件下实现高选择性和高产率的合成转化。在这个过程中，五配位磷中间体结构发挥着重要的作用。

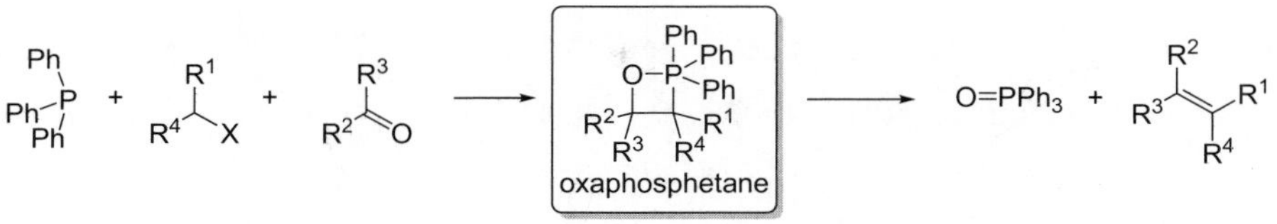

图 11-1　维蒂希反应过程五配位磷中间体结构

11.2

磷原子的轨道特征

磷元素是自然界最为重要的生命元素之一，磷元素几乎参与了生命过程中大部分的调控过程。在生物体内，磷元素调控影响相关生物分子活性的有无、改变关键分子的空间结构及调节生命时空系统中分子功能的发挥与休眠。磷元素处于元素周期表第三周期，最外层有 5 个价电子。在天然环境中，磷元素极易与氧元素等强电负性元素形成极性 P—O 酯键化学结构，且电子偏离磷原子而使得磷原子呈现正电性。一般状态下，化合物中的磷元素呈现 +5 价。由于空间位阻的原因，稳定的磷化合物形成四配位结构，此时磷元素处于由一个 3s 轨道和三个 3p 轨道组成的 sp^3 杂化态，其中一个轨道内含有一对电子。早期的价键理论认为这一对电子通过类似配位的方式与一个氧原子共价结合，共价所用的电子对完全由磷元素供给。共振理论指出，当磷酸根处于游离状态时所有的氧原子之间完全等价，任何一个共用电子对都有可能是由磷元素提供的孤对电子。磷原子在受到其他活性功能基团进攻时会发生进一步重排，一个 3d 轨道也将有机会参与到体系的杂化态中，使得磷元素的每一个价电子都成为未成对电子而参与到共价键中。由于空间取向的限制，不同的d轨道参与杂化会使得最终杂化轨道的空间排布不同。

一般而言，与磷元素形成共价键的五个基团处于三角双锥的情形下时相互间的空间距离最大，相对各自的空间位阻最小。同时从动力学角度考虑，三角双锥构型中间体是磷元素五配位构型中空间位阻最小的构型。通过X射线单晶衍射、红外光谱及核磁共振波谱等表征技术，论证了三角双锥构型是五配位磷化合物的主要空间构型。当然，仍有部分五配位磷化合物选择了四方锥构型为其主要构型。同时，理论计算的结果也说明，对于五配位磷化合物而言采取三角双锥构型时，该构型的能量相较于四方锥构型更低一些，这也是稳定的五配位磷化合物普遍采用三角双锥构型的原因。

五配位磷体系具有一种独特的空间构象异构效应——假旋转效应（如图11-2）。具有五配位过渡态体系的反应能通过中间体的假旋转而实现反应产物的异构，产生一系列新化学结构与新反应[8]。三角双锥体系中，两个配体呈180°线型分布，分别位于中心元素的两端，成为键轴位，剩余的三个配体所形成的面与键轴垂直。通常来说，在构象固定和分子不发生旋转的时候，位于键轴上的原子与三个位于成键平面上的配体各自形成90°的键角，相对而言空间位阻更大；而位于平面上的配体分别与键轴位的两个配体形成90°的键角，与另外两个位于键平面的配体形成120°的键角，相对而言空间位阻更小。以具有五配位结构的五氟化磷为例，两个氟原子位于键轴位置，三个氟原子位于成键平面。低温下测得的氟谱中可以获得两种不同的氟信号，说明空间位置的不同引起了三角双锥体系中化学环境的差异。基于核磁技术进行变温实验，发现温度升高后五氟化磷的氟谱中呈差异性分布的谱峰合并为同一信号[9]。这种信号的兼并是由于五配位体系的假旋转。五氟化磷变构的能垒仅有3.1kcal/mol，温度的升高可以辅助分子跨越这样的能垒而实现变构[8]。

酶催化下的磷酰基转移过程可能涉及五配位磷中间体的变构，这样的变构需要在酶的氨基酸侧链参与下形成关键中间体，从而使得反应成为可能。当三角双锥体系中五个配位点被两个配体占据，其中双齿配体占据三角双锥的键轴位和一个平面键位置时，三齿配体体系的张力较大，体系中仅有双齿配体可能存在相关的假旋转趋势。当五配位结构通过假旋转过程形成四方锥构象时，中间体动力学稳定性变小，将进一步旋转而变为相对稳定构象或返回原来构象。当双齿配体的对称性较差时，假旋转的过程中某一构象的旋转能垒高，不易完成假旋转，而其中能垒较低的构象逐步吸收能量完成假旋转，使得该构象在最终达到能量平衡之后在混合物中所占比例相对更低。这种对称性的差异会使最终体系中某一构象占据主要[8]。

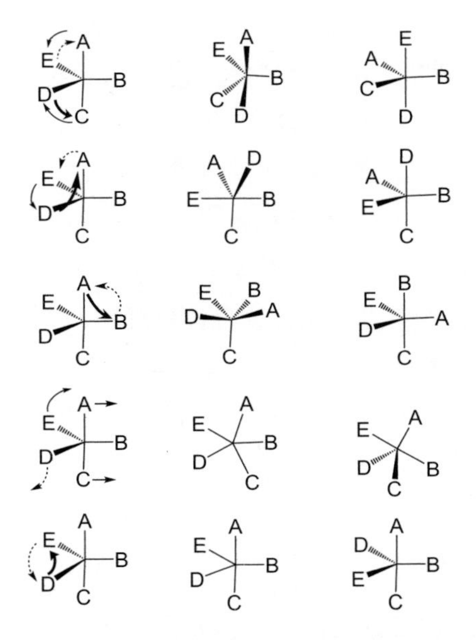

图 11-2　五配位磷中间体的过渡转化过程[8]

五配位磷中间体机制的存在，使得化合物与磷分子反应形成新化合物时，不必如传统的二元取代反应那样旧化学键断裂与新键形成必须同时发生。与磷原子反应的分子可以先进攻磷原子，形成一个五配位磷中间体结构，随后离去基团离开磷原子使空间结构趋向稳定。因此，五配位磷中间体机制在解释反应过程机理方面具有一定普适性，特别是对于生物化学反应过程中无处不在的加成与消除反应过程。

11.3

生物化学过程中的高配位磷

在生物化学过程中，磷元素的原子轨道能够发生 sp^3d 杂化甚至 sp^3d^2 杂化。现有研究指出，磷元素位于 3s 轨道的电子跃迁到 3d 轨道时，其需要的能量为 16.5eV，而对于和磷元素同族的氮元素来说，发生相似跃迁所需要的能量达到了 22.9eV[10]。磷元素发生杂化时电子跃迁到 d 轨道的能垒相对于同族其他元素偏小，因此 d 轨道参与杂化更加容易，因此磷元素发生高配位现象相对容易。磷元素具有四配位与高配位结构之间转化的能力，使其易与目标分子发生连接与解离，这样的特性使得磷元素在生命体系中具有了信号调控的能力，诸多生命现象的发生可以高配位磷中间体为媒介，比如磷酸激酶磷酸化底物蛋白质的过程 [11-12]、去磷酸化过程 [13-14] 及核酸酶促水解过程 [15-18] 等。高配位磷中间体结构具有一定稳定性，但同时具有高活性，从而使得生物物质转化过程具有高效率和高选择性。

11.3.1　遗传物质中的高配位磷

核酸是生命最为重要的遗传物质，包括核糖核酸和脱氧核糖核酸，其中脱氧核糖核酸作为遗传物质储存基础，核糖核酸作为重要的信息传递中间体，传递脱氧核糖核酸中储存的相关遗传信息，指导蛋白质及其他组分的生物合成。核糖 3 号位羟基与磷酸基团组成磷酸二酯键结构，同时磷酸与另一单位的核糖 5 号位羟基相连，使得核糖核酸能够通过磷酸二酯键形成长程有序的链式结构。磷元素在该结构中采取四配位构型，牢固地将两个核糖分子连接起来，使核酸碱基通过氢键配对成为可能。

核糖核酸和脱氧核糖核酸的结构区别在于核糖结构中2号位是否有羟基的存在。在核糖核酸中，2号位的碳与一个羟基相连。碱性条件下，核糖核酸会发生非酶促水解，降低了其链式结构的稳定性，从而降低了其作为稳定遗传物质的可能性。

11.3.2 五配位磷参与RNA非酶促水解

对于在碱性或酸性条件下RNA分子如何非酶促水解这一科学问题，Westheimer教授团队首先研究了环状磷酸二酯的水解反应，并提出了相关机理[15,19-21]。碱性条件下，带有孤对电子的路易斯碱夺取核糖2号位羟基上的质子，增强了羟基氧原子的亲核进攻能力，新产生的氧负离子将进攻四配位状态的磷原子，使得磷原子进入五配位状态，此时磷原子与五个氧原子相连，具有很大的结构张力(如图11-3)。5′-位羟基基团的离去能够使得五配位磷释放大体积的结构基元，从五配位恢复为四配位，从而较为迅速地获得结构上的稳定，这时的磷原子与核糖结构中相邻的羟基相连，构成了一个具有环张力又相对稳定的2′,3′-环核苷酸结构。研究发现RNA在碱性环境下水解可以形成四种核苷的环状磷酸酯产物[22]。随后，水分子进一步进攻四配位磷原子，使磷原子的价层电子轨道处于sp^3d杂化状态，从而使得磷原子再次形成五配位磷中间体结构。虽然在空间构象中，核糖上与磷相连的两个氧原子在三角双锥空间点群中有着显著的位置差异，分别处于键轴位置和平面键位置，两者呈90°键角，但由于高配位磷原子的价层电子轨道在常温下存在假旋转特性，因此在2′,3′-环核苷酸开环水解时，2′-位与3′-位相对等价，最终水解得到的产物为2′-磷酸酯和3′-磷酸酯构成的混合物。对相关化合物进行同位素标记、理论计算及动力学研究等表明，RNA在碱性或酸性环境下的非酶促水解过程存在五配位磷中间体结构[23-25]。

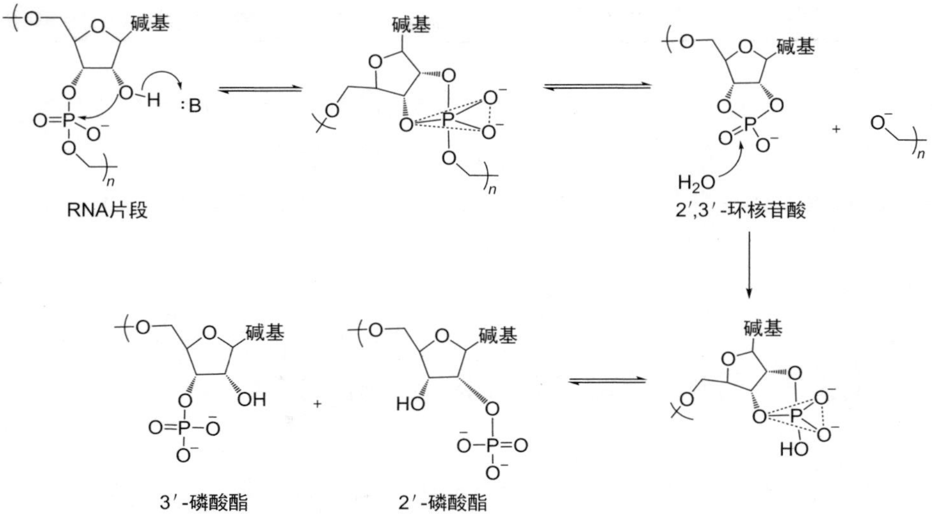

图 11-3 碱性条件下核糖核酸非酶促水解机理

11.3.3 五配位磷参与 RNA 酶促水解

非酶促碱性水解从效率和选择性来说都不是最佳的。为了加速核糖核酸的水解，生命体系通过长时间的演化，形成了核糖核酸酶，专门完成核糖核酸的水解，使水解效率和选择性都得到提升。

以牛胰核糖核酸酶 A 水解 RNA 的过程为例 [17-18,26]，蛋白酶链上三个关键碱性氨基酸残基协同作用，促使 RNA 被高效切割和水解。RNA 分子的酶促水解与自然环境的碱性水解类似，也经过环核苷酸的形成以及水解这两个过程 [27-31]。RNA 分子进入牛胰核糖核酸酶 A 的识别位点后，牛胰核糖核酸酶 A 119 位质子化且带正电荷的组氨酸残基侧链咪唑基团、41 位赖氨酸残基侧链 ε-氨基，与 RNA 磷酸基团中带负电荷的氧原子，通过氢键和静电相互作用彼此靠近，使得核酸分子与酶分子的位置相对固定(如图 11-4)。随后，12 位组氨酸侧链咪唑基团夺取 RNA 中核糖 2′-碳上羟基的质子，使羟基脱去质子成为氧负离子，磷原子被氧负离子进攻形成五配位磷中间体结构。五配位磷中间体中五个氧原子同时围绕在磷原子周围，其中两个氧原子来自同一个核糖结构中 2′-位和 3′-位上的羟基，另外两个氧原子来自磷酸根，第五个氧原子来自另一分子核糖核酸 5′-位上的羟基。形成五配位中间体后，磷原子的价层电子轨道同样受到五配位体系张力影响，5′-位羟基上氧的离去更有利于整体结构的能量达到相对更小的稳定状态。5′-位羟基离去的同时也带走了一部分负电荷，使得五配位体系中磷原子周围带两个负电荷的环境回到原来单个负电荷的环境。磷原子处于四配位状态，核苷酸成了 2′,3′-环核苷酸。此时牛胰核糖核酸酶 A 41 位赖氨酸残基侧链 ε-氨基仍与磷酸基团保持较强相互作用，通过氢键及静电相互作用与磷酸根上的氧在空间上靠近，将 2′,3′-环核苷酸固定在核糖核酸酶活性位点周围，等待下一步水解开环，进而完成整个核糖核酸酶促水解过程。

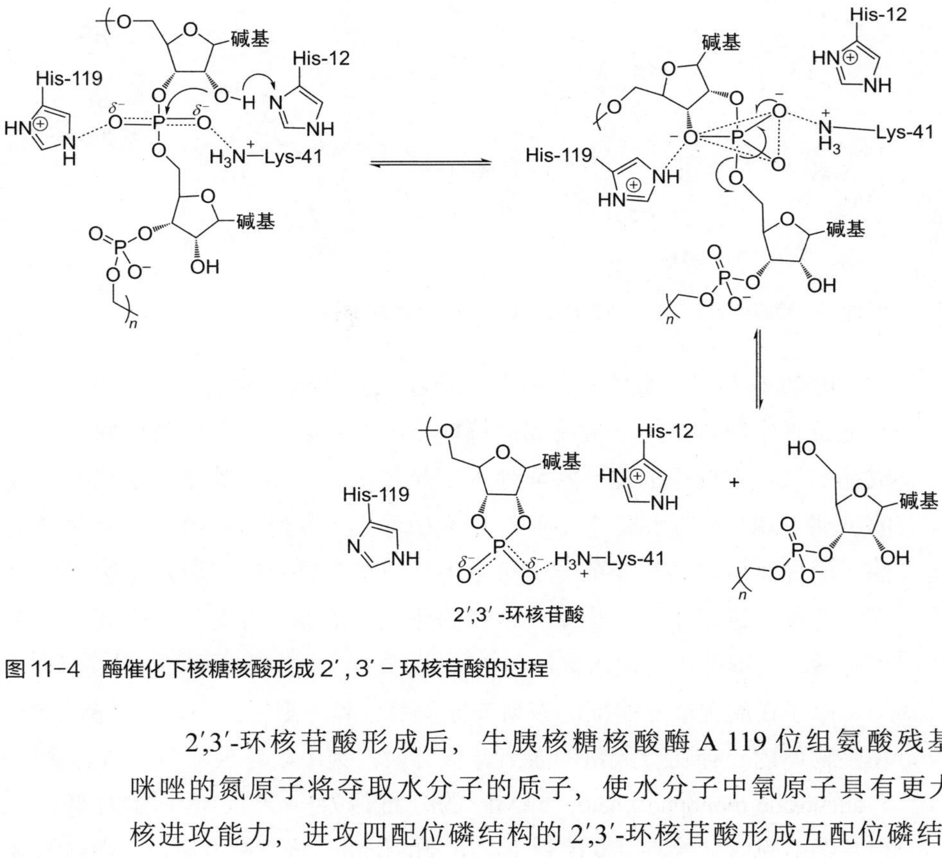

图 11-4　酶催化下核糖核酸形成 2′, 3′ - 环核苷酸的过程

2′,3′-环核苷酸形成后，牛胰核糖核酸酶 A 119 位组氨酸残基侧链咪唑的氮原子将夺取水分子的质子，使水分子中氧原子具有更大的亲核进攻能力，进攻四配位磷结构的 2′,3′-环核苷酸形成五配位磷结构（如

图 11-5）。在五配位磷的氧原子周围，牛胰核糖核酸酶 A 119 位组氨酸残基侧链上质子化的咪唑与来自核糖 3′-位的羟基形成氢键，参与五配位磷结构的稳定，41 位赖氨酸残基侧链上质子化的 ε-氨基与磷酸氧原子形成静电及氢键相互作用，这两个位置的碱性氨基酸残基对于五配位结构的稳定以及空间选择性开环水解起到了至关重要的作用。

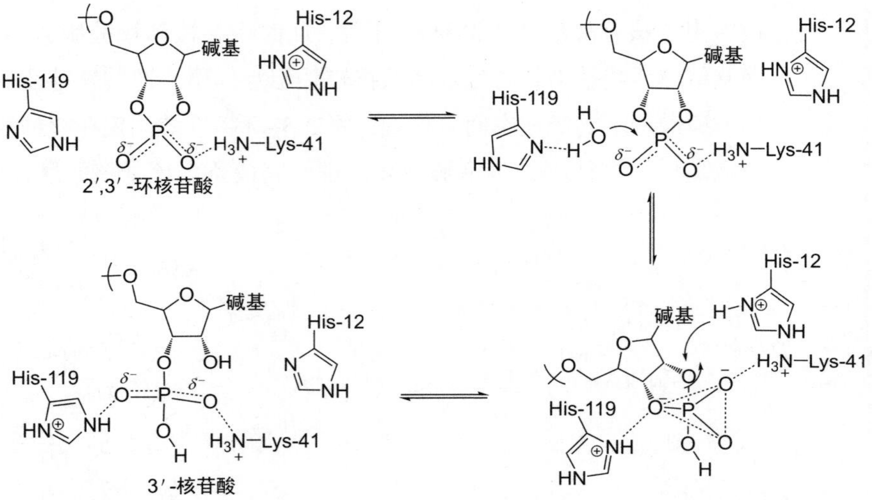

图 11-5　酶催化下 2′, 3′ – 环核苷酸形成 3′ – 核苷酸的过程

RNA 在核糖核酸酶的作用下，经过 2′,3′-环核苷酸的历程，两次形成五配位磷中间体结构，最终完成核糖核酸的水解。五配位磷中间体的形成在酶催化过程中的位点特异性水解起到重要作用。除了牛胰核糖核酸酶 A 催化 RNA 的水解外，研究者还发现了一系列具有相似功能的同工酶，同样可以对磷酸二酯键进行水解。同时，也有研究者从生物无机化学的角度，通过小分子模型化合物的研究，论证了五配位磷中间体存在于磷酸二酯键的类酶促水解过程中 [32-33]。

除了在酶促或非酶促的核糖核酸水解过程中短暂出现环核苷酸之外，在生物体内还存在着大量的游离环核苷酸，其中以环腺嘌呤单核苷酸（3′, 5′-adenosine monophosphate，cAMP）的分布最为广泛。cAMP 作为第二信使在细胞间信息传递中发挥着非常重要的作用，将原来传递进入细胞的微弱信号成数量级地放大。相关研究指出，环腺嘌呤单核苷酸能够激活一些蛋白激酶，特别是对于蛋白激酶 PKA 的磷酸化活性的激活作用。环腺嘌呤单核苷酸能够调控磷酰化和去磷酰化的过程，改变底物蛋白质的性质和功能，成为细胞完成对外部分子应激响应的关键分子。蛋白激酶 A 的激酶活性受到环腺嘌呤单核苷酸的调节。蛋白激酶 A 由四个亚基构成，其中两个为催化亚基，另外两个为调节亚基。蛋白激酶 A 一般以四聚体存在，并不表现出明显的活性。当环腺嘌呤单核苷酸进入调节亚基的作用口袋时，环腺嘌呤单核苷酸与蛋白激酶 A 相互作用。这种相互作用改变了蛋白激酶 A 的空间构象，催化亚基脱离调节亚基，使得催化亚基由原来活性不高的状态进入高活性状态[34]。正因为此，学术界有时也称蛋白激酶 A 为环腺嘌呤单核苷酸依赖性蛋白激酶(cAMP dependent protein kinase)。

研究发现环腺嘌呤单核苷酸的水解过程可能涉及五配位磷中间体。通过同位素标记技术对酶促环腺嘌呤单核苷酸水解过程进行跟踪，发现磷原子空间上的立体构型发生了翻转。据此研究者提出了两种可能的水解途径[35]，其中一种途径认为环磷酸二酯酶直接参与了五配位磷中间体的形成(如图 11-6)。酶分子活性位点氨基酸残基侧链基团进攻四配位磷原子，形成五配位磷过渡态，酶分子位于三角双锥体的键轴位置。随后，五配位磷发生假旋转，继而开环获得了环腺嘌呤单核苷酸 - 酶复合物，磷原子的空间构型暂时保持，此时水分子或氢氧根进攻磷原子，再次形成五配位磷结构。酶分子离开五配位磷结构获得水解产物，水解反应后磷原子的空间构型发生了改变。研究者在探究酶促环腺嘌呤单核苷酸水解过程中，分离出少量环腺嘌呤单核苷酸 - 酶复合物[36-37]，为水解机理提供了直接证据。

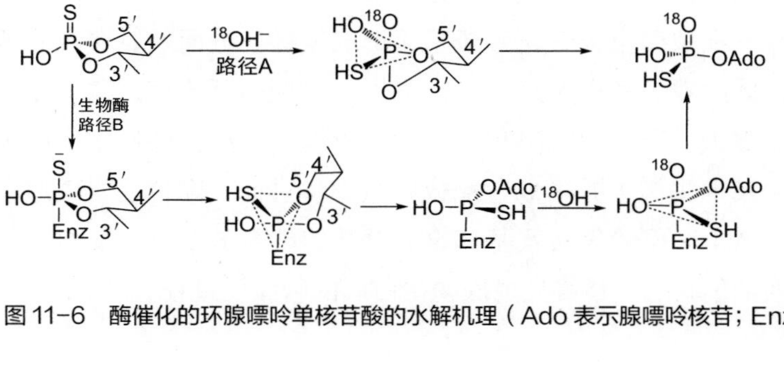

图 11-6 酶催化的环腺嘌呤单核苷酸的水解机理（Ado 表示腺嘌呤核苷；Enz 表示酶）

11.3.4 蛋白可逆磷酸化过程中的高配位磷

11.3.4.1 磷酸化过程中的高配位磷

蛋白激酶 A 的生物化学过程已经得到部分揭示[11,38-40]。在蛋白激酶 A 催化下，三磷酸腺苷(ATP)的 γ-磷酸基团转移到底物蛋白分子上完成磷酸化修饰。然而，磷酰基转移过程的化学机制仍有待揭示，与传统的“乒乓机制”不同，科学家提出了一种全新的“排球机制”，涉及五配位磷中间体的转化作用[12]。如图 11-7 所示，蛋白激酶 A 与底物及三磷酸腺苷发生相互作用后，蛋白激酶 A 72 位赖氨酸侧链上的 ε-氨基通过氢键分别与三磷酸腺苷 α-位和 β-位磷酸基团的氧原子发生相互作用，同时镁离子通过配位作用分别与三磷酸腺苷 β-位和 γ-位磷酸基团的氧原子相互作用，第二个镁离子与 γ-磷酸基团氧原子以及 α-磷酸基团上不参与形成磷酸酯键的氧原子发生相互作用[41]。同时，三磷酸腺苷上 β-位的磷酸基团氧原子与蛋白激酶 A 上 55 位的甘氨酸肽键氢原子及 54 位苯丙氨酸肽键氢原子形成氢键相互作用。三磷酸腺苷上 γ-位磷酸基团氧原子与激酶 53 位丝氨酸肽键氢原子和底物蛋白中磷酸化位点丝氨酸肽键氢原子形成氢键作用[42]。这时，蛋白激酶 A、三磷酸腺苷和底物蛋白质通过镁离子配位键及氢键作用等实现了磷酰基迁移过程催化区域的结构固定，从而实现对底物蛋白的特异识别与高效磷酸化修饰。

蛋白激酶 A 166 位天冬氨酸残基侧链羧基进攻 γ-磷酸基团上的磷原子，使得磷原子进入五配位状态[43]。在这个构象中，两个镁离子与 γ-磷酸基团的相互作用均减弱。在五配位构象中，来自底物的丝氨酸侧链羟基与五配位磷上天冬氨酸羧基氧形成氢键，进而丝氨酸羟基氧进攻磷原子，此时磷原子进入六配位状态[12]。六配位状态下，磷原子的空间位阻变得更大。受空间位阻和环张力的影响，六配位磷原子上的天冬氨酸侧链羧基率先离去并形成五配位磷状态。进而，配位在 γ-磷原子上的蛋白激酶 A 168 位赖氨酸残基侧链 ε-氨基的磷氮键断开，使得 γ-磷酸基团回到四配位状态，最终完成底物蛋白质的磷酸化过程(如图 11-7)。

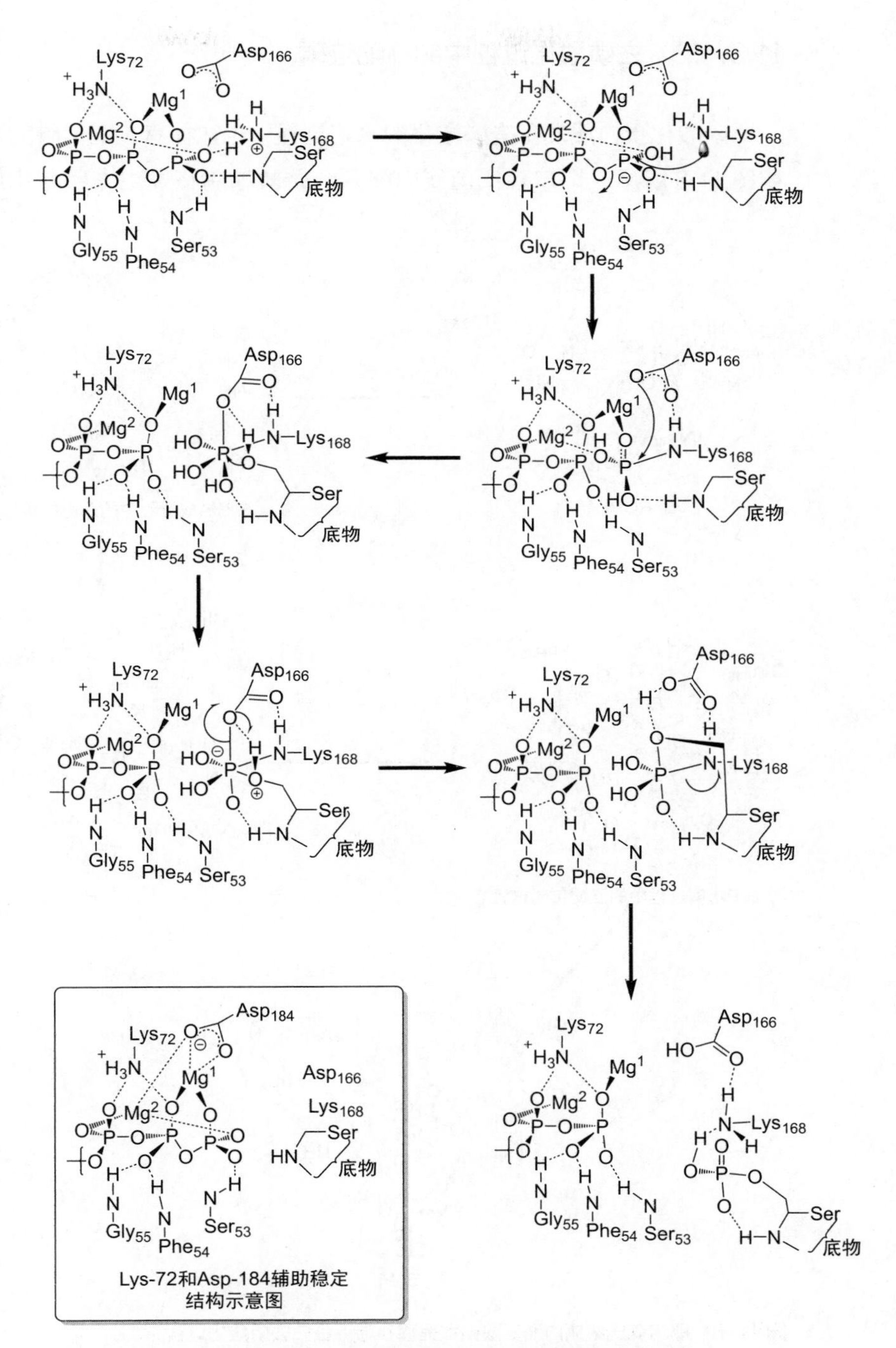

图 11-7　蛋白激酶 A 辅助催化三磷酸腺苷上γ-位磷酰基的转移过程 [12]

11.3.4.2 去磷酸化过程中的高配位磷

磷酸化蛋白质发生去磷酸化的水解过程中也往往有五配位磷的参与[44]。如图 11-8 所示，耶尔森氏菌属内酪氨酸磷酸酯酶在发生去磷酸化过程时，

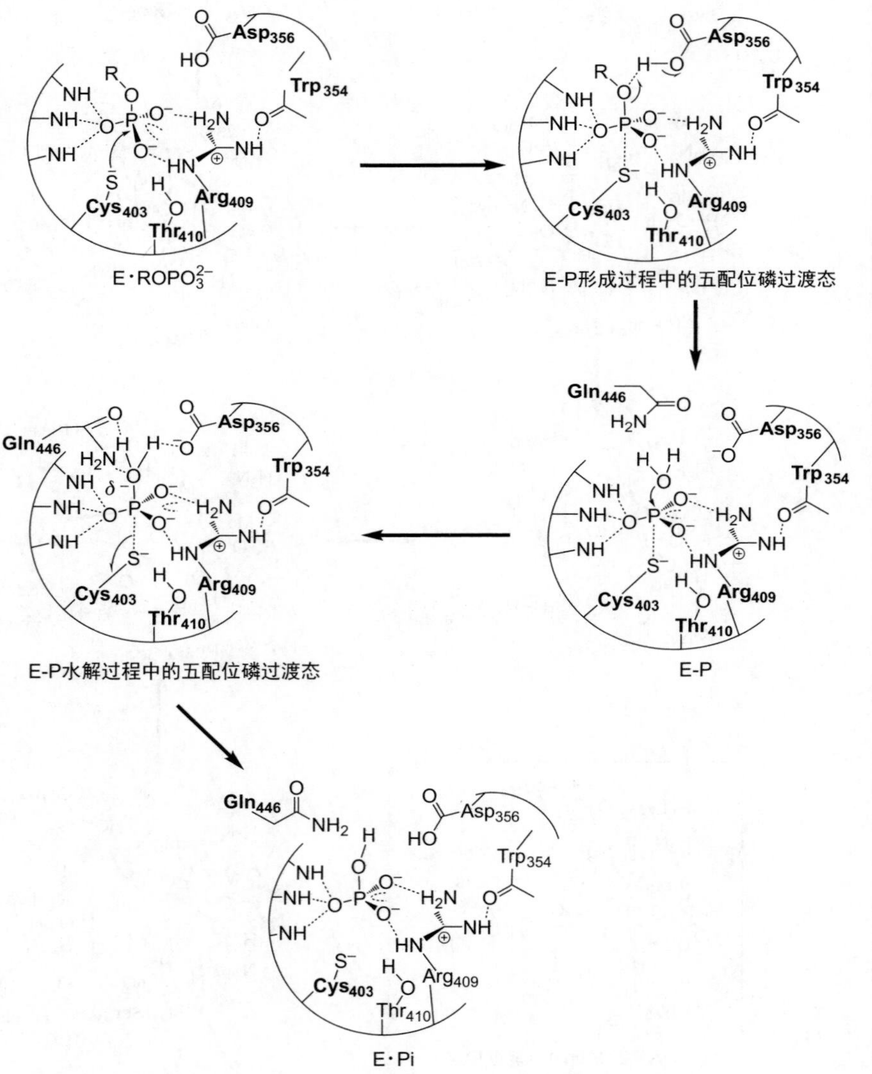

E·$ROPO_3^{2-}$

E-P形成过程中的五配位磷过渡态

E-P

E-P水解过程中的五配位磷过渡态

E·Pi

图 11-8　耶尔森氏菌属内酪氨酸磷酸酯酶参与下蛋白去磷酸化过程

磷酸化酪氨酸的侧链首先进入酪氨酸磷酸酯酶的相关识别位点，酪氨酸磷酸酯酶上409位精氨酸侧链胍基与磷酸基的氧原子形成氢键作用，将磷原子拉近到酪氨酸磷酸酯酶403位半胱氨酸的巯基附近。随后，酪氨酸磷酸酯酶403位半胱氨酸残基巯基负离子进攻四配位状态的磷原子，使得磷原子进入五配位状态[13,45]。在五配位磷结构中，酪氨酸磷酸酯酶403位半胱氨酸侧链残基上的硫原子和酪氨酸残基上的氧原子共同位于五配位磷体系三角双锥构型的键轴位置[14,46-47]。酯酶分子中半胱氨酸侧链巯基参与形成具有P—S化学键的五配位磷结构，说明酶催化过程中五配位磷中间体结构的多样性。

研究人员对酪氨酰-DNA磷酸二酯酶(Tdp1)的理论模型进行计算时发现，在该酶的活性结合域内酪氨酸磷酸基团与酶分子内的组氨酸残基侧链咪唑基发生相互作用，形成五配位磷中间体，从而使酶与底物呈稳定状态[48]。该结构与磷酯酶D的空间活性结构域存在较高的相似度，说明五配位磷过渡态在稳定含磷生物催化体系中具有一定的普适性。

11.3.5 *β*-葡萄糖磷酸变位酶作用过程中的高配位磷

糖类是生命过程十分重要的能量来源，例如葡萄糖通过氧化磷酸化进入呼吸循环，产生ATP分子供生命过程使用。生物体内还可以进行糖类基本单元的组装，形成生物大分子，例如1-磷酸化葡萄糖作为原料参与淀粉的组装合成，其磷酸化过程发生在葡萄糖有较高活性的与1号位碳原子相连的羟基上[49]。然而，1-磷酸化葡萄糖并不是糖酵解过程的最佳中间物。当生物体内能量由过剩转为短缺时，1-磷酸化葡萄糖需要在*β*-葡萄糖磷酸变位酶的催化下转化为6-磷酸化葡萄糖，从而辅助提供能量进行相关生命活动[50-55]。研究人员在对乳酸乳球菌进行相关研究时获得了*β*-葡萄糖磷酸变位酶催化1-磷酸化-*β*-葡萄糖到6-磷酸化-*β*-葡萄糖的异构化过程中五配位磷中间体的晶体结构，为酶催化下磷酰基转移过程中存在五配位磷中间体提供了有力证据[50]（如图 11-9）。

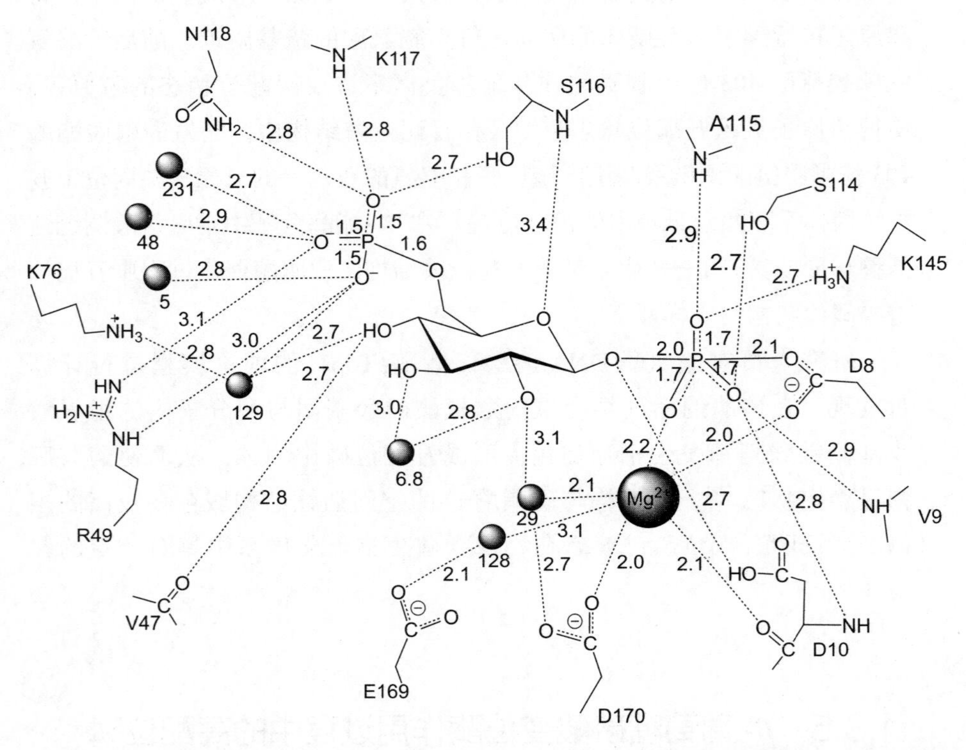

图 11-9　乳酸乳球菌中 1, 6- 二磷酸化 -β- 葡萄糖中间体和 β- 葡萄糖磷酸变位酶复合物示意图[50]

图 11-10 为整个酶催化变构过程中磷基团转移机制。变位酶 8 号位的天冬氨酸首先被磷酸化，形成一个具有较高活性的羧酸 - 磷酸混酸酐。此酸酐中间的化学键具有较高的能量和反应活性，容易受到其他亲核试剂的进攻而发生水解反应[56]。当 1-磷酸化-β-葡萄糖 6 号位羟基靠近酸酐时，羟基上氧原子进攻酸酐上磷原子，使得此时磷电子外层电子轨道进入 sp^3d 杂化状态，磷原子同时和五个氧原子相连构成共价键，每个共价键都采取头碰头的 σ 键形式单键相连。空间上，与糖环相连的氧原子位于磷元素五配位体系结构三角双锥体的键轴上，混酸酐中间的氧原子也位于三角双锥体的键轴上，这三个原子之间呈 180°键角。由于张力作用，

磷原子键轴两端的大位阻基团离开磷原子。若糖的一端远离，则该反应又回到了反应的初始状态，反应朝着逆方向进行；若混酸酐结构中的羧基端远离磷元素，则催化酶中混酸酐结构上的磷酸基团被成功地转移到了底物葡萄糖上，反应朝着正方向进行。这个过程不会通过离去游离的氧原子配体形成四配位磷结构，因为氧原子的离去不会缓解磷原子在五配位状态中拥挤的空间构型。

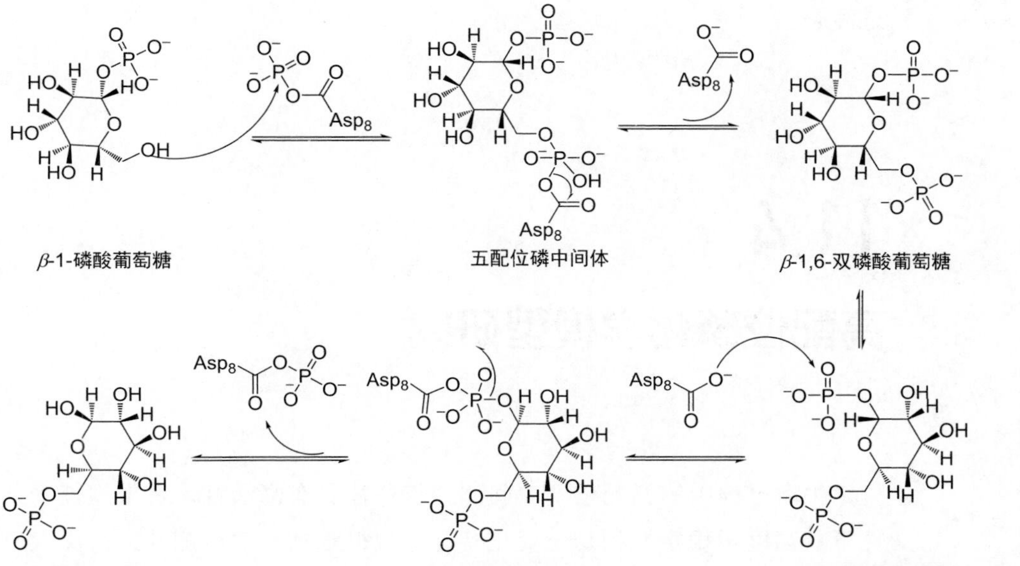

β-1-磷酸葡萄糖　五配位磷中间体　β-1,6-双磷酸葡萄糖

β-6-磷酸葡萄糖　五配位磷中间体　β-1,6-双磷酸葡萄糖

图 11-10　β-葡萄糖磷酸变位酶工作过程中，1-磷酸化-β-葡萄糖到 6-磷酸化-β-葡萄糖的磷酰基转移过程

随后，研究者提出上述β-葡萄糖磷酸变位酶催化磷酰基转移过程的体系中存在三氟化镁负离子，而体系中三氟化镁负离子是磷酰化转移过程很好的模拟物。三氟化镁负离子可以与前述机理中描述的五配位氧磷烷结合区域相匹配[54]。据此，研究者对磷酰基迁移过程中包含五配位氧磷烷中间体的蛋白复合物结晶提出了不同的解析结果。新的研究结果显示，其结构中镁元素和磷元素的比例与预期的五配位氧磷烷结构相较存

在一定的差异。这个结果使得关键过渡态是经历五配位磷中间体还是解离的三配位磷中间体变得不够确定。

在其他有关磷酰基转移的相关研究中，研究者以金属(如镁、铝、钒等)离子作为磷的类似物模拟磷酰基转移过程的中间体[16,57]，同样发现五配位构型的存在。同时，运用核磁共振技术探究磷酰基转移过程时，通过磷谱特征峰信号的变化[58-60]，证明了五配位磷中间体的存在。这些研究从其他角度佐证了生物化学过程中磷酰基转移存在五配位磷中间体或过渡态。

11.4 高配位磷化学模型研究

生命过程中的五配位磷中间体结构往往具有高活性，在常规技术条件下其高度不稳定性和动态变化特征导致很难被有效检测并进行深入研究。因此，科学家通过设计小分子化学模型，改变磷原子相连的配体化学结构，来调控五配位磷结构的稳定性，成功实现了五配位磷结构的分离、表征和物理化学性质研究，从而为揭示生命催化过程中可能存在的高配位磷关键活性中间体的作用机制提供了重要依据。

11.4.1 磷酸酯水解

对于芳香性磷酸酯的相关研究显示，磷酸酯的水解过程也伴随着五配位磷中间体的形成[61]。在氢键的辅助下，苯酚磷酸酯与游离水分子反应形成五配位磷酸酯中间体(如图 11-11)，利于酚氧基的离去，从而完成磷酸酯分子的水解。磷酸酯水解的理论计算指出，磷酸酯中 P—O 键在水解过程中具有同位素效应[62]，不同的同位素所形成的 P—O 键在反应初态能量存在差异(如图 11-12)，^{18}O 标记的磷酸酯的过渡态所需吸收的能量更高(如图 11-13)。

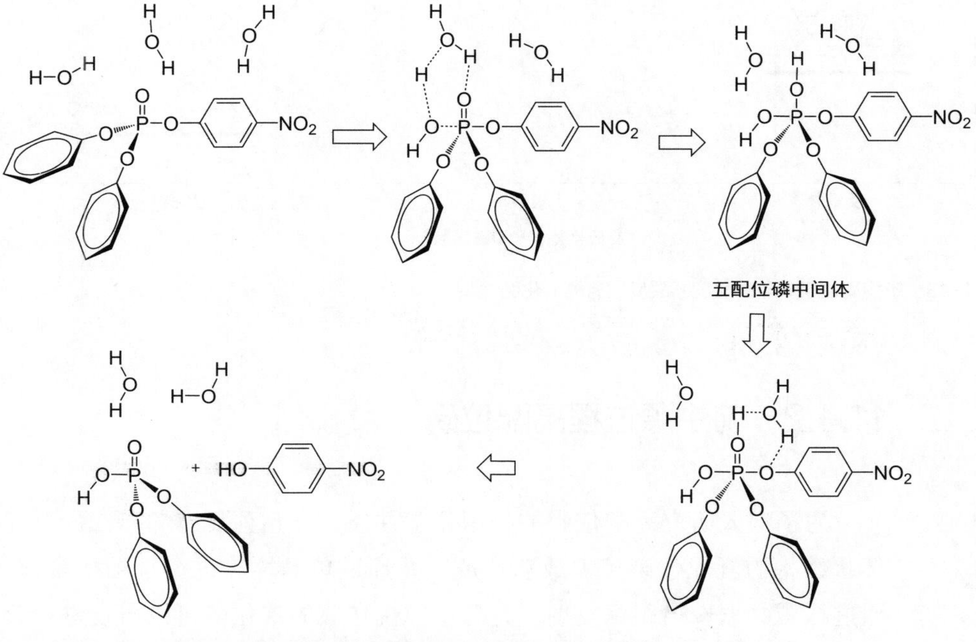

五配位磷中间体

图 11-11 水分子协助下芳香磷酸酯水解生成五配位磷中间体机理[61]

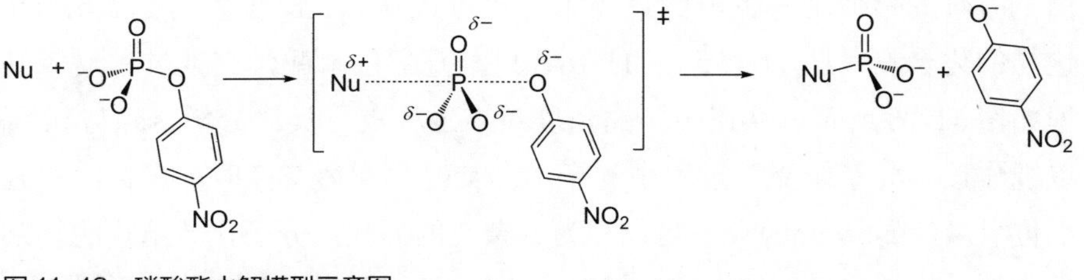

图 11-12 磷酸酯水解模型示意图

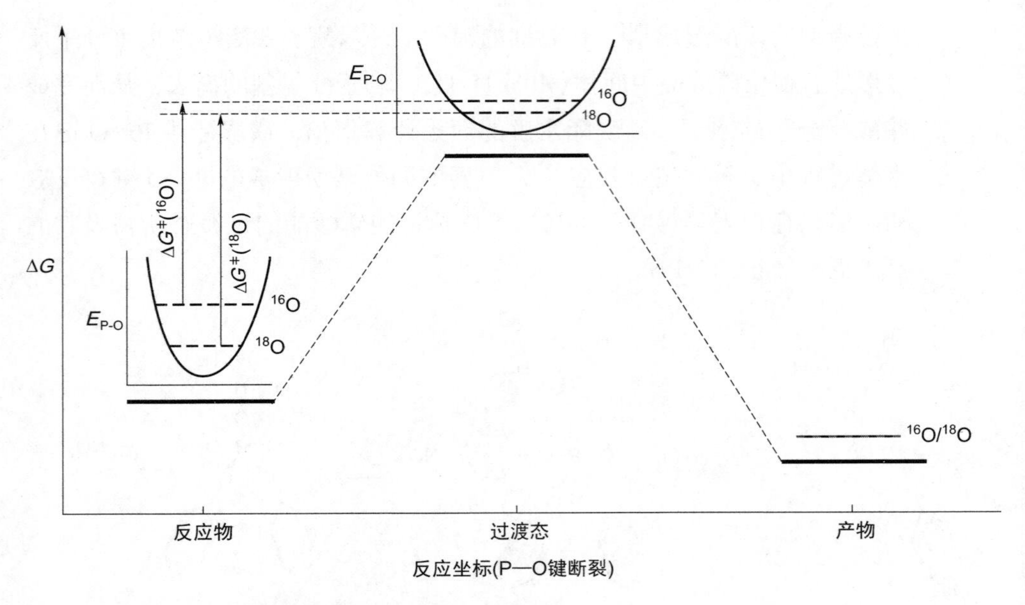

图 11-13　不同同位素参与磷酸酯断裂反应势能变化图 [62]

11.4.2　前生源过程高配位磷

为了深入研究高配位磷的物理化学性质，一系列具有邻苯二酚五元环状结构的五配位磷烷被成功合成，并通过单晶培养进行了结构表征。通过核磁共振磷谱跟踪发现，五配位磷烷在碱的催化下可以自发进行分子间配体交换，形成新的五配位磷化合物 [63]。例如，五配位氧磷烷(ab_2)在溶液中孵育后会生成 a_3、b_3、a_2b 等配体组合不同的五配位磷化合物(如图 11-14)。相似地，在碱的催化下，也可以从 a_3、b_3 出发得到 a_2b、ab_2 这样的化合物［图 11-15，图 11-16(b)］。五配位磷配体交换过程反应机理如图 11-16 所示。从遗传学的角度对该过程进行类比分析，a_3 与 b_3 可以视作该“分子杂交”过程中的亲本，其发生配体交换时，产物中的五配位氧磷烷 a_2b 与 ab_2 分子可以视为其杂交的后代，分子化学结构的复杂性增加，化学信息更加丰富。值得注意的是，该配体交换需要碱的催化。若从体系中移除碱，则该配体交换过程不会发生。在生物体体内，酶分子中碱性氨基酸残基的侧链官能团可能充当了配体交换过程中碱的角色。生命化学过程中存在 RNA 分子间的酯基转移反应、RNA 自我剪接及 RNA 融合等过程，这些过程都可能涉及以五元环状五配位氧磷烷为核心的配体交换过程。因此对五配位氧磷烷配体交换过程进行深入了解和揭示，有助于理解生物化学过程中的五配位磷机制。

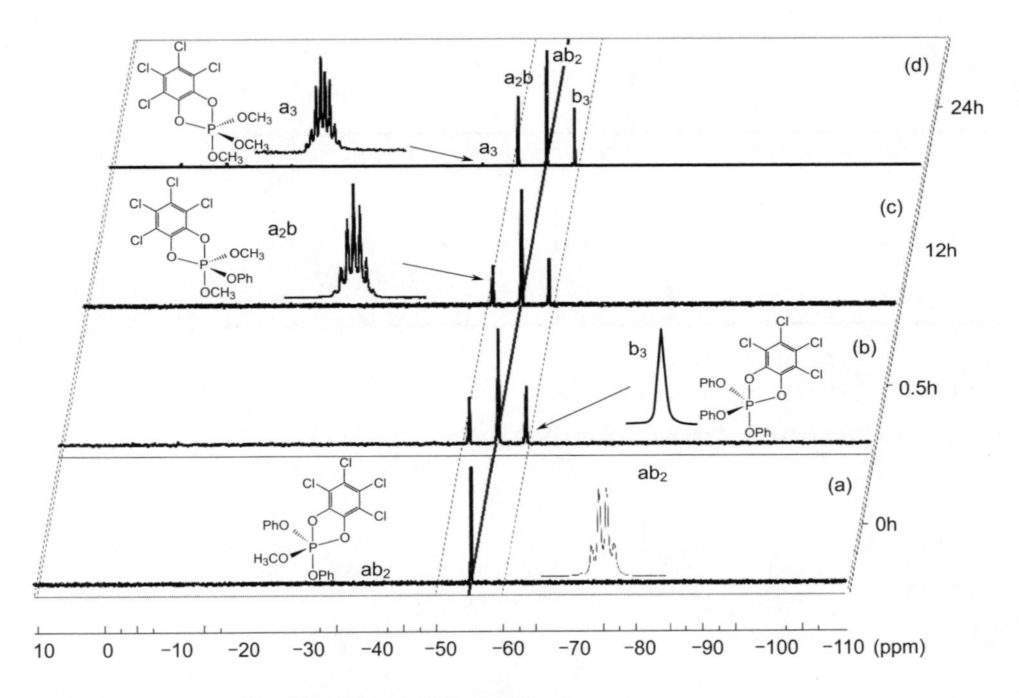

图 11-14　碱作用下五配位磷烷配体交换过程的磷谱跟踪图

通常情况下氨基酸的化学性质极其稳定，但当氨基酸的 N 端氨基被磷酰化后却会表现出多种仿生化反应，如成肽、成核酸、成酯、酯交换及 N—O 迁移等自发反应。因此，科学家提出 *N*-磷酰化氨基酸是核酸与蛋白共起源的化学模型。*N*-磷酰化氨基酸作为“微型活化酶”得到了系统的研究。研究发现，*N*-磷酰化氨基酸的仿生化反应过程都涉及五配位磷中间体机制，这些独特性质为生命过程中生物大分子的生物化学机理研究提供了重要线索和小分子化学模型。

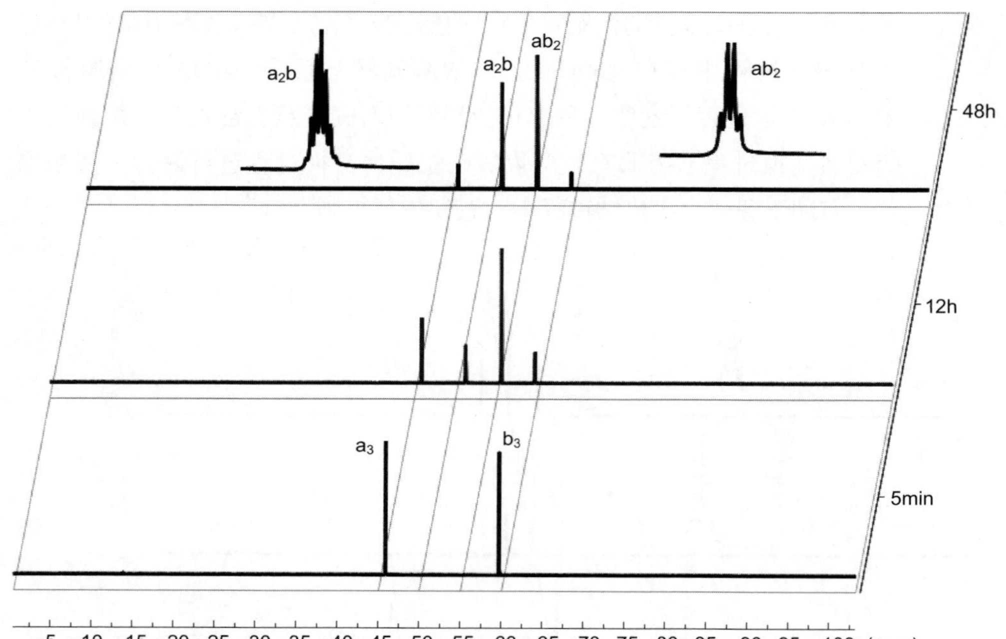

图 11-15　碱作用下五配位磷烷分子间配体交换过程磷谱跟踪图

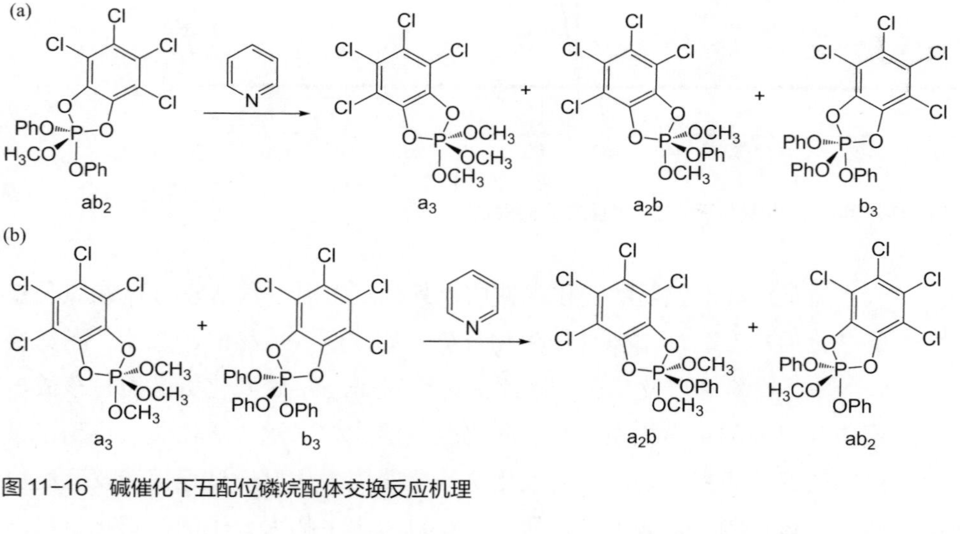

图 11-16　碱催化下五配位磷烷配体交换反应机理

为了证明 *N*- 磷酰化氨基酸五配位磷中间体机理，赵玉芬教授团队将邻苯二酚基磷酰氯与 *N*, *O*-双三甲基硅基氨基酸反应，得到 *N*- 邻苯二酚基磷酰化氨基酸三甲基硅基酯，随后其羧基氧原子进攻四配位磷酰基形成五配位磷结构（如图 11-17）。由于三甲基硅基位阻等效应，五配位磷混酐结构中羰基容易受到另一分子 *N*, *O*-双三甲基硅基氨基酸上氨基的进攻，从而形成酰胺肽键结构。反应产生的 *N*, *O*-双三甲基硅基寡肽继续与高活性五配位磷中间体反应，从而使得肽链得到延长。图 11-18 显示了五配位磷中间体 **4** 随时间而发生的变化。*N*-磷酰化氨基酸具有四配位 - 五配位互变异构特性，促使原来活性较弱的酯结构变为活性增强的混酸酐构型，显著增强了氨基酸羧基端自组装成肽的活性，使得前生源体系中氨基酸等生命小分子通过磷酰化过程得到活化，为多肽和大分子的前生源合成及生物功能的进化提供了重要途径。

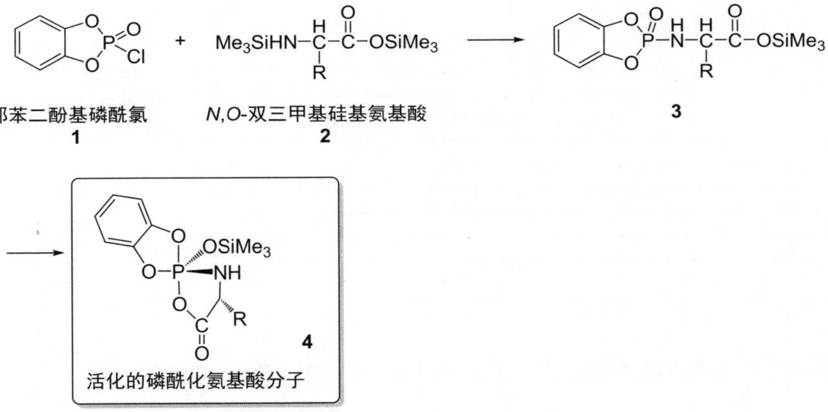

邻苯二酚基磷酰氯 **1** + *N*,*O*-双三甲基硅基氨基酸 **2** → **3** → 活化的磷酰化氨基酸分子 **4**

图 11-17　*N*- 磷酰化氨基酸五配位磷中间体的形成过程

N-磷酰化氨基酸与醇溶剂混合孵育时，磷酰基上的烷氧基会自发与醇分子发生磷原子上的酯交换反应，这种现象以 *N*-磷酰化组氨酸为典型代表（如图 11-19）。当 *N*-二异丙基磷酰化组氨酸存在于溶液中时，游离的羧基进攻中心磷原子构成五配位结构，形成磷酸 - 羧酸混酐结构。同时，侧链咪唑基团上的氮原子进攻五配位磷原子形成六配位磷，咪唑基团通过组氨酸 α-碳原子形成桥环结构，同时咪唑基团上的氮原子通过 σ 键与磷原子产生配位，N—H 键的氢原子被电离，磷酰基团中位阻最大的烷氧基团通过假旋转过程被转移到了六配位磷体系中 N—P 键的对面。由

于体系环张力的作用，烷氧基捕获游离的质子后离开六配位磷体系，使得磷原子进入五配位状态，咪唑基团构成的桥环体系得到保持。溶剂体系中醇分子中的氧原子从咪唑基团的对面进攻五配位磷原子，磷原子再次进入六配位状态，醇分子羟基上的质子电离，新连接的烷氧基位于六位配位磷原子中咪唑环的对面。由于环张力的作用，咪唑环将捕获溶剂环境中游离的质子使磷氮键断裂，咪唑基团离开磷原子，中心磷原子恢复到五配位结构。之后，混酸酐体系中，羧基离开混酸酐体系使磷氧键断开，中心磷原子回到稳定四配位构型。整体而言，磷周围化学环境未发生较大变动，整个自催化反应过程只有磷酰基上的一个烷氧基团被替换。

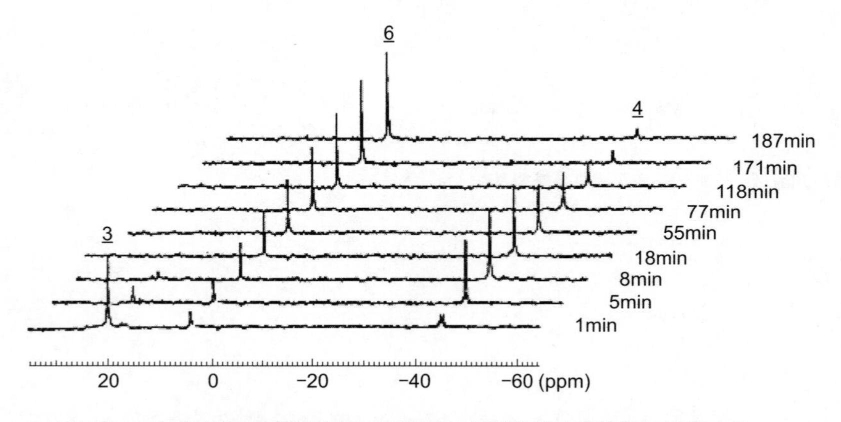

图 11-18　*N*- 磷酰化氨基酸自组装成肽过程中五配位磷中间体的磷谱跟踪图

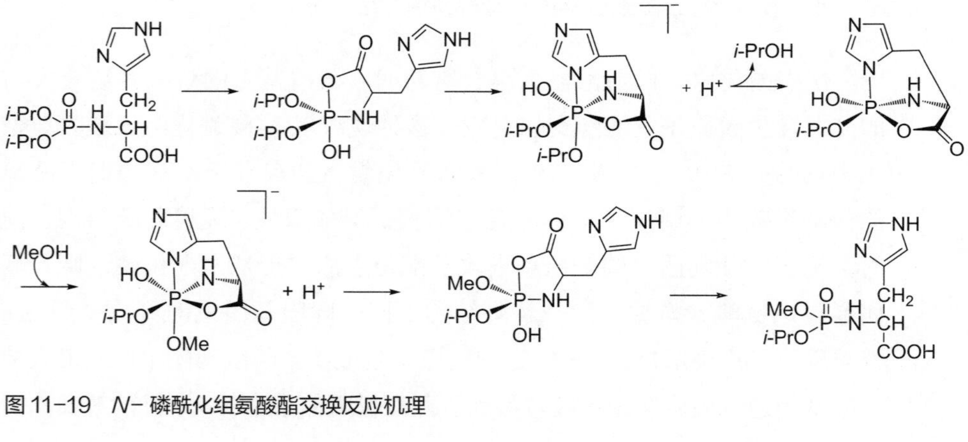

图 11-19　*N*- 磷酰化组氨酸酯交换反应机理

与之相类似，侧链带有羟基的*N*-磷酰化氨基酸也可以通过六配位磷结构发生相关变构，产生分子内自催化 N → O 迁移反应，这一现象尤以*N*-二异丙基磷酰化丝氨酸最为典型(如图 11-20)。*N*-二异丙基磷酰化丝

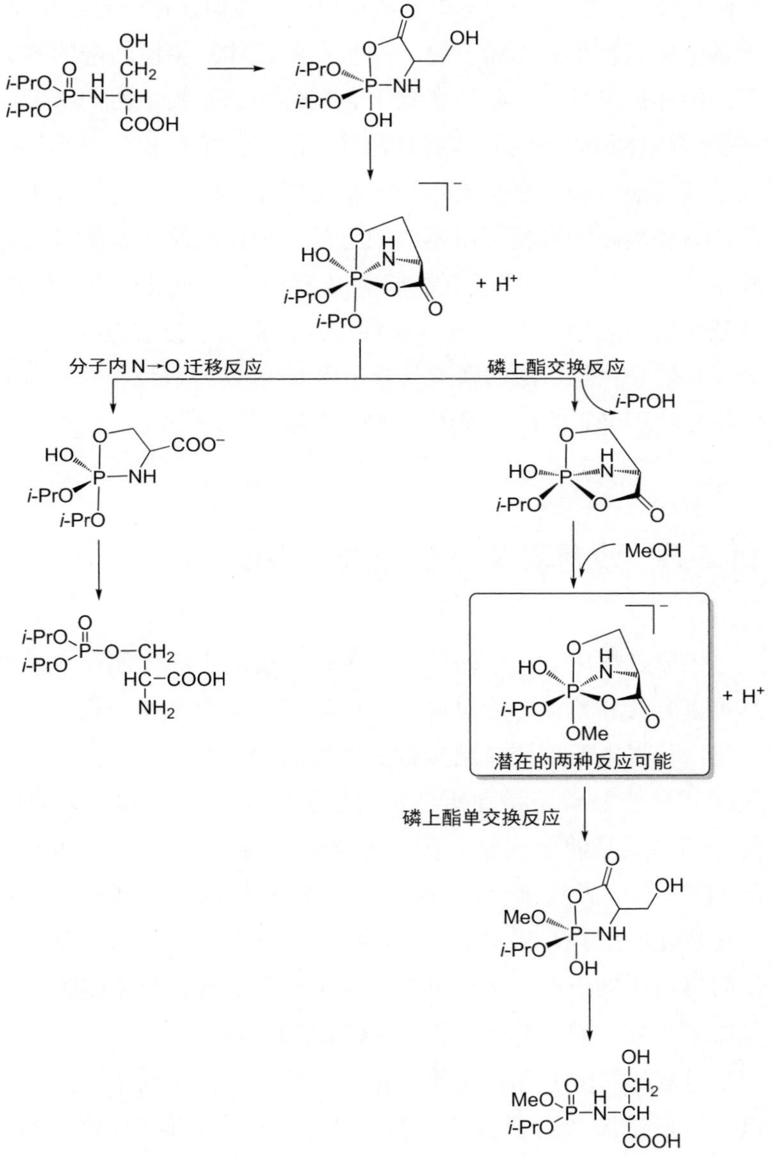

分子内 N→O 迁移反应

磷上酯交换反应

潜在的两种反应可能

磷上酯单交换反应

图 11-20　*N*- 磷酰化丝氨酸分子内 N → O 迁移及磷上酯交换机理

氨酸中丝氨酸的羧基氧原子首先进攻四配位磷原子，形成具有混酐结构的五配位磷原子。此时丝氨酸侧链羟基进攻五配位磷原子，形成六配位磷结构。磷原子和丝氨酸的 α-碳原子共同构成桥环体系。六配位体系存在两种反应趋势，一种与组氨酸反应体系类似，进一步发生酯交换反应，体系中磷氮键得到保留；另一种是六配位体系中混酸酐的磷氧键优先断开，桥环体系打开，磷原子处于五配位状态，其中四个磷氧键中氧供体是反应活性稍弱的烷氧基或者羟基，属于稳定性较强的化学键，磷氮键成了该五配位磷分子结构中最不稳定的化学键。这一过程中丝氨酸仍保留着与磷酰基的连接，所不同的是与磷相连的原子由氮原子转换为了氧原子。P—N 键作为高能化学键为磷氧酯键的形成提供了能量，使得 *N*-磷酰化氨基酸分子内 $N \rightarrow O$ 转移可以在室温下自发进行。实际上，*N*-二异丙基磷酰化丝氨酸的磷酰基分子内 $N \rightarrow O$ 转移过程为蛋白质激酶催化磷酰基转移机制的研究提供了非常重要的化学模型。

11.4.3 双氨基酸五配位磷烷模型

生命过程中五配位磷结构一般作为反应中间体而存在，具有高活性且难以分离和检测。通过设计合成具有一定稳定性的五配位磷小分子化合物，可以为五配位磷结构相关性质的揭示提供重要依据。其中，双氨基酸五配位氢磷烷是稳定性相对较强的一类化合物，结构中磷原子与两分子的氨基酸形成双螺环五配位磷结构，且含有独特的磷氢键结构，图 11-21 为代表性化合物的结构。磷原子可以与氨基酸形成相对稳定的五配位化学结构，采取了三角双锥的整体构象。同时，受环张力和体系位阻等机制的影响，两个氧原子位于三角双锥构象中键轴的两端，两个氮原子与氢原子位于磷原子三角双锥的共价平面上。

对双氨基酸五配位氢磷烷化合物进行手性异构体的分离纯化及晶体培养，通过 X 单晶衍射技术获得磷原子的绝对构型(如图 11-22)，并结合固体或液体圆二色光谱和理论计算对化合物进行手性光谱表征，如

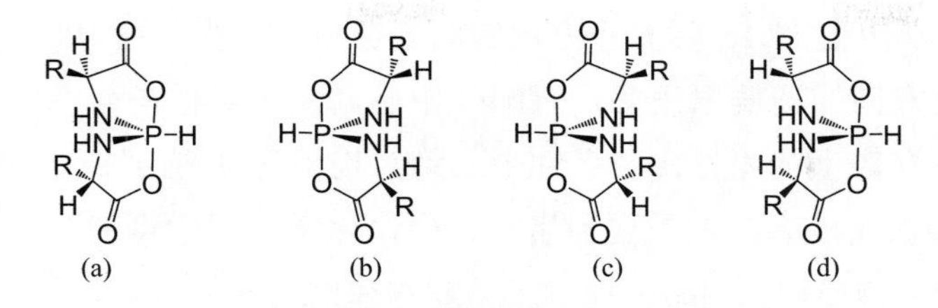

图 11-21　双氨基酸五配位氢磷烷结构及其绝对构型

（a）（3*S*，5*Λ*，8*S*）构型；（b）（3*S*，5*Δ*，8*S*）构型；（c）（3*R*，5*Δ*，8*R*）构型；（d）（3*R*，5*Λ*，8*R*）构型

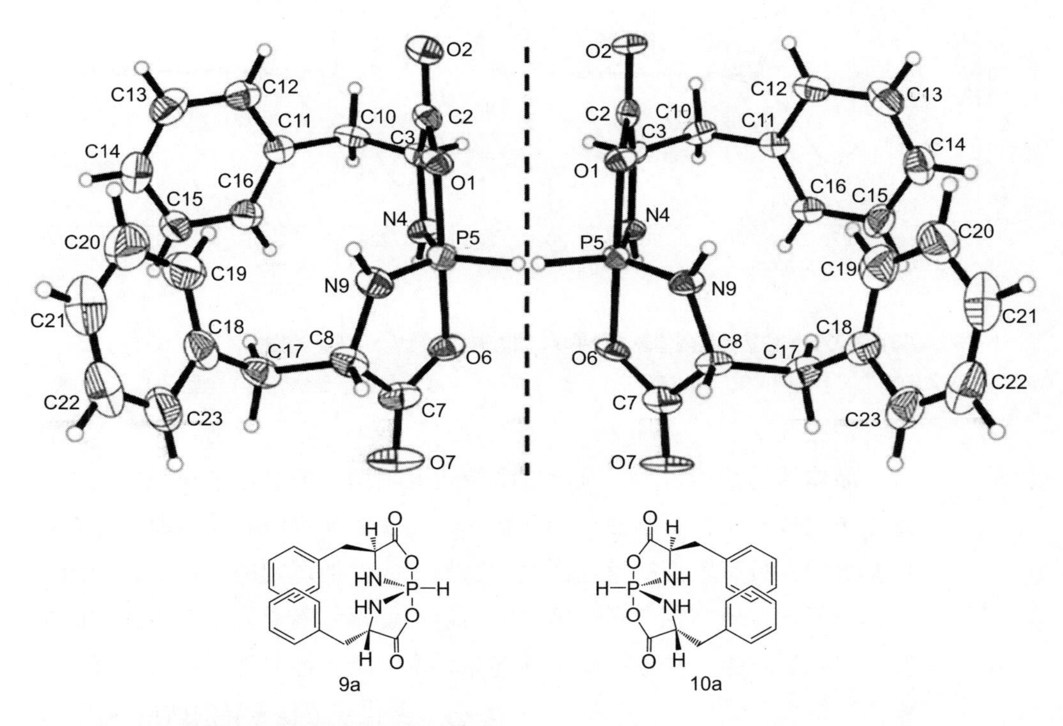

图 11-22　双苯丙氨酸五配位氢磷烷异构体晶体结构

9a：（3*S*，5*Λ*，8*S*）构型；10a：（3*R*，5*Δ*，8*R*）构型

图 11-23 所示，化合物 9a 和 9b 内的氨基酸手性构型相同，而磷原子手性不同。谱图显示，化合物 9a 磷手性为 *Λ*，在固体和液体圆二色谱图中都具有负方向的圆偏振角度；化合物 9b 磷手性为 *Δ*，具有正方向的圆偏振角度。类似地，化合物 10a 和 10b 结构中也只有磷手性存在差异。谱

图显示，化合物 10a 磷手性为 Δ，具有正方向的圆偏振角度；化合物 10b 磷手性为 Λ，具有负方向的圆偏振角度。五配位中心磷原子手性与氨基酸碳原子手性之间存在较大的差异，磷手性中心绝对构型为 Λ 或 Δ 成了影响化合物整体圆偏振角度方向的重要因素，为生命化学过程中可能存在的磷手性中心结构及调控功能的研究提供了重要的理论基础。

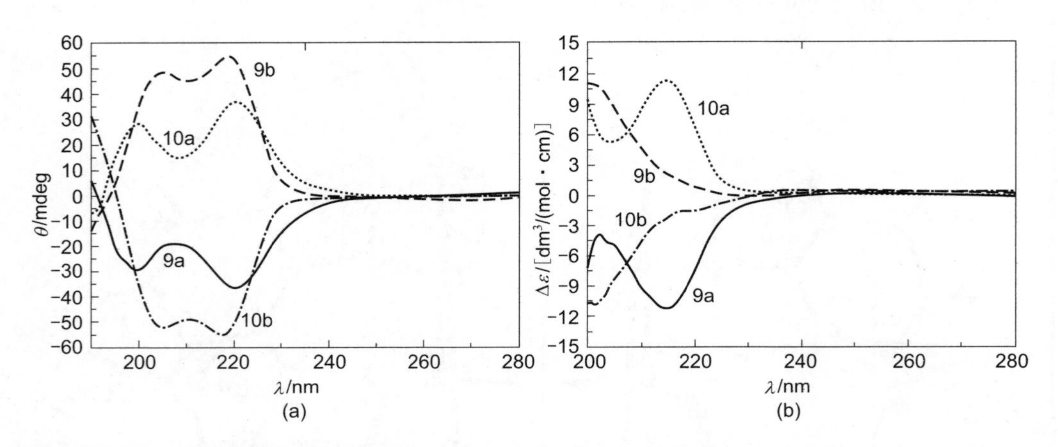

图 11-23 双苯丙氨酸五配位氢磷烷固体圆二色（a）和溶液圆二色（b）对照谱图

9a：（3*S*，5Λ，8*S*）构型；9b：（3*S*，5Δ，8*S*）构型；10a：（3*R*，5Δ，8*R*）构型；10b：（3*R*，5Λ，8*R*）构型

晶体结构数据显示，五配位磷结构键轴两端的氧原子与键平面上的氮原子组成五配位氨基酸五元环状体系，磷氢共价键中的氢原子裸露在体系表面，具有较高的反应活性，容易受到其他试剂的进攻而合成结构多样的五配位磷结构分子。磷元素的手性使得氨基酸在不发生变构的情况下也可以产生两种不同磷手性的化合物。磷手性差异在核磁共振磷谱中体现得较为明显，往往表现为一组有显著化学位移差异的磷谱峰。

五配位氢磷烷分子还存在很多潜在的应用价值。双氨基酸五配位氢磷烷中的磷氢键可以发生 Atherton-Todd 反应，与伯胺相互作用可以形成 P—N 键。与仲胺或叔胺反应时，在无过渡金属辅助的条件下，环境中的二氧化碳分子会以混酐 / 肽键的形式插入 P—N 键之间 [64]。这时，单一磷手性的五配位氢磷烷发生反应后得到两种磷手性的五配位磷化合物，其空间构型和位阻将影响其比例。另外，五配位氢磷烷还具有一定的抗酪氨酸酶的作用，尤其是对于由异亮氨酸构成的膦螺烷，其抗酪氨酸酶活性能达到96%，远高于具有同类功能的酪氨酸类似物[65]。

11.5 小结

高配位磷化学机制在生命过程中具有普遍性，从储存遗传信息的脱氧核糖核酸，到基因转录翻译过程的核糖核酸及蛋白质的合成和翻译后修饰，以及代谢物小分子的合成与代谢等，整个生命中心法则的运行过程中五配位磷结构都发挥着关键的作用，可以说生命选择了磷元素的关键原因之一是磷元素存在高配位磷结构的转化，从而实现了生物分子的稳定性和反应活性的完美平衡。蛋白质磷酸化和去磷酸化是生物体内调控蛋白质生物功能的重要方式。在生物体内，通过五配位磷中间体，三磷酸腺苷等具有高能磷酸基团的分子得以将磷酸基团通过酶促或非酶促的方式结合到底物蛋白质或小分子上，完成对底物的磷酸化。同时，被磷酸化的蛋白质或小分子同样可以经过酶促或非酶促的方式，经过五配位磷中间体水解过程脱去磷酸基团。五配位磷中间体的存在使得生物体内磷酸化与去磷酸化过程变得更加有序和高效，实现了复杂生命活动的调控。

通过有机化学合成和结构设计，可以将处于四配位 - 五配位磷互变异构过程中具有高活性的五配位磷结构进行稳定构建，使五配位磷化合物可以通过多种技术手段进行分离制备和详细的结构表征，揭示并归纳其物理化学性质。同时，还能以五配位磷结构化合物为起始原料，探索化学反应机理及其变化规律。

生命过程是化学反应的集合体，而磷化学反应往往处于调控中心。五配位磷中间体的存在，使得生命过程中化学分子间的各种高选择性和高效转化成为可能。各种化学分子在磷元素的介导调控作用下，形成P—N、P—O、P—S及P—金属离子等多种化学键配位结构。磷原子可以在四配位、五配位及六配位等多种配位状态之间转换，实现生命体系中能量的高效转化与信息的高效识别和传递。高配位磷调控机制的存在使得生命过程中化学反应的能量驱动更加有序，以高配位磷中间体为调控中心和主线，对揭示生命过程的化学本质具有重要科学意义。另外，高配位磷化合物在化学合成催化体系中有着极高的应用价值，其潜在的手性选择特性使其在药物合成、有机化工及精细化工等领域具有广阔的应用前景。

参考文献

[1] Sankar S G. Synthia: The First Man Made Cell. Science Reporter, 2011.

[2] Mehlhorn H. Encyclopedia of Parasitology. Springer, 2008. DOI:10.1007/978-3-540-48996-2_299.

[3] Wittig G, Haag W. Über. Triphenyl-phosphinmethylene als olefinbildende Reagenzien [Ⅱ . Mitteil.1]. Chem Ber, 1955, 88 (11): 1654.

[4] Birum G H, Matthews C N. A stable four-membered-ring ylid-ketone adduct. Chemical Communications, 1967 (3): 137.

[5] Maryanoff B E, Reitz A B. The wittig olefination reaction and modifications involving phosphoryl-stabilized carbanions- stereochemistry mechanism and selected synthetic aspects. Chem Rev, 1989, 89 (4): 863.

[6] Horner L, Hoffmann H, Wippel H G, Klahre G. Phosphororganische verbindungen XX. phosphinoxyde als olefinierungsreagenzien. Chem Ber, 1959, 92 (10): 2499.

[7] Hamaguchi M, Iyama Y, Mochizuki E, Oshima T. First isolation and characterization of 1 2-oxaphosphetanes with three phenyl groups at the phosphorus atom in typical Wittig reaction using cyc lopropylidenetriphenylphosphorane. Tetrahedron Lett, 2005, 46 (51): 8949.

[8] Couzijn E P A, Slootweg J C, Ehlers A W, Lammertsma K. Stereomutation of pentavalent compounds: validating the berry pseudorotation redressing Ugi's turnstile rotation and revealing the two- and three-arm turnstiles. J Am Chem Soc, 2010, 132 (51): 18127.

[9] Berry R S. Correlation of rates of intramolecular tunneling processes with application to some group V compounds. J Chem Phys, 1960, 32: 933.

[10] 侯建波．手性双氨基酸五配位氢膦烷的立体化学研究．厦门：厦门大学，2009.

[11] Adams J A. Kinetic and catalytic mechanisms of protein kinases. Chem Rev, 2001, 101 (8): 2271.

[12] Ni F, Li W, Li Y M, Zhao Y F. Analysis of the phosphoryl transfer mechanism of c-AMP dependent protein kinase [PKA] by penta-coodinate phosphoric transition state theory. Curr Protein Peptide Sci, 2005, 6 (5): 437.

[13] Cho H J, Krishnaraj R, Kitas E, Bannwarth W, Walsh C T, Anderson K S. Isolation and Structural Elucidation of a Novel Phosphocysteine Intermediate in the Lar Protein Tyrosine Phosphatase

Enzymatic Pathway. J Am Chem Soc, 1992, 114 (18): 7296.
[14] Zhang Z Y, Wang Y A, Dixon J E. Dissecting the catalytic mechanism of protein-tyrosine phosphatases. Proc Natl Acad Sci USA, 1994, 91 (5): 1624.
[15] Dennis E A, Westheimer F H. The geometry of the transition state in the hydrolysis of phosphate esters. J Am Chem Soc, 1966, 88: 3432.
[16] Rupert P B, Massey A P, Sigurdsson S T, Ferre-D'Amare A R. Transition state stabilization by a catalytic RNA. Science, 2002, 298 (5597): 1421.
[17] Roberts G C, Dennis E A, Meadows D H, Cohen J S, Jardetzky O. The mechanism of action of ribonuclease. Proc Natl Acad Sci, 1969, 62: 1151.
[18] Usher D A, Richardson Jun D I, Eckstein F. Absolute stereochemistry of the second step of ribonuclease action. Nature, 1970, 228: 663.
[19] Covitz F, Westheimer F H. The hydrolysis of methyl ethylene phosphate: steric hindrance in general base catalysis. J Am Chem Soc, 1963, 85: 1773.
[20] Haake P C, Westheimer F H. Hydrolysis and exchange in esters of phosphoric acid. J Am Chem Soc, 1961, 83: 1102.
[21] Kumamoto J, Cox Jr J R, Westheimer F H. Barium ethylene phosphate. J Am Chem Soc, 1956, 78: 4858.
[22] Markham R, Smith J D. The structure of ribonucleic acids. 1. cyclic nucleotides produced by ribonuclease and by alkaline hydrolysis. Biochem J, 1952, 52: 552.
[23] Dejaegere A, Lim C, Karplus M. Dianionic pentacoordinate species in the base-catalyzed-hydrolysis of ethylene and dimethyl-phosphate. J Am Chem Soc, 1991, 113 (11): 4353.
[24] Perreault D M, Anslyn E V. Unifying the current data on the mechanism of cleavage—transesterification of RNA. Angewandte Chemie-International Edition, 1997, 36 (5): 432.
[25] Taira K, Uchimaru T, Storer J W, Yliniemela A, Uebayasi M, Tanabe K. Properties of dianionic oxyphosphorane intermediates: implication to the reaction profile for base-catalyzed RNA hydrolysis. The Journal of Organic Chemistry, 1993, 58 (11): 3009.
[26] Raines R T. Ribonuclease A. Chem Rev, 1998, 98 (3): 1045.
[27] Breslow R, Labelle M. Sequential general base acid catalysis in the hydrolysis of RNA by imidazole. J Am Chem Soc, 1986, 108 (10): 2655.
[28] Taira K. Stereoelectronic control in the hydrolysis of RNA by imidazole. Bull Chem Soc Jpn, 1987, 60 (5): 1903.
[29] Anslyn E, Breslow R. On the mechanism of catalysis by ribonuclease- cleavage and isomerization of the dinucleotide Upu catalyzed by imidazole buffers. J Am Chem Soc, 1989, 111 (12): 4473.
[30] Deakyne C A, Allen L C. Role of active-site residues in the catalytic mechanism of ribonuclease A. J Am Chem Soc, 1979, 101 (14): 3951.
[31] Matta M S, Vo D T. Proton inventory of the second step of ribonuclease catalysis. J Am Chem Soc, 1986, 108 (17): 5316.
[32] Uchimaru T, Uebayasi M, Hirose T, Tsuzuki S, Yliniemela A, Tanabe K, Taira K. Electrostatic interactions that determine the rate of pseudorotation processes in oxyphosphorane intermediates: Implications with respect to the roles of metal ions in the enzymatic cleavage of RNA. J Org Chem, 1996, 61 (5): 1599.
[33] Takagi Y, Warashina M, Stec W J, Yoshinari K, Taira K. Recent advances in the elucidation of the mechanisms of action of ribozymes. Nucleic Acids Res, 2001, 29 (9): 1815.
[34] Zheng J, Knighton D R, Ten Eyck L F, Karlsson R, Xuong N, Taylor S S, Sowadski J M. Crystal structure of the catalytic subunit of cAMP-dependent protein kinase complexed with magnesium-ATP and peptide inhibitor. Biochemistry, 1993, 32 (9): 2154.
[35] Burgers P M, Eckstein F, Hunneman D H, Baraniak J, Kinas R W, Lesiak K, Stec W J. Stereochemistry

of hydrolysis of adenosine 3′:5′-cyclic phosphorothioate by the cyclic phosphodiesterase from beef heart. J Biol Chem, 1979, 254 (20): 9959.

[36] Landt M, Butler L G. 5′-Nucleotide phosphodiesterase: isolation of covalently bound 5'-adenosine monophosphate an intermediate in the catalytic mechanism. Biochemistry, 1978, 17 (20): 4130.

[37] Burgers P M, Eckstein F, Hunneman D H. Stereochemistry of hydrolysis by snake venom phosphodiesterase. J Biol Chem, 1979, 254 (16): 7476.

[38] Johnson D A, Akamine P, Radzio-Andzelm E, Madhusudan M, Taylor S S. Dynamics of cAMP-dependent protein kinase. Chem Rev, 2001, 101 (8): 2243.

[39] Shabb J B. Physiological substrates of cAMP-dependent protein kinase. Chem Rev, 2001, 101 (8): 2381.

[40] Bridges A J. Chemical inhibitors of protein kinases. Chem Rev, 2001, 101 (8): 2541.

[41] Gibbs C S, Zoller M J. Rational scanning mutagenesis of a protein-kinase identifies functional regions involved in catalysis and substrate interactions. J Biol Chem, 1991, 266 (14): 8923.

[42] Diaz N, Field M J. Insights into the phosphoryl-transfer mechanism of cAMP-dependent protein kinase from quantum chemical calculations and molecular dynamics simulations. J Am Chem Soc, 2004, 126 (2): 529.

[43] Valiev M, Kawai R, Adams J A, Weare J H. The role of the putative catalytic base in the phosphoryl transfer reaction in a protein kinase: First-principles calculations. J Am Chem Soc, 2003, 125 (33): 9926.

[44] Zhang Z Y. Chemical and mechanistic approaches to the study of protein tyrosine phosphatases. Acc Chem Res, 2003, 36 (6): 385.

[45] Guan K L, Dixon J E. Evidence for protein-tyrosine-phosphatase catalysis proceeding via a cysteine-phosphate intermediate. J Biol Chem, 1991, 266 (26): 17026.

[46] Hengge A C, Sowa G A, Wu L, Zhang Z Y. Nature of the transition-state of the protein-tyrosine phosphatase-catalyzed reaction. Biochemistry, 1995, 34 (43): 13982.

[47] Zhao Y, Wu L, Noh S J, Guan K L, Zhang Z Y. Altering the nucleophile specificity of a protein-tyrosine phosphatase-catalyzed reaction- Probing the function of the invariant glutamine residues. J Biol Chem, 1998, 273 (10): 5484.

[48] DeYonker N J, Webster C E. A theoretical study of phosphoryl transfers of tyrosyl-DNA phosphodiesterase I [Tdp1] and the possibility of a "dead-end" phosphohistidine intermediate. Biochemistry, 2015, 54 (27): 4236.

[49] Lehninger A. Biochemistry. 2nd ed. Worth Publishers, 1975.

[50] Lahiri S D. Zhang G F, Dunaway-Mariano D, Allen K N. The pentacovalent phosphorus intermediate of a phosphoryl transfer reaction. Science, 2003, 299 (5615): 2067.

[51] Webster C E. High-energy intermediate or stable transition state analogue: Theoretical perspective of the active site and mechanism of beta-phosphoglucomutase. J Am Chem Soc, 2004, 126 (22): 6840.

[52] Baxter N J, Blackburn G M, Marston J P, Hounslow A M, Cliff M J, Bermel W, Williams N H, Hollfelder F, Wemmer D E, Waltho J P. Anionic charge is prioritized over geometry in aluminum and magnesium fluoride transition state analogs of phosphoryl transfer enzymes. J Am Chem Soc, 2008, 130 (12): 3952.

[53] Baxter N J, Olguin L F, Golicnik M, Feng G, Hounslow A M, Bermel W, Blackburn G M, Hollfelder F, Waltho J P, Williams N H. A Trojan horse transition state analogue generated by MgF_3^- formation in an enzyme active site. Proc Natl Acad Sci USA, 2006, 103 (40): 14732.

[54] Blackburn G M, Williams N H, Gamblin S J, Smerdon S J. Comment on "The pentacovalent phosphorus intermediate of a phosphoryl transfer reaction". Science, 2003, 301 (5637): 1184.

[55] Tremblay L W, Zhang G F, Dai J Y, Dunaway-Mariano D, Allen K N. Chemical confirmation of a pentavalent phosphorane in complex with beta-phosphoglucomutase. J Am Chem Soc, 2005 127 (15):

5298.

[56] Allen K N, Dunaway-Mariano D. Phosphoryl group transfer: evolution of a catalytic scaffold. Trends Biochem Sci, 2004, 29 (9): 495.

[57] Graham D L, Lowe P N, Grime G W, Marsh M, Rittinger K, Smerdon S J, Gamblin S J, Eccleston J F. MgF_3^- as a transition state analog of phosphoryl transfer. Chem Biol, 2002, 9 (3): 375.

[58] Cornilescu G, Lee B R, Cornilescu C C, Wang G S, Peterkofsky A, Clore G M. Solution structure of the phosphoryl transfer complex between the cytoplasmic A domain of the mannitol transporter IIMannitol and HPr of the Escherichia coli phoshotransferase system. J Biol Chem, 2002, 277 (44): 42289.

[59] Cai M L, Williams D C, Wang G S, Lee B R, Peterkofsky A, Clore G M. Solution structure of the phosphoryl transfer complex between the signal-transducing protein IIA[Glucose] and the cytoplasmic domain of the glucose transporter IICBGlucose of the Escherichia coli glucose phosphotransferase system. J Biol Chem, 2003, 278 (27): 25191.

[60] Williams D C, Cao M L, Suh J Y, Peterkofsky A, Clore G M. Solution NMR structure of the 48-kDa IIA[Mannose]-HPr complex of the Escherichia coli mannose phosphotransferase system. J Biol Chem, 2005, 280 (21): 20775.

[61] Kirby A J, Nome F. Fundamentals of phosphate transfer. Acc Chem Res, 2015, 48 (7): 1806.

[62] Lassila J K, Zalatan J G, Herschlag D. Biological Phosphoryl-Transfer Reactions: Understanding Mechanism and Catalysis. Annual Review of Biochemistry, 2011, 80: 669.

[63] Wang X, Chen S, Wu Y L, Wang X Y, Tang G, Liu Y, Xu P X, Gao X, Zhao Y F. Intermolecular ligand exchange of penta-oxy phosphoranes: potential chemical model for RNA hydrolysis and fusion. Chinese J Org Chem, 2019, 39 (8): 2311.

[64] Cao S X, Gao P, Guo Y C, Zhao H M, Wang J, Liu Y F, Zhao Y F. Unexpected insertion of CO_2 into the pentacoordinate P-N bond: Atherton-Todd-type reaction of hydrospirophosphorane with amines. J Org Chem, 2013, 78 (22): 11283.

[65] 刘钊．五配位双氨基酸氢膦烷合成、性质及其对酪氨酸激酶的抑制活性研究．厦门：厦门大学，2004.

索引

A

B

C

D

E

F

G

H

J

K

L

M

N

P

Q

S

W

X

Y

Z

其他